Flutter 2 开发实例精解

[美] 西蒙·亚历山大　等著

于鑫睿　译

清华大学出版社

北　京

内 容 简 介

本书详细阐述了与 Flutter 2 相关的基本解决方案，主要包括 Dart 编程语言、微件简介、布局和微件树、向应用程序中添加交互性和导航、基本的状态管理、异步编程、基于互联网的数据持久化和通信、基于流的高级状态管理、使用 Flutter 包、向应用程序中添加动画、使用 Firebase、基于 Firebase ML Kit 的机器学习、发布移动应用程序、Flutter Web 和桌面应用程序等内容。此外，本书还提供了相应的示例、代码，以帮助读者进一步理解相关方案的实现过程。

本书适合作为高等院校计算机及相关专业的教材和教学参考书，也可作为相关开发人员的自学用书和参考手册。

北京市版权局著作权合同登记号 图字：01-2022-0602

图书在版编目（CIP）数据

Flutter2 开发实例精解 /（美）西蒙·亚历山大等著；于鑫睿译．—北京：清华大学出版社，2022.3
书名原文：Flutter2 Cookbook
ISBN 978-7-302-60289-7

Ⅰ．①F… Ⅱ．①西… ②于… Ⅲ．①移动终端—应用程序—程序设计 Ⅳ．①TN929.53

中国版本图书馆 CIP 数据核字（2022）第 039119 号

责任编辑：贾小红
封面设计：刘 超
版式设计：文森时代
责任校对：马军令
责任印制：朱雨萌

出版发行：清华大学出版社
网　　址：http://www.tup.com.cn，http://www.wqbook.com
地　　址：北京清华大学学研大厦 A 座　　**邮　　编：**100084
社 总 机：010-83470000　　**邮　　购：**010-62786544
投稿与读者服务：010-62776969，c-service@tup.tsinghua.edu.cn
质量反馈：010-62772015，zhiliang@tup.tsinghua.edu.cn
印 装 者：大厂回族自治县彩虹印刷有限公司
经　　销：全国新华书店
开　　本：185mm×230mm　　**印　　张：**34　　**字　　数：**678 千字
版　　次：2022 年 3 月第 1 版　　**印　　次：**2022 年 3 月第 1 次印刷
定　　价：159.00 元

产品编号：094300-01

译 者 序

Flutter 是一个使用 Dart 语言构建的移动、网络和桌面应用程序的开源框架，本书将以一种实用的方式解决跨平台开发问题。

本书涵盖了错误处理和调试方面的内容，以确保应用程序以更加高效的方式运行。首先，读者将设置 Flutter 并自定义相应的开发环境。同时，本书将通过具体实例阐述应用程序开发的主要任务，如用户界面（UI）和用户体验（UX）设计，API 设计和创建动画。后续章节将介绍路由、从 Web 服务检索数据和本地持久化数据。另外，本书还专门介绍了 Firebase 及其机器学习功能。最后一章则是专门为创建 Web 和桌面（Windows、Mac 和 Linux）应用程序而设计的。在本书中，读者将发现构建跨平台应用程序所需的最重要特性，以及在不同平台上运行单一代码库的各种方案。

本书通过 Flutter 2.x、Dart 语言以及 100 多个实例向读者展示了跨平台应用程序开发的多种方案。在此基础上，本书还提供了丰富的示例代码，以帮助读者进一步理解相关方案的实现过程。

在翻译本书的过程中，除于鑫睿之外，刘璋、张华臻、张博、刘晓雪、刘祎等人也参与了部分翻译工作，在此一并表示感谢。

由于译者水平有限，难免有疏漏和不妥之处，恳请广大读者批评指正。

译 者

前　言

本书内容涵盖了 100 多个短小精悍的实例，以帮助读者学习 Flutter，这些实例包含 Flutter 最为重要的特性，进而开发真实的应用程序。在每个实例中，介绍并使用一些有用的工具，包括微件、状态管理、异步编程、连接 Web 服务、数据持久化、动画生成、Firebase 应用、机器学习，以及工作于不同平台（包括桌面平台和 Web 平台）的响应式应用程序。

Flutter 是谷歌发布的开发人员友好的开源工具集，我们可在 Android 和 iOS 设备上构建应用程序。在编写本书时，谷歌已经发布了 Flutter 2.2。此外，我们还可针对 Web 和桌面平台使用相同的代码库。

本书包含 15 章且每章涵盖了独立的内容，分别强调和使用 Flutter 的各种特性。另外，读者也可略过所熟悉的章节。

Flutter 采用 Dart 作为编程语言，第 2 章介绍 Dart 语言、语法、模式，以使读者了解 Flutter 中的 Dart 基础知识。

后续章节介绍一些高级案例，并通过代码获取 Flutter 工具的实际操作经验。

适用读者

本书希望读者具备面向对象编程语言背景，包括变量、函数、类和对象等概念。

本书不要求读者拥有 Dart 语言方面的知识，第 2 章会对此加以介绍。

如果读者了解和使用过 Java、C#、Swift、Kotlin 和 JavaScript 语言，那么就会发现 Dart 学习起来十分容易。

本书内容

第 1 章主要讨论如何试着开发环境。

第 2 章介绍 Dart 语言、语法和模式。

第 3 章利用 Flutter 构建简单的用户界面。

第 4 章展示如何构建由多个微件构成的复杂屏幕。

第 5 章通过多个实例向应用程序中添加交互行为，包括与按钮交互、从 TextField 中读取文本、修改屏幕和显示警告信息。

第 6 章介绍 Flutter 中的状态，除了显示微件的屏幕，本章还介绍如何构建保存和管理数据的屏幕。

第 7 章包含多个实例，其中一个有用的特性是任务的异步执行。

第 8 章通过相关工具连接 Web 服务并将数据持久化至机器中。

第 9 章讨论如何处理流。流可认为是创建响应式应用程序的最佳工具。

第 10 章考查如何选择、使用、构建和发布 Flutter 包。

第 11 章通过特定的工具在应用程序中实现动画效果。

第 12 章展示如何使用功能强大的后端且无须编写任何代码。

第 13 章讨论如何利用 Firebase 向应用程序中添加机器学习这一特性。

第 14 章探讨将应用程序发布至 Google Play Store 和 Apple App Store 所需的各项步骤。

第 15 章考查如何使用相同的代码库针对 Web 和桌面平台构建应用程序。

技术需求

在阅读本书时，建议读者至少拥有一种面向对象编程语言的经验。

在考查相关代码时，需要使用连接至 Web 的 Windows PC、Mac、Linux 或 Chrome OS 操作环境，且至少包含 8GB RAM 以及最新软件的安装权限。

由于存在可运行于机器上的仿真器/模拟器，因此 Android 或 iOS 并非必需。

第 1 章详细解释具体的安装步骤，其中包括如表 P-1 所示的内容。

表 P-1

本书涉及的软件和硬件	操作系统需求
Visual Studio Code、Android Studio 或 IntelliJ Idea	Windows、macOS 或 Linux
Flutter SDK	Windows、macOS 或 Linux
模拟器/仿真器、iOS 设备或 Android 设备	Windows、macOS 或 Linux（macOS 仅用于 iOS）

需要说明的是，当开发 iOS 应用程序时，读者需要配置一台 Mac 机器。

下载本书资源

读者可访问 GitHub 下载本书的代码文件，对应网址为 https://github.com/PacktPublishing/Flutter-Cookbook，且代码实现了同步更新。

此外，读者还可访问 https://github.com/PacktPublishing/查看本书的代码包。

同时，我们还提供了本书屏幕截屏/图表的彩色图像的 PDF 文件，读者可访问 https://static.packt-cdn.com/downloads/9781838823382_ColorImages. pdf 予以下载。

图标表示警告或重要的注意事项。

TIP 图标表示提示信息和操作技巧。

读者反馈和客户支持

欢迎读者对本书提出建议或意见并予以反馈。

对此，读者可向 customercare@packtpub.com 发送邮件，并以书名作为邮件标题。

勘误表

尽管我们希望将此书做到尽善尽美，但其中疏漏在所难免。如果读者发现谬误之处，无论是文字错误抑或是代码错误，还望不吝赐教。对此，读者可访问 http://www.packtpub.com/submit-errata，选取对应书籍，单击 Errata Submission 超链接，输入并提交相关问题的详细内容。

版权须知

一直以来，互联网上的版权问题从未间断，Packt 出版社对此类问题异常重视。若读者在互联网上发现任意形式的本书副本，请告知我们网络地址或网站名称，我们将对此予以处理。关于盗版问题，读者可发送邮件至 copyright@packtpub.com。

若读者针对某项技术具有专家级的见解，抑或计划撰写书籍或完善某部著作的出版工作，则可访问 authors.packtpub.com。

问题解答

若读者对本书有任何疑问，均可发送邮件至 questions@packtpub.com，我们将竭诚为您服务。

目　　录

第 1 章　开启 Flutter 之旅

当启用一个新平台时，构建开发环境是每一名开发人员的首要任务。以某种程度上讲，构建软件的难易程度可视为测试平台体验的试金石。如果对平台环境设置起来较为困难，那么该平台可能难以协调工作。

Flutter 工程师也注意到了这一点，因为 Flutter 比使用其他框架更容易上手。对此，我们可将处理过程分为 3 部分。首先我们需要安装 Flutter 软件开发工具包（SDK），随后至少安装一个平台 SDK——iOS 或 Android；如果在 Mac 上工作，则需要安装这两个平台 SDK。自 Flutter 2.0 起，可针对 Windows、Mac 或 Linux 安装一个桌面 SDK 以开发应用程序。最后一个阶段是选择一个编辑器或集成开发环境（IDE）。为了进一步简化处理过程，Flutter 提供了一个名为 Flutter Doctor 的工具，可以扫描当前环境，并针对环境配置提供逐步向导。这意味着，Flutter 可帮助我们成功地安装和使用 Flutter 以进行项目开发。

在阅读完本章内容后，将能够完整地安装 Flutter，进而创建应用程序并在虚拟设备上运行代码。

本章主要涉及以下主题。

- 如何使用 Git 管理 Flutter SDK。
- 设置命令行并保存路径变量。
- 使用 Flutter Doctor 对环境进行诊断。
- 配置 iOS SDK。
- 设置 CocoaPods（仅支持 iOS）。
- 配置 Android SDK。
- 选择 IDE/编辑器。
- 选取正确的通道。
- 选择应用程序的平台语言。
- 如何创建一个 Flutter 应用程序。
- 如何构建 Flutter 项目。
- 如何运行一个 Flutter 应用程序。
- 如何使用热重载刷新应用程序，且无须重新编译。

注意：

虽然 Flutter 兼容于 Windows、macOS 和 Linux，但是，如果读者关注于 Apple 平台（iOS 和 macOS）的应用程序构建，则需要一台 Mac 机器编写应用程序。

1.1 技术需求

在计算机上构建移动应用程序是一项较为复杂的任务。

计算机需要满足下列需求条件。

- 8GB 的随机访问内存（RAM），推荐采用 16GB 的内存空间。
- 50GB 的可用硬盘空间。
- 推荐使用固态硬盘（SSD）。
- 至少 2GHz 的处理器。

当针对 iOS 编写应用程序时，需要配置一台 Mac 机器而非 PC。

需要说明的是，上述内容并不是严格的系统要求，但任何低于上述要求的配置可能会导致花费更长的工作时间。

1.2 如何使用 Git 管理 Flutter SDK

在构建应用程序之前，需要下载 Flutter SDK。当访问 Flutter 站点（https://flutter.dev）时，即可看到针对 macOS、Windows 或 Linux 所推荐的预置安装包。另外，由于 Flutter 完全开源且驻留于 GitHub 上，那么克隆了 Flutter 主存储库后即可得到一切内容，必要时，还可轻松地更改为 Flutter SDK 的不同版本。在 Flutter 站点中可下载的包源自 Git 存储库的快照。Flutter 在内部采用 Git 管理版本、通道和升级问题。那么为什么不直接访问源呢？

1.2.1 安装 Git

首先需要确保机器上已经安装了 Git。当在 macOS 上进行开发时，则可略过这一步骤。

对于 Windows 平台，可访问 https://git-scm.com/download/win。

除此之外，还可获取 Git 的客户端，以简化存储库的处理。相应地，Sourcetree（https://www.sourcetreeapp.com）或 GitHub Desktop（https://desktop.github.com）可极大地简化与 Git 协调工作的方式。这些方式均可作为可选项，而本书在引用 Git 时则使用命令行。

当确认 Git 是否在 Linux 和 macOS 上成功安装时，可打开 Terminal（终端）并输入 which git，此时将会看到一个返回的/usr/bin/git 路径。如果未显示任何内容，则表明 Git 未被成功安装。

1.2.2　实现方式

克隆和配置 Flutter SDK 需要遵循下列步骤。

（1）选取 Flutter 的安装目录。具体位置并不重要，建议将 SDK 安装在更靠近硬盘驱动器的根目录中。

（2）在 macOS 上，输入下列命令。

```
cd $HOME
```

这可确保终端指向主目录。该操作可能是多余的，因为大多数终端均会自动打开至主目录。

（3）通过下列命令安装 Flutter。

```
git clone https://github.com/flutter/flutter.git
```

这将下载 Flutter 及其关联工具，包括 Dart SDK。

1.2.3　另请参阅

如果读者不习惯使用 Git，还可访问 https://flutter.dev/docs/get-started/install，并遵循其中的指令下载 Flutter SDK。

1.3　设置命令行并保存路径变量

当前，我们已克隆了 Flutter 存储库，但还需要少许操作步骤方可在计算机上访问软件。与包含用户界面（UI）的应用程序不同，Flutter 是一类命令行工具。下面快速地介绍在 macOS、Linux 和 Windows 上的命令行设置方式。

1.3.1　macOS 命令行设置

当使用 Flutter 时，需要将 Flutter 可执行文件的位置保存至系统的环境变量中。

注意：

较新的 Mac 采用 Z Shell（也称作 zsh），这可视为早期 Bash 的改进版本，其中包含了一些附加特性。

（1）当使用 zsh 时，可向 zshrc 文件中添加一行，该文件是一个文本文件，其中包含了 zsh 配置。如果文件尚不存在，则可按照下列方式创建一个新文件。

```
nano $HOME/.zshrc
```

这将在终端窗口中打开一个文本编辑器 nano。此外，还可使用其他一些较为常见的工具实现这一操作，如 vim、emacs。

（2）在文件底部输入下列命令。

```
export PATH="$PATH:$HOME/flutter/bin"
```

（3）当选择在不同位置安装 Flutter 时，可利用相应的目录替换$HOME。

（4）输入 Ctrl+X 退出 nano。当提示时不要忘记保存文件。

（5）输入下列命令并重载终端会话。

```
source ~/.zshrc
```

（6）输入下列命令并确认配置正确。

```
which flutter
```

随后将会在屏幕上看到克隆（安装）后的 Flutter SDK 的目录。

1.3.2　设置 Windows 命令行

注意：

全部指令假定运行于 Windows 10 环境下。

首先需要在 Windows 上设置 Flutter 的环境变量。

（1）在桌面底部的搜索栏中输入 env，随后将显示 Edit the system environment variables 选项。选择对应的图标打开 System Properties 对话框，并在屏幕底部单击 Environment Variables...按钮，如图 1.1 所示。

（2）在随后对话框的 User variables for User 选项组中选择 Path 变量，并单击 Edit...按钮，如图 1.2 所示。

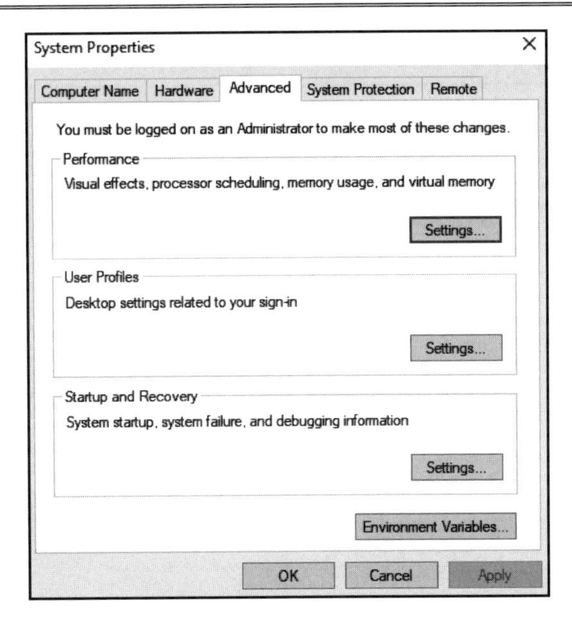
System Properties
Computer Name
Hardware
Advanced
System Protection
Remote
You must be logged on as an Administrator to make most of these changes.
Performance
Visual effects, processor scheduling, memory usage, and virtual memory
Settings...
User Profiles
Desktop settings related to your sign-in
Settings...
Startup and Recovery
System startup, system failure, and debugging information
Settings...
Environment Variables...
OK
Cancel
Apply

图 1.1

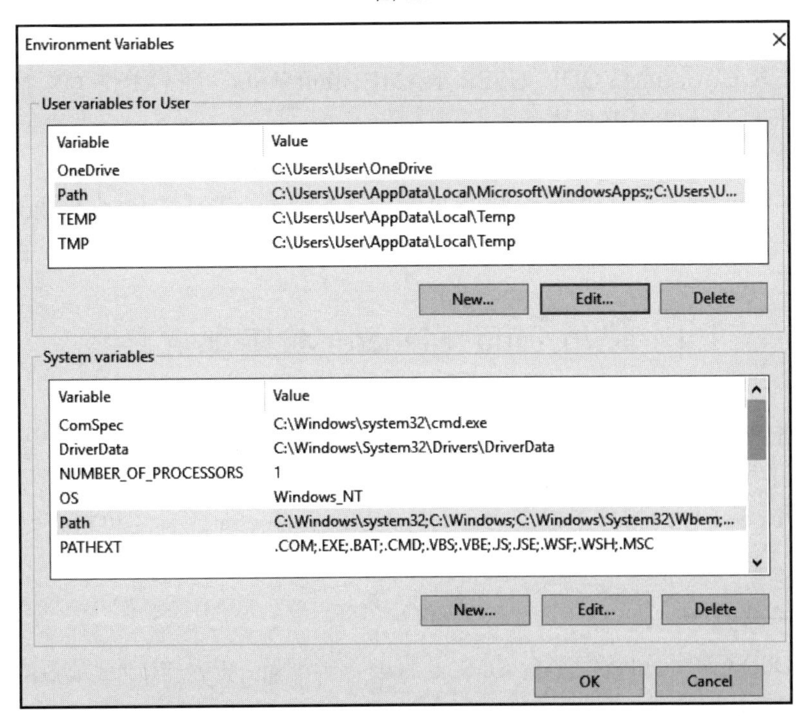
Environment Variables
User variables for User
Variable
Value
OneDrive
C:\Users\User\OneDrive
Path
C:\Users\User\AppData\Local\Microsoft\WindowsApps;;C:\Users\U...
TEMP
C:\Users\User\AppData\Local\Temp
TMP
C:\Users\User\AppData\Local\Temp
New...
Edit...
Delete
System variables
Variable
Value
ComSpec
C:\Windows\system32\cmd.exe
DriverData
C:\Windows\System32\Drivers\DriverData
NUMBER_OF_PROCESSORS
1
OS
Windows_NT
Path
C:\Windows\system32;C:\Windows;C:\Windows\System32\Wbem;...
PATHEXT
.COM;.EXE;.BAT;.CMD;.VBS;.VBE;.JS;.JSE;.WSF;.WSH;.MSC
New...
Edit...
Delete
OK
Cancel

图 1.2

（3）将 Flutter 的安装位置添加至路径中，如图 1.3 所示。

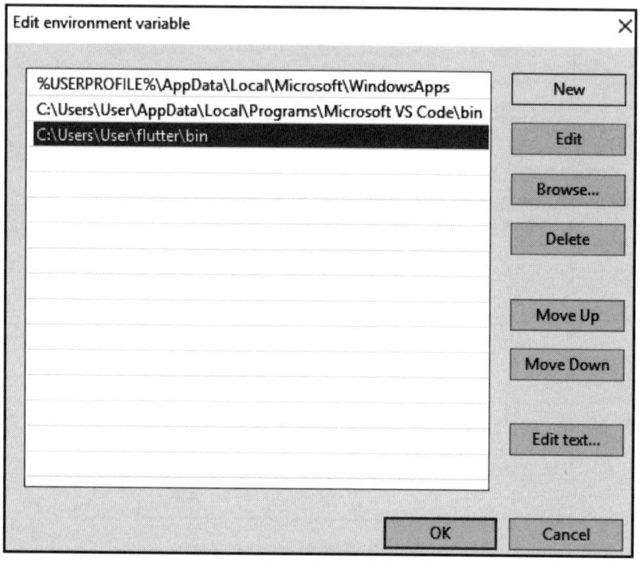

图 1.3

（4）输入 C:\Users\{YOUR_USER_NAME}\flutter\bin，随后单击 OK 按钮。当前，Flutter 应该已经被添加至路径中。

（5）重启系统。

（6）在命令行中输入 flutter，随后可看到一条消息，其中包含了 Flutter CLI（命令行界面）指令。此时，Flutter 可能会有选择地下载更多的特定于 Windows 的工具。

1.4　使用 Flutter Doctor 检查配置环境

Flutter 配置了一个名为 Flutter Doctor 的工具，该工具在设置 SDK 时十分有用。Flutter Doctor 提供了所需实现的全部内容列表，以确保 Flutter 能够正确运行。在安装过程中，可将 Flutter Doctor 作为指导予以使用。另外，Flutter Doctor 工具还可检查是否已更新。

在终端窗口中，输入下列命令。

```
flutter doctor
```

Flutter Doctor 可通知我们平台 SDK 是否被正确配置，以及 Flutter 是否能够看到相关设备，包括 Web 浏览器。

1.5　配置 iOS SDK

iOS SDK 主要通过应用程序 Xcode 提供。Xcode 是一个较为庞大的应用程序，并控制着与 Apple 平台交互的所有官方行为。尽管 Xcode 较为庞大，但仍缺少一些软件，如社区工具 CocoaPods 和 Homebrew。它们是包管理器或安装其他程序的程序，Flutter 在其构建系统中使用了这两种工具。

1.5.1　下载 Xcode

iOS SDK 与 Apple 的 IDE Xcdoe 捆绑在一起。获取 Xcode 的最佳渠道是 Apple App Store。

（1）按 Command+空格快捷键打开 Spotlight，并随后输入 app store，如图 1.4 所示。

图 1.4

另一种方法是，单击屏幕左上方菜单并选择 App Store 命令。相比之下，键盘快捷键则更加方便。

（2）在打开 App Store 之后，搜索 Xcode 并单击 Download 按钮，如图 1.5 所示。

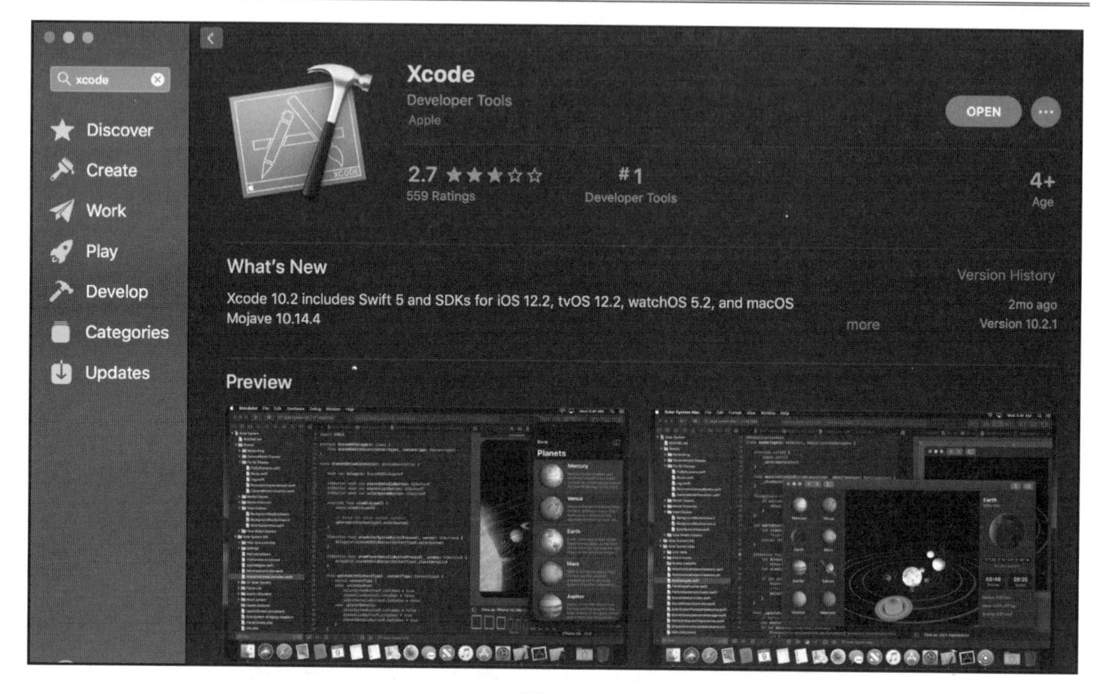

图 1.5

Xcode 是一个较大的应用程序，因而下载过程可能会占用一些时间。当安装 Xcode 时，我们还会得到一些小型开发工具。稍后将讨论如何安装这些工具。

1.5.2　CocoaPods

CocoaPods 是一个 iOS 开发较为常用的依赖性管理器，对于 Web 社区来说，它实际上相当于 npm。Flutter 在其构建过程中需要使用 CocoaPods，并链接添加至项目中的任何库。

（1）当安装 CocoaPods 时，可输入下列命令。

```
sudo gem install cocoapods
```

（2）上述命令需要管理员权限，因而在执行后续操作前会提示输入密码。该密码等同于登录计算机时的密码。

（3）在 CocoaPods 安装完毕后，输入下列命令。

```
pod setup
```

这将配置 CocoaPods 存储库的本地版本，该过程可能会花费一些时间。

1.5.3　Xcode 命令行工具

Flutter 使用命令行工具构建应用程序，且无须开启 Xcode。这些命令行工具是一个附加组件，且需要完成 Xcode 的主安装。

（1）确认 Xcode 下载完毕且已成功安装。随后打开应用程序以使 Xcode 实现自行配置。当显示 Welcome to Xcode 屏幕时，如图 1.6 所示，即可关闭当前应用程序。

图 1.6

（2）在 Terminal 窗口中输入下列命令并安装命令行工具。

```
sudo xcode-select --switch
/Applications/Xcode.app/Contents/Developer
```

（3）此处可能需要 Xcode 许可证书。Flutter Doctor 将会提示用户是否需要执行这一步骤。我们可开启 Xcode，并在首次启动时提示接受协议；或者也可通过命令行接受协议。对此，可使用下列命令。

```
sudo xcodebuild -license accept
```

1.5.4 Homebrew

Homebrew 是一个包管理器，用于安装和管理 macOS 上的应用程序。如果 CocoaPods 负责管理特定于项目的包，那么 Homebrew 则管理计算机的全局包。

Homebrew 可在终端窗口中通过下列命令进行安装。

```
/usr/bin/ruby -e "$(curl -fsSL
https://raw.githubusercontent.com/Homebrew/install/master/install)"
```

这里，我们将主要使用 Homebrew 作为一种机制以获取其他小型工具。

另外，还可从 Homebrew 站点中获取与其相关的更多信息，对应网址为 https://brew.sh。

1.5.5 利用 Flutter Doctor 进行检查

当前，我们安装了所有的 iOS 平台工具，接下来再次运行 Flutter Doctor 以确保一切均已正确安装。

最终将看到如图 1.7 所示的结果。

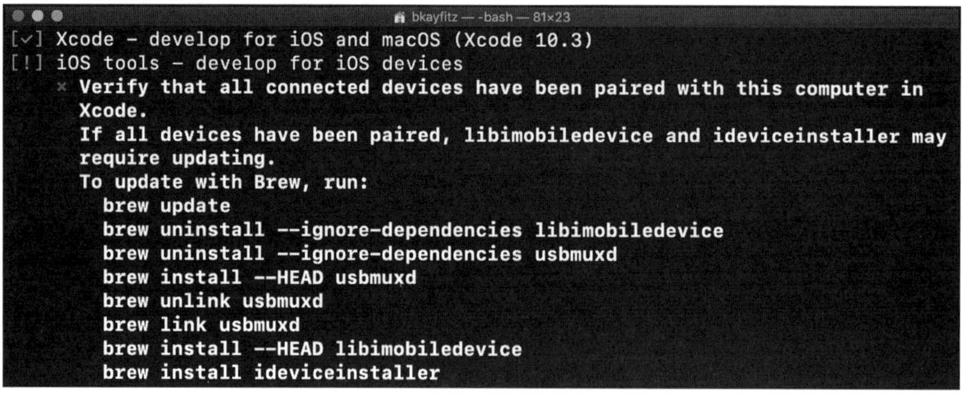

```
bkayfitz — -bash — 81×23
[✓] Xcode - develop for iOS and macOS (Xcode 10.3)
[!] iOS tools - develop for iOS devices
    ✗ Verify that all connected devices have been paired with this computer in
      Xcode.
      If all devices have been paired, libimobiledevice and ideviceinstaller may
      require updating.
      To update with Brew, run:
        brew update
        brew uninstall --ignore-dependencies libimobiledevice
        brew uninstall --ignore-dependencies usbmuxd
        brew install --HEAD usbmuxd
        brew unlink usbmuxd
        brew link usbmuxd
        brew install --HEAD libimobiledevice
        brew install ideviceinstaller
```

图 1.7

还记得之前是如何安装 Homebrew 的吗？现在即可派上用场。当前，我们有两个选择可解决这一问题：一种方法是，逐一地将 brew 命令复制/粘贴至终端窗口；另一种方法是，可通过一个 Shell 脚本自动完成这一过程。

此处推荐使用第 2 种方法。

（1）选择并复制步骤（2）中的全部 brew 命令，随后再次输入 nano 命令。

```
nano update_ios_toolchain.sh
```

（2）将下列命令添加至文件中，随后退出并保存 nano。

```
brew update
brew uninstall --ignore-dependencies libimobiledevice
brew uninstall --ignore-dependencies usbmuxd
brew install --HEAD usbmuxd
brew unlink usbmuxd
brew link usbmuxd
brew install --HEAD libimobiledevice
brew install ideviceinstaller
```

（3）利用下列命令运行脚本。

```
sh update_ios_toolchain.sh
```

当脚本结束后，再次运行 flutter doctor。iOS 一侧的全部内容均呈现为绿色。

1.6　配置 Android SDK

与 Xcode 类似，Android Studio 和 Android SDK 也是同时存在的。与 iOS 一样，Android Studio 仅是一个起点，其中涵盖了多个小型工具，我们需要启动并运行这些工具。

1.6.1　安装 Android Studio

安装 Android Studio 需要执行下列步骤。

（1）访问 https://developer.android.com/studio 并下载 Android Studio。该站点将自动检查操作系统，且仅展示相应的下载链接，如图 1.8 所示。

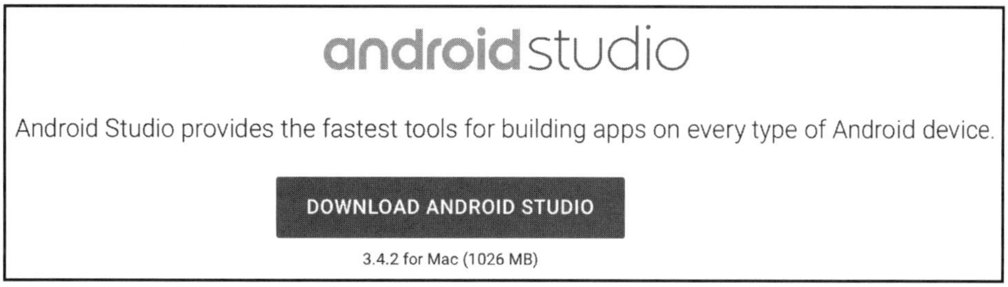

图 1.8

（2）待 Android Studio 安装完毕后，至少需要下载一个 Android SDK。在 Android

Studio 菜单中，选择 Preferences 命令并随后在搜索框中输入 android，如图 1.9 所示。

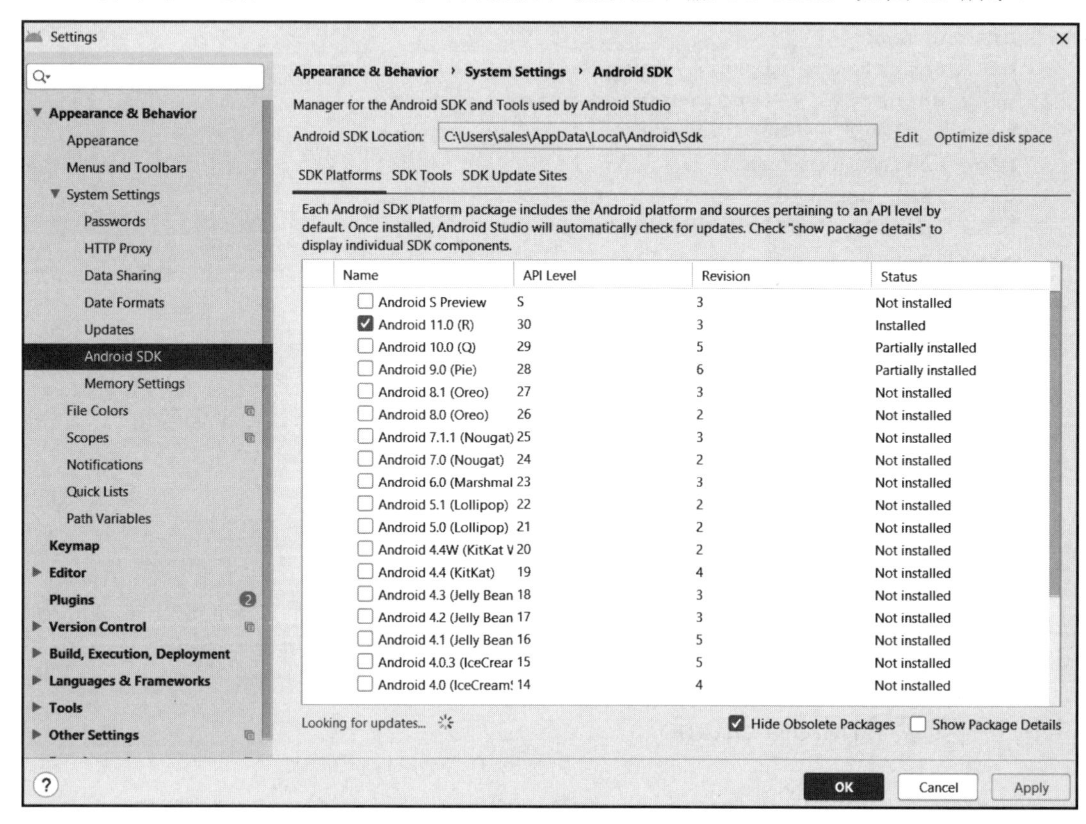

图 1.9

虽然最新版本的 Android SDK 可能更具吸引力，但可能仍需选择次新版本，因为 Flutter SDK 有时会落后于 Android。在大多数时候，这并不会产生任何问题，但 Android 在兼容性方面常会出现问题，因而应对此有所了解。

如果需要更改 Android SDK 的版本，则可卸载 Android SDK 并在此重新安装。

（3）下载最新版本的构建工具、模拟器、SDK 平台工具、硬件加速执行管理（HAXM）安装程序和所支持的库。

（4）单击 SDK Tools 选项卡并确保所需组件已被选取。在单击 Apply 或 OK 按钮时，对应的工具将开始下载，如图 1.10 所示。

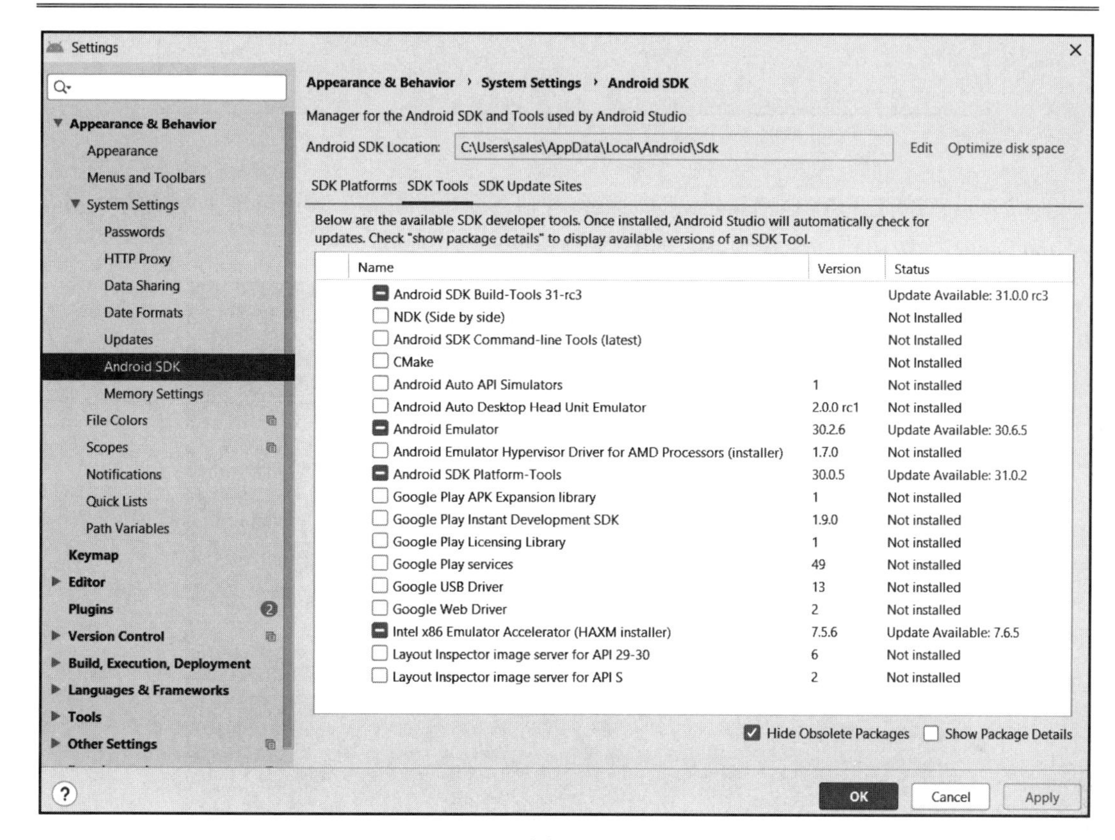

图 1.10

待全部工具安装完毕后，可运行 flutter doctor 查看一切内容是否以期望方式运行。

1.6.2　创建一个 Android 模拟器

为了有效地运行应用程序，我们需要某种能够在其上运行程序的设备。对于 Android 平台来说，建议尽可能地在 Android 设备上进行开发。

但是，Android 模拟器（以及 iOS 模拟器）也包含了诸多优点。例如，在代码旁边设置一台虚拟设备通常比配置连接线的真实设备简单得多。

设置模拟器包含以下各项步骤。

（1）在 Android Studio 的工具链中选择 Android Virtual Device Manager (AVD Manager)，如图 1.11 所示。

图 1.11

（2）当首次打开 AVD Manager 时，将会看到一个欢迎屏幕。随后可单击中部的 Create Virtual Device...按钮构建虚拟设备，如图 1.12 所示。

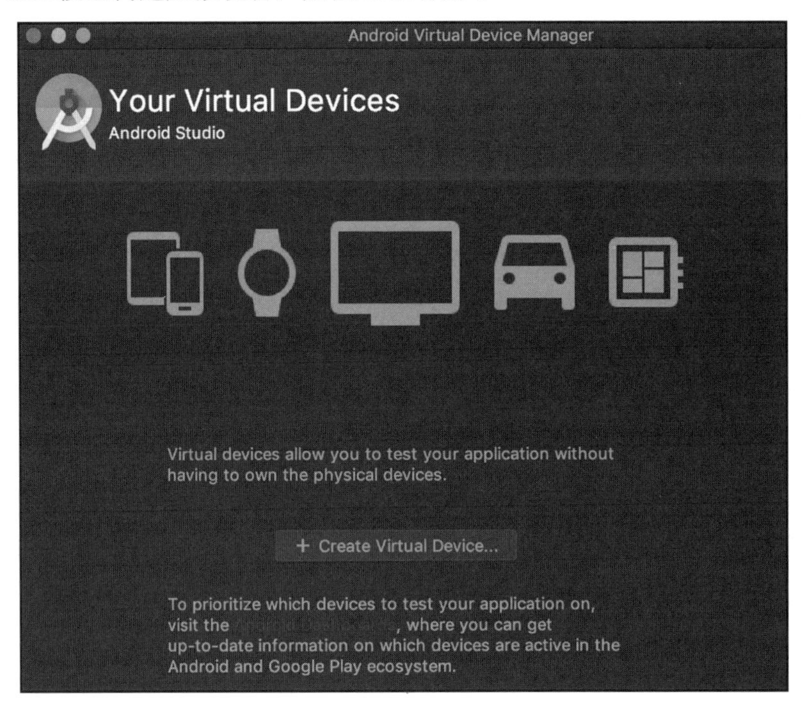

图 1.12

（3）将配置打算模拟的 Android 硬件，此处建议使用 Pixel 设备，如图 1.13 所示。

（4）接下来的操作可能会降低 Android 的运行时间。大多数时候，选取最近的图像依然足够，且每幅图像的大小一般为几千兆字节（GB），因而仅在必要时进行下载，如图 1.14 所示。

（5）单击 Next 按钮创建模拟器。另外，也可在必要时启动模拟器，但这并非必需。

（6）再次运行 flutter doctor 检查当前环境。

（7）接受所有的 Android 许可证书，对此，可执行下列命令。

```
flutter doctor --android-licenses
```

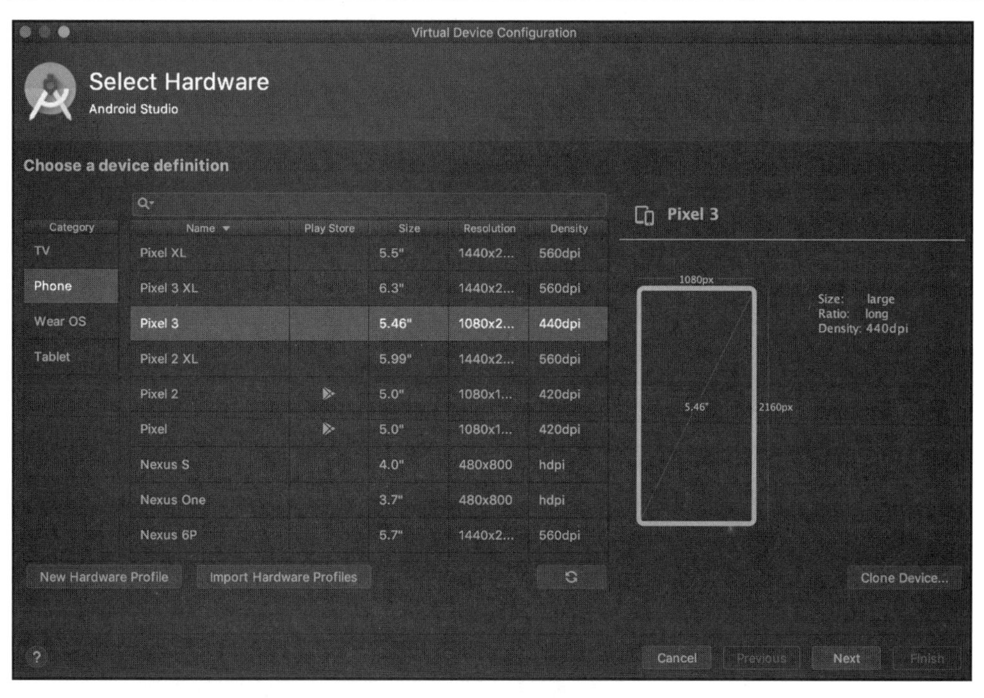
Virtual Device Configuration
Select Hardware
Android Studio
Choose a device definition
Category
TV
Phone
Wear OS
Tablet
Name
Play Store
Size
Resolution
Density
Pixel XL 5.5" 1440x2... 560dpi
Pixel 3 XL 6.3" 1440x2... 560dpi
Pixel 3 5.46" 1080x2... 440dpi
Pixel 2 XL 5.99" 1440x2... 560dpi
Pixel 2 5.0" 1080x1... 420dpi
Pixel 5.0" 1080x1... 420dpi
Nexus S 4.0" 480x800 hdpi
Nexus One 3.7" 480x800 hdpi
Nexus 6P 5.7" 1440x2... 560dpi
Pixel 3
1080px
5.46"
2160px
Size: large
Ratio: long
Density: 440dpi
New Hardware Profile
Import Hardware Profiles
Clone Device...
Cancel
Previous
Next
Finish

图 1.13

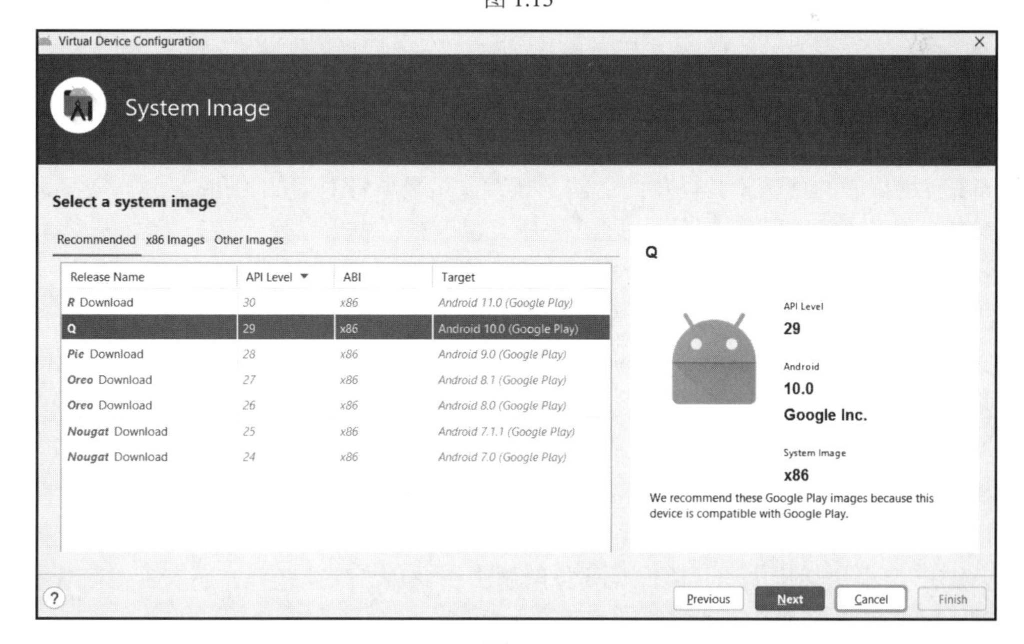
Virtual Device Configuration
System Image
Select a system image
Recommended
x86 Images
Other Images
Release Name
API Level
ABI
Target
R Download 30 x86 Android 11.0 (Google Play)
Q 29 x86 Android 10.0 (Google Play)
Pie Download 28 x86 Android 9.0 (Google Play)
Oreo Download 27 x86 Android 8.1 (Google Play)
Oreo Download 26 x86 Android 8.0 (Google Play)
Nougat Download 25 x86 Android 7.1.1 (Google Play)
Nougat Download 24 x86 Android 7.0 (Google Play)
Q
API Level
29
Android
10.0
Google Inc.
System Image
x86
We recommend these Google Play images because this device is compatible with Google Play.
Previous
Next
Cancel
Finish

图 1.14

当提示接受全部证书时，持续按 y 键。随后可再次运行 flutter doctor 并进行测试。此时，Android SDK 应配置完毕。

至此，我们针对 iOS 和 Android 设置了 Flutter SDK。在本章的后续实例中，我们将介绍一些可选方法以定制开发环境，进而满足具体的需求条件。

1.7　选择 IDE/编辑器

开发人员的 IDE 具有明显的个人特征。早期，开发人员会在 Emacs 和 Vim 之间争执不停；今天，大家显然冷静了许多。最终的选择结果取决于哪种工具效率最高。错误的做法是过度关注工具，而忽略了编码自身。与大多数事情一样，选取方案应适合于个人风格，而不是恪守所规定的教条。

Flutter 针对 3 种较为常见的 IDE 提供了官方插件。

- Android Studio。
- Visual Studio Code（VS Code）。
- IntelliJ IDEA。

下面将对这 3 种 IDE 进行比较，进而选择更为适用的 IDE。

1.7.1　Android Studio

Android Studio 是一款成熟、稳定的 IDE。自 2014 年起，Android Studio 已成为开发 Android 应用程序的默认工具。在此之前，开发人员需要针对诸如 Eclipse 这一类工具使用各种插件。支持使用 Android Studio 的最大理由源自安装操作——为了获得 Android SDK，需要下载 Android Studio。

当添加 Flutter 插件时，可选择 Android Studio→Preferences 命令。单击 Plugins 选项卡并打开插件商店，随后搜索 Flutter 并安装插件。最后重启 Android Studio，如图 1.15 所示。

Android Studio 是一个非常强大的工具。该工具初看之下较为复杂，其中涵盖了较多的面板、窗口和选项。开发人员可能需要花费一段时间熟悉、了解这一工具。

所有这些功能产生的结果是，Android Studio 是一个“重量级”的程序。在笔记本电脑上，IDE 会很快耗尽电池，因此需要将电源带在身边。除此之外，还应确保配备一台功能强大的计算机；否则可能需要花费更多的时间用于等待，而非编写代码。

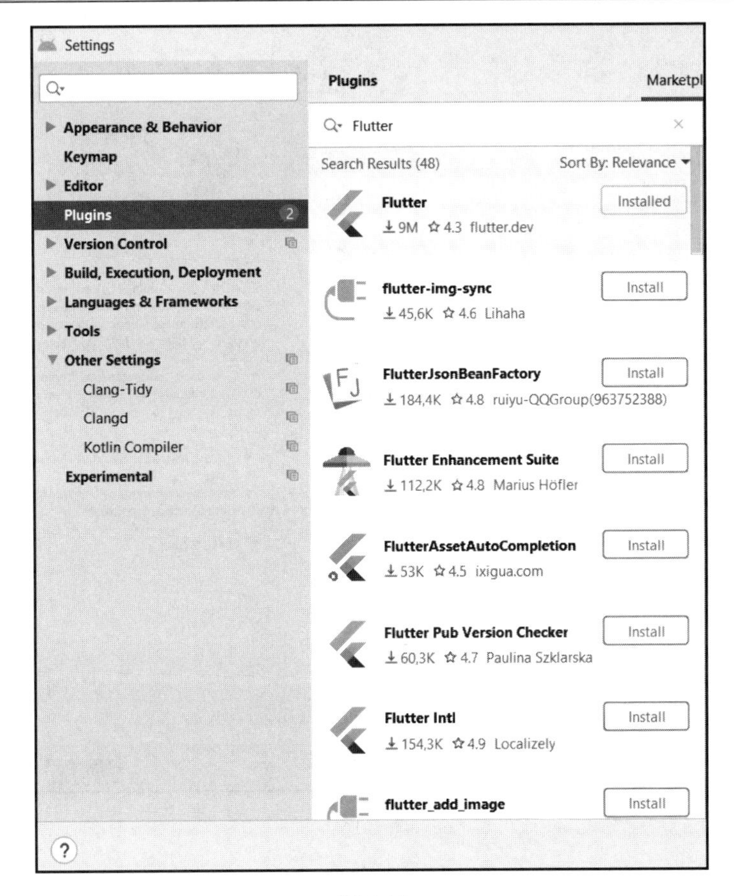

图 1.15

1.7.2　VS Code

VS Code 是一款由微软公司发布的轻量级、高度可扩展的工具，并可针对大多数编程语言进行配置，包括 Flutter。

读者可访问 https://code.visualstudio.com 下载 VS Code。

在安装了 VS Code 后，单击左侧工具链中的第 5 个按钮打开 Extensions Marketplace，搜索 Flutter 并下载该扩展，如图 1.16 所示。

在硬件方面，VS Code 表现得更加友好，同时还提供了大量的社区编写的扩展。

另外还可以看到，与 Android Studio 相比，VS Code 的 UI 更加简洁，屏幕并不会被面板和菜单所覆盖。这意味着，Android Studio 中看到的大多数功能都可以通过 VS Code 中的键盘快捷键来访问。

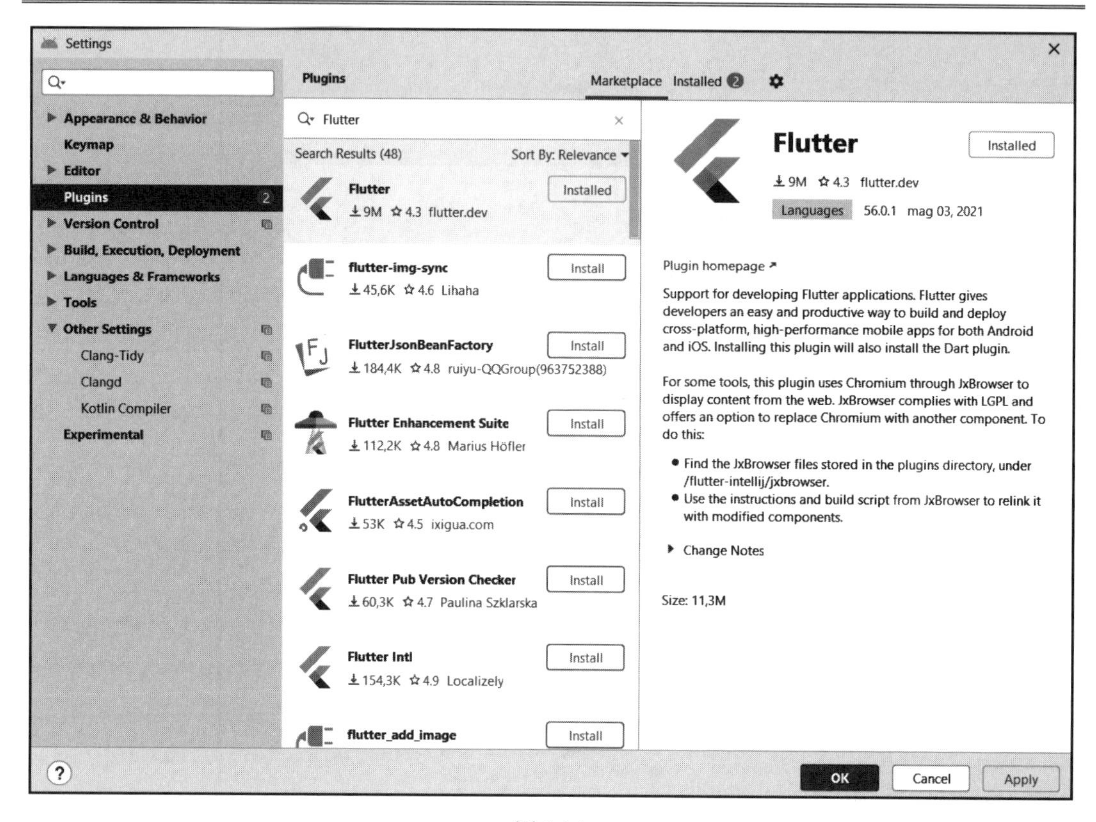

图 1.16

与 Android Studio 不同，VS Code 中的大多数工具可通过命令面板（Command Palette）予以访问。

在 Windows 环境下，按 Shift+Ctrl+P 快捷键（或者在 Mac 环境下按 Shift+Command+P 快捷键）可打开 Command Palette，随后输入>Flutter 查找可用的选项。另外，还可通过 View 菜单访问 Command Palette，如图 1.17 所示。

图 1.17

如果希望使用轻量级且相对完整的开发环境，同时还可定制自己的需求条件，那么 VS Code 则更加适用。

1.7.3　IntelliJ IDEA

IntelliJ IDEA 是另一个功能强大且兼具灵活性的 IDE，读者可访问 https://www.jetbrains.com/idea/下载该工具。

仔细观察后可以看到，IntelliJ iDEA 与 Android Studio 十分相似。这并非巧合，实际上，Android Studio 是 IntelliJ IDEA 一个修订版本。这意味着，为 Android Studio 安装的所有 Flutter 工具与 IntelliJ IDEA 提供的工具完全相同。

既然已经发布了 Android Studio，那么为何还要使用 IntelliJ IDEA？Android Studio 移除了 IntelliJ IDEA 中许多与 Android 开发无关的功能。这表明，如果开发人员关注于 Web 或服务器开发，则可使用 IntelliJ IDEA 获得相同的体验。当前，Flutter 将支持 Web 开发作为其目标之一，这可能是选择 IntelliJ IDEA 而非 Android Studio 的一个理由。

1.8　选择正确的通道

在构建应用程序之前的最后一项内容是通道的概念。Flutter 将其开发流分为多个通道，这实际上只是 Git 分支的一个较为奇特的名称。其中，每个通道代表 Flutter 框架的不同的稳定性级别。Flutter 开发人员将首先向主通道发布最新功能。随着各项功能趋于稳定，它们首先提升至 dev 通道，随后是 beta 通道，最终进入 stable 通道。

在学习 Flutter 的过程中，读者可能会坚持使用 stable 通道，这将确保代码运行时不会出现任何问题。

如果读者对某些尚未完成的功能感兴趣，那么可能会更加关注主通道、dev 通道或 beta 通道。

在终端窗口中，输入下列命令。

```
flutter channel
```

这将显示如图 1.18 所示的输出结果。

当克隆 Flutter 存储库时，默认为主通道。通常情况下，这不会产生任何问题。但出于教学目的，我们将采用更加可靠的方法。

输入下列命令。

```
flutter channel stable
flutter upgrade
```

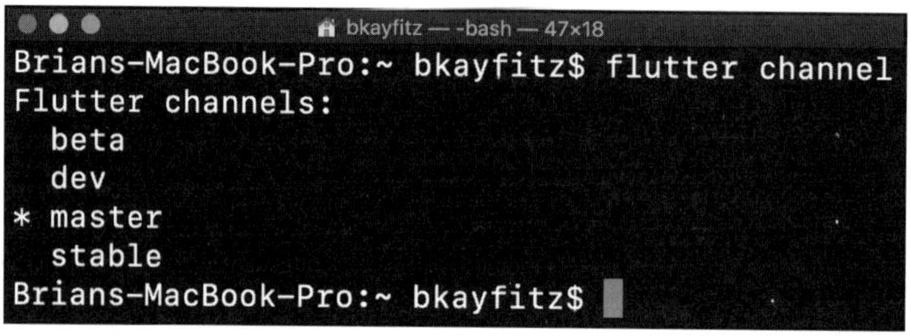

```
bkayfitz — -bash — 47×18
Brians-MacBook-Pro:~ bkayfitz$ flutter channel
Flutter channels:
  beta
  dev
* master
  stable
Brians-MacBook-Pro:~ bkayfitz$
```

图 1.18

这将把 Flutter SDK 切换至 stable 通道，以确保我们运行的版本是最新版本。

注意：

在切换通道时，读者可能已经注意到了对 Git 的引用。实际上，Flutter 通道仅是 Git 分支的另一个名称。如果读者愿意的话，也可采用 Git 命令切换通道，但可能需要消除 Flutter 工具的同步状态。相应地，应确保在切换通道/分支后始终运行 flutter upgrade 命令。

1.9　创建 Flutter 应用程序

创建 Flutter 主要包含两种方式，即命令行或 IDE。本节首先使用命令行工具创建新的应用程序，以对相关流程获取较为清晰的理解。在后续应用程序中则采用 IDE 方式创建应用程序。实际上，全部操作均在调用命令行，读者应对此有所认识。

在开始前，建议将项目保存至计算机中的相关位置处并始终保持一致。

也就是说，在创建应用程序之前，应确保创建了一个保存项目的目录。

1.9.1　实现方式

Flutter 提供了一个 flutter create 工具用于生成项目。我们可通过多个标记配置应用程序，但在当前示例中，我们仅讨论一些基础内容。

注意：

如果读者希望了解 Flutter 命令行工具的内容，可简单地输入 flutter <command> --help 命令。在当前示例中，我们可使用 flutter create --help 命令，这将输出一个与使用方式相关的全部选项和示例的列表。

（1）输入下列命令并生成第一个项目。

```
flutter create hello_flutter
```

由于将自动连接至公共站点并下载项目的依赖项，因此上述命令假设我们已连接至互联网。

如果当前未连接至互联网，则可输入下列命令。

```
flutter create --offline hello_flutter
```

注意：

最终需要互联网连接以同步数据包，因而在创建新的 Flutter 项目前应对网络连接进行检查。

（2）在项目创建完毕后，即可运行该项目并进行观察。此处需要将设备连接至计算机或启动模拟器。对此，可输入下列命令查看模拟器在计算机上是否可用。

```
flutter emulators
```

（3）上述命令将显示一个有效的模拟器列表，此处应至少可看到一个模拟器。接下来可输入相关命令运行应用程序。

在 Windows/Linux 上运行应用程序，可输入下列命令。

```
flutter emulators --launch [your device name, like:
Nexus_5X_API_28]
cd hello_flutter
flutter run
```

在 Mac 上运行应用程序，可输入下列命令。

```
flutter emulators --launch apple_ios_simulator
cd hello_flutter
flutter run
```

（4）对于物理设备，当查看全部已连接的设备时，可运行下列命令。

```
flutter devices
```

（5）为了在某台有效设备上运行应用程序，可输入下列命令。

```
flutter run -d [your_device_name]
```

（6）在应用程序构建完毕后，可以看到一个运行于模拟器中的示例 Flutter 项目，如图 1.19 所示。

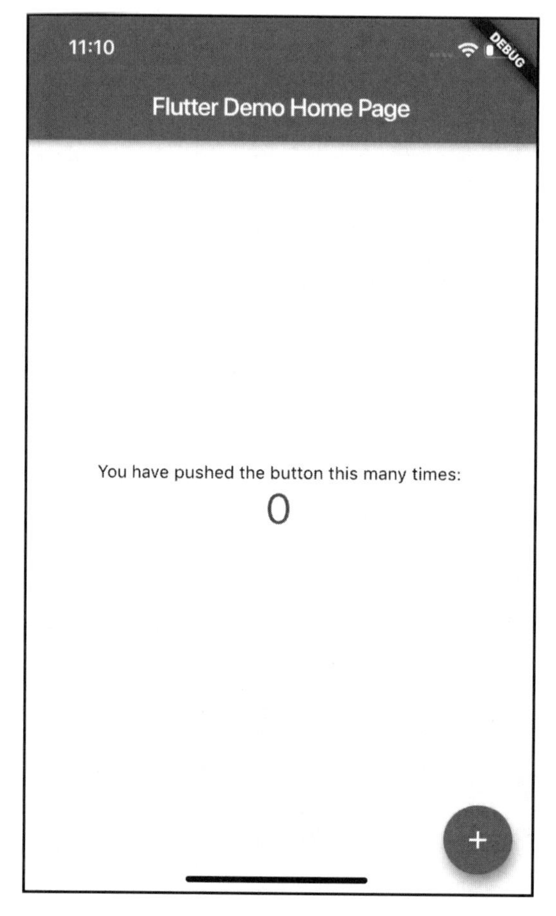

图 1.19

（7）此外，读者还可进行多方尝试。最后，可在终端中输入 q 命令关闭应用程序。

1.9.2　选择应用程序的平台语言

iOS 和 Android 目前都处于一场变革之中。当这两个平台在 10 多年前出现时，分别在 iOS 平台和 Android 平台上使用 Objective-C 语言和 Java 语言。这些均是较为优秀的语言，但有时不免有些冗长和复杂。

为了解决此类问题，Apple 针对 iOS 平台引入了 Swift 语言，而 Google 则针对 Android 平台采用了 Kotlin 语言。当在创建应用程序时选取这些新语言，可在终端中输入下列命令。

```
flutter create \
  --ios-language swift \
  --android-language kotlin \
  hello_modern_languages
```

当前，Flutter 创建了可使用 Swift 和 Kotlin 的平台 Shell。如果未加指定，则会默认选择 Objective-C 和 Java。这并不是一种限制，我们还可在后续操作中添加 Kotlin 或 Swift 代码。

记住，我们应该将主要的时间花费在编写 Dart 代码上。无论选择 Objective-C 还是 Kotlin，这一点都不会有太大的改变。

1.9.3 代码存放位置

当构建项目时，Flutter 生成的文件如图 1.20 所示。

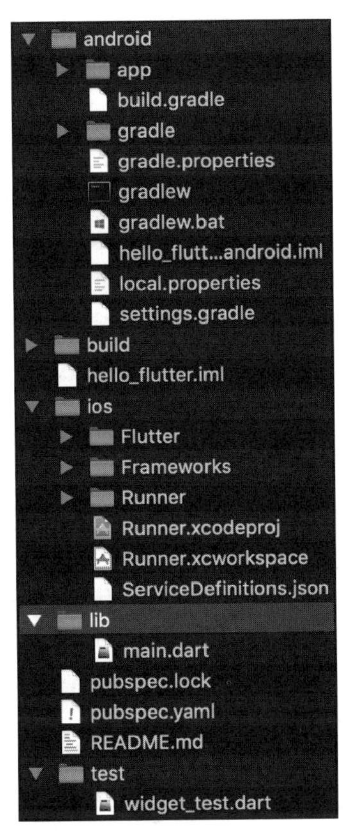

图 1.20

这里，项目中的重要文件夹包括 android、build、ios、lib 和 test。

其中，android 和 ios 文件夹包含托管 Flutter 代码的平台 Shell 项目。我们可尝试在 Xcode 中打开 Runner.xcworkspace 文件，或者在 Android Studio 中打开 android 文件夹，其运行结果与一般的本地应用程序并无两样。任何特定于平台的代码或配置均应放置在这些文件夹中。

build 文件夹调用在编译应用程序时生成的所有工件（artifact）。这个文件夹的内容应该被视为临时文件，因为每次运行构建时其内容都在不断更改。甚至可将 build 文件夹添加至 gitignore 文件中，以防止存储库膨胀。

lib 文件夹则是 Flutter 应用程序的核心内容，其中包含了全部 Dart 代码。当首次创建项目时，该目录中仅存在一个文件，即 main.dart 文件。由于 lib 是项目的主文件夹，因此需要对其予以适当的组织。在操作过程中，我们将创建多个子文件夹，并推荐使用几种不同的架构风格。

pubspec.yaml 文件保存了应用程序的配置信息，该配置文件采用了 YAML 标记语言，读者可访问 https://yaml.org 以了解更多信息。在 pubspec.yaml 文件中，可声明应用程序的名称、版本号、依赖项和资源数据。相应地，pubspec.lock 文件则基于 pubspec.yaml 文件的结果而生成，并可被添加至 Git 存储库中，但不应对该文件进行编辑。

最后一个文件夹是 test，并可于其中放置 Dart 代码编写的单元和微件测试。随着应用程序的不断扩展，自动化测试将成为一种越来越重要的技术，从而确保项目的稳定性。单元测试是一个高级主题，其内容超出了本书的讨论范围。读者可访问 https://flutter.dev/docs/testing 以了解 Flutter 中单元测试方面的更多信息。

1.9.4　热重载

有状态热重载可能是 Flutter 中最重要的特性之一。Flutter 可在运行时将新代码注入应用程序中，而不会丢失应用程序中的位置。当采用平台语言编写的应用程序更新代码和查看结果时，该过程可能需要几秒钟的时间。在 Flutter 中，这一编辑/更新周期将缩短至几秒，从而向 Flutter 开发人员提供了一种竞争优势。

使用热重载及同类热重启的较好方法可在 IDE 中予以实现。我们可以配置相应的 Flutter 插件，并在每次保存代码时执行热重载，从而使整个功能处于透明状态。

在 Android Studio/Intellij IDEA 中，打开 Preferences 对话框，并在搜索栏中输入 hot，这将快速跳转至如图 1.21 所示的设置项中。

这里，确认 Perform hot reload on save 复选框已被选中，并随后双击选中 Format code on save 和 Organize imports on save 复选框。

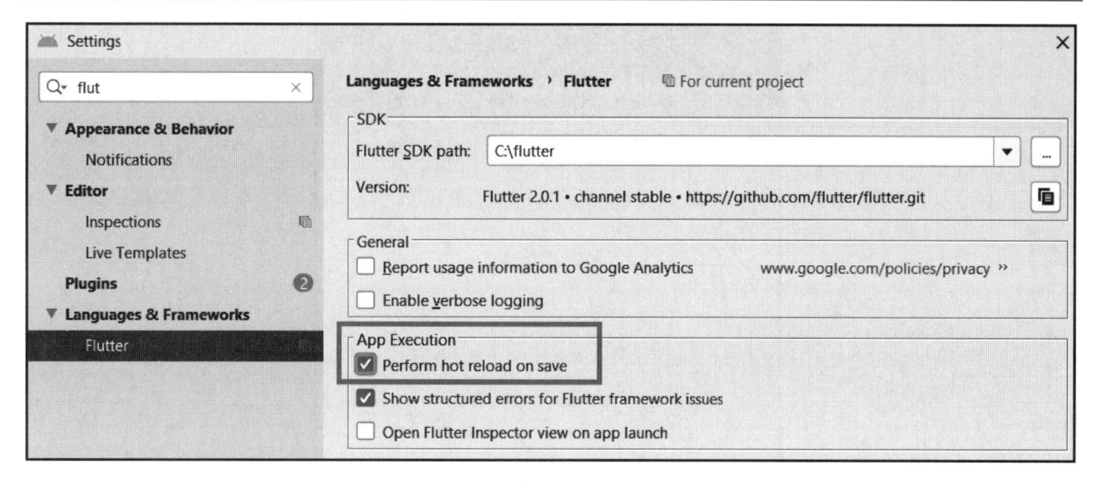

图 1.21

在 VS Code 中，默认状态下，Perform hot reload on save 复选框处于选中状态。如果未显示该复选框，则可通过 Shift+Command+P 快捷键打开 VS Code 的 Command Palette 对其进行检查，随后输入>Open Keyboard Shortcuts。相应地，可在搜索栏中输入 flutter 并筛选出与 Flutter 相关的特定快捷方式，如图 1.22 所示。

图 1.22

具体操作步骤如下。

（1）在 Android Studio 中，选择 File→Open 命令打开之前创建的 Flutter 项目，随后选择 hello_flutter 文件夹。

（2）在项目加载完毕后，在屏幕右上角的工具栏中可以看到一个绿色的 Play 按钮，如图 1.23 所示。

图 1.23

（3）当构建过程结束后，即可看到应用程序运行于模拟器/仿真器中。为了展示最佳效果，还可适当调整计算机上的窗口，以便看到两个并列的窗口，如图 1.24 所示。

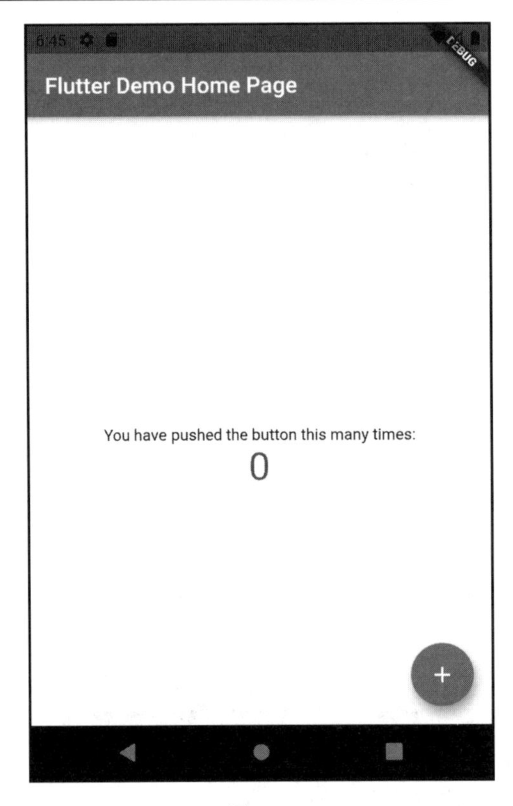

图 1.24

（4）将 primarySwatch 调整为 green，如下列代码片段所示，随后单击 Save 按钮。

```
class MyApp extends StatelessWidget {

  @override
  Widget build(BuildContext context) {
    return MaterialApp(
      title: 'Flutter Demo',
      theme: ThemeData(
        primarySwatch: Colors.green,
      ),
      home: MyHomePage(title: 'Flutter Demo Home Page'),
    );
  }
}
```

（5）当文件保存完毕后，Flutter 将再次绘制屏幕，如图 1.25 所示。

在 VS Code 中，操作方式也基本相同，如下所示。

（1）单击屏幕左侧的三角形图标，随后单击 Run and Debug 按钮，如图 1.26 所示。

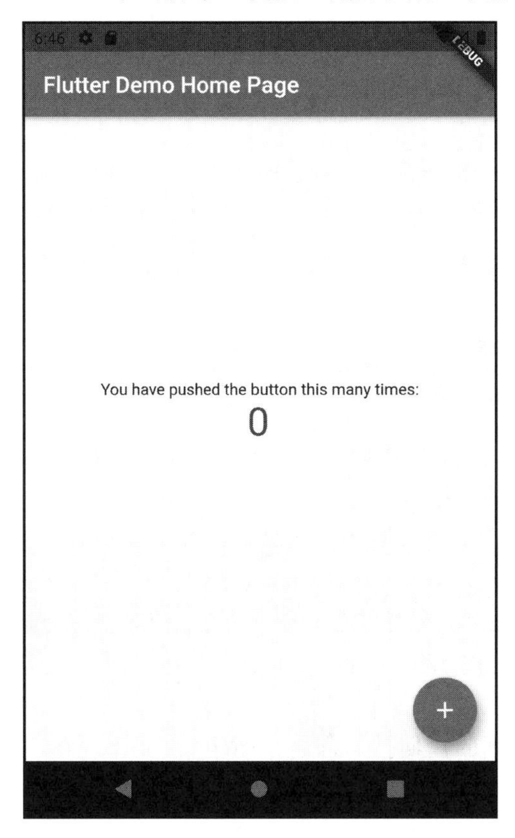

图 1.25

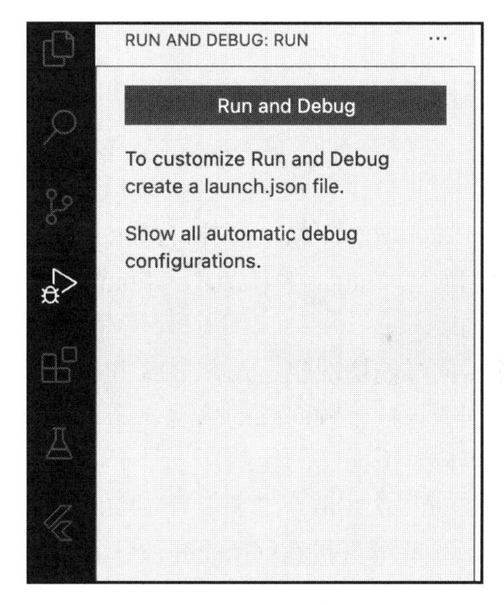

图 1.26

（2）将 primarySwatch 更新为 green，如下列代码片段所示，随后单击 Save 按钮。

```
class MyApp extends StatelessWidget {

  @override
  Widget build(BuildContext context) {
    return MaterialApp(
      title: 'Flutter Demo',
      theme: ThemeData(
        primarySwatch: Colors.green,
      ),
```

```
      home: MyHomePage(title: 'Flutter Demo Home Page'),
    );
  }
}
```

（3）仅当应用程序未更新时，方可从调试工具中单击 Hot reload 按钮或按 F5 键。这将把应用程序更新为绿色。另外，Hot reload 按钮采用闪电图标予以表示，如图 1.27 所示。

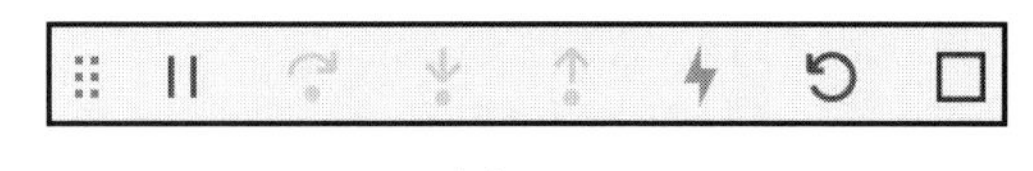

图 1.27

当前，热重载看起来较为简单，但在后续操作过程中，该特性可节省大量的开发时间。

1.10　本 章 小 结

本节讨论了 Flutter 工作环境的配置过程，并建议不时地重新运行 Flutter Doctor 以检查开发环境的状态。另外，Flutter Doctor 还将每隔几个星期或几个月（取决于通道）向我们通知 Flutter 的新版本。Flutter 是一个处于快速发展的新框架，因而需要使其保持最新的版本。

同样的情况也适用于 iOS 和 Android SDK。移动开发是一个不断发展和变化的过程，其间会导致各种问题的出现。通过本章介绍的技术和 Flutter Doctor，相信我们一定能够从容应对所面临的挑战。

Flutter 团队也非常乐于帮助解决可能遇到的任何技术问题，对于某些未文档化的问题，读者可直接在 GitHub 上与 Flutter 团队进行联系，对应网址为 https://github.com/flutter/flutter/issues。

命令行工具是一项重要的技能，包括设置和配置环境、编写构建脚本等。在本书后续内容中，当尝试向应用程序商店中自动构建并发布应用程序时，将充分展示命令行工具的功效。

关于命令行工具，Packt 出版社提供了许多相关书籍和课程，读者可访问 https://www.packtpub.com/application-development/command-linefundamentals 进行查看。

第 2 章将通过一些示例考查 Dart 编程语言。

第 2 章　Dart 编程语言

从本质上讲，Dart 是一种保守型编程语言，其设计目标并不是支持崭新的理念，而是创建一个可预测和稳定的编程环境。Dart 语言于 2011 年由谷歌发布，其目标是取代 JavaScript 在 Web 编程语言中的地位。

JavaScript 是一种较为灵活的语言，但类型系统的缺失以及易错的简单语法往往会导致项目在发展过程中难以管理。在 JavaScript 的动态特征和 Java 及其他面向对象语言基于类的设计之间，Dart 试图找到一个中间点以解决这一问题。Dart 语言的语法与 C 语言较为相似。

本章假设读者在学习 Dart 语言之前具有其他编程语言方面的经验，进而省略 Dart 语言中与 C 语言相似的语法部分。因此，本章将不介绍循环、if 语句、switch 语句等内容，这些内容与其他编程语言并无太多不同。相应地，本章将重点讨论 Dart 语言中的独特特征。

本章主要涉及以下主题。

- 声明变量——var、final 和 const。
- 字符串和字符串插值。
- 编写函数。
- 利用闭包将函数用作变量。
- 创建类并使用类构造函数的简洁形式。
- 定义抽象类。
- 实现泛型。
- 利用集合分组和操控数据。
- 利用高阶函数编写较少的代码。
- 使用级联运算符实现构建器模式。
- Dart 语言中的空安全。

2.1　技 术 需 求

本章主要介绍 Dart 语言而非 Flutter，因而运行相关示例时主要使用以下工具。

- DartPad（https://dartpad.dartlang.org）。DartPad 是一个简单的 Web 应用程序，并可于其中运行 Dart 代码，进而可尝试一些新的理念和共享代码。

- IDE。如果希望以本地方式运行完整的示例代码，则可使用 Visual Studio Code 或 IntelliJ。

2.2 声明变量——var、final 和 const

变量是用户定义的符号，该符号保存了指向某个值的引用，包括单一的数字和较大的对象图等。如果缺少变量，那么将无法编写应用程序。几乎所有编写的程序都可归结为接收输入信息、将数据存储在变量中、以某种方式操控数据，最后返回输出结果。

最近，编程中出现了一种新的趋势，即强调不可变性。这意味着，一旦数值被存储于某个变量中，这些值就无法再改变了。不可变变量更加安全，且不会产生任何副作用，因而出错的概率也大大降低。

在当前示例中，我们将创建一个简单的程序，并通过 3 种不同的方式声明变量——var、final 和 const。

2.2.1 准备工作

首先需要安装下列软件。

（1）DartPad。在浏览器中，访问 https://dartpad.dartlang.org 并下载 DartPad。

（2）Visual Studio Code。

- 双击已安装完毕的 DartCode 插件。
- 按 Command+N 快捷键创建新文件，并将其存储为 main.dart。

（3）IntelliJ。

- 双击安装完毕的 Dart 插件。
- 选择 Create new project 命令，随后将会显示如图 2.1 所示的对话框，并询问需要使用的语言和配置。
- 选择 Dart 作为开发语言，并随后选择 Console Application。这可有效地运行与命令行指令相同的命令，并将全部内容封装至一个漂亮的 GUI 中。

提示：

当与本书中的代码示例协同工作时，不建议将代码复制/粘贴至 IDE 中。相反，读者应以手工方式抄写示例代码。手动编写代码（而非复制/粘贴代码）将有助于大脑“吸收”代码，同时还可看到 DartFmt 等工具如何简化代码的输入工作。如果仅仅是复制/粘贴代码，那么除了获得工作代码，我们将一无所获。

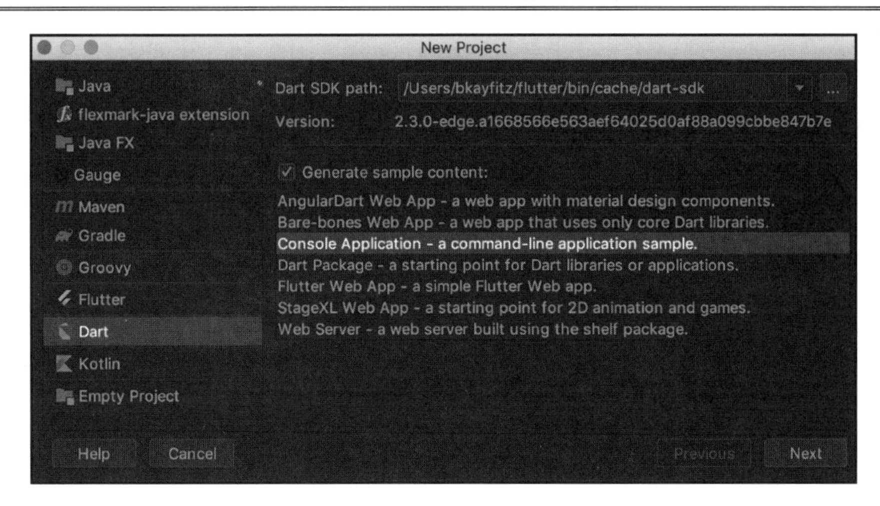

图 2.1

2.2.2　实现方式

下面创建第 1 个 Dart 项目，即一个空的画布。

（1）打开 main.dart 文件并删除一切内容。此时，文件将处于空白状态。接下来添加 main()函数，这也是每个 Dart 程序的入口点。

```
main() {
 variablePlayground();
}
```

（2）由于尚未定义 variablePlayground()函数，因此代码当前尚无法编译。variablePlayground()函数是各种操作的“枢纽”。

```
void variablePlayground() {
 basicTypes();
 untypedVariables();
 typeInterpolation();
 immutableVariables();
}
```

其中，在 variablePlayground()函数前添加了 void 关键字，也就是说，该函数不返回任何内容。

（3）下面实现 variablePlayground()函数中的第 1 个示例。在 basicTypes()方法中，全部变量均是可变的，在定义完毕后即可对其进行修改。

```
void basicTypes() {
 int four = 4;
 double pi = 3.14;
 num someNumber = 24601;
 bool yes = true;
 bool no = false;
 int nothing;
 print(four);
 print(pi);
 print(someNumber);
 print(yes);
 print(no);
 print(nothing == null);
}
```

声明可变变量的语法与其他编程语言类似。首先声明类型，随后是变量名。这里，可选择性地在赋值操作符之后提供一个值，否则该变量被设置为 null。

（4）Dart 语言包含一个名为 dynamic 的特殊类型。我们可利用这一关键字注解变量，从而表明该变量可以是任何内容。在某些场合下这十分有用；但在大多数时候，应避免使用该关键字。

```
void untypedVariables() {
 dynamic something = 14.2;
 print(something.runtimeType); //outputs 'double'
}
```

（5）另外，Dart 还可利用 var 关键字推断类型。var 不同于 dynamic，一旦某个值被赋予对应的变量，Dart 就会记住该类型且以后无法更改它，但值依然是可变的。

```
void typeInterpolation() {
 var anInteger = 15;
 var aDouble = 27.6;
 var aBoolean = false;

 print(anInteger.runtimeType);
 print(anInteger);

 print(aDouble.runtimeType);
 print(aDouble);

 print(aBoolean.runtimeType);
 print(aBoolean);
}
```

（6）最后，我们持有 4 个不可变变量。Dart 使用两个关键字用于标明不可变性，这两个关键字分别为 final 和 const。

注意：

final 和 const 之间的主要差别在于，const 必须在编译时确定。例如，不能使用包含 DateTime.now()的 const，因为当前日期和时间仅可在运行时确定，而无法在编译时确定。稍后将通过详细的示例加以解释。

（7）向 main.dart 文件中添加下列函数。

```
void immutableVariables() {
 final int immutableInteger = 5;
 final double immutableDouble = 0.015;

 // Type annotation is optional
 final interpolatedInteger = 10;
 final interpolatedDouble = 72.8;

 print(interpolatedInteger);
 print(interpolatedDouble);

 const aFullySealedVariable = true;
 print(aFullySealedVariable);
}
```

2.2.3　工作方式

Dart 中的赋值语句与 C 语言中采用相同的语法。

```
// (optional modifier) (optional type) variableName = value;
final String name = 'Donald'; // final modifier, String type
```

首先，可将变量声明为 var、final 或 const，如下所示。

```
var animal = 'Duck';
final numValue = 42;
const isBoring = true;
```

这些修饰符表明变量是否可变。其中，var 表示完全可变，因为其值可在任意时刻被再次赋予。final 变量仅可被赋值一次，但通过使用对象，还可修改其字段值。const 变量则是编译期常量，且完全不可变；这些变量一旦被赋值，就不能再被更改。

需要注意的是，当采用 final 修饰符时，仅可指定一种类型，如下所示。

```
final int numValue = 42; // this is ok
// NOT OK: const int or var int.
```

在 final 修饰符之后，可声明相应的变量类型，包括简单的内建类型（int、double 和 bool），以及复杂的自定义类型。对于诸如 Java、C、C++、Objective-C 和 C#等语言，这是一种标准的标记法。

显式地注解变量的类型是在 Java 和 C 等语言中声明变量的传统方法，但 Dart 也可以根据其赋值情况对类型进行修改。

在示例 typeInterpolation 中，我们通过 var 关键字对类型进行修饰，Dart 能够根据分配至变量的值获取相应的类型。例如，15 是一个整数，而 27.6 则是一个双精度浮点值。在大多数时候，无须显式地引用类型，编译器具有足够的智能可获取相应的类型。作为开发人员，我们可编写简洁的、类似于脚本的代码，同时还可获得类型安全语言的内在优势。

final 和 const 之间的差别较为细微但却十分重要。final 变量必须在声明该变量的同一语句中被赋值，并且该变量不能被重新赋值。

```
final meaningOfLife = 42;
meaningOfLife = 64; // This will throw an error
```

虽然 final 变量的顶级值无法修改，但其内部内容却依然可更改。在一个赋予 final 变量的数字列表中，我们可以修改列表的内部值，但不可赋予一个全新的列表。

const 则更进一步。const 值必须在编译时确定，且禁止将新值赋予 const 变量，同时该变量的内部内容也必须完全被“封闭”。典型情况下，这可通过令对象包含一个 const 构造函数予以实现，也就是说，仅可使用不可变值。由于对应值已在编译时确定，因此 const 值一般比变量更快。

2.2.4　更多内容

近些年来，在开发领域中出现了一种倾向，即趋于使用不变值而非可变值。如前所述，不可变数据不可被更改。一旦不可变数据被赋值后，就会保持原样。不可变数据的主要优点如下。

- 速度更快。当声明一个 const 值后，编译器将执行较少的工作，仅需针对该变量一次性地分配内存；当 const 变量再次被赋值时，无须担心再次分配内存空间。这看上去像是一种较小的增益，但随着程序的不断增长，性能收益也在随之增长。

- 不可变数据不包含负面作用。在程序设计过程中，最为常见的 bug 根源之一是数值在某处被修改，这将导致一系列意想不到的变化。如果数据无法更改，那么这种级联效果也不复存在。在实际操作过程中，大多数变量一般被赋值一次，因而建议利用变量的不可变性特征。

2.2.5　另请参阅

关于 Dart 语言，读者还可参考下列资源。

- Dart 站点提供了大量的语言特性，以及每周内建变量类型的详细解释，对应网址为 https://dart.dev/guides/language/language-tour。
- *Dart Essentials*（由 Packt 出版社出版）一书涵盖了 Dart 语言的方方面面，并可用于编写 Web 和服务器应用程序，对应网址为 https://www.packtpub.com/web-development/dart-essentials。

2.3　字符串和字符串插值

String 简单地表示为一个变量，其中保存了人类可读的文本。我们之所以将其称作字符串而非文本更多的是历史原因，而不是实用性。从计算机的角度来看，String 实际上是一个整数列表，其中，每个整数表示一个字符。

例如，数字 U+0041（Unicode 表示法，即十进制表示法的 65）表示为字母 A。这些数字被字符串化后创建了文本内容。

在当前示例中，我们将通过控制台应用程序定义字符串，并与字符串协同工作。

2.3.1　准备工作

当前示例需要在 DartPad 中编写代码，或者将代码添加至已有的项目中；另外，代码可在新文件或 main.dart 文件中编写。

2.3.2　实现方式

与前述项目类似，可在一个函数中定义多个子函数，以展示字符串的各种操作。

（1）输入下列代码，并将其用作其他字符串示例的“枢纽”。

```
void stringPlayground() {
 basicStringDeclaration();
```

```
 multiLineStrings();
 combiningStrings();
}
```

（2）第 1 部分展示了字符串字面值的声明方式。对此，在 stringPlayground()函数中编写下列代码。

```
void basicStringDeclaration() {
  // With Single Quotes
  print('Single quotes');
  final aBoldStatement = 'Dart isn\'t loosely typed.';
  print(aBoldStatement);

  // With Double Quotes
  print("Hello, World");
  final aMoreMildOpinion = "Dart's popularity has skyrocketed with
  Flutter!";
  print(aMoreMildOpinion);
  // Combining single and double quotes
  final mixAndMatch =
      'Every programmer should write "Hello, World" when learning
      a new language.';
  print(mixAndMatch);
}
```

（3）对于输出至屏幕上的文本块，Dart 语言还支持多行字符串。

```
void multiLineStrings() {
  final withEscaping = 'One Fish\nTwo Fish\nRed Fish\nBlue Fish';
  print(withEscaping);

  final hamlet = '''
  To be, or not to be, that is the question:
  Whether 'tis nobler in the mind to suffer
  The slings and arrows of outrageous fortune,
  Or to take arms against a sea of troubles
  And by opposing end them.
  ''';

  print(hamlet);
}
```

（4）程序员的常见任务之一是将字符串组合为更加复杂的字符串。Dart 语言支持传统的连接方法，同时也支持称作字符串插值的更加现代的方法，如下所示。

```
void combiningStrings() {
 traditionalConcatenation();
 modernInterpolation();
}

void traditionalConcatenation() {
 final hello = 'Hello';
 final world = "world";

 final combined = hello + ' ' + world;
 print(combined);
}

void modernInterpolation() {
 final year = 2011;
 final interpolated = 'Dart was announced in $year.';
 print(interpolated);

 final age = 35;
 final howOld = 'I am $age ${age == 1 ? 'year' : 'years'} old.';
 print(howOld);
}
```

（5）运行这段代码所需的全部工作就是更新 main.dart 文件，以便将该文件指向一个新文件。

```
main() {
 variablePlayground();
 stringPlayground();
}
```

2.3.3 工作方式

类似于 JavaScript，在 Dart 中存在两种方式声明字符串——使用单引号或双引号。具体采用哪一种方式并不重要，只要字符串的开始和结尾使用相同的字符即可。根据所选的字符，如果打算将该字符插入字符串中，则需要转义该字符。

例如，当采用单引号编写一个字符串 Dart isn't loosely typed 时，可以按照下列方式。

```
// With Single Quotes
final aBoldStatement = 'Dart isn\'t loosely typed.';

// With Double Quotes
final aMoreMildOpinion = "Dart's popularity has skyrocketed with Flutter!";
```

注意，在第 1 个示例中，我们必须使用一个反斜杠符号；而在第 2 个示例中则无此要求。这里，反斜杠符号被称作转义字符，并通知编译器，即使遇到单引号，这也并非字符串的结束位置。另外，该单引号应作为字符串的一部分内容被包含在内。

当编写包含单引号或双引号的字符串时，上述两种字符串的编写方式十分有用。如果使用不在字符串中的字符声明字符串，那么无须向代码中添加不必要的字符，进而提升了易读性。

在 Dart 语言中，首先单引号字符串（而非双引号字符串）已成为一种惯例，本书也将遵循这一惯例，除非添加转义字符。

在 Dart 语言中，另一个值得关注的特性是多行字符串。

对于一个较大的文本块，且不希望将其置于单行中，则可插入换行符\n，如下所示。

```
final withEscaping = 'One Fish\nTwo Fish\nRed Fish\nBlue Fish';
```

换行符已经出现了很久，但近期则涌现出了另一种方法。对于三引号标记（单引号或双引号），Dart 允许我们编写自由格式的文本，且无须注入任何非显示控制字符。

```
final hamlet = '''
  To be, or not to be, that is the question:
  Whether 'tis nobler in the mind to suffer
  The slings and arrows of outrageous fortune,
  Or to take arms against a sea of troubles
  And by opposing end them.
  ''';
```

在上述示例中，每次按 Enter 键时，该过程等价于在字符串中输入一个控制字符\n。

2.3.4　更多内容

除了简单地声明字符串外，该数据类型更常见的用途是连接多个值以构建复杂的语句。Dart 语言支持传统的字符串连接方式，也就是说，在多个字符串间使用+号，如下所示。

```
final sum = 1 + 1; // 2
final concatenate = 'one plus one is ' + sum;
```

虽然 Dart 完全支持这种字符串构建方法，但该语言还支持插值语法。其中，第 2 个语句可升级为下列代码。

```
final sum = 1 + 1;
final interpolate = 'one plus one is $sum'
```

这里，$符号仅适用于单一值，如上述代码片段中的整数。如果需要更复杂的内容，可在$符号后添加花括号，进而编写任何 Dart 表达式。这可以是一些简单的操作，如访问类的成员，也可以是复杂的三元操作符。

考查下列示例。

```
final age = 35;
final howOld = 'I am $age ${age == 1 ? 'year' : 'years'} old.';
print(howOld);
```

其中，第 1 行代码声明了一个名为 age 的整数，并将其值设置为 35。第 2 行代码包含了字符串插值的两种类型。首先，对应值通过$age 被插入，随后，字符串中存在一个三元操作符以确定应该使用 year 或 years。

```
age == 1 ? 'year' : 'years'
```

该语句表明，如果 age 值为 1，那么将使用单数单词 year；否则使用复数单词 years。当运行上述代码时，对应的输出结果如下。

```
I am 35 years old.
```

记住，清晰的代码通常比较短的代码更好，即使它占用更多的空间。

值得注意的是，执行连接任务的另一种方法是使用 StringBuffer 对象。考查下列代码。

```
List fruits = ['Strawberry', 'Coconut', 'Orange', 'Mango', 'Apple'];
StringBuffer buffer = StringBuffer();
for (String fruit in fruits) {
  buffer.write(fruit);
  buffer.write(' ');
}
print (buffer.toString()); // prints: Strawberry Coconut Orange
                           // Mango Apple
```

这里，我们可使用 StringBuffer 并通过递增方式构建一个字符串，该方法优于字符串的连接操作。通过调用 StringBuffer 的 write()方法，可将内容添加至 StringBuffer 中。待构建完毕后，即可使用 toString()方法将它转换为 String。

2.3.5 另请参阅

关于 Dart 语言中字符串的详细内容，读者可查看下列资源。

- Dart 语言指南（与字符串相关）：https://dart.dev/guides/language/language-tour#strings。
- 字符串应用的一些建议：https://dart.dev/guides/language/effective-dart/usage#strings。
- String 类的官方文档：https://api.flutter.dev/flutter/dart-core/String-class.html。

2.4 编写函数

函数是任何编程语言的基本构造块，Dart 语言也不例外。函数的基本结构如下。

```
optionalReturnType functionName(optionalType parameter1, optionalType
parameter2...) {
  // code
}
```

在前面案例中，我们已经编写了一些函数。实际上，如果缺少函数，我们将无法编写一个正常运行的 Dart 应用程序。

另外，Dart 语言还涵盖一些经典语法的变体，并支持可选参数、可选命名参数、默认参数值、注解、闭包、生成器和异步装饰器。这似乎涉及了过多的内容，但通过 Dart，大部分复杂内容将会消失。

接下来考查如何编写函数和闭包。

2.4.1 准备工作

当前示例需要在 DartPad 中编写代码，或者将代码添加至已有的项目中；另外，代码可在新文件或 main.dart 文件中编写。

2.4.2 实现方式

本节将继续采用与之前相同的处理模式，如下所示。

（1）针对所介绍的不同特性创建一个“枢纽”函数。

```
void functionPlayground() {
  classicalFunctions();
```

```
  optionalParameters();
}
```

（2）添加一些函数，对应函数接收参数并返回相关值。

```
void printMyName(String name) {
  print('Hello $name');
}

int add(int a, int b) {
  return a + b;
}

int factorial(int number) {
  if (number <= 0) {
    return 1;
  }

  return number * factorial(number - 1);
}

void classicalFunctions() {
  printMyName('Anna');
  printMyName('Michael');

  final sum = add(5, 3);
  print(sum);

  print('10 Factorial is ${factorial(10)}');
}
```

（3）可选参数是 Dart 语言中的新特性之一。如果将函数的形参列表用方括号括起来，即可以省略这些形参，且不会引发编译器错误。

注意：

参数之后的问号将通知 Dart 编译器，该参数自身可以是 null，如 String? name。

（4）随后添加下列代码。

```
void unnamed([String? name, int? age]) {
  final actualName = name ?? 'Unknown';
  final actualAge = age ?? 0;
  print('$actualName is $actualAge years old.');
}
```

除此之外，Dart 还支持基于花括号的命名可选参数。

注意：

当调用包含命名参数的函数时，需要指定相应的参数名，并可以任意顺序调用参数，如 named(greeting: 'hello!');。

（5）在未命名的可选函数后面添加下列函数。

```
void named({String? greeting, String? name}) {
  final actualGreeting = greeting ?? 'Hello';
  final actualName = name ?? 'Mystery Person';
  print('$actualGreeting, $actualName!');
}
```

（6）可选参数和可选命名参数同样支持默认值。如果调用参数时忽略参数，那么将使用默认值而非 null。另外，还可先放置一组所需参数，随后是一个可选参数列表，如下所示。

```
String duplicate(String name, {int times = 1}) {
  String merged = '';
  for (int i = 0; i < times; i++) {
    merged += name;
    if (i != times - 1) {
      merged += ' ';
    }
  }

  return merged;
}
```

（7）编写一个测试函数以展示各部分功能。

```
void optionalParameters() {
  unnamed('Huxley', 3);
  unnamed();

  // Notice how named parameters can be in any order
  named(greeting: 'Greetings and Salutations');
  named(name: 'Sonia');
  named(name: 'Alex', greeting: 'Bonjour');

  final multiply = duplicate('Mikey', times: 3);
  print(multiply);
}
```

（8）更新 main()方法以便运行这些函数。

```
main() {
  variablePlayground();
  stringPlayground();
  functionPlayground();
}
```

2.4.3　工作方式

利用 Dart 语言，可编写包含未命名参数（早期方式）、命名参数和未命名可选参数。在 Flutter 中，未命名的可选参数是最常用的方式，特别是在微件中（稍后将对此加以讨论）。

此外，命名参数还可消除每个参数所执行任务的不确定性。考查下列代码。

```
unnamed('Huxley', 3);
```

现在，将上面代码与下列代码进行比较。

```
duplicate('Mikey', times: 3);
```

在第 1 个示例中，每个参数的功能并不清晰。在第 2 个示例中，times 参数表明文本 Mikey 将被复制 3 次。对于包含较长参数列表的函数，情况将变得较为复杂，因为很难记住参数的正确顺序。

下面查看如何将这一语法内容置于 Flutter 框架中。

```
Container(
  margin: const EdgeInsets.all(10.0),
  color: Colors.red,
  height: 48.0,
  child: Text('Named parameters are great!'),
)
```

这甚至不是容器可用的全部属性——实际内容可以变得更长。如果缺少命名参数，这一类语法几乎不可能被读取。

提示：

Dart 函数的类型注解是可选的。

当然，我们完全可以省略类型注解。但是，对于不包含类型注解的任何参数或函数名，Dart 均会将其假设为 dynamic 类型。考虑到充分发挥 Dart 类型系统的功效，因此应该避免使用 dynamic 类型。这也是为什么在不返回任何值的函数前面添加关键字 void 的原因。

2.5　利用闭包将函数用作变量

闭包（也称作一级函数）是一种有趣的语言特性，起源于 20 世纪 30 年代的演算。其基本思想是，函数也是一个值，可以作为参数被传递给其他函数。相应地，这些函数类型被称作闭包。但是，函数和闭包之间并不存在真正的差别。

闭包可被保存至变量中，并可用作其他函数的参数。当使用一个以闭包作为属性的函数时，闭包甚至可以通过内联方式编写。

2.5.1　准备工作

当前示例需要在 DartPad 中编写代码，或者将代码添加至已有的项目中；另外，代码可在新文件或 main.dart 文件中编写。

2.5.2　实现方式

当在 Dart 中实现一个闭包时，需要执行下列各项步骤。

（1）为了向函数中添加一个闭包，实际上需要在一个函数中定义另一个函数签名。

```
void callbackExample(void callback(String value)) {
  callback('Hello Callback');
}
```

（2）以内联方式定义闭包可能较为冗长。为了简化该操作，Dart 采用 typedef 关键字创建一个表示该闭包的自定义类型别名。下面创建一个名为 NumberGetter 的 typedef，它表示一个返回整数的函数。

```
typedef NumberGetter = int Function();
```

（3）下列函数将接收 NumberGetter 作为其参数，并在其函数中调用它。

```
int powerOfTwo(NumberGetter getter) {
 return getter() * getter();
}
```

（4）将所有内容整合至一个函数中，并使用这些闭包示例。

```
void consumeClosure() {
 final getFour = () => 4;
 final squared = powerOfTwo(getFour);
```

```
  print(squared);

  callbackExample((result) {
  print(result);
  });
}
```

（5）在 Playground()方法之前或 main()方法中添加一个 consumeClosure()调用。

```
consumeClosure();
```

2.5.3 工作方式

如果缺少闭包，那么现代编程语言将是不完整的，Dart 语言也不例外。简而言之，闭包是一个函数，并可被保存至某个变量中以供后续操作调用。闭包常用于回调，例如当用户单击一个按钮，或当应用程序接收来自网络调用的数据时。

在当前案例中，我们展示了两种闭包的定义方式，如下所示。

（1）函数原型。

（2）typedef。

其中，与闭包协同工作时最简单且最具维护性的方法是使用 typedef 关键字。当多次复用同一闭包时，这将十分有用。此外，使用 typedef 还将使代码更加简洁，如下所示。

```
typedef NumberGetter = int Function();
```

上述代码定义了一个名为 NumberGetter 的闭包类型，它表示为一个预期返回整数的函数。

```
int powerOfTwo(NumberGetter getter) {
  return getter() * getter();
}
```

随后，当前闭包类型将用于该函数中，该函数调用闭包两次并随后将结果相乘。

```
final getFour = () => 4;
final squared = powerOfTwo(getFour);
```

此处调用函数并提供相应的闭包，它将返回数字 4。此外，代码还使用了箭头语法，进而可编写不带括号的单行函数。对于单行函数，我们可采用箭头语法=>，而非括号。

相应地，不包含箭头的 getFour 这一行代码则等价于下列代码。

```
final getFour = () {
  return 4;
```

```
};
// this is the same as: final getFour = () => 4;
```

箭头函数对于移除不需要的语法十分有用，但仅可用于简单的语句。对于复杂的函数，则应使用块函数语法。

闭包可能是最难理解的编程概念之一，读者可反复练习以进一步掌握这一概念。

2.6　创建类并使用类构造函数的简洁形式

与其他面向对象编程（OOP）语言相比，Dart 中的类并无太大变化。主要区别在于 Dart 精简了某些内容。Dart 语言支持大多数 OOP 范式，且不需要大量的关键字。例如，下列内容列举了一些与 OOP 相关的常见关键字，但在 Dart 中不可用。

- private。
- protected。
- public。
- struct。
- interface。
- protocol。

对于 OOP 的长期使用者来说，放弃这些关键字可能需要一些时间。但在不使用这些关键字的情况下，我们仍然可以编写类型安全的、封装后的面向对象代码。

在当前示例中，我们将围绕正式名称和非正式名称定义一个类层次结构。

2.6.1　准备工作

类似于本章中的其他示例，这里将在现有项目中创建一个新文件，或者将代码添加至 DartPad 中。

2.6.2　实现方式

下面将在 Dart 中构建自定义类型。

（1）定义一个名为 Name 的类，这是一个存储个人姓和名的对象。

```
class Name {
 final String first;
 final String last;
```

```
 Name(this.first, this.last);


 @override
 String toString() {
 return '$first $last';
 }
}
```

（2）定义一个名为 OfficialName 的子类，该类类似于 Name 类，但包含一个标题。

```
class OfficialName extends Name {
 // Private properties begin with an underscore
 final String _title;

 // You can add colons after constructor
 // to parse data or delegate to super

 OfficialName(this._title, String first, String last)
 : super(first, last);

 @override
 String toString() {
   return '$_title. ${super.toString()}';
 }
}
```

（3）通过 Playground()函数查看全部概念的操作方式。

```
void classPlayground() {
  final name = OfficialName('Mr', 'Francois', 'Rabelais');
  final message = name.toString();
  print(message);
}
```

（4）在 main()方法中添加 classPlayground()调用。

```
main() {
  ...
  classPlayground();
}
```

2.6.3　工作方式

就像函数一样，Dart 实现了经典的面向对象编程的预期行为。

当前示例采用了层次结构，它表示为一个 OOP 构造块。考查下列类声明。

```
class OfficialName extends Name {
...
```

这意味着，OfficialName 继承了 Name 类中所有可用的属性和方法；此外，还可能添加了更多的属性和方法，或者重载现有的属性和方法。

Dart 中另一个语法特性是构造函数的简写形式。这可通过简单地添加 this 关键字来自动分配构造函数中的成员，这一点在 Name 类中得到了展示，如下所示。

```
const Name(this.first, this.last);
```

Android Studio 和 Visual Studio Code 的 Dart 插件也有一个较为方便的生成构造函数的快捷方式，进而可有效地提升处理速度。对此，可尝试删除 Name 类中的构造函数，此时将可看到第一个和最后一个属性下方的下画线。接下来，将鼠标移至这些属性处（任意一个属性），并按 Option+Enter 快捷键，如图 2.2 所示。

图 2.2

此时会看到一个弹出框，并显示针对 final 字段创建构造函数。如果按 Enter 键，则会显示构造函数且无须输入任何内容。

Dart 语言与其他 OOP 编程语言（如 Java、C#、Kotlin 和 Swift）的不同之处在于，它缺少接口和抽象类方面的显式关键字。在 Dart 中，对象的定义更多地取决于其使用方式，而非定义方式。

针对类间的构造关系，存在 3 个关键字，如表 2.1 所示。

表 2.1

关　键　字	说　　明
extends	类继承。如果某个类打算扩展超类的功能，则可使用 extends 关键字。注意，一个类仅可扩展一个类——Dart 不支持多重继承
implements	接口的一致性。当创建另一个类的定制实现时，可使用关键字 implements，因为所有类都是隐式接口。例如，当 FullName 类实现 Name 类时，需要实现定义于 Name 类中的全部函数。这意味着，当实现某个类时，我们不继承任何代码，仅继承类型。类可实现任何数量的接口，但要合理掌控以免列表过于冗长
with	使用 mixin。在 Dart 语言中，某个类仅可扩展另一个类。mixin 可在多个类层次结构中复用类代码。这意味着，mixin 允许我们获得代码块且无须创建子类

注意：

Dart 2.1 向该语言中添加了关键字 mixin。在此之前，mixin 仅是一个抽象类。必要时，mixin 仍可以这种方式使用。

2.6.4　另请参阅

当前示例还涉及了下列主题。

- *Design Patterns: Elements of Reusable Object-Oriented Software*，这是一本关于设计模式的经典著作，对应网址为 https://www.pearson.com/us/higher-education/program/Gamma-Design-Patterns-Elements-of-Reusable-Object-Oriented-Software/PGM14333.html。
- *Mastering Dart*：对应网址为 https://subscription.packtpub.com/book/web_development/9781783989560。

2.7　利用集合分组和操控数据

所有语言均制订了一些组织数据的机制。之前曾介绍了最常见的方法——对象。这些基于类的结构允许程序员定义数据的建模方式，以及如何通过相关方法对数据进行操控。

如果打算对一组相似数据建模，集合可能是较好的解决方案。集合包含一组元素，Dart 语言中存在多种集合类型，本节主要介绍 3 种较为常见的集合，即 List、Map 和 Set。

- List 是一个线性集合，并可于其中维护元素的顺序。
- Map 是非线性值集合，并可通过唯一的键进行访问。
- Set 是唯一值的非线性集合，其顺序不可维护。

几乎每种编程语言均涵盖上述 3 种集合类型，只是名称有所差异。如果 Dart 并不是读者的首选语言，那么表 2.2 可将集合与其他语言中的等价概念关联起来。

表 2.2

Dart	Java	Swift	JavaScript
List	ArrayList	Array	Array
Map	HashMap	Dictionary	Object
Set	HashSet	Set	Set

2.7.1　准备工作

在项目中创建新文件，或者在 DartPad 中输入相关代码。

2.7.2　实现方式

使用 Dart 集合需要执行下列各项步骤。

（1）创建 Playground()函数，并针对每种集合类型调用相关示例。

```
void collectionPlayground() {
  listPlayground();
  mapPlayground();
  setPlayground();
  collectionControlFlow();
}
```

（2）List 在其他一些语言中通常被称作数组。下列函数展示了如何从列表中声明、创建、添加和移除数据。

```
void listPlayground() {
  // Creating with list literal syntax
  final List<int> numbers = [1, 2, 3, 5, 7];

  numbers.add(10);
  numbers.addAll([4, 1, 35]);

  // Assigning via subscript
  numbers[1] = 15;

  print('The second number is ${numbers[1]}');

  // enumerating a list
  for (int number in numbers) {
    print(number);
  }
}
```

（3）Map 针对每个元素存储两个数据点——键和值。其中，键用于编写和检索列表中的值。下面添加相关函数并查看 Map 的相关操作。

```
void mapPlayground() {
 // Map Literal syntax
```

```
 final MapString, int ages = {
 'Mike': 18,
 'Peter': 35,
 'Jennifer': 26,
 };

 // Subscript syntax uses the key type.
 // A String in this case
 ages['Tom'] = 48;

 final ageOfPeter = ages['Peter'];
 print('Peter is $ageOfPeter years old.');

 ages.remove('Peter');

 ages.forEach((String name, int age) {
 print('$name is $age years old');
 });
}
```

（4）Set 是较少使用的集合类型，但依然十分有用。Set 用于存储值，其中，值的顺序并不重要，但集合中的全部值均为唯一。下列函数展示了 Set 的应用方式。

```
void setPlayground() {
 // Set literal, similar to Map, but no keys
 final final Set<String> ministers = {'Justin', 'Stephen', 'Paul',
'Jean', 'Kim', 'Brian'};
 ministers.addAll({'John', 'Pierre', 'Joe', 'Pierre'}); // Pierre is a
// duplicate, which is not allowed in a set.

 final isJustinAMinister = ministers.contains('Justin');
 print(isJustinAMinister);

 // 'Pierre' will only be printed once
 // Duplicates are automatically rejected
 for (String primeMinister in ministers) {
  print('$primeMinister is a Prime Minister.');
 }
}
```

（5）Dart 的另一个特性是能够在集合中直接包含控制流语句。这一特性也是少数几个 Flutter 可直接影响语言方向的例子之一。我们可以在集合声明中直接包含 if 语句、for 循环和展开操作符。当在第 3 章中讨论 Flutter 时，我们将大量地使用这种语法风格。对此，添加下列函数以了解控制流在简单数据上的工作方式。

```
void collectionControlFlow() {
  final addMore = false;
  final randomNumbers = [
    34,
    232,
    54,
    32,
    if (addMore) ...[
      534343,
      4423,
      3432432,
    ],
  ];

  final duplicated = [
    for (int number in randomNumbers) number * 2,
  ];

  print(duplicated);
}
```

2.7.3　工作方式

上述示例展示了集合中的元素可以被添加、移除和枚举。当选择所用的集合类型时，需要回答下列 3 个问题。

（1）数据的顺序是否重要？若是，则选择 List。

（2）所有元素是否唯一？若是，则选择 Set。

（3）是否需要从数据集中快速地访问元素？若是，则选择 Map。

Set 可能是最未被充分利用的集合，但不应将其排除在视线之外。由于 Set 要求元素具有唯一性，且无须维护明确的顺序，因此 Set 可明显地快于 List。对于较小的集合（约 100 个元素），二者不存在明显的区别；随之集合的不断增长（约 10000 个元素），Set 的优势将变得越发明显。我们可通过大 O 符号对此予以考查。大 O 符号是一种测量计算机算法速度的常见方法。

下标是集合所共有的语法。下标是一种快速访问集合中元素的方法，且在不同的语言中其工作的方式是相同的。

```
numbers[1] = 15;
```

上述代码将数字列表中的第 2 个值赋予 15。注意，Dart 语言中的 List 自 0 偏移量开始访问元素。如果列表的长度为 10，那么元素 0 为第 1 个元素，而元素 9 为最后一个元素。

如果尝试访问元素 10，那么应用程序将会抛出一个越界异常，因为列表中不存在元素 10。

某些时候，在列表中使用 first 和 last 访问器则更加安全，而非直接访问元素。

```
final firstElement = numbers.first;
final lastElement = numbers.last;
```

注意，如果集合为空，那么 first 和 last 同样会抛出异常。

```
final List mySet = [];
print (mySet.first); // this will throw a Bad state: No element error
```

对于 Map，可利用字符串而非整数访问值。

```
ages['Tom'] = 48;
final myAge = ages['Brian']; // This will be null
```

但是，与数组不同，如果尝试使用不在 Map 上的键访问一个值，那么 Map 将会优雅地失败并返回 null。Map 不会抛出一个异常。

2.7.4　更多内容

在 Dart 2.3 中，一个值得关注的特性是将控制流置于集合中。当探讨 Flutter 构建方法时，这一特性十分重要。

除了未添加括号，并且可通过一行代码在集合中生成一个新值之外，相关操作符的工作方式与常规控制流中对应的操作符类似。

```
final duplicated = [
  for (int number in randomNumbers) number * 2,
];
```

在当前示例中，我们遍历 randomNumbers 列表并输出双倍值。注意，此处不包含返回语句，且对应值立即被添加至列表中。

然而，单行代码具有一定的限制性，因此，Dart 从 JavaScript 语言中借鉴了展开操作符。

```
final randomNumbers = [
  34,
  232,
  54,
  32,
```

```
  if (addMore) ...[
    534343,
    4423,
    3432432,
  ],
];
```

通过在子表前设置 3 个点（...），Dart 将启用第 2 个列表，并将所有数字转至单一列表中。据此，可在集合-if 或集合-for 语句中添加多个值。另外，扩展操作符也可在合并列表时予以使用，而不仅限于集合-if 和集合-for 语句。

2.7.5　另请参阅

关于集合的详细解释，读者还可参考下列资源。

- 集合库：https://api.dartlang org/stable/2.4.0/dart-collection/dart-collection-library.html。
- 大 O 标记法：https://en.wikipedia.org/wiki/Big_O_notation。
- 与 Dart 2.3 相关的文章：https://medium.com/dartlang/announcing-dart-2-3-optimized-for-building-user-interfaces-e84919ca1dff。

2.8　利用高阶函数编写较少的代码

如果程序员还有另一个名字的话，我想应该是“数据发送器”。实际上，这正是程序员所做的工作。应用程序从某个源处接收数据，无论是 Web 服务还是本地数据库，随后将这些数据转换至用户界面，并于其中收集更多的信息，然后将其发送回源。这一过程甚至包含一个缩写词——CRUD，即创建、读取、更新和删除。

程序员会花费大部分时间编写 CRUD 代码。无论是处理 3D 图形或是训练机器学习模型，CRUD 均会占用开发人员的大量时间。

对于需要快速操作的大量数据，标准控制流以及 do、while 和 for 循环并不能解决问题。相反，应采用高阶函数（这也是函数式编程的主要内容之一）以更快地获得相关内容。

2.8.1　准备工作

在项目中创建新文件或在 DartPad 中输入代码。

2.8.2　实现方式

高阶函数可分为多个类别，当前示例将探讨其不同之处。

（1）定义一个 Playground()函数，进而定义当前示例所涉及的全部高阶函数类型。

```
import 'package:introduction_to_dart/04-classes.dart';

void higherOrderFunctions() {
 final names = mapping();
 names.forEach(print);

 sorting();
 filtering();
 reducing();
 flattening();
}
```

（2）创建一个名为 data 的全局变量，该变量包含将要操控的全部内容。

提示：

可在工作文件前添加全局变量。在 DartPad 中，可将全局变量添加至 main()方法前。在某个项目中，可将全局变量添加至 main.dart 文件的顶部。

下列代码块中的数据是随机的，读者可利用所需内容进行替换。

```
List<Map> data = [
 {'first': 'Nada', 'last': 'Mueller', 'age': 10},
 {'first': 'Kurt', 'last': 'Gibbons', 'age': 9},
 {'first': 'Natalya', 'last': 'Compton', 'age': 15},
 {'first': 'Kaycee', 'last': 'Grant', 'age': 20},
 {'first': 'Kody', 'last': 'Ali', 'age': 17},
 {'first': 'Rhodri', 'last': 'Marshall', 'age': 30},
 {'first': 'Kali', 'last': 'Fleming', 'age': 9},
 {'first': 'Steve', 'last': 'Goulding', 'age': 32},
 {'first': 'Ivie', 'last': 'Haworth', 'age': 14},
 {'first': 'Anisha', 'last': 'Bourne', 'age': 40},
 {'first': 'Dominique', 'last': 'Madden', 'age': 31},
 {'first': 'Kornelia', 'last': 'Bass', 'age': 20},
 {'first': 'Saad', 'last': 'Feeney', 'age': 2},
 {'first': 'Eric', 'last': 'Lindsey', 'age': 51},
 {'first': 'Anushka', 'last': 'Harding', 'age': 23},
 {'first': 'Samiya', 'last': 'Allen', 'age': 18},
```

```
 {'first': 'Rabia', 'last': 'Merrill', 'age': 6},
 {'first': 'Safwan', 'last': 'Schaefer', 'age': 41},
 {'first': 'Celeste', 'last': 'Aldred', 'age': 34},
 {'first': 'Taio', 'last': 'Mathews', 'age': 17},
];
```

（3）当前示例使用了之前实现的 Name 类。

```
class Name {
 final String first;
 final String last;
 Name(this.first, this.last);


 @override
 String toString() {
 return '$first $last';
 }
}
```

（4）第 1 个高阶函数为 map()，该函数的目的是接收某种格式的数据，随后快速地以另一种格式输出。当前示例将使用 map()函数将包含键-值对的 Map 转换为强类型名称列表。

```
List<Name> mapping() {
 // Transform the data from raw maps to a strongly typed model
 final names = data.map<Name>((Map rawName) {
 final first = rawName['first'];
 final last = rawName['last'];
 return Name(first, last);
 }).toList();

 return names;
}
```

（5）由于数据是强类型的，因此可利用已知的模式对名称列表进行排序。添加下列函数并使用 sort()函数，以便通过一行代码按字母顺序对名称进行排序。

```
void sorting() {
 final names = mapping();

 // Alphabetize the list by last name
 names.sort((a, b) => a.last.compareTo(b.last));

 print('');
```

```
 print('Alphabetical List of Names');
 names.forEach(print);
}
```

（6）当获取数据子集时，下列高阶函数将返回一个以字母 M 开始的新的名称列表。

```
void filtering() {
 final names = mapping();
 final onlyMs = names.where((name) => name.last.startsWith('M'));
 print('');
 print('Filters name list by M');
 onlyMs.forEach(print);
}
```

（7）缩减一个列表是指从整个集合中推导出一个单值。下列示例将计算列表中所有人的平均年龄。

```
void reducing() {
  // Merge an element of the data together
  final allAges = data.map<int>((person) => person['age']);
  final total = allAges.reduce((total, age) => total + age);
  final average = total / allAges.length;

  print('The average age is $average');
}
```

（8）最后一项内容是解决嵌套集合中如何移除某些嵌套行为。下列示例展示了如何使用 2D 矩阵，并将其展平为单一线性列表。

```
void flattening() {
  final matrix = [
    [1, 0, 0],
    [0, 0, -1],
    [0, 1, 0],
  ];

  final linear = matrix.expand<int>((row) => row);
  print(linear);
}
```

2.8.3　工作方式

上述函数在数据列表上进行操作，并针对列表中的每个元素运行一个函数。利用 for

循环可实现相同的结果，但需要编写更多的代码。

1. map()函数

第 1 个示例使用了 map()函数。map()函数接收数据元素作为函数的输入内容，随后将其转换为其他内容。将应用程序从 API 接收到的一些 JSON 数据映射到强类型 Dart 对象是一类十分常见的操作。

```
// Without the map function, we would usually write
// code like this
final names = <Name>[];
for (Map rawName in data) {
  final first = rawName['first'];
  final last = rawName['last'];
  final name = Name(first, last);
  names.add(name);
}

// But instead it can be simplified and it can
// actually be more performant on more complex data
final names = data.map<Name>((Map rawName) {
  final first = rawName['first'];
  final last = rawName['last'];
  return Name(first, last);
}).toList();
```

这两个示例均实现了相同的结果。在第 1 个示例中，我们创建了一个保存名称的列表，随后遍历数据列表中的每一项、从 Map 中析取元素、初始化命名对象，并随后将其添加至列表中。

第 2 个示例对于开发人员来说则更加简单。遍历和添加行为被委托给 map()函数，全部所需工作是通知 map()函数如何转换元素。在该示例中，转换过程是指析取值并返回一个 Name 对象。这里，map()是一个泛型函数。最终，我们可添加某些类型信息（在当前示例中为<Name>），并通知 Dart 需要保存一个名称列表，而不是一个 dynamic 列表。

当前示例较为冗长，我们可对其进一步简化，如下所示。

```
final names = data.map<Name>(
  (raw) => Name(raw['first'], raw['last']),
).toList();
```

对于当前简单的示例来说，这似乎不是什么大问题，但是当需要解析复杂的数据图时，这些技术可以为我们节省大量的工作和时间。

2. sort()函数

第 2 个高阶函数是 sort()函数。与其他函数不同，Dart 中的 sort()是可变函数，也就是说，该函数可修改原始数据。纯函数应该仅返回新数据，所以 sort()函数是个例外。

sort()函数的签名如下所示。

```
int sortPredicate<T>(T elementA, T elementB);
```

sort()函数将获得集合中的两个元素，并期望返回一个整数，以帮助 Dart 找出正确的顺序，如表 2.3 所示。。

表 2.3

−1	小于
0	等于
1	大于

在当前示例中，我们将此委托给字符串的 compareTo()函数，该函数返回正确的整数。全部工作可通过一行代码完成，如下所示。

```
names.sort((a, b) => a.last.compareTo(b.last));
```

3. 过滤机制

另一个可以用高阶函数解决的常见任务是过滤。某些时候，我们仅关注数据的子集，对此，可使用 where()函数过滤数据。

```
final onlyMs = names.where((name) => name.last.startsWith('M'));
```

上述代码遍历列表中的每个元素，如果姓氏始于"M"，则返回 true。最终结果将是一个新的名字列表，且仅包含过滤后的数据项。

对于期望返回布尔值的函数的高阶函数，我们可作为测试或判定引用所提供的函数。

where()并非可过滤数据的唯一函数，此外还存在其他一些函数，它们均接收相同类型的判定函数，如 firstWhere()、lastWhere()、singleWhere()、indexWhere()和 removeWhere()函数。

4. reduce()函数

reduce()函数缩减是指对某个集合进行操作，并将其简化至单一值。对于一个数字列表，可能希望使用 reduce()函数快速地计算数字和。对于一个字符串列表，可使用 reduce()函数连接所有值。

reduce()函数提供了两个参数，即前一个结果和当前元素。

```
final total = allAges.reduce((total, age) => total + age)
```

当首次运行 reduce()函数时，total 值为 0。reduce()函数将返回 0 加第 1 个 age 值（即 10）。在第 2 次迭代中，total 值为 10，随后该函数将返回 10+9。这一过程将持续进行，直至全部元素均被加至 total 值中。

由于高阶函数大多是循环之上的抽象函数，我们也可以在不使用 reduce()函数的情况下编写代码，如下所示。

```
int sum = 0;
for (int age in allAges) {
  sum += age;
}
```

类似于 where()函数，Dart 还提供了 reduce()函数的替代实现。相应地，fold()函数可提供初始值。对于字符串这一类非数字类型，或者不希望代码自 0 起开始缩减，该函数十分有用。

```
final oddTotal = allAges.fold<int>(-1000, (total, age) => total + age);
```

5. expand()函数

expand()函数的功能是查找集合中的嵌套集合，并将其“展平”为单列表。当需要操控嵌套数据结构时，如矩阵或树，该函数将十分有用。在析取有用的洞察结果之前，作为一个数据准备步骤，通常需要“展平”集合。

```
final matrix = [
  [1, 0, 0],
  [0, 0, -1],
  [0, 1, 0],
];

final linear = matrix.expand<int>((row) => row);
```

在当前示例中，矩阵表中的每个元素均是另一个列表。expand()函数将循环遍历每个元素，如果函数返回一个集合，该函数将把集合析构为一个线性数值表。

2.8.4　更多内容

在解释了高阶函数的基础上，下列两行代码值得注意。

```
// What is going on here?
names.forEach(print);

// Why do we have to do this?
.toList();
```

1. 一级函数

names.forEach(print);实现了所谓的一级函数模式，该模式表明，函数可像其他变量一样被处理。它们可被存储为闭包，甚至还可被传递至不同的函数中。

forEach()函数期望接收包含下列签名的函数。

```
void Function<T>(T element)
```

print()函数则包含下列签名。

```
void Function(Object object)
```

因为二者均需要一个函数参数，且 print()函数具有相同的签名，所以可仅提供 print()函数作为参数。

```
// Instead of doing this
data.forEach((value) {
  print(value);
});

// We can do this
data.forEach(print);
```

这一语言特性使得代码更具易读性。

2. Iterable 和链式高阶函数

当查看 map()和 where()函数的源代码时，读者可能已经注意到，这些函数的返回类型并不是一个 List，而是称作 Iterable 的另一种类型。该抽象类在决定存储具体的数据类型之前表示一种中间状态。对应类型不必是一个 List。必要时，我们还可将 Iterable 转换为一个 Set。

延迟特性是 Iterable 的优点。程序设计是唯一一种将延迟视为优点的职业。在这种情况下，延迟意味着函数仅在需要时被执行，而不是较早地执行。这表明，我们可使用多个高阶函数并将其链接在一起，从而避免给处理器带来不必要的时间压力。

因此，我们可进一步缩减示例代码，并添加更多的函数，如下所示。

```
final names = data
    .map<Name>((raw) => Name(raw['first'], raw['last']))
```

```
.where((name) => name.last.startsWith('M'))
.where((name) => name.first.length > 5)
.toList(growable: false);
```

其中，每一个函数缓存于 Iterable 中，且仅在调用 toList()时运行。这里，我们将数据序列化至一个模型中，检查姓氏是否以 M 开始，并随后检查名字是否大于 5 个字母，而这一过程是通过列表在一次迭代中完成的。

2.8.5 另请参阅

关于高阶函数，读者可参考下列资源。

- Iterable 文档：https://api.dart.dev/stable/2.4.0/dart-core/Iterable-class.html。
- Jermaine Oppong 发表的 *Top 10 Array Utility Methods*：https://codeburst.io/top-10-array-utility-methods-you-should-know-dart-feb2648ee3a2。

2.9 使用级联运算符（..）实现构建器模式

截至目前，我们讨论了 Dart 语言遵循了其他现代语言的一些模式。在某种程度上，Dart 是多种语言的思想结晶，如 JavaScript 的表达能力和 Java 语言的类型安全性。另外，Dart 可以被解释为 JIT，但也可以被编译。

但是，Dart 语言自身也涵盖了一些特性，级联运算符（..）便是其中之一。

2.9.1 准备工作

在讨论实际代码之前，本节简要地介绍构造器模式。构造器是一种类类型，其功能是构造其他类，常用于包含多个属性的复杂对象。注意，过于庞大的标准构造函数往往变得难以操作和笨拙，这也是构造器模式要解决的主要问题。构造器是一个较为特殊的类，且仅负责配置和创建其他类。

在不使用连接操作符的情况下，下列内容展示了构造器模式的实现方式。

```
class UrlBuilder {
  String _scheme;
  String _host;
  String _path;

  UrlBuilder setScheme(String value) {
    _scheme = value;
```

```
    return this;
  }

  UrlBuilder setHost(String value) {
    _host = value;
    return this;
  }

  UrlBuilder setPath(String value) {
    _path = value;
    return this;
  }

  String build() {
    assert(_scheme != null);
    assert(_host != null);
    assert(_path != null);

    return '$_scheme://$_host/$_path';
  }
}

void main() {
  final url = UrlBuilder()
      .setScheme('https')
      .setHost('dart.dev')
      .setPath('/guides/language/language-tour#cascade-notation-')
      .build();
  print(url);
}
```

Dart 可直接实现构造器模式，但上述代码较为冗长。

接下来，在项目中创建一个新文件，或在 DartPad 中输入当前示例代码。

2.9.2 实现方式

在前述代码的基础上，本节将通过级联运算符对其予以重新实现。

（1）重定义 UrlBuilder 类，但不打算添加任何额外的方法。UrlBuilder 类与 Dart 可变对象基本相同。

```
class UrlBuilder {
  String scheme;
```

```
  String host;
  List<String> routes;

  @override
  String toString() {
    assert(scheme != null);
    assert(host != null);
    final paths = [host, if (routes != null) ...routes];
    final path = paths.join('/');

    return '$scheme://$path';
  }
}
```

（2）使用级联运算符获取构造器模式。对应函数可直接位于 UrlBuilder 类声明之后。

```
void cascadePlayground() {
  final url = UrlBuilder()
    ..scheme = 'https'
    ..host = 'dart.dev'
    ..routes = [
      'guides',
      'language',
      'language-tour#cascade-notation-',
    ];

  print(url);
}
```

（3）级联运算符并不专用于构造器模式，还可用于连接同一对象上的类似操作。对此，可在 cascadePlayground()函数中添加下列代码。

```
final numbers = [342, 23423, 53, 232, 534]
    ..insert(0, 10)
    ..sort((a, b) => a.compareTo(b));
  print('The largest number in the list is ${numbers.last}');
```

2.9.3　工作方式

级联运算符的工作方式较为优雅，并可将多个方法连接起来。Dart 语言具有一定的智能，并且知晓所有这些连续的代码行均操作同一个对象。下面考查 numbers 示例。

```
final numbers = [342, 23423, 53, 232, 534]
    ..insert(0, 10)
    ..sort((a, b) => a.compareTo(b));
```

其中，insert()和 sort()函数均为无效函数。利用级联运算符方式声明这些对象可简单地移除 numbers 对象的调用。

```
final numbers = [342, 23423, 53, 232, 534];
numbers.insert(0, 10);
numbers.sort((a, b) => a.compareTo(b));
```

通过级联运算符，可将不相关的语句合并至一个简单、流畅的函数调用链中。

在当前示例中，UrlBuilder 仅是一个普通的 Dart 对象。

如果不使用级联运算符，我们需要按照下列方式编写相同的构造器。

```
final url = UrlBuilder();
url.scheme = 'https';
url.host = 'dart.dev';
url.routes = ['guides', 'language', 'language-tour#cascade-notation-'];
```

通过级联运算符，代码则简化为下列方式。

```
final url = UrlBuilder()
    ..scheme = 'https'
    ..host = 'dart.dev'
    ..routes = ['guides', 'language', 'language-tour#cascade-notation-'];
```

需要注意的是，这是在未修改类中任何一行代码的情况下完成的。

2.9.4　另请参阅

下列资源有助于读者理解级联和构造器模式。

- 构造器模式：https://en.wikipedia.org/wiki/Builder_ pattern。
- Dart 语言中的方法级联：https://news.dartlang.org/2012/02/methodcascades-in-dart-posted-by-gilad.html。

2.10　Dart 语言中的空安全

2021 年 3 月，Flutter 2 中发布了 Dart 2.12，并添加了一个重要的语言特性，该特性会影响我们如何查看变量、参数和字段的空（null）值——这就是全面空安全（sound null safety）。

总体而言，将不包含值的变量定义为null，这可在代码中导致错误的出现。如果读者具备一定的编程经验，那么相信读者一定了解代码中的 null 异常。相应地，空安全的目标是帮助我们防止不正当的null应用所导致的执行错误。

默认状态下，基于空安全，变量将无法被赋予null值。

当使用 null 值时，存在许多不同的情况，但需要显式地在应用程序中允许使用 null 值。在当前示例中，我们将考查如何使用空安全，以及如何在代码中避免空安全错误。

2.10.1　准备工作

在DartPad中创建一个新文件，并以此方便地开启/关闭空安全。

2.10.2　实现方式

本节考查null非安全性代码并对其进行修复。对此，需要执行下列各项步骤。

（1）在DartPad中，确保空安全被禁用。同时，我们可利用屏幕底部的空间切换Null Safety，如图2.3所示。

图2.3

（2）移除main()方法中的默认代码，并添加下列指令。

```
void main() {
 int someNumber;
 increaseValue(someNumber);
}
```

（3）在main()方法下创建一个新方法，该方法接收一个整数值，并输出按1递增后的传递值。

```
void increaseValue(int value) {
 value++;
 print (value);
}
```

（4）运行代码，此时控制台中将显示如图2.4所示的全部null错误。

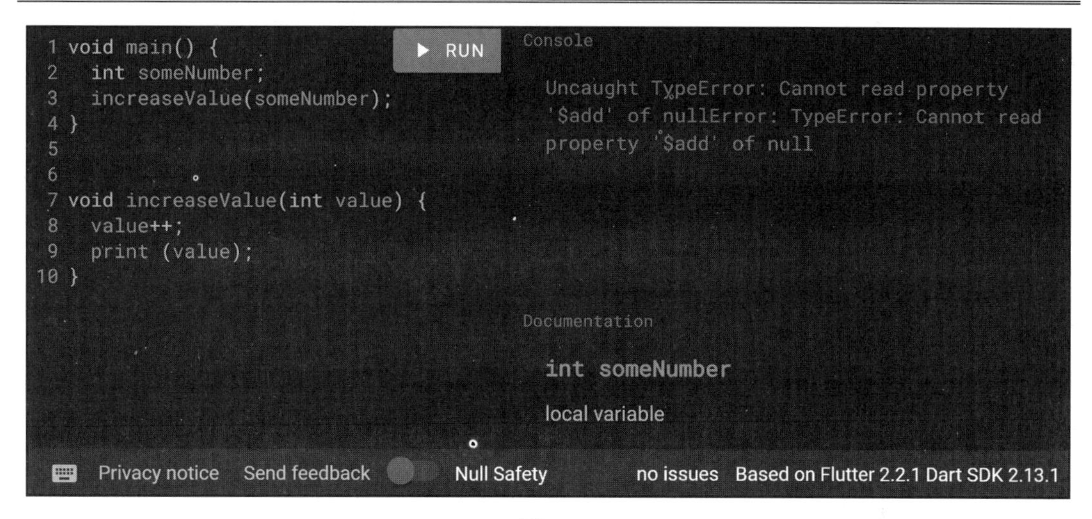

图 2.4

（5）启用屏幕底部的 Null Safety 开关后可以看到，第 3 行 someNumber 在执行 someNumber之前会引发编译错误，即"The non-nullable local variable 'someNumber' must be assigned before it can be used."。

（6）在两个 int 声明后添加问号，如下所示。

```
void main() {
 int? someNumber;
 increaseValue(someNumber);
}

void increaseValue(int? value) {
 value++;
 print (value);
}
```

（7）注意，错误消息变为"The method '+' can't be unconditionally invoked because the receiver can be 'null'."。

（8）编辑 increaseValue()方法，以便查看对应值在递增前是否为 null，否则返回 1。

```
void increaseValue(int? value) {
 if (value != null) {
   value++;
 } else {
   value = 1;
 }
```

```
print (value);
}
```

（9）运行应用程序，可以看到，控制台中显示的值为 1。

（10）再次编辑 increaseValue()方法，此处使用空检查操作符。

```
void increaseValue(int? value) {
 value = value ?? 0;
 value++;
 print (value);
}
```

（11）运行应用程序，可以看到，控制台中显示的对应值仍为 1。

（12）从值参数中移除问号，并通过叹号强制调用 increaseValue()方法。

```
void main() {
 int? someNumber;
 increaseValue(someNumber!);
}

void increaseValue(int value) {
 value++;
 print (value);
}
```

（13）运行应用程序，此时将抛出一个运行 null 异常。

（14）利用整数值初始化 someNumber，进而修复代码。

```
void main() {
 int someNumber = 0;
 increaseValue(someNumber);
}

void increaseValue(int value) {
 value++;
 print (value);
}
```

（15）控制台中将再次显示值 1。

2.10.3 工作方式

在 Dart 语言中，引入空安全的主要原因在于，null 所导致的错误较为频繁且通常难以调试。

提示：

在编写本书时，Flutter SDK 并未整体实现空安全。某些包涵盖了空安全。在使用不安全的包时，我们仍可在代码中实现空安全检查。

具体来说，在第 1 段代码中，在缺少空安全检查的基础上运行，因而代码将在下列指令处产生运行期错误。

```
value++
```

其原因在于，无法递增 null 值。

简而言之，当启用空安全时，默认状态下，无法将 null 值赋予任何变量、字段或参数。例如，在下列代码片段中，第 2 行代码将使程序无法编译。

```
int someNumber = 42;           // this is ok
int someOtherNumber = null;    // compile error
```

大多数时候，这不应对代码产生任何影响。实际上，考虑示例中的最后一个代码片段，如下所示。

```
void main() {
 int someNumber = 0;
 increaseValue(someNumber);
}

void increaseValue(int value) {
 value++;
 print (value);
}
```

上述代码是一段空安全代码，且适用于大多数场合。这里，应确保变量包含下列值。

```
int someNumber = 0;
```

因此，当向函数传递 someNumber 时，编译器可确保 value 参数包含一个有效的整数值，而非 null 值。

有时，可能需要使用 null 值，而 Dart 和 Flutter 也对此予以支持，但需要对此进行明确说明。为了使变量、字段或参数可以为 null 值，可在相应类型之后使用问号，如下所示。

```
int? someNumber;
```

据此，someNumber 可以是 null 值，因而可向其赋予 null 值。

但是，Dart 并不会编译下列代码。

```
void main() {
 int? someNumber;
 increaseValue(someNumber);
}

void increaseValue(int? value) {
 value++;
 print (value);
}
```

这也是当前示例中值得关注的部分：someNumber 和 value 参数均可显式地为空，但这段代码仍然无法编译。Dart 解释器具有一定的智能并注意到，当编写 value++时可能会出现错误，因为 value 可能为 null，所以需要在递增该变量之前检查 value 是否为 null。对此，较为直接的方式是使用 if 语句，如下所示。

```
if (value != null) {
   value++;
 } else {
   value = 1;
 }
```

因此，这需要添加几行代码。

另一种较为简洁的方式是使用空合并操作符，并可通过两个问号表示，如下所示。

```
value = value ?? 0;
```

在上述指令中，仅当 value 自身为 null 时，value 值为 0；否则将保存自身值。

考查示例中的下一段代码。

```
void main() {
 int? someNumber;
 increaseValue(someNumber!);
}

void increaseValue(int value) {
 value++;
 print (value);
}
```

在上述代码中，someNumber 可以是 null 值（int? someNumber），但 value 参数不可以是 null 值（int value）。另外，叹号（someNumber!）显式地强制 value 参数可接收

someNumber。基本上讲，此处将通知编译器："无须担心，这里确保 someNumber 有效，所以不要引发任何错误。"因此，在运行代码后，我们将得到一个运行期错误。

实现空安全是一种较好的编码方式，这一新特性（在编写本书时）的主要问题是，并非所有的空均实现了空安全，因而使用过程中仍会产生难以预料的空值问题。随着时间的推移，相信这一问题能够得到有效的解决。

2.10.4　另请参阅

关于 Dart 和 Flutter 中空安全的完整讨论，读者可参考 https://flutter.dev/docs/null-safety。

第3章 微件简介

本章将对 Flutter 加以讨论。截至目前，读者应已设置了开发环境，且已对 Dart 语言有所了解。

本章将在 Flutter 中构造静态元素布局，同时展示如何构造微件树。Flutter 中的一切事物均处于树结构中。

Flutter 中的每个微件假定仅执行单项小型任务。就其自身来说，微件表示为执行用户界面中相关任务的类。例如，Text 微件用于显示文本内容，Padding 微件用于添加微件之间的空白，Scaffold 微件则提供了屏幕的结构。

微件的强大功能并非类特性，而是经链接后生成具有描述性的界面。

本章主要涉及以下主题。

- 创建不可变的微件。
- 使用 Scaffold 微件。
- 使用 Container 微件。
- 在屏幕上输出样式文本。
- 向应用程序中导入字体和图像。

3.1 技术需求

读者可访问 https://github.com/PacktPublishing/Flutter-Cookbook/tree/master/chapter_03 下载本章代码。

3.2 创建不可变的微件

无状态微件是创建用户界面的主要构造块。这一类微件简单、轻量级且性能良好。Flutter 可轻松地渲染数百个无状态微件。

无状态微件是不可变的，一旦此类微件被创建并绘制，它们就无法被修改。Flutter 仅需一次性关注这些微件，且无须维护复杂的生命周期状态，也无须担心尝试对这些微件进行修改的代码块。

实际上，删除和创建新微件是修改无状态微件的唯一方式。

3.2.1　实现方式

本节将通过 IDE 或命令行创建一个名为 flutter_layout 的新项目，并从头开始编写相关代码。

（1）打开 main.dart 文件并删除一切内容。随后在编辑器中输入下列代码。

```
void main() => runApp(StaticApp());

class StaticApp extends StatelessWidget {
  @override
  Widget build(BuildContext context) {
    return MaterialApp(
      home: ImmutableWidget(),
    );
  }
}
```

（2）这里需要导入 material.dart 库以对上述代码进行修复，这可通过手动方式或 IDE 方式实现。随后将光标移至 StatelessWidget 上方。

（3）在 VS Code 中，按 Ctrl+.或 Command+.快捷键（Mac 环境）；在 Android Studio/Intellij 中，按 Alt+Enter 或 Option+Enter 快捷键（Mac 环境）。这将弹出一个对话框，并可于其中选择导入的文件。

另外，还可单击屏幕右上方的灯泡状图标，进而从对话框中导入文件。

（4）选择 material.dart 文件，随后大多数错误将会消失，如图 3.1 所示。

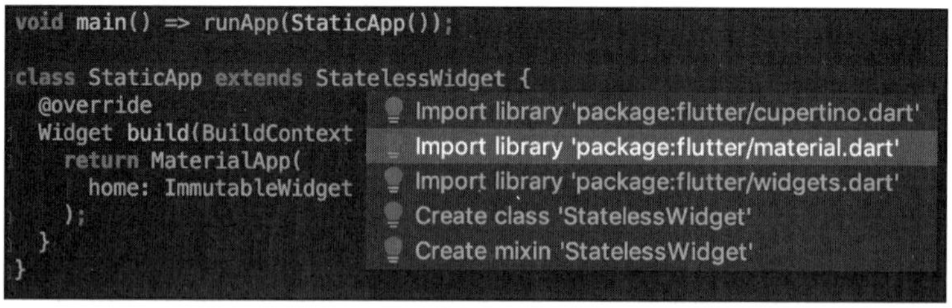

```
void main() => runApp(StaticApp());

class StaticApp extends StatelessWidget {
  @override                          Import library 'package:flutter/cupertino.dart'
  Widget build(BuildContext          Import library 'package:flutter/material.dart'
    return MaterialApp(              Import library 'package:flutter/widgets.dart'
      home: ImmutableWidget          Create class 'StatelessWidget'
    );                               Create mixin 'StatelessWidget'
  }
}
```

图 3.1

（5）对于剩余的错误，由于 ImmutableWidget 类尚不存在，因此无法导入该类。

（6）在项目的 lib 文件夹中创建一个新文件 immutable_widget.dart，此时该文件中的内容为空。

（7）此时存在一些无状态微件的样板代码，但也可通过简单的代码片段生成这些代码。输入 stless 并按 Enter 键，随后将显示相应的模板，如图 3.2 所示。

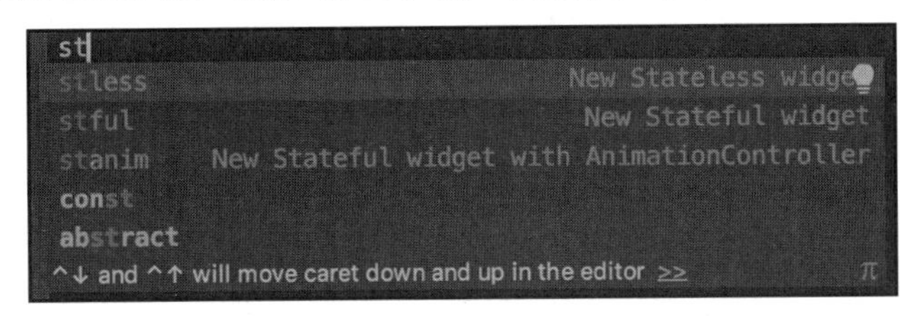

图 3.2

（8）输入 ImmutableWidget 并再次导入材质库（参见步骤（2）），随后输入下列代码生成新的无状态微件。

```
import 'package:flutter/material.dart';

class ImmutableWidget extends StatelessWidget {
  @override
  Widget build(BuildContext context) {
    return Container(
      color: Colors.green,
      child: Padding(
        padding: EdgeInsets.all(40),
        child: Container(
          color: Colors.purple,
          child: Padding(
            padding: const EdgeInsets.all(50.0),
            child: Container(
              color: Colors.blue,
            ),
          ),
        ),
      ),
    );
  }
}
```

（9）在微件创建完毕后，返回 main.dart 文件中并导入 immutable_widget.dart 文件。接下来，将光标移至 ImmutableWidget 的构造函数上，随后单击灯泡状图标，或者在 main.dart 文件前输入下列代码。

```
import './immutable_widget.dart';
```

（10）单击运行按钮，并在 iOS 模拟器或 Android 模拟器中运行应用程序。随后将会看到嵌套的 3 个矩形框，如图 3.3 所示。

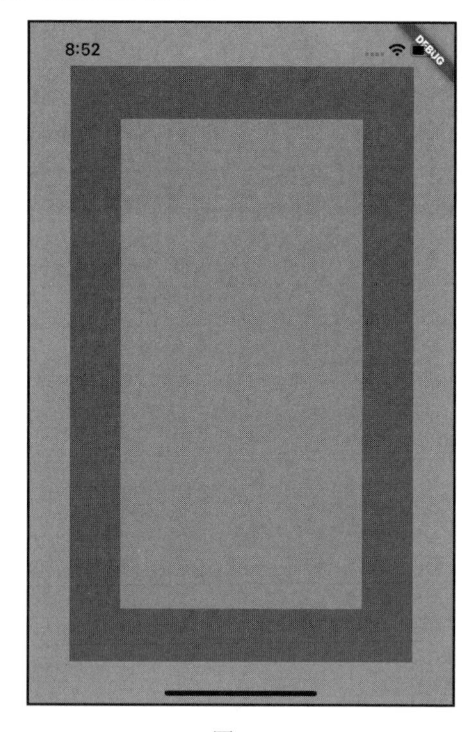

图 3.3

至此，我们创建了第 1 个 Flutter 应用程序，该过程并不复杂。

3.2.2　工作方式

每个 Dart 应用程序均始于 main()函数，Flutter 应用程序也不例外。但在 Flutter 应用程序中，还需要调用 runApp()函数。

```
void main() => runApp(StaticApp());
```

上述代码负责初始化 Flutter 框架，并将 StaticApp（另一个无状态微件）置于树形结构的根部。

根类 StaticApp 也仅仅是一个微件，该类用于设置供其余应用程序访问的全局数据，以及启动由 MaterialApp 和自定义的 ImmutableWidget 组成的微件树。

在 Flutter 官方文档中，最常见的一句话是："由上至下，一切均是微件。"这体现了以下两项内容。

（1）Flutter 中的每项内容均继承自对应的微件类，如框体、填充机制，甚至是屏幕均为微件。

（2）Flutter 应用程序中的核心数据结构即是这一树形结构。每个微件可包含一个或多个子微件，而子微件还可包含子微件等。这种嵌套机制称作微件树。

提示：

DevTools 是一个工具集，用于调试 Flutter 应用程序以及计算其性能。DevTools 包含当前示例中使用的 Flutter 查看器，以及用于代码分析和诊断的其他工具。关于 DevTools，读者可访问 https://flutter.dev/docs/development/tools/devtools/overview 以了解更多内容。

我们可在 IDE 中使用 Flutter DevTools 最有用的特性之一考查微件树。在 VS Code 中，若打算在应用程序运行时打开查看器，可执行下列步骤。

（1）打开命令面板（Shift+Ctrl+P 或 Shift+Cmd+P 快捷键）。

（2）选择 Flutter: Open DevTools Widget Inspector Page 命令。

在 Android Studio/IntelliJ 中，单击屏幕右侧的 Flutter Inspector 选项卡。

图 3.4 显示了 Flutter 微件查看器。

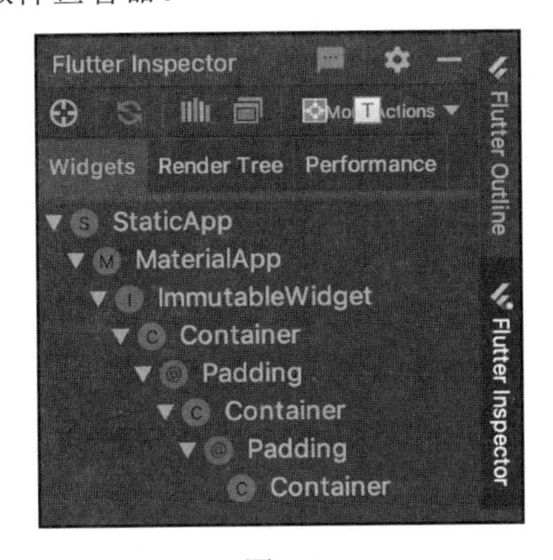

图 3.4

这仅是包含单一子微件的简单应用程序。

build()方法是每个 StatelessWidget 的核心内容。Flutter 每次需要重绘给定的微件集时将会调用该方法——考虑到当前示例仅使用无状态微件，因而这种情况永远不会出现，除非旋转设备/模拟器或关闭应用程序。

接下来考查当前示例中的两个 build()方法。

```
@override
 Widget build(BuildContext context) {
   return MaterialApp(
     home: ImmutableWidget(),
   );
 }
```

这里，第 1 个 build()方法返回包含 ImmutableWidget 的 MaterialApp。MaterialApp 是遵循谷歌 Material Design 规范的应用程序的主要构造块之一。该微件创建了多个帮助属性，如导航、主题机制和本地化机制。另外，如果读者打算遵循苹果公司的设计语言，则可使用 CupertinoApp；或者，如果读者打算创建自己的应用程序，则可使用 WidgctsApp。本书一般使用 Flutter 树形结构根节点的 MaterialApp。

注意：

一些微件使用不同的属性名称描述其子微件。例如，MaterialApp 使用 home，Scaffold 则使用 body。尽管这些微件采用不同的方式命名，但它们仍等同于 Flutter 框架大多数微件中常见的 child 属性。

下面查看 immutable_widget.dart 文件中第 2 个 build()方法，如下所示。

```
@override
  Widget build(BuildContext context) {
    return Container(
      color: Colors.green,
      child: Padding(
        padding: EdgeInsets.all(40),
        child: Container(
          color: Colors.purple,
          child: Padding(
            padding: const EdgeInsets.all(50.0),
            child: Container(
              color: Colors.blue,
            ),
          ),
        ),
      ),
    );
  }
```

build()方法返回一个 Container 微件，其中包含一个 Padding 微件；而 Padding 微件又包含另一个 Container 微件，后者则再次包含一个 Padding 微件，该 Padding 微件包含当前树形结构的最后一个 Container（容器）微件。

这里，Container 类似于 HTML 中的 div，并被渲染为包含多个样式选项的框体。这 3 个 Container 微件由两个大小略有不同的 padding 隔开。

注意：

在当前示例中，我们选择了创建 Padding（大写 P）作为微件。另外，Container 微件则包含了一个 padding（小写 p）属性，用于指定容器自身的填充机制。例如，我们可编写下列代码。

```
child: Container(
  padding: EdgeInsets.all(24),
  color: Colors.blue,
)
```

Padding 微件将调整其子微件的间隔，而这些子微件可以是任何形状或尺寸的微件。

3.3　使用 Scaffold

Android 和 iOS 用户界面基于两种不同的设计语言。具体来说，Android 采用 Material Design，而苹果公司则针对 iOS 使用 Human Interface Guidelines，但 Flutter 团队将 iOS 设计模式称作 Cupertino，以纪念苹果公司的故乡。Material 和 Cupertino 提供了一组微件集，以镜像各自平台的用户体验。

这些框架使用名为 Scaffold 的微件（在 Cupertino 框架中称作 CupertinoScaffold）提供基本的屏幕结构。

在当前示例中，我们将采用某种结构定义应用程序，并使用 Scaffold 微件将 AppBar 添加至屏幕上方，同时还将在屏幕左侧添加一个可下拉的 Drawer。

3.3.1　准备工作

当前示例在前述示例的基础上完成。

在 basic_screen.dart 项目中创建一个新文件，确保应用程序可在修改代码时正常运行。此外，还应调整 IDE 的尺寸，以适应 iOS 或 Android 模拟器的大小，如图 3.5 所示。

除了通过上述方式设置工作区，还可自动查看应用程序中代码的变化（如果读者使用两台显示器，这一功能并不适用）。

图 3.5

3.3.2 实现方式

下面首先开始设置 Scaffold 微件。

（1）在 basic_screen.dart 文件中，输入 stless 创建新的无状态微件，并将该微件命名为 BasicScreen。注意，不要忘记导入 material 库。

```
import 'package:flutter/material.dart';

class BasicScreen extends StatelessWidget {
  @override
  Widget build(BuildContext context) {
    return Container();
  }
}
```

（2）在 main.dart 文件中，利用 BasicScreen 替换 ImmutableWidget。随后单击保存按

钮，经热重载后模拟器屏幕应呈现为白色。

```
import 'package:flutter/material.dart';
import './basic_screen.dart';

void main() => runApp(StaticApp());

class StaticApp extends StatelessWidget {
  @override
  Widget build(BuildContext context) {
    return MaterialApp(
      home: BasicScreen(),
    );
  }
}
```

（3）生成 Scaffold。在 basic_screen.dart 文件中，添加之前创建的微件，并通过 AspectRatio 和 Center 微件对其进行控制。

```
import 'package:flutter/material.dart';
import './immutable_widget.dart';

class BasicScreen extends StatelessWidget {
  @override
  Widget build(BuildContext context) {
    return Scaffold(
      body: Center(
        child: AspectRatio(
          aspectRatio: 1.0,
          child: ImmutableWidget(),
        ),
      ),
    );
  }
}
```

此时，屏幕内容如图 3.6 所示。

（4）应用程序中较为常用的组件之一是 AppBar，这是一个固定的标题且位于屏幕上方，以帮助用户在屏幕间导航。对此，向 Scaffold 中添加下列代码。

```
return Scaffold(
  appBar: AppBar(
    backgroundColor: Colors.indigo,
```

```
    title: Text('Welcome to Flutter'),
    actions: <Widget>[
      Padding(
        padding: const EdgeInsets.all(10.0),
        child: Icon(Icons.edit),
        ),
    ],
  ),
  body: Center(
...
```

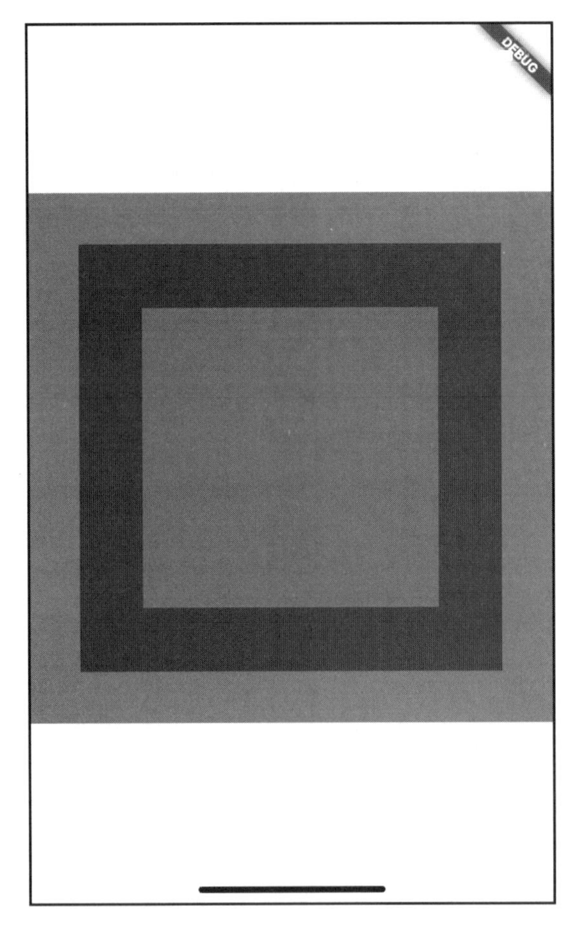

图 3.6

（5）热重载应用程序，此时将会在屏幕上方看到一个应用程序栏，如图 3.7 所示。

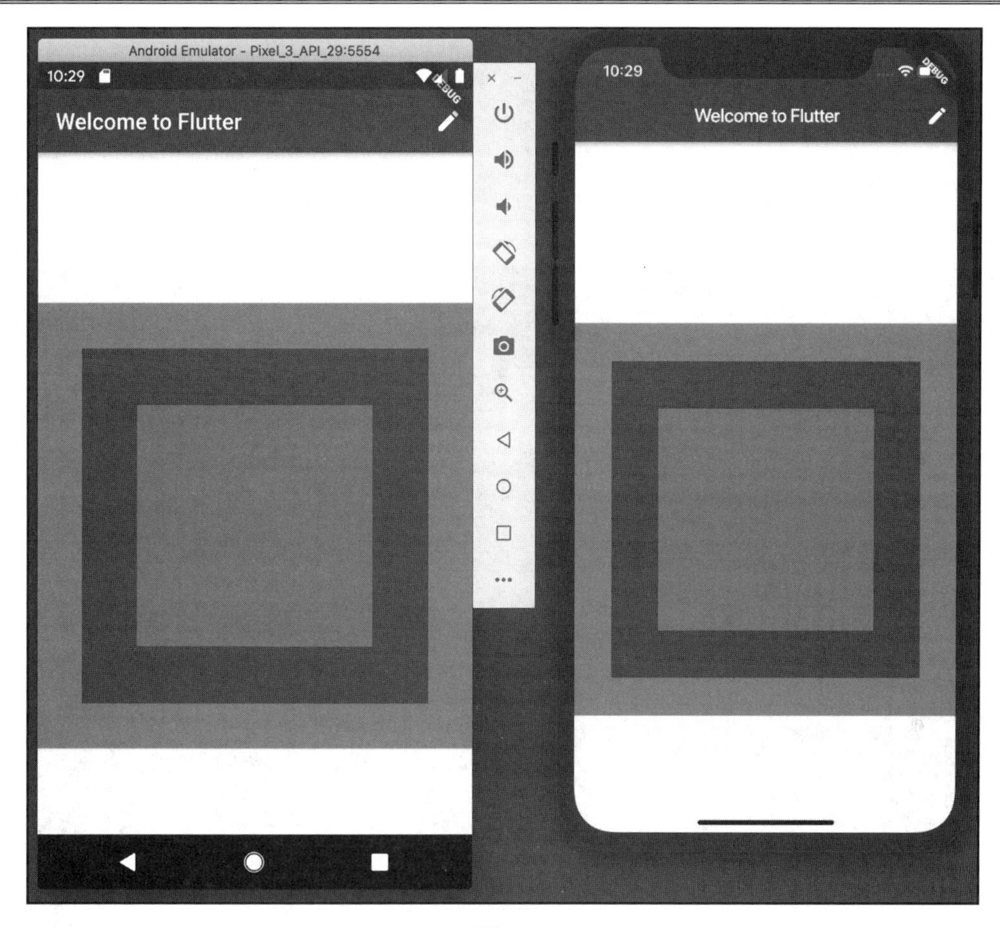

图 3.7

（6）向应用程序中添加一个 Drawer。对此，可将下列代码添加至 Scaffold 中（在 body 之后）。

```
body: Center(
  child: AspectRatio(
    aspectRatio: 1.0,
    child: ImmutableWidget(),
  ),
),
drawer: Drawer(
 child: Container(
   color: Colors.lightBlue,
   child: Center(
```

```
        child: Text("I'm a Drawer!"),
      ),
    ),
  ),
```

最终的应用程序将在 AppBar 中像是一个汉堡（hamburger）图标。单击该图标将显示 Drawer，如图 3.8 所示。

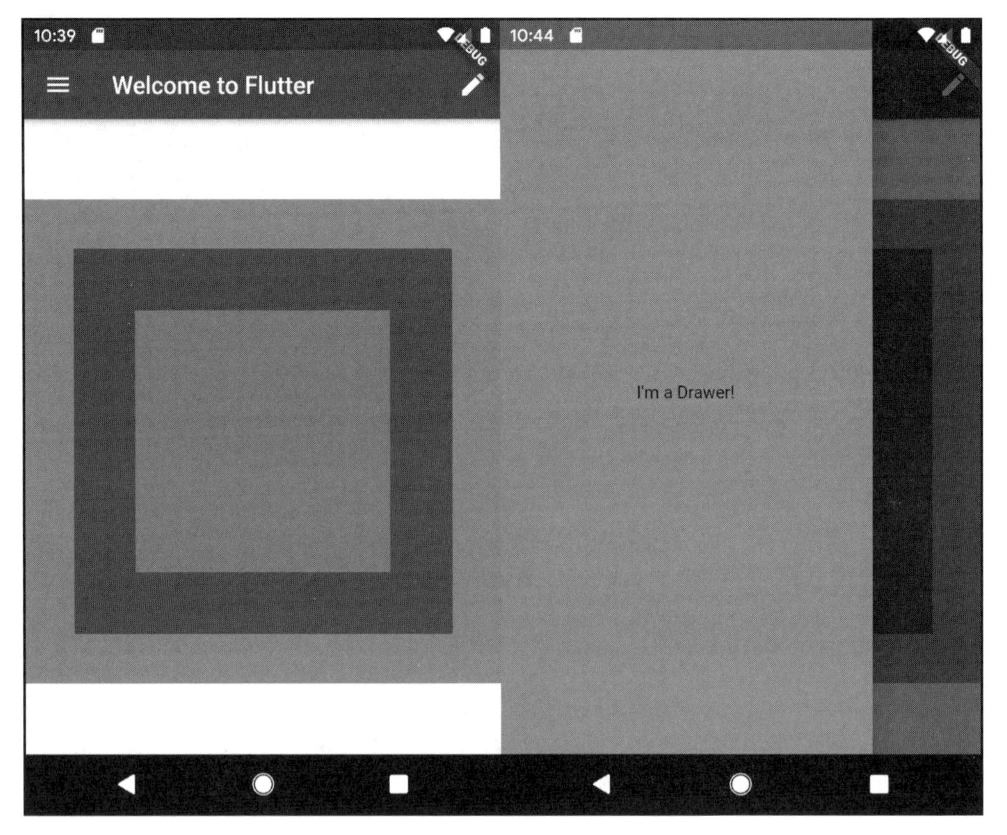

图 3.8

3.3.3　工作方式

Scaffold 是一个微件。通常推荐使用 Scaffold 微件作为屏幕的根微件，正如当前示例所做的那样，但这并非必需。当需要创建一个屏幕时，一般可使用 Scaffold 微件。相比之下，不以 Scaffold 开始的微件一般均是用于构成屏幕的组件。

另外，Scaffold 还了解设备的指标。例如，AppBar 将根据 iOS 或 Android 环境采用不同方式进行渲染。这些微件被称作平台感知型微件。当添加一个应用程序栏并在 iOS 上运行应用程序时，AppBar 将对自身进行格式化，以避免出现 iPhone 的 Notch（俗称“刘海”）。如果在不包含 Notch 的 iOS 设备上运行应用程序，如 iPhone 8 或 iPad，那么 Notch 保留的额外空间将被自动移除。

第 4 章还将介绍 Scaffold 中的其他一些工具。

提示：

如果不打算使用 Scaffold 提供的组件，那么建议利用 Scaffold 启动每个屏幕，以获得应用程序布局方面的一致性效果。

除此之外，当前示例还使用了其他两个微件，即 Center 和 AspectRatio。

其中，Center 微件将其子微件置于水平方向和垂直方向上的中心位置。

当希望按照特定的宽高比调整微件的尺寸时，可以使用 AspectRatio 微件。AspectRatio 微件在其上下文中尝试采用最大的宽度，并根据该宽度的宽高比设置高度。例如，如果宽高比为 1，那么所设置的高度将等于宽度。

3.4　使用 Container 微件

前述示例曾使用过 Container 微件，本节将在前述示例的基础上添加该微件的其他特性。具体来说，当前示例将向已有的 ImmutableWidget 中添加一些新特性。

3.4.1　准备工作

在介绍本节示例之前，我们需要实现 3.2 节和 3.3 节中的示例。

另外，在输入代码时，建议让应用程序应保持运行状态。每次保存文件后，可通过热重启查看变化结果。

3.4.2　实现方式

下面将更新屏幕中心位置的框体，并将其转换为闪耀的球体。

（1）在 ImmutableWidget 类中，利用下列方法替换第 3 个容器。

```
@override
Widget build(BuildContext context) {
  return Container(
```

```
    color: Colors.green,
    child: Padding(
      padding: EdgeInsets.all(40),
      child: Container(
        color: Colors.purple,
        child: Padding(
          padding: const EdgeInsets.all(50.0),
          child: _buildShinyCircle()
        ),
      ),
    ),
  );
}
```

（2）针对闪烁的圆形编写相应的方法。对此，向一个 Container 中添加 BoxDecoration，其中包含梯度、形状、阴影、边框和图像。

提示：

在添加了 BoxDecoration 之后，应确保移除容器中最初的 color 属性；否则将会抛出一个异常。容器可包含一个 decoration 或一个 color，但不可二者兼而有之。

（3）在 ImmutableWidget 类结尾添加下列代码。

```
Widget _buildShinyCircle() {
 return Container(
   decoration: BoxDecoration(
     shape: BoxShape.circle,
     gradient: RadialGradient(
     colors: [
       Colors.lightBlueAccent,
       Colors.blueAccent,
     ],
     center: Alignment(-0.3, -0.5),
   ),
   boxShadow: [
     BoxShadow(blurRadius: 20),
   ],
  ),
 );
}
```

（4）圆形仅是一类可在容器中定义的图形，我们可创建圆角矩形，并将此类形状指定一个特定的尺寸，而不是令 Flutter 计算形状的大小。

（5）访问某些数学函数。

（6）添加 import 语句，导入 Dart 的数学库并将其赋予别名 Math。

```
import 'dart:math' as Math;
```

（7）利用上述装饰更新第 2 个容器，并将其封装至一个 Transform 微件中。为了简化操作，可使用 IDE 将另一个微件插入当前树形结构中。随后，将光标移至第 2 个 Container 声明处，接下来在 VS Code 中，按 Ctrl+.快捷键（在 Mac 中为 Command+.快捷键）；在 Android Studio 中，按 Alt+Enter 快捷键（在 Mac 中为 Option+Enter 快捷键），进而弹出如图 3.9 所示的上下文对话框。

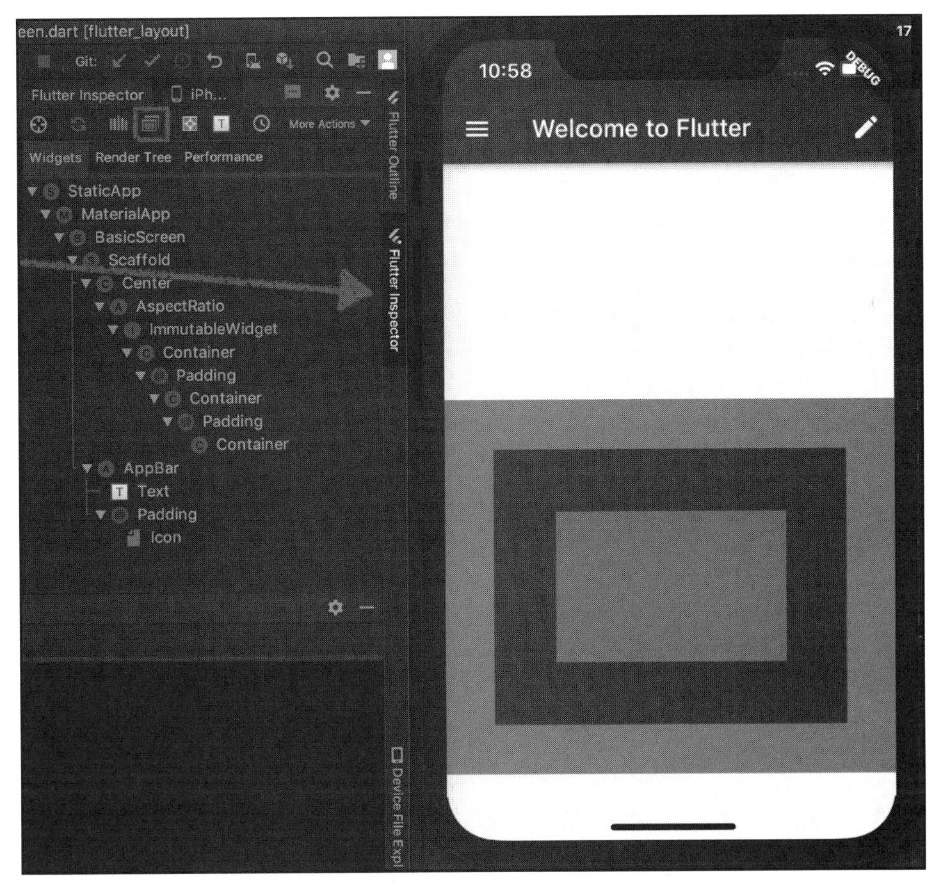

图 3.9

（8）选择 Wrap with widget 或 Wrap with a new widget，这将在代码中插入一个占位符。随后利用 Transform.rotate 替换该占位符，并添加缺失的属性。更新后的代码如下。

```
return Container(
  color: Colors.green,
  child: Center(
    child: Transform.rotate(
     angle: 180 / Math.pi, // Rotations are supplied in radians
      child: Container(
        width: 250,
        height: 250,
        decoration: BoxDecoration(
          color: Colors.purple,
          boxShadow: [
            BoxShadow(
              color: Colors.deepPurple.withAlpha(120),
              spreadRadius: 4,
              blurRadius: 15,
              offset: Offset.fromDirection(1.0, 30),
            ),
          ],
          borderRadius: BorderRadius.all(Radius.circular(20)),
        ),
        child: Padding(
          padding: const EdgeInsets.all(50.0),
          child: _buildShinyCircle(),
        ),
      ),
    ),
  ),
);
```

（9）向上方微件添加一些样式。实际上，容器支持两种装饰，即前景装饰和背景装饰。这两种装饰经混合后可生成有趣的效果。向 ImmutableWidget 中的根容器中添加下列代码。

```
return Container(
  decoration: BoxDecoration(color: Colors.green),
  foregroundDecoration: BoxDecoration(
    backgroundBlendMode: BlendMode.colorBurn,
    gradient: LinearGradient(
```

```
      begin: Alignment.topCenter,
      end: Alignment.bottomCenter,
      colors: [
        Color(0xAA0d6123),
        Color(0x00000000),
        Color(0xAA0d6123),
      ],
    ),
  ),
child: [...]
```

最终的项目如图3.10所示。

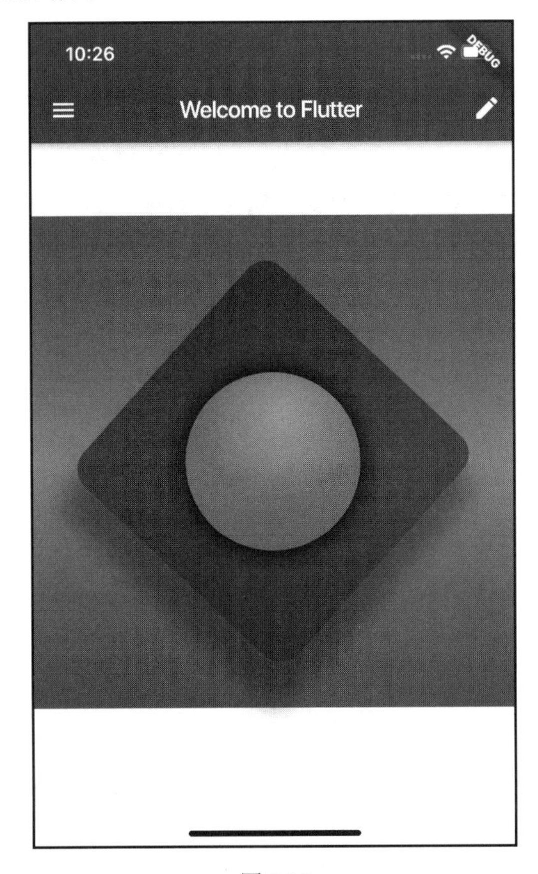

图3.10

3.4.3 工作方式

Container 微件可向其子微件中添加各种效果，类似于 Scaffold，此类微件支持多种定制以供多方尝试。

这里将要设计的主要属性是 BoxDecoration，并可绘制下列内容。

- 边框。
- 阴影。
- 颜色。
- 梯度。
- 图像。
- 形状（矩形和圆形）。

容器自身支持两种装饰，即主背景装饰和前景装饰，后者将在容器子微件上进行绘制。

另外，容器还提供自身的转换（如旋转第 2 个容器）、填充机制和边距。

有些时候，我们可能会在容器中添加诸如 Padding 之类的属性。在其他示例中，我们可能使用一个 Padding 微件并添加 Container 作为其子微件。二者可实现相同的结果，具体操作取决于用户。

在当前示例中，通过向容器的 transform 属性提供一个 Matrix4，我们还可旋转框体；但将该操作委托于某个独立微件则更加符合 Flutter 的思想，即微件仅实现小型任务，经组合后可创建复杂的设计内容。

注意：

无须担心微件树的深度，Flutter 对此予以控制。微件是轻量级的，经优化后可支持数百个层。另外，微件自身并不执行任何渲染操作，且仅提供相应的指令。相应地，实际的渲染工作由两个并行树完成，即 Element 树和 RenderObject 树。Flutter 使用这些内部树形结构通知 GPU，我们无须对其进行编辑，甚至不知道它们的存在。

3.5 在屏幕上输出样式文本

几乎每个应用程序都需要在某处显示文本内容。当在第 2 章中考查 Dart 语言时，全部示例所做的工作即是显示文本信息。

Flutter 具有一个强大、快速的文本引擎，可以渲染现代移动框架中获得的全部富文本。

在当前示例中，我们将利用 Flutter 中的两个主要微件绘制文本，即 Text 和 RichText。其中，Text 微件是在屏幕上快速输出文本的最常见的方式；然而，当需要添加更多样式时，还可使用 RichText。

3.5.1 准备工作

本章示例将在第 2 章示例的基础上完成。

在项目的 lib 目录中创建一个名为 text_layout.dart 的新文件。

同样，确保应用程序在仿真器/模拟器或真实设备中处于运行状态，并通过热重启特性实时查看应用程序中的变化内容。

3.5.2 实现方式

本节首先讨论一些基本的文本内容。

（1）在 text_layout.dart 文件中，为名为 TextLayout 的类添加 Shell。TextLayout 类扩展了 StatelessWidget，此外还需要导入全部所需包。

```
import 'package:flutter/material.dart';

class TextLayout extends StatelessWidget {
  @override
  Widget build(BuildContext context) {
    return Container();
  }
}
```

（2）打开 basic_screen.dart 文件并执行更新操作，以便 TextLayout 微件将显示于 ImmutableWidget 下方。

出于简单考虑，此处省略了 AppBar 和 Drawer 代码。

```
import 'package:flutter/material.dart';
import 'package:flutter_layout/immutable_widget.dart';
import 'package:flutter_layout/text_layout.dart';

class BasicScreen extends StatelessWidget {
  @override
  Widget build(BuildContext context) {
    return Scaffold(
      appBar: AppBar(...),
```

```
      body: Column(
        crossAxisAlignment: CrossAxisAlignment.start,
        children:[
          AspectRatio(
            aspectRatio: 1.0,
            child: ImmutableWidget(),
          ),
          TextLayout()
        ],
      ),
      drawer: Drawer(...),
    );
  }
}
```

（3）返回 text_layout.dar 文件中，添加 1 列，其中包含 3 个 Text 微件。

```
class TextLayout extends StatelessWidget {
  @override
  Widget build(BuildContext context) {
    return Column(
      crossAxisAlignment: CrossAxisAlignment.start,
      children: <Widget>[
        Text(
          'Hello, World!',
          style: TextStyle(fontSize: 16),
        ),
        Text(
          'Text can wrap without issue',
          style: Theme.of(context).textTheme.headline6,
        ),
// make sure the Text below is all in one line:
        Text(
            'Lorem ipsum dolor sit amet, consectetur adipiscing
            elit. Etiam at mauris massa. Suspendisse potenti.
            Aenean aliquet eu nisl vitae tempus.'),
      ],
    );
  }
}
```

（4）当运行应用程序时，对应结果如图 3.11 所示。

图 3.11

（5）所有这些 Text 微件均采用单一样式的对象。如果打算向句子中的不同部分添加多种样式，情况又当如何？对此，RichText 微件可实现这一功能。相应地，可在列中最后一个微件之后添加新的微件。

```
Divider(),
RichText(
  text: TextSpan(
    text: 'Flutter text is ',
    style: TextStyle(fontSize: 22, color: Colors.black),
    children: <TextSpan>[
      TextSpan(
        text: 'really ',
        style: TextStyle(
          fontWeight: FontWeight.bold,
          color: Colors.red,
        ),
```

```
          children: [
            TextSpan(
              text: 'powerful.',
              style: TextStyle(
                decoration: TextDecoration.underline,
                decorationStyle: TextDecorationStyle.double,
                fontSize: 40,
              ),
            ),
          ],
        ),
      ],
    ),
)
```

最终结果如图 3.12 所示。

图 3.12

3.5.3　工作方式

Text 微件的大多数代码具有自解释性。随着时间的推移，将会生成数百个此类微件。text 微件涵盖了一些较为重要的属性，如文本对齐和设置最大行数，但实际内容位于 TextStyle 对象中。官方文档中提供了与 TextStyles 属性相关的详细介绍，但字体大小、颜色、权重和字体则是较为常见的属性。

Text 微件具有可访问性，将这点也可视为该微件额外的优点，因此无须编写额外的代码。

另外，Text 微件可将文本内容响应至语音合成器中，甚至还可在用户确定调整系统字体时缩放字体的大小。

RichText 微件可创建另一个 TextSpan 树，其中，每个子微件继承其父微件的样式，并可利用自身属性对其进行重载。

当前示例中包含 3 个 span，每个 span 将进一步丰富继承后的样式：字体大小 22，黑色→粗体字，红色→字体大小 40，双下画线。

最终的 span 其样式为树形结构中其父 span 的汇总结果。

3.5.4　更多内容

在示例开始处存在下列一行代码。

```
Theme.of(context).textTheme.headline6,
```

这是一种十分常见的 Flutter 设计模式，被称作上下文（context），用于访问微件树形结构中较高部分的数据。

每个微件中的每个构造方法均提供了一个 BuildContext 对象，这是一个听起来较为抽象的名称。BuildContext（或简称为上下文）可被视为树形结构中对应微件的标记。随后，该上下文可用于上、下遍历微件树。

在当前示例中，我们将上下文传递至静态 Theme.of(context)方法中；接下来，Theme.of(context)方法将搜索树形结构并查找最近的 Theme 微件。Theme 微件包含预置的颜色和文本样式，并将它们可添加至当前的微件中，以便在应用程序中包含一致的观感。对应代码将全局 headline6 样式添加至文本微件中。

3.5.5　另请参阅

关于如何在应用程序中设置主题，甚至创建自己的主题，读者可访问 https://flutter.

dev/docs/cookbook/design/themes 以了解更多内容。

3.6　向应用程序中导入字体和图像

虽然文本和颜色可表达一定的信息，但有时图像更胜一筹。图像和字体的添加过程可能稍显复杂。Flutter 需要在其主机操作系统的约束下工作，因为 iOS 和 Android 通常以不同的方式工作，因此 Flutter 在其文件系统上创建了一个统一的抽象层。

在当前示例中，我们将使用数据资源包将一幅图像添加至屏幕上，同时使用自定义字体。

3.6.1　准备工作

本节示例将在 3.5 节示例的基础上完成。

在向应用程序中添加图像时，我们可从 Unsplash 中获取免费的图像。例如，读者可访问 https://unsplash.com/photos/nXOB-wh4Oyc 下载 Khachik Simonian 拍摄的海滩图像。

3.6.2　实现方式

下面利用新字体更新之前的示例代码。

（1）打开项目根文件夹中的 pubspec.yaml 文件。

（2）在 pubspec.yaml 文件中，将 google_fonts 包添加至依赖项部分中，但需要注意的是，YAML 是少数几种需要空格的语言之一，因此应确保将 google_fonts 依赖项准确地置于 flutter 下，如下所示。

```
dependencies:
  flutter:
    sdk: flutter
  google_fonts: ^2.0.0
```

（3）运行 flutter packages get 并重建数据资源包。

（4）当前，可向 text_layout.dart 中的文本微件添加任意的 Google 字体。对此，在文件开始处添加 google_fonts 导入语句。

```
import 'package:google_fonts/google_fonts.dart';
```

（5）更新第 1 个 Text 微件并引用 leckerliOne 字体。

```
Text(
    'Hello, World!',
    style: GoogleFonts.leckerliOne(fontSize: 40),
),
```

图 3.13 显示了屏幕上渲染的 leckerliOne 字体。

图 3.13

（6）向屏幕中添加一幅图像。在项目的根目录中，重建一个名为 assets 的新文件夹。

（7）将下载的文件（参见 3.6.1 节）重命名为一个简单的文件名，如 beach.jpg，并将图像拖曳至 assets 文件夹中。

（8）再次更新 pubspec.yaml 文件。找到文件的 assets 部分并取消注释，以包含项目中的图像文件夹。

```
# To add assets to your application, add an assets section, like this:
  assets:
    - assets/
```

（9）在 basic_screen.dart 文件中，利用下列代码替换 ImmutableWidget。

```
body: Column(
  crossAxisAlignment: CrossAxisAlignment.start,
  children: <Widget>[
    Image.asset('assets/beach.jpg'),
    TextLayout(),
  ],
),
```

最终布局将在屏幕上显示对应的图像，如图 3.14 所示。

图 3.14

3.6.3 工作方式

当前示例考查了 Flutter 中的两个常见特性，即选择 Text 微件的字体，以及向屏幕中添加图像。

当处理 Google Fonts 时，将其添加至项目中十分简单，仅需将 pubspec.yaml 文件中的 google_fonts 包依赖项添加至应用程序中即可，如下列命令所示。

```
google_fonts: ^2.0.0
```

提示：

Google Fonts 中大约包含了 1000 种字体可供在应用程序中使用，读者可访问官方站点 https://fonts.google.com/并针对应用程序选择正确的字体。

当在一个或多个屏幕中使用 google_fonts 包时，需要在文件开始处导入该包，我们可借助于下列命令在 text_layout.dart 文件中实现这一操作。

```
import 'package:google_fonts/google_fonts.dart';
```

随后即可使用 google_fonts 包。下列指令将 GoogleFonts 微件添加至 Text 微件的样式属性中。

```
style: GoogleFonts.leckerliOne(fontSize: 16),
```

当向 pubspec.yaml 文件中添加图像时，我们已经向 Flutter 提供了数据资源包的构建指令。随后，这些数据资源包被转换为其平台的对等内容（即 iOS 中的 NSBundle 和 Android 中的 AssetManager），并于其中通过适当的文件 API 进行检索。

当列举数据资源时，无须显式地引用 assets 目录中的每个文件。

```
- assets/
```

这相当于，我们需要将 assets 目录中的每个文件添加至数据资源包中。

此外还可记为下列形式。

```
- assets/beach.jpg
```

这种表示法仅将指定的文件添加至实际的目录中。

如果存在子目录，还需要在 pubspec 中进行声明。例如，如果 assets 文件夹中包含 images 和 icons 文件夹，则应写为如下形式。

```
- assets/
- assets/images/
- assets/icons/
```

因此，用户可能会将所有的项目数据资源保存在一个目录中，进而避免文件组织过于混乱。

3.6.4　另请参阅

读者可访问 https://flutter.dev/docs/development/ui/assets-and-images 查看 Flutter 数据资源方面的内容。

第 4 章　布局和微件树

树形数据结构是计算机工程师的最爱（尤其是在工作面试时）。树形结构通过父-子关系优雅地描述了层次结构。作为树形结构的用户界面（UI）十分常见，如超文本标记语言（HTML）、文档对象模型（DOM）、UIView 及其子视图、Android 可扩展标记语言（XML）布局。虽然开发人员已经意识到这种数据结构的存在，但与 Flutter 相比，它们较少出现于前端中。

因此，随着应用程序不断扩充，管理微件树将变得越发重要。从理论上讲，我们可创建一个包含数万层的单一微件树，但代码的维护将变得十分复杂。

本章将讨论与微件树相关的各种技术，包括基于列和行的布局技术，以及针对微件树修剪至关重要的重构技术。

本章主要涉及以下主题。

- 逐个地放置微件。
- 基于 Flexible 和 Expanded 微件的成比例间距。
- 利用 CustomPaint 绘制形状。
- 嵌套的复杂微件树。
- 重构微件树以改进可读性。
- 应用全局主题。

4.1　逐个放置微件

编写布局代码可能会十分复杂，特别是处理各种形状大小的设备时。

好的一面是，Flutter 简化了布局代码的编写过程。考虑到 Flutter 是一个相对较新的框架，因此它借鉴了 Web、桌面、iOS 和 Android 所采用的一些布局解决方案，在此基础上，Flutter 工程师发布了更加灵活、更具响应性和易于使用的 Flutter 引擎。

4.1.1　准备工作

使用自己喜欢的编辑器或 IDE 创建一个新的 Flutter 项目。

当前示例需要使用一幅头像照片，对此，可访问 Unsplash 站点下载一只小狗的图像，对应网址为 https://unsplash.com/photos/k1LNP6dnyAE。

这里，将下载后的文件重命名为 dog.jpg，并将其添加至 assets 文件夹（在项目的根文件夹中创建 assets 文件夹）中。

除此之外，我们还将复用第 3 章中的海滩图像，或者访问 https://unsplash.com/photos/nXOB-wh4Oyc 下载该图像，并将其重命名为 beach.jpg。

另外，不要忘记向 pubspec.yaml 文件中添加 assets 文件夹，如下所示。

```
assets:
 - assets/
```

不仅如此，还需要为当前页面创建一个新的文件，对此，在 lib 文件夹中创建一个 profile_screen.dart 文件。

当输入上述代码时，不要忘记令应用程序处于运行状态，以利用热重载功能。

4.1.2　实现方式

本节将使用 Column 微件和 Stack 微件，进而将相关元素置于屏幕上。

（1）在 profile_screen.dart 文件中导入 material.dart 库。

（2）输入 stless 创建新的无状态微件，并将其称作 ProfileScreen。

```
import 'package:flutter/material.dart';

class ProfileScreen extends StatelessWidget {
  @override
  Widget build(BuildContext context) {
    return Container();
  }
}
```

（3）在 main.dart 文件中，移除 MyHomePage 类，并使用新的 ProfileScreen 类作为 MyApp 的 home。

```
class MyApp extends StatelessWidget {
  @override
  Widget build(BuildContext context) {
    return MaterialApp(
      home: ProfileScreen(),
    );
  }
}
```

（4）在 profile_screen.dart 文件中，添加 Shell 代码。该代码当前并不执行任何操作，但设置了 3 个位置以添加屏幕元素。

```
class ProfileScreen extends StatelessWidget {
  @override
  Widget build(BuildContext context) {
    return Scaffold(
      body: Column(
        children: <Widget>[
          _buildProfileImage(context),
          _buildProfileDetails(context),
          _buildActions(context),
        ],
      ),
    );
  }
  Widget _buildProfileImage(BuildContext context) {
    return Container();
  }
  Widget _buildProfileDetails(BuildContext context) {
    return Container();
  }
  Widget _buildActions(BuildContext context) {
    return Container();
  }
}
```

（5）更新_buildProfileImage()方法，以实际显示小狗的图像。

```
Widget _buildProfileImage(BuildContext context) {
  return Container(
    width: 200,
    height: 200,
    child: ClipOval(
      child: Image.asset(
        'assets/dog.jpg',
        fit: BoxFit.fitWidth,
      ),
    ),
  );
}
```

（6）添加一个 Column 微件，以描述小狗图像的最佳特性。利用下面的代码替换_buildProfileDetails()方法。该代码还包含了 Column 微件的横向同级元素 Row。

```
Widget _buildProfileDetails(BuildContext context) {
  return Padding(
```

```
    padding: const EdgeInsets.all(20.0),
    child: Column(
      crossAxisAlignment: CrossAxisAlignment.start,
      children: <Widget>[
        Text(
          'Wolfram Barkovich',
          style: TextStyle(fontSize: 35, fontWeight:
          FontWeight.w600),
        ),
        _buildDetailsRow('Age', '4'),
        _buildDetailsRow('Status', 'Good Boy'),
      ],
    ),
  );
}

Widget _buildDetailsRow(String heading, String value) {
  return Row(
    children: <Widget>[
      Text(
        '$heading: ',
        style: TextStyle(fontWeight: FontWeight.bold),
      ),
      Text(value),
    ],
  );
}
```

（7）下面添加一些虚拟控制以模拟交互行为。对此，利用下列代码块替换_buildActions()方法。

```
Widget _buildActions(BuildContext context) {
  return Row(
    mainAxisAlignment: MainAxisAlignment.center,
    children: <Widget>[
      _buildIcon(Icons.restaurant, 'Feed'),
      _buildIcon(Icons.favorite, 'Pet'),
      _buildIcon(Icons.directions_walk, 'Walk'),
    ],
  );
}

Widget _buildIcon(IconData icon, String text) {
```

```
  return Padding(
    padding: const EdgeInsets.all(20.0),
    child: Column(
      children: <Widget>[
        Icon(icon, size: 40),
        Text(text)
      ],
    ),
  );
}
```

（8）运行应用程序，对应结果如图 4.1 所示。

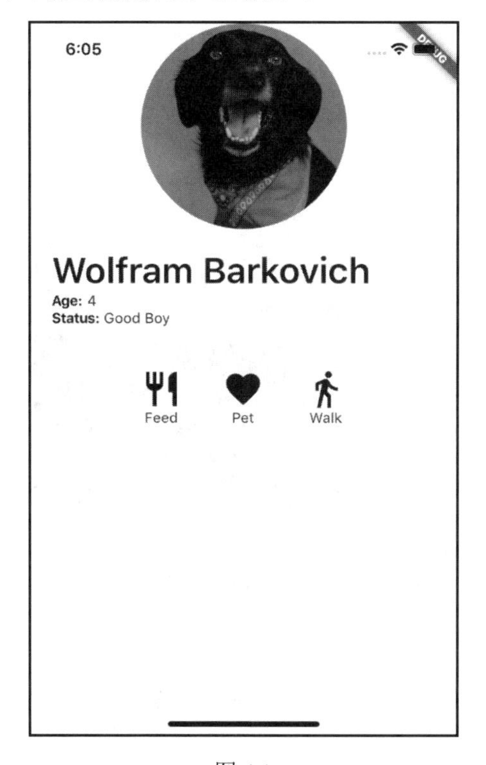

图 4.1

（9）为了将微件可置于彼此之上，我们可使用一个 Stack 微件。替换 build()方法中的代码，以在小狗图像后面添加一个广告牌。

```
@override
Widget build(BuildContext context) {
  return Scaffold(
```

```
    body: Stack(
      children: <Widget>[
        Image.asset('assets/beach.jpg'),
        Transform.translate(
          offset: Offset(0, 100),
          child: Column(
            children: <Widget>[
              _buildProfileImage(context),
              _buildProfileDetails(context),
              _buildActions(context),
            ],
          ),
        ),
      ],
    ),
  );
}
```

最终的屏幕效果如图 4.2 所示。

图 4.2

4.1.3　工作方式

Row 微件和 Column 微件之间的唯一差别是布局其子微件的轴向。对此，可将 Row 微件插入 Column 微件中，反之亦然。

除此之外，Column 微件和 Row 微件上还存在以下两个属性，可调整 Flutter 对微件的布局方式。

- CrossAxisAlignment。
- MainAxisAlignment。

这些是 *x* 轴和 *y* 轴上的抽象类。它们还可根据所用的 Row 微件或 Column 微件引用不同的轴向，如图 4.3 所示。

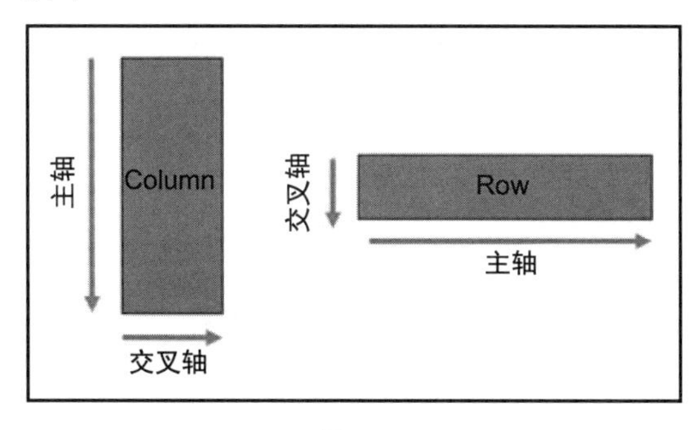

图 4.3

根据上述属性，我们可将 Column 微件或 Row 微件调整为是否居中、均匀间隔或对齐至微件的开始或结束处。

获取较好的外观往往需要多方尝试。根据热重启功能，我们可以查看这些属性对布局的影响方式。

Stack 微件则不同，它希望我们通过 Align、Transform 和 Positioned 微件提供自己的微件。

Flutter 工具还包含一个名为 Debug Paint 的设置项，我们可从编辑器或命令行的 Flutter 工具中激活它，如图 4.4 所示。

该特性可围绕微件绘制直线，以便查看与渲染方式相关的更多细节内容，这对于捕捉布局错误十分有用。

图 4.4

4.2　基于 Flexible 和 Expanded 微件的成比例间距

当今，几乎每台设备均包含不同的高度和宽度，一些设备甚至在屏幕顶部配置了“刘海屏”，并占用了一定的屏幕空间。简而言之，我们无法保证应用程序在每种屏幕上均保持一致，因而需要对此进行灵活处理。

Column 和 Row 微件不仅仅是逐次定位微件，它们还实现了 FlexBox 算法中的一个变量，进而在不考虑屏幕尺寸的前提下编写正确的 UI。

在当前示例中，我们将展示两种方式开发成比例的微件，即 Flexible 和 Expanded 微件。

4.2.1　准备工作

创建一个名为 flex_screen.dart 的新 Dart 文件，并定义一个名为 FlexScreen 的

StatelessWidget 子类。另外，与上一个示例类似，利用 FlexScreen 替换 main.dart 文件中的 home 属性。

4.2.2　实现方式

在展示 Expanded 和 Flexible 之前，本节首先创建一个简单的辅助微件。

（1）创建一个名为 labeled_container.dart 的新文件，并导入 material.dart。

（2）在 labeled_container.dart 文件中，添加下列代码。

```
import 'package:flutter/material.dart';

class LabeledContainer extends StatelessWidget {
  final double width;
  final double height;
  final Color color;
  final String text;
  final Color textColor;

  const LabeledContainer({
    Key key,
    this.width,
    this.height = double.infinity,
    this.color,
    @required this.text,
    this.textColor,
  }) : super(key: key);

  @override
  Widget build(BuildContext context) {
    return Container(
      width: width,
      height: height,
      color: color,
      child: Center(
        child: Text(
          text,
          style: TextStyle(
            color: textColor,
            fontSize: 20,
          ),
        ),
```

```
      ),
    );
  }
}
```

（3）在 flex_screen.dart 文件中，添加下列代码。

```
import 'package:flutter/material.dart';
import 'labeled_container.dart';

class FlexScreen extends StatelessWidget {
  @override
  Widget build(BuildContext context) {
    return Scaffold(
      appBar: AppBar(
        title: Text('Flexible and Expanded'),
      ),
      body: Column(
        crossAxisAlignment: CrossAxisAlignment.start,
        children: <Widget>[
          ..._header(context, 'Expanded'),
          _buildExpanded(context),
          ..._header(context, 'Flexible'),
          _buildFlexible(context),
        ],
      ),
    );
  }

  Iterable<Widget> _header(BuildContext context, String text) {
    return [
      SizedBox(height: 20),
      Text(
        text,
        style: Theme.of(context).textTheme.headline,
      ),
    ];
  }

  Widget _buildExpanded(BuildContext context) {
    return Container();
  }
```

```
  Widget _buildFlexible(BuildContext context) {
    return Container();
  }

  Widget _buildFooter(BuildContext context) {
    return Container();
  }
}
```

（4）编写_buildExpanded()方法。

```
Widget _buildExpanded(BuildContext context) {
  return SizedBox(
    height: 100,
    child: Row(
      children: <Widget>[
        LabeledContainer(
          width: 100,
          color: Colors.green,
          text: '100',
        ),
        Expanded(
          child: LabeledContainer(
            color: Colors.purple,
            text: 'The Remainder',
            textColor: Colors.white,
          ),
        ),
        LabeledContainer(
          width: 40,
          color: Colors.green,
          text: '40',
        )
      ],
    ),
  );
}
```

（5）填写 Flexible 部分。在编写下列代码时不要忘记热重启功能。

```
Widget _buildFlexible(BuildContext context) {
  return SizedBox(
    height: 100,
    child: Row(
```

```
      children: <Widget>[
        Flexible(
          flex: 1,
          child: LabeledContainer(
            color: Colors.orange,
            text: '25%',
          ),
        ),
        Flexible(
          flex: 1,
          child: LabeledContainer(
            color: Colors.deepOrange,
            text: '25%',
          ),
        ),
        Flexible(
          flex: 2,
          child: LabeledContainer(
            color: Colors.blue,
            text: '50%',
          ),
        )
      ],
    ),
  );
}
```

（6）更新 buildFooter()方法并创建一个圆角 banner。

```
Widget _buildFooter(BuildContext context) {
  return Center(
    child: Container(
      decoration: BoxDecoration(
        color: Colors.yellow,
        borderRadius: BorderRadius.circular(40),
      ),
      child: Padding(
        padding: const EdgeInsets.symmetric(
          vertical: 15.0,
          horizontal: 30,
        ),
        child: Text(
          'Pinned to the Bottom',
```

```
            style: Theme.of(context).textTheme.subtitle,
          ),
        ),
      ),
    );
}
```

（7）为了将该微件置于屏幕底部，需要向 Column 根微件中添加 Expanded 微件，进而占用所有剩余空间。在 build()主方法的_buildFlexible()方法之后插入下列代码行。

```
_buildFlexible(context),
Expanded(
  child: Container(),
),
_buildFooter(context)
```

（8）当运行应用程序时，对应结果如图 4.5 所示。

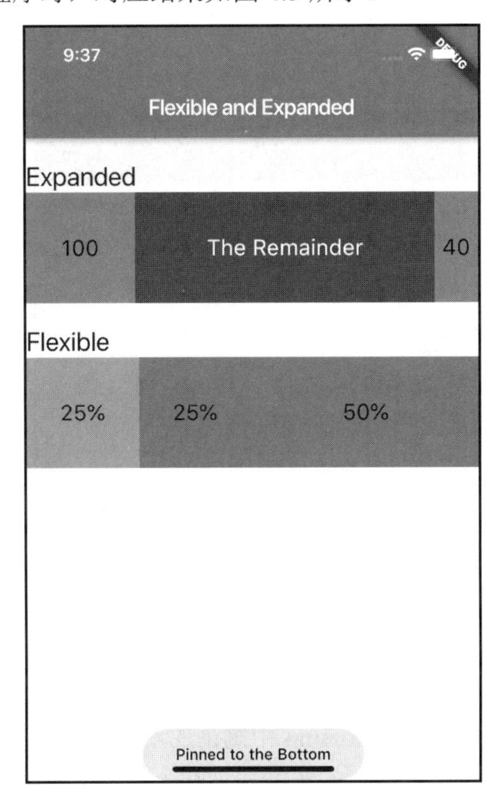

图 4.5

（9）在某些设备上，页眉和页脚涵盖了一些软件或硬件功能（如刘海屏或 Home 按钮）。对此，可将 Scaffold 封装在 SafeArea 微件中。

```
return SafeArea(
      child: Scaffold(
...
```

（10）运行应用程序，对应渲染结果如图 4.6 所示。

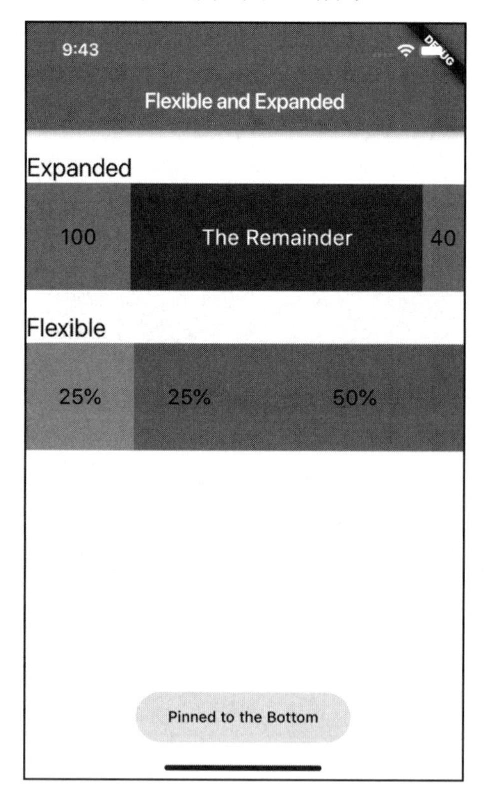

图 4.6

4.2.3　工作方式

在对 Flexible 和 Expanded 微件进行分解时可以发现，这两个微件充分展示了其简单性。

Expanded 微件将占用 Row 或 Column 中剩余的不受限制的空间。在前述示例中，我们将 3 个容器置入第 1 行中，该容器的宽度为 100 个单位，最后一个容器的宽度为 40 个单位。中间的容器则被封装至 Expanded 微件中，以便使用该行中全部剩余空间。这些显式值被称作约束间距。

中间容器的宽度计算方式如下。

宽度=父宽度−100−40

在将微件置于屏幕的其他边缘处时，这种类型的微件将十分有用，如在将页脚 banner 置于屏幕下方时。

```
Expanded(
  child: Container(),
),
```

利用空容器创建一个 Expanded 微件是一种较为常见的操作，这将占用 Row 或 Column 中的剩余空间。

提示：

Spacer 微件也常用于填充操作，读者可访问 https://api.flutter.dev/flutter/widgets/Spacer-class.html 以了解更多信息。

Flexible 微件的行为类似于 Expanded 微件，但它还可设置 flex 值，该值用于帮助计算所用的空间量。

当 Flutter 布局 Flexible 微件时，将使用 flex 值总和计算每个微件所用的比例空间的百分比。在当前示例中，前两个 Flexible 微件的值为 1，第 2 个微件的值为 2，因此 flex 值为 4。这意味着，前两个微件获得有效宽度的 1/4，而最后一个微件将获得有效宽度的 1/2。

提示：

使用较小的 flex 值通常是一种良好的方法，从而无须执行复杂的计算即可获得微件占用的空间量。

接下来考查 Expanded 微件的实现方式。

```
class Expanded extends Flexible {
  const Expanded({
    Key key,
    int flex = 1,
    @required Widget child,
  }) : super(key: key, flex: flex, fit: FlexFit.tight, child: child);
}
```

实际上，Expanded 微件可视为 flex 值为 1 的 Flexible 微件。从理论上讲，我们可以将所有对 Expanded 的引用替换为 Flexible，且应用程序将保持不变。

注意：

Flexible 和 Expanded 微件应为 Flex 子类的子类，否则将得到一条错误消息。这表明，二者可以是 Column 或 Row 微件的子微件。然而，如果将这些微件之一作为 Container 微件的子微件设置，将得到一条错误信息。第 6 章将介绍此类错误的处理机制，其中将讨论代码失败时的解决方案。

4.2.4　另请参阅

当处理 Flutter 中的空间时，框体约束是一个非常重要的话题，读者可访问 https://flutter.dev/docs/development/ui/layout/box-constraints 以了解更多信息。

4.3　利用 CustomPaint 绘制形状

前述内容仅讨论了框体形状。具体来说，Row、Column、Stack 和 Container 均为框体。框体涵盖了大部分 UI 内容，但某些时候，我们也需要摆脱四边形的束缚。

输入 CustomPaint。Flutter 提供了一个功能齐全的矢量绘图引擎，几乎可绘制任何形状。随后，可在微件树中复用这些形状，以进一步丰富应用程序的内容。

在当前示例中，我们将创建一个星形评级微件，进而查看 CustomPaint 微件的功能。

4.3.1　准备工作

当前示例将更新 4.1 节中的 ProfileScreen 微件。确保在 main.dart 中，ProfileScreen() 方法在 home 属性中被设置。

此外，还需要在 lib 目录中创建一个名为 star.dart 的新文件，并设置一个名为 Star 的 StatelessWidget 子类。

4.3.2　实现方式

本节首先创建一个 Shell 并保存 CustomPainter 子类。

（1）更新 Star 类以使用 CustomPaint 微件。

```
import 'package:flutter/material.dart';

class Star extends StatelessWidget {
```

```
  final Color color;
  final double size;

  const Star({
    Key key,
    this.color,
    this.size,
  }) : super(key: key);

  @override
  Widget build(BuildContext context) {
    return SizedBox(
      width: size,
      height: size,
      child: CustomPaint(
        painter: _StarPainter(color),
      ),
    );
  }
}
```

（2）由于_StarPainter 类尚不存在，因此上述代码将抛出一个错误。接下来定义_StarPainter 类，并确保重载 CustomPainter 所需的方法。

```
class _StarPainter extends CustomPainter {
 final Color color;

 _StarPainter(this.color);

 @override
 void paint(Canvas canvas, Size size) {
 }

 @override
 bool shouldRepaint(CustomPainter oldDelegate) {
 return false;
 }
}
```

（3）更新 paint()方法，以通过下列代码绘制包含 5 个点的星形图案。

```
@override
void paint(Canvas canvas, Size size) {
 final paint = Paint()..color = color;
```

```
 final path = Path();
 path.moveTo(size.width * 0.5, 0);
 path.lineTo(size.width * 0.618, size.height * 0.382);
 path.lineTo(size.width, size.height * 0.382);
 path.lineTo(size.width * 0.691, size.height * 0.618);
 path.lineTo(size.width * 0.809, size.height);
 path.lineTo(size.width * 0.5, size.height * 0.7639);
 path.lineTo(size.width * 0.191, size.height);
 path.lineTo(size.width * 0.309, size.height * 0.618);
 path.lineTo(size.width * 0.309, size.height * 0.618);
 path.lineTo(0, size.height * 0.382);
 path.lineTo(size.width * 0.382, size.height * 0.382);

 path.close();

 canvas.drawPath(path, paint);
}
```

（4）创建另一个类，该类使用这些星形图案生成一个评级。出于简单考虑，我们可在同一文件中包含这一新微件，如下所示。

```
class StarRating extends StatelessWidget {
  final Color color;
  final int value;
  final double starSize;

  const StarRating({
    Key key,
    @required this.value,
    this.color = Colors.deepOrange,
    this.starSize = 25,
  }) : super(key: key);

  @override
  Widget build(BuildContext context) {
    return Row(
      children: List.generate(
        value,
        (_) => Padding(
          padding: const EdgeInsets.all(2.0),
          child: Star(
            color: color,
```

```
              size: starSize,
            ),
          ),
        ),
      );
    }
}
```

（5）这将封装星形图案。在 profile_screen.dart 文件中，更新_buildProfileDetails()方法以添加 StarRating 微件。

```
Text(
  'Wolfram Barkovich',
  style: TextStyle(fontSize: 35, fontWeight: FontWeight.w600),
),
StarRating(
 value: 5,
),
_buildDetailsRow('Age', '4'),
```

最终的应用程序应在小狗名称下方显示 5 个星形图案，如图 4.7 所示。

图 4.7

4.3.3 工作方式

当前示例由协同工作的多个部分组成，进而创建一个自定义的星形图案。代码的第 1 部分内容如下。

```
const Star({
  Key key,
  this.color,
  this.size,
}) : super(key: key);
```

其中，自定义构造方法接收颜色和尺寸，随后将其传递至绘图器中。该微件并不限制星形图案的尺寸。代码的第 2 部分内容如下。

```
return SizedBox(
  width: size,
  height: size,
  child: CustomPaint(
    painter: _StarPainter(color),
  ),
);
```

build()方法返回一个 size 属性所限定的 SizedBox，并随后将 CustomPaint 用作其子元素。必要时，还可将这一尺寸直接传递至 CustomPaint 的构造方法中，但这种方法更加可靠。

实际工作在 CustomPainter 子类中完成，该子类并不是一个微件。CustomPainter 是一个抽象类，因而无法直接对其进行初始化，且仅可通过继承予以使用。在 CustomPainter 子类中，需要重载两个方法，即 paint()和 shouldRepaint()方法。

其中，第 2 个方法，即 shouldRepaint()方法，则出于优化目的。当微件被重新绘制时，Flutter 将调用该方法，并提供与绘制图像的原自定义绘制器相关的信息。大多数时候，除非需要修改绘图机制，否则仅需返回 false 即可，以允许 Flutter 缓存图像。

形状将在 paint()方法中被绘制，同时给定一个 Canvas 对象。自此，即可使用应用程序编程接口（API）将星形图案绘制为矢量形状。由于希望星形图案在任何尺寸下外观均良好，因此这里并未针对每个向量点输入显式坐标，而是执行了一个简单的计算，进而在画布上绘制百分比而非绝对值。

因此有下列语句。

```
path.lineTo(size.width * 0.309, size.height * 0.618);
```

而非

```
path.lineTo(20, 15);
```

如果仅提供绝对值，那么对应形状只能在特定尺寸下可用。当前，星形图案可无限大或无限小，同时外观依然保持较好的观感。

如果缺少图形程序的帮助，实际上往往难以确定这些坐标。这些数字并不是凭空猜测出来的。我们可能需要首先在 Sketch、Figma 或 Adobe Illustrator 绘制图像，并随后将其转为代码。对此，甚至存在一些工具可自动生成绘制代码，并可于随后将其复制至项目中。

注意：

如果读者熟悉其他图形引擎，如 SVG 或 Canvas2D，相信不会对本章所讨论的 API 感到陌生。实际上，由同一个 C++绘制框架 Skia 对 Flutter 和 Google Chrome 均提供了技术支持。在 Dart 中编写的绘制命令最终将被传递至 Skia 中，后者通过图形处理单元（GPU）绘制图像。

最终，在形成图形后，可通过 drawpath()方法提交至画布，如下所示。

```
canvas.drawPath(path, paint);
```

这将采用矢量形状，并通过 Paint 对象对其进行格式化（将其转换为像素），以描述其填充方式。

绘制一个星形图案似乎要做较多的工作。如果可通过 BoxDecoration 这一类相对简单的 API 实现所需的外观，则无须使用 CustomPaint 微件。但是，对于源自高级 API 的限制，CustomPainter 可提供更大的灵活性（以及复杂性）。

4.3.4　另请参阅

下面快速介绍当前示例中 Dart 语言的另一个特性。

```
List.generate(
  value,
   (_) => Padding(...)
),
```

这也是生成器闭包所需的语法内容。

```
E generator(int index)
```

每次调用闭包时，框架将传递一个索引值，并可用于构建元素。然而，在当前示例中，该索引的重要性并不明显，因此不会在生成器闭包中对其引用。

其间，我们可利用下画线替换索引名，进而通知 Dart 忽略对应值，但仍然遵循所需的 API。

相应地，可通过下列代码显式地引用索引值。

```
(index) => Padding(...)
```

此时，编译器可能会生成一条警告消息，表明未使用索引。声明变量但未加使用通常被视为一种不妥的做法。通过用“_”替换索引符号即可避免这一问题。

4.4　嵌套的复杂微件树

平台的有效性可通过变化速度加以衡量，而热重载可以指数方式解决这一类问题，如快速编辑微件属性、单击 Save 按钮，以及在不丢失状态的前提下快速查看结果。这一特性允许我们能够进行多方尝试，可使我们在产生错误时迅速撤销操作，从而节省宝贵的编译时间。

然而，Flutter 的嵌套语法会减缓处理速度。本章曾多次使用了“封装至微件中”这一术语，这意味着，我们将使用一个现有的微件，并使其成为新微件的一个子微件，从而将其沿树形结构向下推送一层。如果采用手动方式完成，该过程十分容易出错。但好的一面是，Flutter 工具可帮助我们快速、有效地操控微件树。

当前示例将考查构造深度树的 IDE 工具，且不必担心括号的不匹配问题。

4.4.1　准备工作

当前示例在 4.1 节示例（或本章的其他示例）的基础上完成。

下面创建一个名为 deep_tree.dart 的新文件，导入 material.dart 库，并创建一个名为 DeepTree 的 StatelessWidget 子类。在 main.dart 文件 MaterialApp 的 home 属性中调用该微件的实例。

4.4.2　实现方式

首先运行当前应用程序，此时将会看到一个空的画布。

（1）向 DeepTree 类中添加一些文本内容。

```
class DeepTree extends StatelessWidget {
  @override
  Widget build(BuildContext context) {
    return Scaffold(
 body: Text('Its all widgets!'),
 );
  }
}
```

（2）编译并运行代码，对应结果如图 4.8 所示。

图 4.8

（3）可以看到，文本位于左上角位置。对此，可尝试将其封装至 Center 微件中。

（4）将鼠标指针移至 Text()构造函数上，在 Android Studio 中，按 Ctrl+Enter 快捷键（在 Mac 环境中为 Command+Enter 快捷键）；或者在 Visual Studio Code（VS Code）中，按 Ctrl+.快捷键（在 Mac 环境下为 Command+.快捷键），并在弹出的对话框中选择 Center widget / Wrap with Center。

（5）执行热重载，随后文本将被移至屏幕的中心位置，如图 4.9 所示。

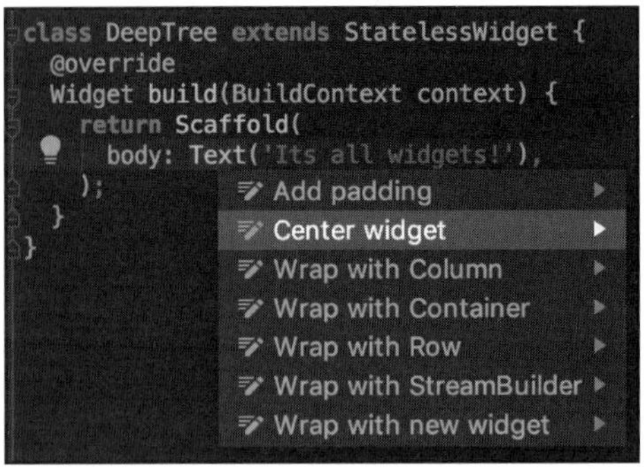

图 4.9

（6）不难发现，显示效果稍有改善。那么，是否可将单一微件修改为一个 Column 微件并添加一些文本内容？再次，将鼠标指针移至 Text()构造函数上，输入编辑器快捷方式并获得相应的辅助方法。

注意：

当前案例将大量使用快捷方式。在显示对应的方法时，可在 VS Code 中使用 Ctrl/Command+.N 快捷键，或者在 Android Studio 快捷键中使用 Ctrl/Command+Enter 快捷键。此处将选择 Wrap with Column。

（7）移除 Center 微件。

（8）将鼠标指针移至 Center 微件上，调用相关方法并选择 Remove this widget。

（9）添加两个微件，如下所示。

```
class DeepTree extends StatelessWidget {
  @override
  Widget build(BuildContext context) {
    return Scaffold(
      body: Center(
          child: Column(
        children: <Widget>[
          Text('Its all widgets!'),
          Text('Flutter is amazing.'),
          Text('Let\'s find out how deep the rabbit hole goes.'),
        ],
      )),
    );
  }
}
```

（10）此时，文本再次移至上方。相应地，可将列上的主轴设置回 center 以解决这一问题。

```
Column(
  mainAxisAlignment: MainAxisAlignment.center,
  children: <Widget>[
    Text('Its all widgets!'),
```

（11）利用 Row 微件封装中间的文本微件并添加一个 FlutterLogo 微件可继续构造树。

```
Text('Its all widgets!'),
Row(
 mainAxisAlignment: MainAxisAlignment.center,
 children: <Widget>[
 FlutterLogo(),
 Text('Flutter is amazing.'),
 ],
),
Text('Let\'s find out how deep the rabbit hole goes.'),
```

（12）如果中间行位于第 1 行，效果可能会更好。对此，可将其“剪裁”并置于 Column 微件列表的首位。但是，如果未复制整行的话，该过程可能会导致错误。相应地，我们可查看 Flutter 工具提供的内容。对此，打开对话框并选择 Move widget up，如图 4.10 所示。

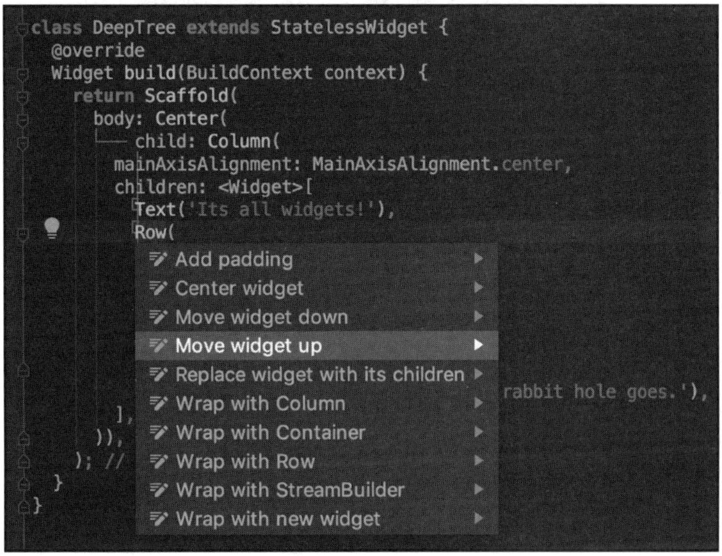

图 4.10

（13）添加对应行和'It's all widgets!'Text 微件之间的容器。

```
Row(
  mainAxisAlignment: MainAxisAlignment.center,
  children: <Widget>[
    FlutterLogo(),
    Text('Flutter is amazing.'),
  ],
),
Expanded(
  child: Container(
    color: Colors.purple,
  ),
),
Text('It's all widgets!'),
```

这将把一切内容推送至屏幕的边缘，使得文本内容难以阅读。对此，可采用 SafeArea 微件恢复可读性。

（14）弹出相关（自动补全）方法并选择 Wrap with (a new) widget。此时将显示一个占位符。

（15）利用 SafeArea 微件替换单词 widget，如图 4.11 所示。

```
class DeepTree extends StatelessWidget {
  @override
  Widget build(BuildContext context) {
    return Scaffold(
      body: widget(
        child: Center(
          child: Column(
```

图 4.11

4.4.3 工作方式

当开发 UI 时，掌握 Flutter 工具十分重要。关于 Flutter，常见的批评包括深入嵌套的微件树使得代码难以编辑，因此会弹出相应的对话框以提示用户补充相关内容。

随着 Flutter 知识的不断丰富，我们将会更加依赖这些工具，进而提升开发效率和准确性。读者可尝试再次运行当前示例，并采用手动方式编辑代码，而不是借助帮助工具。可以看到，这一过程较为复杂，且容易出现括号不匹配问题，从而破坏整体树形结构。

注意，提示对话框由名为 Dart Analysis Server 的独立程序提供支持，这是一个与 IDE 非紧密耦合的后台进程。Android Studio 和 VS Code 均与同一服务器通信。当打开提示对话框时，IDE 将当前高亮显示的标记发送至服务器，服务器分析代码并返回相应的选项。当编辑代码时，该服务器一直处于运行状态，其间将检查语法错误、自动填写代码、高亮显示语法等。

用户一般不会与 Dart Analysis Server 直接交互，这是 IDE 的功能范畴（而非用户）。

4.4.4　另请参阅

读者可访问 https://github.com/dart-lang/sdk/tree/master/pkg/analysis_server 以查看与 Dart Analysis Server 引擎相关的更多特性。

4.5　重构微件树以改进可读性

在编码中存在一种反模式，称作回调地狱（pyramid of doom），用于描述过度嵌套的代码（如 10+个嵌套 if 语句和控制流循环）。最终的代码看上去像是一个金字塔且难以阅读、维护。

微件树中也包含这种较为致命的金字塔结构。本章将尝试生成浅层微件树。但到目前为止，尚不存在相关示例对此予以描述，相关示例都是用来解释 Flutter 基本原理的简化场景。我们将采用重构机制解决金字塔问题。也就是说，对于较差的代码，在不改变其功能的情况下更新代码。相应地，我们可使用 *n* 层深的微件树并将其重构为更易阅读和维护的微件树。

本节将对大型、复杂的微件树进行重构，以使其变得更加清晰、简洁。

4.5.1　准备工作

下载本书提供的示例代码并查找 e_commerce_screen_before.dart 文件。随后，将该文件与 woman_shopping.jpg 和 textiles.jpg 图像复制至项目的 assets 文件夹中。更新 main.dart 文件并在 ECommerceScreen()方法中设置 home 属性。

4.5.2　实现方式

当前示例将重点考查一些现有的代码，更新后以使其更具维护性。打开 e_commerce_screen_before.dart 文件。注意，整个类是一个完整的构造方法。

（1）使用名为 extract method 的重构工具划分当前文件。

将鼠标指针移至 AppBar 上，右击并选择 VS Code 中的 Refactor | Extract Method，或 Android Studio 中的 Refactor | Extract | Extract Method，以打开析取对话框，调用 _buildAppBar()方法并按 Enter 键，如图 4.12 所示。

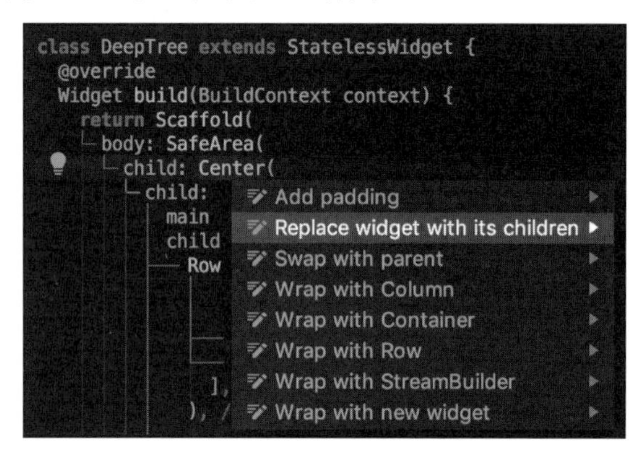

图 4.12

（2）采用相同的技术，对 Column 微件中的第 1 个 Row 微件执行析取操作。调用 _buildToggleBar()方法。

（3）单击行号右侧的折叠图标，并折叠如图 4.13 所示的两行代码。

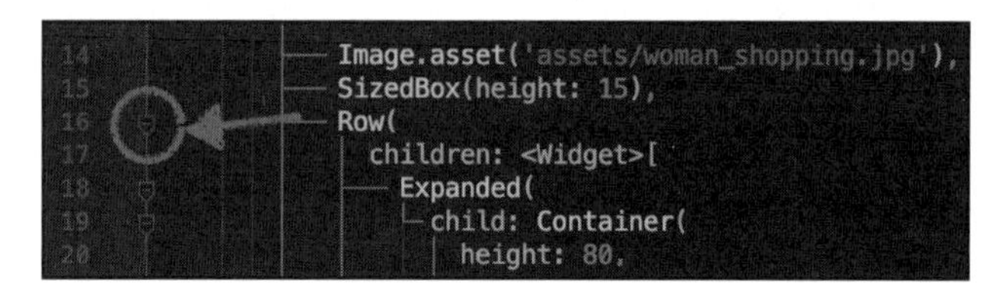

图 4.13

（4）在折叠了两行代码后，高亮显示 3 个 SizedBox 和两个 Row，并调用提示对话框。其中选取 Wrap with Column，如图 4.14 所示。

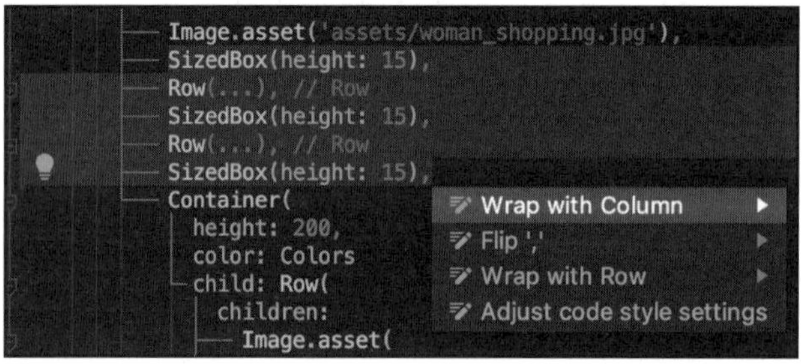

```
Image.asset('assets/woman_shopping.jpg'),
SizedBox(height: 15),
Row(...), // Row
SizedBox(height: 15),
Row(...), // Row
SizedBox(height: 15),
Container(
  height: 200,
  color: Colors
  child: Row(
    children:
      Image.asset(
Wrap with Column
Flip ','
Wrap with Row
Adjust code style settings
```

图 4.14

当前可析取整个微件组。此时，右击并选择 Refactor | Extract | Flutter Widget 将 Column 析取至 Flutter 微件中。调用新微件 DealButtons。

（5）将最后一个 Container 微件析取至名为_buildProductTile()的方法中。待完成后，build()方法将变得更加简洁以适应当前屏幕。

```
@override
  Widget build(BuildContext context) {
    return Scaffold(
      appBar: _buildAppBar(),
      body: Padding(
        padding: const EdgeInsets.all(20.0),
        child: SingleChildScrollView(
          child: Column(
            children: <Widget>[
              _buildToggleBar(context),
              Image.asset('assets/woman_shopping.jpg'),
              DealButtons(),
              _buildProductTile(context),
            ],
          ),
        ),
      ),
    );
  }
```

（6）析取仅是重构机制的一个方面，此外还可减少冗余代码。对此，向下滚动至新创建的 DealButtons 微件上。

（7）析取第 3 个 Expanded 微件（该微件写有 must buy in summer），并将其析取至名为 DealButton 的 Flutter 微件中。

（8）在 DealButton 类中添加两个属性，并按照下列代码片段更新微件。

```
class DealButton extends StatelessWidget {
  final String text;
  final Color color;

  const DealButton({
    Key key,
    this.text,
    this.color,
  }) : super(key: key);
```

```
  @override
  Widget build(BuildContext context) {
    return Expanded(
      child: Container(
        height: 80,
        decoration: BoxDecoration(
          color: color,
          borderRadius: BorderRadius.circular(20),
        ),
        child: Padding(
          padding: const EdgeInsets.all(10.0),
          child: Center(
            child: Text(
              text,
              textAlign: TextAlign.center,
              style: TextStyle(
                color: Colors.white,
                fontSize: 20.0,
                fontWeight: FontWeight.bold,
              ),
            ),
          ),
        ),
      ),
    );
  }
}
```

（9）此时可以将 DetailButtons 微件的 build()方法稍作精简。对此，利用下列更为有效的代码替换当前冗长、重复的方法。

```
  @override
  Widget build(BuildContext context) {
    return Column(
      children: <Widget>[
        SizedBox(height: 15),
        Row(
          children: <Widget>[
            DealButton(
              text: 'Best Sellers',
              color: Colors.orangeAccent,
            ),
            SizedBox(width: 10),
```

```
          DealButton(
            text: 'Daily Deals',
            color: Colors.blue,
          )
        ],
      ),
      SizedBox(height: 15),
      Row(
        children: <Widget>[
          DealButton(
            text: 'Must buy in summer',
            color: Colors.lightGreen,
          ),
          SizedBox(width: 10),
          DealButton(
            text: 'Last Chance',
            color: Colors.redAccent,
          )
        ],
      ),
      SizedBox(height: 15),
    ],
  );
 }
}
```

如果运行应用程序，则应不会看到任何显示差别，但代码变得更易于阅读。

4.5.3　工作方式

当前示例强调了两种析取技术且值得深入研究，即析取方法和析取微件。

其中，第 1 种技术相对直观。Dart Analysis Server 将查看高亮代码的所有 U 元素，并简单地将其置入同一个类中的新方法中。

对应代码如下。

```
class RefactoringExample extends StatelessWidget {
  @override
  Widget build(BuildContext context) {
    return Column(
      children: <Widget>[
        Row(
          children: <Widget>[
```

```
              Text('Widget A'),
              Text('Widget B'),
            ],
          ),
          Row(
            children: <Widget>[
              Text('Widget C'),
              Text('Widget D'),
            ],
          ),
        ],
      );
    }
}
```

除析取机制外，我们还可进一步简化。虽然这些行包含相同的微件结构，但其中的文本内容有所不同。对此，我们可更新微件以使用可配置的 build()方法，如下所示。

```
class RefactoringExample extends StatelessWidget {
  @override
  Widget build(BuildContext context) {
    return Column(
      children: <Widget>[
        buildRow('Widget A', 'Widget B'),
        buildRow('Widget C', 'Widget D'),
      ],
    );
  }

  Widget buildRow(String textA, String textB) {
    return Row(
      children: <Widget>[
        Text(textA),
        Text(textB),
      ],
    );
  }
}
```

上述代码不仅易于阅读，而且还具有一定的复用性。我们可利用不同的文本添加任意多行。其他优点还包括，还可更新 buildRow()方法添加文本边距，或者修改文本样式。这些变化将在每次调用 buildRow()方法时自动应用。

重构机制的主要规则之一是，不要重复自己。

如果代码中包含重复的微件树或语句，则应对代码进行重构；如果能够利用较少的代码实现相同的结果，那么将会涵盖较少的 bug 并可快速地修改代码。

提示：

当调用 extract()方法时，IDE 将把返回结果设置为所析取的顶级微件。例如，当析取一个 Row 微件时，方法的返回类型将是一行。通常情况下，较好的做法是将返回类型修改为 Widget 超类，而不是某些具体类型。其优点是，如果将 build()方法中的根微件更新为其他微件，则无须修改方法签名。这里，Row、Column 和 Padding 均是微件。确保返回类型总是 Widget 可有效地移除应用程序中不断增长的代码块。

同样，将微件树析取至 Flutter 微件中与析取方法类似。IDE 将生成一个全新的 StatelessWidget 子类，而不是生成一个方法，随后实例化这个子类，而不是调用它。

在某些情况下，这两种析取方式都是有意义的，具体选择方案并无严格限制。通常情况下，如果析取的微件树相对简单，且不打算复用，那么 build()方法已然足够。当树形结构到达一个复杂度阈值时，无论该阈值是多少，那么析取至微件（而非方法）中则更为理想。

4.5.4 另请参阅

关于地狱调用模式（金字塔结构），读者可访问 https://en.wikipedia.org/wiki/Pyramid_of_doom_(programming)以了解过多内容。

此外，读者还可阅读 Martin Fowler 编写的 *Refactoring* 一书，这是一本重构方面的经典著作。对应网址为 https://martinfowler.com/books/refactoring.html。

4.6 应用全局主题

一致性是良好设计的核心内容。应用程序中的每个屏幕看起来都应是一个独立的单元。字体、调色板，甚至是文本边距都应是应用程序一致性的一部分内容。当用户查看应用程序时，品牌一致性对于产品识别至关重要。例如，苹果产品具有白色背景和圆滑的曲线，而谷歌的 Material Design 则具备形状和阴影的彩色飞溅效果。

为了使产品看上去隶属于同一设计体系，这些公司使用详细的文档，明确地描述了 UI 的设计原理。编程中依然会涉及主题机制。这些微件位于微件树的顶端，并会对所有其子微件产生影响。我们无须针对每个独立的微件声明样式，但需要确保微件符合当前主题。

当前示例将采用电子商务模型屏幕，并通过主题机制对其进行简化，进而表达文本和色彩样式。

4.6.1　准备工作

在开始之前，应确保实现了前一示例中所有的重构任务；否则，我们可使用 e_commerce_screen_after.dart 文件作为基础内容。

4.6.2　实现方式

打开 IDE 并运行应用程序。本节通过将一个主题添加至 MaterialApp 微件中开始探讨电子商务屏幕的主题机制。

（1）打开 main.dart 文件并添加下列代码。

```
class StaticApp extends StatelessWidget {
  @override
  Widget build(BuildContext context) {
    return MaterialApp(
      theme: ThemeData(
        brightness: Brightness.dark,
        primaryColor: Colors.green,
      ),
      home: ECommerceScreen(),
    );
  }
}
```

（2）在声明了 Theme 后，示例的其余部分将讨论如何删除相应的代码，以便当前主题向下遍历至对应的微件处。

（3）在 EcommerceScreen 类的 Scaffold 中，删除 backgroundColor 的属性和值。在 _buildAppBar()方法中，删除下列两行代码。

```
backgroundColor: Colors.purpleAccent,
elevation: 0,
```

热重载时，AppBar 将呈现为绿色，以符合应用程序主题的 primaryColor 属性。

（4）切换栏可采用更多的重构，同时删除更多的样式信息。

（5）将_buildToggleBar 中的 Padding 微件之一析取至_buildToggleItem()方法中。

（6）更新代码以便参数化析取后的方法。

```
Widget _buildToggleBar() {
  return Row(
    children: <Widget>[
      _buildToggleItem(context, 'Recommended', selected: true),
      _buildToggleItem(context, 'Formal Wear'),
      _buildToggleItem(context, 'Casual Wear'),
    ],
  );
}

Widget _buildToggleItem(BuildContext context, String text,
    {bool selected = false}) {
  return Padding(
    padding: const EdgeInsets.all(8.0),
    child: Text(
      text,
      style: TextStyle(
        fontSize: 17,
        color: selected
            ? null
            : Theme.of(context).textTheme.title.color
              .withOpacity(0.5),
            fontWeight: selected ? FontWeight.bold : null,
      ),
    ),
  );
}
```

（7）当前主题需要访问 BuildContext 以实现正确的工作，但原_buildToggleBar()方法则无法访问 BuildContext。

（8）上下文需要从根 build()方法处向下传递。对此，更新_buildToggleBar()方法签名并接收一个上下文。

提示：

在微件类中，BuildContext 是自动可用的，因此无须将其传递至方法中。

```
Widget _buildToggleBar(BuildContext context) { ... }
```

（9）修改 build()方法并传递上下文。

```
Column(
  children: <Widget>[
    _buildToggleBar(context),
```

```
    Image.asset('assets/woman_shopping.jpg'),
    DealButtons(),
    _buildProductTile(context),
  ],
),
```

（10）如果热重载应用程序，则会看到商品标题中的全部文本均已消失。当然，这是一种错觉，因为所选主题是在白色背景中渲染白色文本。

（11）更新_buildProductTile 以使文本可见。

```
Widget _buildProductTile(BuildContext context) {
  return Container(
    height: 200,
    color: Theme.of(context).cardColor,
```

（12）当前屏幕应完全响应于应用程序主题，但我们还可以更进一步。

（13）更新 main.dart 文件中的主题，并为每个 AppBar 指定一个全局样式。

```
ThemeData(
  brightness: Brightness.dark,
  primaryColor: Colors.green,
  appBarTheme: AppBarTheme(
    elevation: 10,
    textTheme: TextTheme(
      headline6: TextStyle(
        fontFamily: 'LeckerliOne',
        fontSize: 24,
      ),
    ),
  ),
),
```

（14）当使用 leckerlyOne 字体时，可访问 https://fonts.google.com/specimen/Leckerli+One 下载该字体，并将其添加至 assets 文件夹中。在 pubspec.yaml 文件中，利用下列指令启用该字体。

```
fonts:
    - family: LeckerliOne
      fonts:
        - asset: assets/LeckerliOne-Regular.ttf
```

（15）当前，应用程序中的所有内容均为暗色，不太符合电子商务应用程序的色调。对此，可将主题的亮度调整为 light。

```
brightness: Brightness.light,
```

（16）执行热重载，商品最终的主题风格如图 4.15 所示。

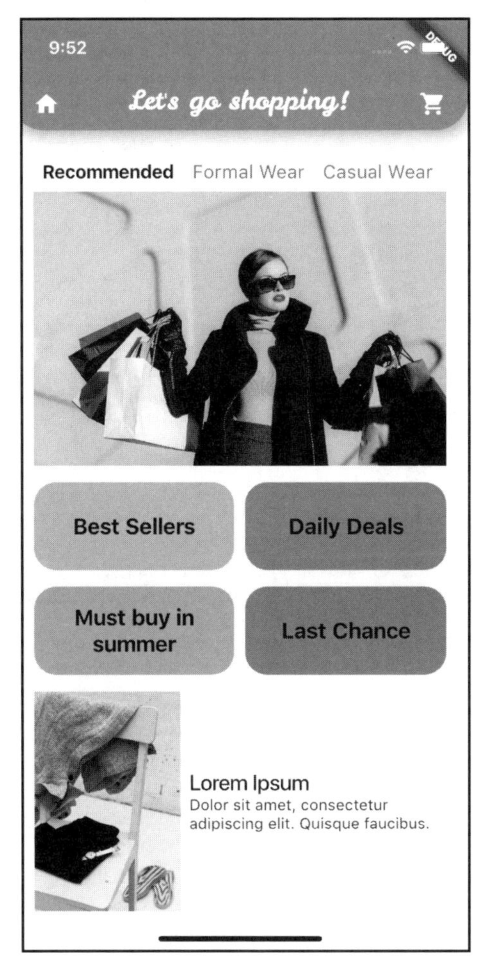

图 4.15

4.6.3　工作方式

MaterialApp 微件（和 CupertinoApp 微件）并非一个单独的微件，它们构成了一个微件树，其中包含构建应用程序 UI 所需的许多元素。

当在 MaterialApp 源代码中按 Ctrl 键并执行单击操作（或在 Mac 中按 Command 并执行单击操作）进而找到 Theme 类后，将会看到该类也是一个 Stateless 微件。

```
class Theme extends StatelessWidget {
  /// Applies the given theme [data] to [child].
  ///
  /// The [data] and [child] arguments must not be null.
  const Theme({
    Key key,
    @required this.data,
    this.isMaterialAppTheme = false,
    @required this.child,
  }) : assert(child != null),
       assert(data != null),
       super(key: key);
```

ThemeData 类仅是一个普通的旧 Dart 对象，用于存储属性和子主题，如 TextTheme 和 AppBarTheme 子主题。这些子主题也只是存储值的模型。

下列代码行同样值得关注。

```
Theme.of(context)
```

前述内容已经简要地介绍了这种模式。简而言之，应用程序沿微件树向上移动，查找到 Theme 微件并返回其 ThemeData 微件，如图 4.16 所示。

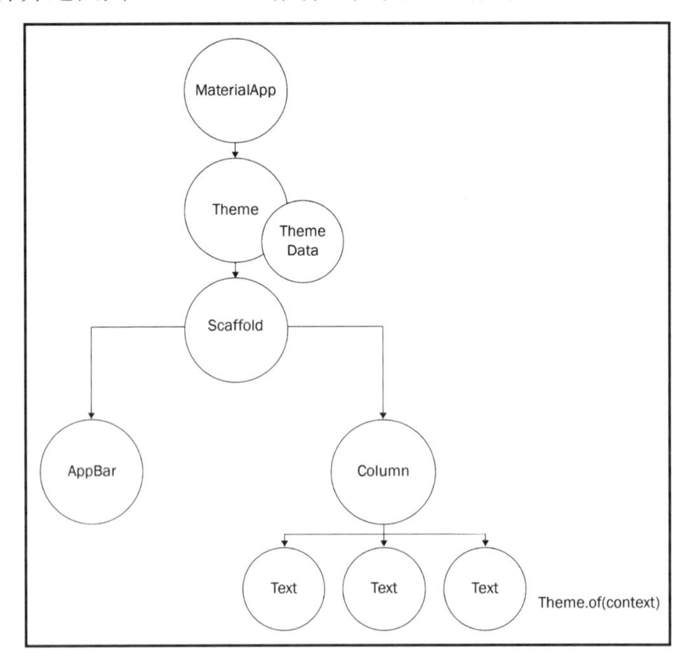

图 4.16

BuildContext 是解释树形结构遍历过程的关键内容，它是唯一知晓底层微件和节点的父子关系的对象。这看起来可能代价高昂，但在调用一次 of()方法后，所请求数据的引用将被存储在该微件中，以便在后续调用中对其进行快速检索。

Material 和 Cupertino 库中的大多数微件均与主题相关。例如，AppBar 类引用主题的主色调作为其背景。默认状态下，Text 微件采用默认文本主题的主体样式。当我们设计自己的微件时，也应获取同样级别的灵活性。在微件的构造函数中添加属性以设计微件的样式是完全可以接受的。但若缺少足够的数据，则应回退至主题。

4.6.4　更多内容

当处理主题时，brightness 属性是另一个值得关注的属性。深、浅色调的应用程序现在变得十分常见。在 iOS 13 中，Apple 引入了一种暗色切换模式；而在 Android 10 中，谷歌也同样支持这一功能。

Flutter 针对这一特性的支持方式则为使用 lightness 枚举。通过切换亮度，可以看到背景和文本颜色自动变暗/变亮。

除此之外，MaterialApp 中还存在一个 darkTheme 属性，其中可设计应用程序的暗色版本。这些属性均与平台相关，并根据手机的设置自动切换主题。

应用程序中的这些特性对于应用程序来说永远不会过时，因为对于暗色/亮色的支持不可或缺。

4.6.5　另请参阅

关于 iOS 和 Android 的设计规范，读者可参考下列资源。

- Material Design 规范：https://material.io/design/。
- iOS 制订的 *Human Interface Guidelines*：https://developer.apple.com/design/humaninterface-guidelines/ios/overview/themes/。

第 5 章　向应用程序中添加交互性和导航

前端应用程序设计常分为两类，即用户界面（UI）和用户体验（UX）。其中，用户界面由屏幕上的全部元素构成，包括图像、颜色、面板、文本等；用户体验则产生于用户与界面交互时，并管控交互行为、导航和动画。如果 UI 体现了应用程序设计的内容，那么 UX 则反映了应用程序的设计方式。

前述内容介绍了 Flutter 中的一些用户界面组件，本章将使用微件实现交互操作，并讨论一些在特定的按钮、TextField、ScrollView 和对话框中处理用户交互时所用的主要微件。此外，我们还将使用 Navigator 创建包含多个屏幕的应用程序。

本章将创建一个名为 StopWatch 的简单应用程序，该应用程序是一种功能齐全的秒表，用以记录圈数并显示每一圈的完整数据。

本章主要涉及以下主题。

- 向应用程序中添加状态。
- 与按钮交互。
- 生成滚动效果。
- 利用表构造器处理大型的数据集。
- 处理 TextField。
- 导航至下一个屏幕。
- 通过名称调用导航路由。
- 在屏幕上显示对话框。
- 显示底部动作条。

5.1　向应用程序中添加状态

截至目前，我们仅使用了 StatelessWidget 组件创建用户界面。这些微件适用于构造静态布局，且无法对其进行修改。除此之外，Flutter 还提供了另一种微件类型，即 StatefulWidge。有状态微件可保存信息，并在 State 发生变化时知晓如何再次生成此类微件。

与无状态微件相比，有状态微件则包含了更多的移动部分。在当前示例中，我们将创建一个非常简单的秒表程序，且每隔 1s 递增其计数器。

5.1.1　准备工作

本节将创建一个全新的项目。打开 IDE（或 Terminal）并创建一个名为 StopWatch 的新项目。在项目构建完毕后，删除 main.dart 文件中的所有代码。

5.1.2　实现方式

下面首先利用自动递增的较为基础计数器构造秒表程序。

（1）创建新的应用程序 Shell，用于托管 MaterialApp 微件。这一个应用程序仍然是无状态的，但情况将在其子节点中产生变化。接下来添加下列代码（当前，StopWatch 尚未被创建，因而会得到一条错误消息，稍后将对此进行修正）。

```
import 'package:flutter/material.dart';

void main() => runApp(StopwatchApp());

class StopwatchApp extends StatelessWidget {
  @override
  Widget build(BuildContext context) {
    return MaterialApp(
      home: StopWatch(),
    );
  }
}
```

（2）创建名为 stopwatch.dart 的新文件。StatefulWidget 将被分为两类，即微件及其状态。类似于 StatelessWidget，一些 IDE 的快捷方式可一次性生成这类结果。但当前仍采用手动方式创建这一微件。添加下列代码并生成 StatefulWidget 目标微件。

```
import 'dart:async';
import 'package:flutter/material.dart';

class StopWatch extends StatefulWidget {
 @override
 State createState() => StopWatchState();
}
```

（3）每个 StatefulWidget 均需要一个 State 对象维护其生命周期，这是一个完全独立的类。StatefulWidget 及其 State 紧密耦合，这也是将多个类保存在一个独立文件中的少数几个场景之一。在 StopWatch 类之后创建私有_StopWatchState 类，如下所示。

```
class StopWatchState extends State<StopWatch> {
  @override
  Widget build(BuildContext context) {
    return Scaffold(
      appBar: AppBar(
        title: Text('Stopwatch'),
      ),
      body: Center(
        child: Text(
          '0 seconds',
          style: Theme.of(context).textTheme.headline5,
        ),
      ),
    );
  }
}
```

注意：

State 看上去很像 StatelessWidget。在 StatefulWidget 中，我们将 build()方法置于 State 类，而非微件中。

（4）在 main.dart 文件中，针对 stopwatch.dart 文件添加一个导入语句。

```
import './stopwatch.dart';
```

（5）运行应用程序。随后屏幕中心位置将显示文本"0 Seconds"，该文本不会发生任何变化。对此，可跟踪 State 类中的 seconds 属性，并采用 Timer 每隔一秒递增该属性。每次计时器运行时，将通知秒表程序调用 setState()方法进行重绘。

（6）在类定义后、build()方法之前添加下列代码。

```
class StopWatchState extends State<StopWatch> {
  int seconds;
  Timer timer;

  @override
  void initState() {
    super.initState();

    seconds = 0;
    timer = Timer.periodic(Duration(seconds: 1), _onTick);
  }

  void _onTick(Timer time) {
```

```
    setState(() {
      ++seconds;
    });
  }
```

（7）现在，仅需更新 build()方法以便使用 seconds 属性的当前值，而非硬编码值。首先，在 build()方法之后添加一个辅助函数，以确保文本语法正确。

```
String _secondsText() => seconds == 1 ? 'second' : 'seconds';
```

（8）更新 build()方法中的 Text 微件，进而可使用 seconds 属性。

```
Text(
  '$seconds ${_secondsText()}',
  style: Theme.of(context).textTheme.headline5,
),
```

（9）还应确保关闭屏幕时终止计时器。对此，在 State 类下方、_secondsText()方法之后添加 dispose()方法，如下所示。

```
@override
void dispose() {
 timer.cancel();
 super.dispose();
}
```

运行应用程序。此时可以看到，计数器每隔 1s 递增一次，如图 5.1 所示。

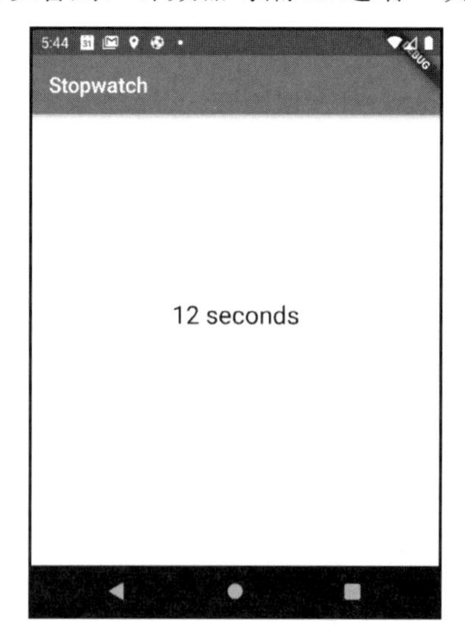

图 5.1

5.1.3　工作方式

StatefulWidget 由两个类构成，即微件和状态。其中，StatefulWidget 的微件部分并未执行太多操作，并且存储于其中的全部属性必须为 final；否则将得到编译器错误。

注意：

所有微件，无论它们是无状态还是有状态的，都仍然是不可变的。在 Stateful 微件中，状态是可以变化的。

State 对象是可变的，它从微件中接管构造职责。另外，State 还可以标记为“脏”，进而可在下一帧中进行重绘。考查下列代码行。

```
setState(() {
    ++seconds;
});
```

setState()函数通知 Flutter 需要重绘微件。在这一特殊的例子中，我们将递增 seconds 属性（递增量为 1）。这意味着，当再次调用 build()函数时，将利用不同的内容替换 Text 微件。

注意：

每次调用 setState()方法时，对应微件将被重绘。

图 5.2 总结了 setState()方法对 Flutter 渲染器循环的影响方式。

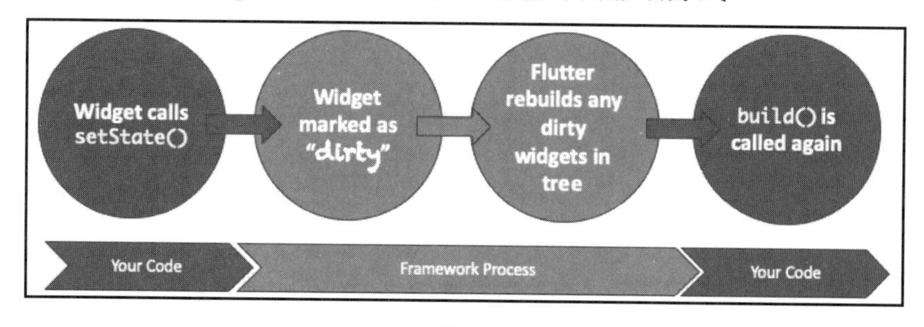

图 5.2

注意，setState()方法中使用的闭包是可选的，其目的是使代码更具可读性。我们可简单地编写下列代码，并可得到相同的结果。

```
seconds++
setState(() {});
```

另外，还应避免在 setState 闭包内执行任何复杂的操作，因为这会导致性能瓶颈。这一类闭包通常用于执行简单的赋值操作。

5.1.4 更多内容

State 类包含一个生命周期。与 StatelessWidget 不同（仅是一个构建方法），StatefulWidget 包含多个不同的生命周期方法，并按照特定的顺序被调用。当前示例使用了 initState()和 dispose()方法。完整的生命周期方法列表如下所示。

- **initState()**方法。
- **didChangeDependencies()**方法。
- didUpdateWidget()方法。
- **build()**方法（必需）。
- reassemble()方法。
- deactivate()方法。
- **dispose()**方法。

其中，采用粗体表示的方法是最为常用的生命周期方法。当重载这些方法时，很可能需要使用粗体表示的方法。下面简要地讨论这些方法及其功能。

- **initState()**方法。该方法用于初始化 State 类中的任何非 final 值，类似于执行构造函数的工作。在当前示例中，我们使用 initState()方法启动一个 Timer，且每隔 1s 触发 Timer。注意，该方法在将微件加入树形结构之前被调用，因而无法访问当前 State 的 BuildContext 属性。
- **didChangeDependencies()**方法。该方法在 initState()方法之后立即被调用。但与 initState()方法不同，微件可访问其 BuildContext 属性。如果需要执行基于上下文的设置工作，那么这将是最适合的方法。
- **build()**方法。State 的 build()方法等同于 StatelessWidget 的 build()方法且不可或缺。这里，我们希望定义并返回对应微件的树形结构。换而言之，我们应该创建 UI。
- **dispose()**方法。当 State 对象从微件树中被移除时，将调用该清空方法。这也是清空需要显式释放的资源的最后一次机会。在当前示例中，我们使用 dispose()方法终止 Timer；否则，即使微件已被销毁，计时器也将会持续工作。

5.1.5 另请参阅

关于 StatefulWidget，读者可参考下列资源。

- Flutter 团队推出的 tatefulWidget 视频：https://www.youtube.com/watch?v=AqCMFXEmf3w。
- State 文档：https://api.flutter.dev/flutter/widgets/Stateclass.html。

5.2 与按钮交互

按钮是应用程序中最重要的交互类型且兼具一定的灵活性。例如，可定制按钮的形状、颜色和单击效果并提供触觉反馈。无论具体样式如何，所有按钮均包含相同的用途。按钮是一个可供用户触摸（或按压、单击）的微件。当手指离开按钮时，按钮应做出相应的反馈。长期以来，我们已经与很多按钮进行了交互，以致于已对此熟视无睹。

在当前示例中，我们将向秒表应用程序中添加两个按钮，分别用于启动和终止计数器。其间，我们将使用两种不同类型的按钮以实现不同的功能，即 ElevatedButton 和 TextButton。注意，即使二者的外观不同，但其 API 则保持一致。

5.2.1 准备工作

本节将继续讨论 StopWatch 项目，同时应确保实现了 5.1 节中的示例，因为当前示例将在现有代码的基础上完成。

5.2.2 实现方式

打开 stopwatch.dart 文件并实现下列步骤。

（1）更新 StopWatchState 中的 build()方法，并利用 Column 替换 Center 微件。通过之前讨论的提示对话框将 Text 微件快速封装至 Column 中，并移除 Center 微件。待完成后，build()方法如下。

```
return Scaffold(
  appBar: AppBar(
    title: Text('Stopwatch'),
  ),
  body: Column(
    mainAxisAlignment: MainAxisAlignment.center,
    children: <Widget>[
      Text(
        '$seconds ${_secondsText()}',
        style: Theme.of(context).textTheme.headline5,
```

```
        ),
        SizedBox(height: 20),
        Row(
          mainAxisAlignment: MainAxisAlignment.center,
          children: <Widget>[
            ElevatedButton(
                  style: ButtonStyle(
                    backgroundColor: MaterialStateProperty
                    .all<Color>(Colors.green),
                    foregroundColor: MaterialStateProperty
                    .all<Color>(Colors.white),
                    ),
                  child: Text('Start'),
                  onPressed: null,
                ),
            SizedBox(width: 20),
            TextButton(
                  style: ButtonStyle(
                    backgroundColor: MaterialStateProperty
                    .all<Color>(Colors.red),
                    foregroundColor: MaterialStateProperty
                    .all<Color>(Colors.white),
                    ),
                  child: Text('Stop'),
                  onPressed: null,
                ),
          ],
        )
      ],
    ),
);
```

（2）热重启后，将会在屏幕上看到两个按钮。

（3）单击按钮将不会产生任何反应，因为还需要在按钮激活之前添加一个 onPressed()函数。

（4）在 State 类开始处添加一个属性，并跟踪计时器是否工作；此外还需根据相应的状态值选择性地添加 onPressed()函数。

（5）在 StopWatchState 开始处添加下列代码行。

```
bool isTicking = true;
```

（6）添加两个函数，这两个函数将切换上述属性，并使微件进行重绘。另外，在 build()

方法中添加下列方法。

```
void _startTimer() {
  setState(() {
    isTicking = true;
  });
}

void _stopTimer() {
  setState(() {
    isTicking = false;
  });
}
```

（7）将这些方法连接至 onPressed 属性中。

（8）更新按钮以在按钮声明中使用这些三元操作符。出于简单考虑，某些设置代码予以省略。

```
ElevatedButton(
  child: Text('Start'),
  onPressed: isTicking ? null : _startTimer,
  ...
),
...
TextButton(
  child: Text('Stop'),
  onPressed: isTicking ? _stopTimer : null,
  ...
),
```

（9）添加启动/终止方法的相关逻辑，以确保计时器响应于交互行为。

（10）更新按钮并包含下列代码。

```
void _startTimer() {
  timer = Timer.periodic(Duration(seconds: 1), _onTick);

  setState(() {
    seconds = 0;
    isTicking = true;
  });
}

void _stopTimer() {
```

```
  timer.cancel();

  setState(() {
    isTicking = false;
  });
}
```

（11）由于按钮正在控制计时器，因此 initState()方法不再需要。在类的开始处删除 initState()方法并更新 seconds 属性，以便它利用某个值而非 null 进行初始化。

```
int seconds = 0;
```

图 5.3 显示了全功能秒表的计时效果。

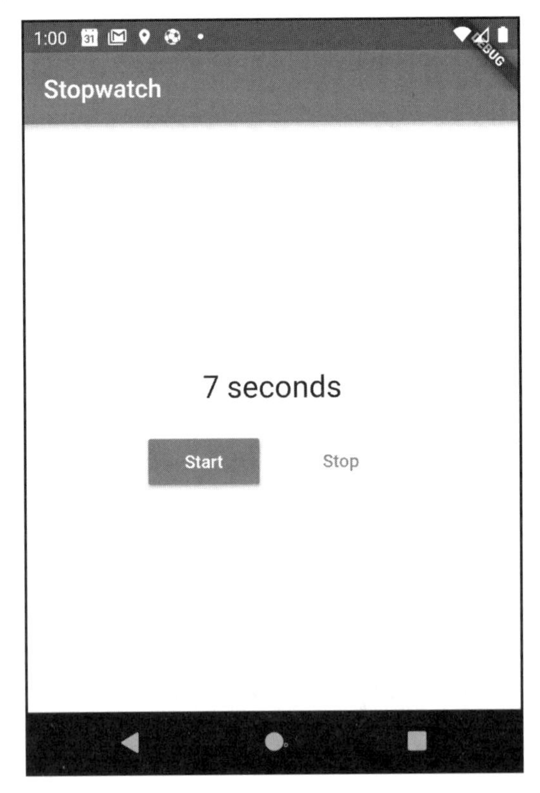

图 5.3

5.2.3　工作方式

Flutter 中的按钮较为简单，它们仅是接收一个函数的微件。当按钮检测到某种交互行为时，将运行这些函数。如果 onPressed 属性为 null 值，Flutter 将视该按钮处于禁用状态。

Flutter 包含多种按钮类型并可用于不同的场合，但其功能性则保持一致，如下所示。

- ElevatedButton。
- TextButton。
- IconButton。
- FloatingActionButton。
- DropDownButton。
- CupertinoButton。

我们可对这些微件进行多方尝试，直至找到与所需外观匹配的按钮。

在当前示例中，我们在 StopWatchState 类中将 onPressed()函数编写为方法，但也可将其作为闭包置于函数中。

我们可按照下列方式编写按钮。

```
ElevatedButton(
  child: Text('Start'),
  onPressed: isTicking
      ? null
      : () {
          timer = Timer.periodic(Duration(seconds: 1), _onTick);

          setState(() {
            seconds = 0;
            isTicking = true;
          });
        },
),
```

对于简单的操作，这已然足够。然而，在当前相对简单的示例中，我们通过三元操作符控制按钮是否处于激活状态，但该过程已然变得难以阅读了。

5.3　生成滚动效果

滚动内容在应用程序中还十分常见。滚动是移动开发中最自然的方式之一，特别是垂直滚动。如果元素列表超出了屏幕的高度，则需要使用某种可滚动的微件。

在 Flutter 中，内容滚动易于实现。为了获取滚动效果，ListView 可视为较为重要的微件。类似于 Column，ListView 控制一个子微件列表，并将其逐一放置。然而，当 ListView

的高度大于其父微件的高度时，ListView 也会使内容处于自动滚动状态。

在当前示例中，我们将向秒表应用程序中添加圈数，并在可滚动的列表中显示对应的圈数。

5.3.1　准备工作

再次说明，本节示例将继续完善 StopWatch 项目，因此需要完成之前的相关示例。

5.3.2　实现方式

打开 stopwatch.dart 文件，并执行下列步骤。

（1）提升计时器的精度。对于秒表来说，秒并不是特别精准的数值。

（2）使用重构工具将 seconds 属性重命名为 milliseconds。此外，还需要更新 onTick()、_startTimer()和_secondsText()方法。

```
int milliseconds = 0;

void _onTick(Timer time) {
  setState(() {
    milliseconds += 100;
  });
}
void _startTimer() {
  timer = Timer.periodic(Duration(milliseconds: 100), _onTick);
  ...
}
String _secondsText(int milliseconds) {
  final seconds = milliseconds / 1000;
  return '$seconds seconds';
}
```

（3）将添加一个圈数列表以便能够跟踪每圈的值。每次用户单击 Lap 按钮时，我们将圈数添加至该列表中。

（4）将下列属性添加至 StopWatchState 类中（在计时器声明之后）。

```
final laps = <int>[];
```

（5）生成新的_lap()方法，递增圈数计数器并重置当前毫秒值。

```
void _lap() {
  setState(() {
```

```
    laps.add(milliseconds);
    milliseconds = 0;
  });
}
```

（6）此外还需要调整_startTimer()方法，并在每次用户启动新的计数器时重置圈数列表。

（7）在 setState 闭包内添加下列一行代码（在_startTimer()方法中）。

```
laps.clear();
```

（8）组织微件代码以添加可滚动的内容。使用 build()方法中已有的 Column，并将其解析至自身的_buildCounter()方法中。解析工具应能够自动将 BuildContext 添加至_buildCounter()方法中。不要忘记将这一新方法的返回类型从 Column 更改为 Widget。

（9）为了进一步完善 UI，可将 Column 封装至一个 Container 中，并将其背景设置为应用程序的主颜色。此外，还可在计数器上方添加另一个 Text 微件，以显示当前的圈数。

（10）确保将文本颜色调整为白色，以便在蓝色背景中易于阅读。

```
Widget _buildCounter(BuildContext context) {
  return Container(
    color: Theme.of(context).primaryColor,
    child: Column(
      mainAxisAlignment: MainAxisAlignment.center,
      children: <Widget>[
        Text(
          'Lap ${laps.length + 1}',
          style: Theme.of(context)
              .textTheme
              .subtitle1
              .copyWith(color: Colors.white),
        ),
        Text(
          _secondsText(milliseconds),
          style: Theme.of(context)
              .textTheme
              .headline5
              .copyWith(color: Colors.white),
        ),
```

（11）在_buildCounter()方法内部析取 Row，其中的按钮将被置于自身的_buildControls()方法中。同样，应将该新方法的返回类型改为 Widget。

（12）在 Start 和 Stop 按钮之间添加一个新的按钮，以调用 lap()方法。另外，还需在该按钮前、后分别设置一个 SizeBox 以生成间距。

```
SizedBox(width: 20),
ElevatedButton(
          style: ButtonStyle(
            backgroundColor: MaterialStateProperty
            .all<Color>(Colors.yellow),),
          child: Text('Lap'),
          onPressed: isTicking ? _lap : null,
        ),
SizedBox(width: 20),
```

（13）这里涵盖了较多的重构内容，旨在实现较好的功能。最后可添加一个 ListView。

（14）在 dispose()方法之前添加下列方法，并针对圈数创建可滚动的内容。

```
Widget _buildLapDisplay() {
  return ListView(
    children: [
      for (int milliseconds in laps)
        ListTile(
          title: Text(_secondsText(milliseconds)),
        )
    ],
  );
}
```

（15）更新 build()主方法并使用新的滚动内容。随后将两个顶级微件封装至一个 Expanded 中，以使秒表和 ListView 均占据一半屏幕。

```
@override
Widget build(BuildContext context) {
  return Scaffold(
    appBar: AppBar(
      title: Text('Stopwatch'),
    ),
    body: Column(
      children: <Widget>[
        Expanded(child: _buildCounter(context)),
        Expanded(child: _buildLapDisplay()),
      ],
    ),
  );
}
```

（16）运行应用程序。此时可将圈数添加至秒表中。在加入了一些圈数后，圈数将处于可滚动状态，如图 5.4 所示。

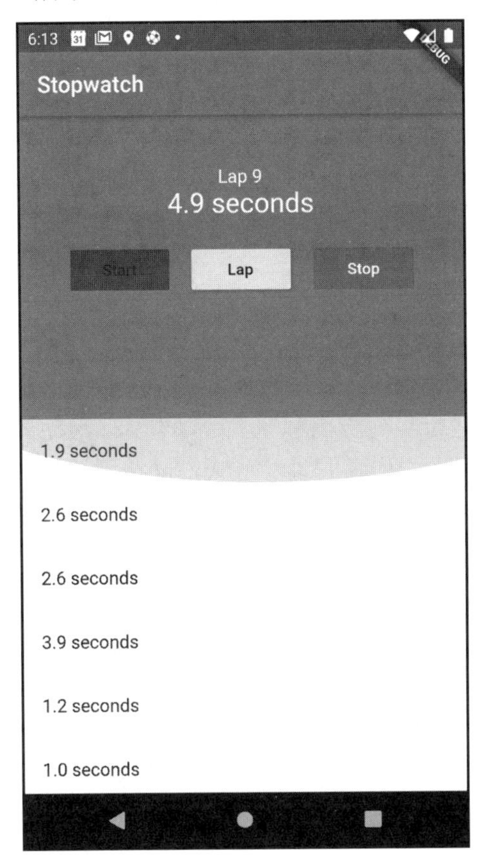

图 5.4

5.3.3　工作方式

如前所述，在 Flutter 中创建可滚动的微件并不复杂。其间仅涉及一个方法创建可滚动微件，且该方法体量较小。Flutter 中的滚动机制可视为一个简单的问题，即选择正确的微件并传递数据，其他内容由框架负责。

接下来解释当前示例中可滚动部分的代码，如下所示。

```
Widget _buildLapDisplay() {
  return ListView(
    children: [
```

```
      for (int milliseconds in laps)
        ListTile(
          title: Text(_secondsText(milliseconds)),
        )
    ],
  );
}
```

这里将使用名为 ListView 的滚动微件类型，这也是 Flutter 中最简单的滚动微件类型。该微件的功能类似于 Column，但不会在空间不足时抛出错误。ListView 可启用滚动行为，并可通过拖曳手势滚动所有数据。

在当前示例中，我们还使用了集合（collection）-for 语法以创建列表的微件。实际上，这将在添加圈数时生成一个较长的列。

在 Flutter 中，另一个与滚动机制有关的特征则是平台感知性。可能的话，可尝试在 Android 和 iOS 模拟器中运行当前应用程序。可以看到，滚动效果有所不同。其间将涉及 ScrollPhysics，此类对象定义了列表的滚动方式，以及到达列表结尾处的行为——在 iOS 中，列表呈反弹效果；而在 Android 中，当到达边缘时，则会呈现发光效果。微件可根据相应的平台选择正确的 ScrollPhysics 策略；如果希望应用程序以某种特定方式呈现，还可针对这一行为进行重载，且与平台无关。

```
ListView(
  physics: BouncingScrollPhysics(),
  children: [...],
);
```

提示：

除非特殊原因，否则通常情况下不应重载平台的预期行为。例如，在 Android 平台中添加 iOS 模式将会使用户感到困惑，反之亦然。

5.3.4　更多内容

关于滚动微件需要记住的最后一件事情是，由于需要知晓父微件的约束以激活滚动机制，因此将滚动微件置于无界约束的微件中可能会导致 Flutter 抛出错误。

在当前示例中，我们将 ListView 置于一个 Column 中，后者是一个伸缩型微件，并根据子微件固有的尺寸进行布局。这对于 Container、Button 和 Text 等微件工作良好，但并不适用于 ListView。当在 Column 中实现滚动机制时，需要将 ListView 封装至一个 Expanded 微件中，该微件随后通知 ListView 必须处理的间距量。当移除 Expanded 时，微件将整体消失，并在 Debug 控制台中显示如图 5.5 所示的错误消息。

```
I/flutter (28416): ══╡ EXCEPTION CAUGHT BY RENDERING LIBRARY ╞═══════════════════════════════════════
I/flutter (28416): The following assertion was thrown during performResize():
I/flutter (28416): Vertical viewport was given unbounded height.
I/flutter (28416): Viewports expand in the scrolling direction to fill their container.In this case, a vertical
I/flutter (28416): viewport was given an unlimited amount of vertical space in which to expand. This situation
I/flutter (28416): typically happens when a scrollable widget is nested inside another scrollable widget.
I/flutter (28416): If this widget is always nested in a scrollable widget there is no need to use a viewport because
I/flutter (28416): there will always be enough vertical space for the children. In this case, consider using a Column
I/flutter (28416): instead. Otherwise, consider using the "shrinkWrap" property (or a ShrinkWrappingViewport) to size
I/flutter (28416): the height of the viewport to the sum of the heights of its children.
I/flutter (28416):
I/flutter (28416): When the exception was thrown, this was the stack:
I/flutter (28416): #0      RenderViewport.performResize.<anonymous closure> (package:flutter/src/rendering/viewport.dart:1147:15)
I/flutter (28416): #1      RenderViewport.performResize (package:flutter/src/rendering/viewport.dart:1200:6)
I/flutter (28416): #2      RenderObject.layout (package:flutter/src/rendering/object.dart:1604:9)
```

图 5.5

这些错误令局面混乱，并增加了代码的修复难度。此外还存在大量与代码无关的日志条目，而引发此类错误的唯一原因仅是一个无界的滚动微件。如果将滚动微件置于一个常见的 Flex 微件中，不要忘记需要首先将滚动内容封装至 Expanded 或 Flexible 中。

当设计滚动微件树时，读者可参考如图 5.6 所示的图表。

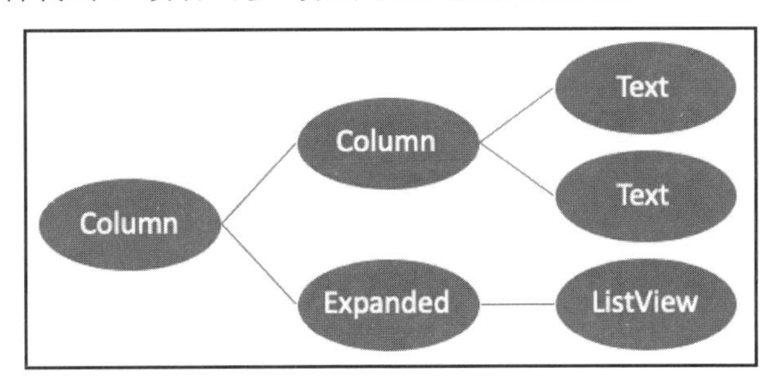

图 5.6

5.4　利用列表构造器处理大型数据集

当移动应用程序需要渲染数据列表时，它们会使用一个有趣的技巧。与设备内存所能显示的内容相比，这些数据列表可能包含更多的条目。在早期移动应用程序开发中，这一点显得十分重要。当时，手机的各项功能普遍较弱。假设需要创建一个联系人应用程序，而用户可能保存了成百上千位联系人，且对应内容处于可滚动状态。如果将其置入一个 ListView 中，并请求 Flutter 生成所有的微件，那么应用程序可能会内存溢出、速度变慢，甚至是崩溃。

现在，拿出你的手机并查看联系人应用程序，快速上下滚动，这些应用程序在滚动时不会出现任何延迟，当然也不会面临因数据量过大而出现崩溃这种危险。这里的秘密是什么？如果仔细查看你的应用程序，就会发现无论列表中包含多少个条目，屏幕上一次只能容纳一定数量的条目。因此，一些工程师发现可以回收这些视图。这里的技巧是，当微件移出屏幕时，可以将其与新数据一起复用。这一技巧自移动开发之初既存在，今天也不例外。

在当前示例中，我们将优化目标应用程序，并在数据集增长到超出手机的处理能力后使用回收机制。

5.4.1　实现方式

打开 stopwatch.dart 文件，并查看与 ListView 相关的代码。

（1）利用 ListView 变化版本之一 ListView.builder 替换 ListView，并将_buildLapDisplay 的已有实现替换为下列内容。

```
Widget _buildLapDisplay() {
  return ListView.builder(
    itemCount: laps.length,
    itemBuilder: (context, index) {
      final milliseconds = laps[index];
      return ListTile(
        contentPadding: EdgeInsets.symmetric(horizontal: 50),
        title: Text('Lap ${index + 1}'),
        trailing: Text(_secondsText(milliseconds)),
      );
    },
  );
}
```

（2）ScrollView 可能十分庞大，因而较好的作法是向用户显示它们在列表中的位置。随后，将 ListView 封装至 Scrollbar 微件中。此处不需要输入任何特殊的属性，因为该微件是上下文相关的。

```
return Scrollbar(
  child: ListView.builder(
    itemCount: laps.length,
```

（3）添加一个快速的新功能：每次单击 Lap 按钮时，列表就会滚动至底部。Flutter 通过 ScrollController 简化了这一操作。在 StopWatchState 开始处，在圈数列表下方添加下列两个属性。

```
final itemHeight = 60.0;
final scrollController = ScrollController();
```

（4）将上述值与 ListView 进行链接，也就是说，将对应值输入微件的构造函数中。

```
ListView.builder(
  controller: scrollController,
  itemExtent: itemHeight,
  itemCount: laps.length,
  itemBuilder: (context, index) {
```

（5）全部工作是通知 ListView 在添加新的圈数时呈滚动状态。

（6）在_lap()方法底部，在调用 setState()方法后添加下列代码行。

```
scrollController.animateTo(
  itemHeight * laps.length,
  duration: Duration(milliseconds: 500),
  curve: Curves.easeIn,
);
```

运行应用程序并尝试添加圈数。实际上，我们可以处理任意圈数的操作。

5.4.2　工作方式

当利用构造函数 builder()优化 ListView 时，需要通过 itemCount 属性通知 Flutter 列表的大小；否则，Flutter 会认为该列表无限大且永远不会结束。在某些场合下，我们可能希望使用无限列表，但这种情况十分少见。在大多数情况下，需要告知 Flutter 列表的长度；否则将得到一个“越界”错误。

滚动性能方面的秘密可在 itemBuilder 闭包中找到。在前述示例中，我们曾向 ListView 中加入了一个已知子微件的列表。这将强制 Flutter 创建并维护整个微件列表。微件自身的开销并不大，但 Flutter 内部微件下的 Elements 和 RenderObjects 属性则代价高昂。

itemBuilder 通过启用延迟渲染解决这一类问题。我们不再为 Flutter 提供微件列表，相反，我们将等待 Flutter 使用所需内容，且仅针对列表子集创建微件。当用户滚动内容时，Flutter 通过相应的索引持续调用 itemBuilder()函数。当微件移出屏幕后，Flutter 将从微件树中移除该微件以释放内存空间。即使列表包含数千个条目，视口的大小也不会发生变化，且每次仅需要相同数量的可见条目，如图 5.7 所示。

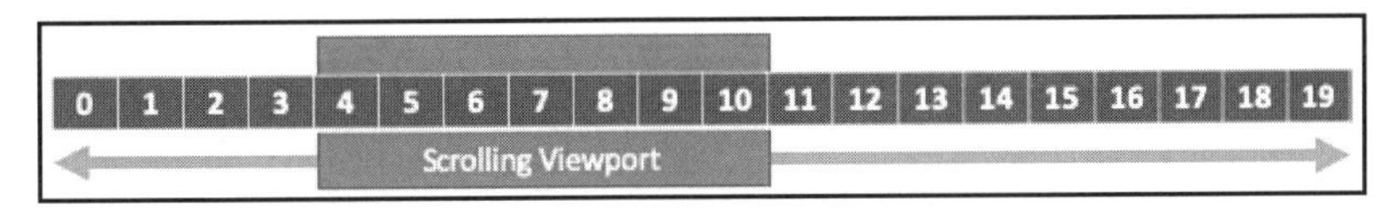

图 5.7

当视口沿列表移动时，屏幕上一次仅容纳 7 个条目。因此，针对 20 个条目创建的微件将不会带来任何收益。当视口向左移动时，可能需要使用条目 3、2、1，而条目 8、9、10 将被丢弃。内部处理方式由 Flutter 控制，且不存在相应的 API 可帮助 Flutter 优化 ListView。我们需要注意 Flutter 从 itemBuilder 中请求的索引，并返回相应的微件。

5.4.3 更多内容

当前示例还介绍了两个高级滚动主题，即 itemExtent 和 ScrollController。itemExtent 属性向 ListView 中所有的条目提供了固定高度。使用 itemExtent 将针对每个条目强制使用固定高度，而非根据相关内容令微件获取其自身的高度，进而得到性能方面的收益。当布局 ListView 的子微件时，ListView 将执行更少的工作。此外，这还可简化滚动动画的计算过程。

ScrollController 是一个相对特殊的对象，并可在 build()方法外部输入 ListView。这是 Flutter 中常用的一种模式，进而可提供一个控制器对象，其中包含操控微件的方法。

ScrollController 可实现许多有趣的操作，但当前示例仅实现了_lap()方法中的 ListView 动画效果。

```
scrollController.animateTo(
  itemHeight * laps.length,
  duration: Duration(milliseconds: 500),
  curve: Curves.easeIn,
);
```

上述函数的第 1 个属性需要知晓 ListView 的滚动位置，考虑到之前已通知 Flutter 条目采用固定高度，因此将条目数量乘以固定高度（常量）即可计算得到列表的总高度；第 2 个属性表示动画的长度；最后一个属性则通知动画在到达结尾时减缓速度，而不是突然停止。后续章节将详细讨论动画问题。

5.5 处理 TextField

除按钮外，文本框也是一种十分常见的用户界面形式。在大多数应用程序中，用户需要输入相关内容，如表单。其中，用户需要输入用户名和密码。

由于文本多与表单这一概念相关，因此 Flutter 还提供了 TextField 的子类 TextFormField，并针对协同工作的多个文本框添加了相关功能。

当前示例将针对秒表应用程序创建一个登录表单，以便了解针对哪一位跑步者进行计时。

5.5.1 准备工作

本节将进一步完善 StopWatch 项目，因而需要完成本章中的前述各个示例。

在 main.dart 文件中，将 LoginScreen 类调用添加至 MaterialApp 的 home 属性中，如下所示。

```
home: LoginScreen(),
```

5.5.2 实现方式

当前示例的实现方式需要执行下列步骤。

（1）通过输入 stful 并按 Enter 键，创建一个名为 login_screen.dart 的新文件，并针对新的 StatefulWidget 生成代码片段。IDE 将自动生成占位符微件及其状态类。

（2）将对应类命名为 LoginScreen。State 类将自动命名为_LoginScreenState。另外，不要忘记导入相应的材质库。

（3）登录屏幕需要知道用户是否处于登录状态，进而显示相应的微件树。对此，可定义一个名为 loggedIn 的布尔属性，并相应地跳转微件树。

（4）在_LoginScreenState 类声明下方添加下列代码。

```
bool loggedIn = false;
String name;

@override
Widget build(BuildContext context) {
  return Scaffold(
    appBar: AppBar(
      title: Text('Login'),
    ),
    body: Center(
      child: loggedIn ? _buildSuccess() : _buildLoginForm(),
    ),
  );
}
```

（5）成功登录后对应的微件十分简单，它仅是一个复选标记和一个 Text 微件，用于输出用户输入的任何内容。

```
Widget _buildSuccess() {
  return Column(
    mainAxisAlignment: MainAxisAlignment.center,
    children: <Widget>[
      Icon(Icons.check, color: Colors.orangeAccent),
      Text('Hi $name')
    ],
  );
}
```

（6）待一切完毕后，接下来进入当前示例的核心内容，即逻辑表单。

（7）在类开始处添加一些属性，包括处理 TextField 属性的两个 TextEditingController，以及处理 Form 的 GlobalKey。

```
final _nameController = TextEditingController();
final _emailController = TextEditingController();
final _formKey = GlobalKey<FormState>();
```

（8）利用 Flutter 的 Form 微件实现表单以封装一个 Column。

```
Widget _buildLoginForm() {
  return Form(
      key: _formKey,
      child: Padding(
          padding: const EdgeInsets.all(20.0),
          child: Column(
            mainAxisAlignment: MainAxisAlignment.center,
            children: [
              TextFormField(
                controller: _nameController,
                decoration: InputDecoration(labelText: 'Runner'),
                validator: (text) =>
                    text.isEmpty ? 'Enter the runner\'s
                      name.' : null,
              ),
            ],
          )));
}
```

（9）运行应用程序。随后可看到 TextField 浮动于屏幕的中心位置。接下来添加另一个文本框以管理用户的电子邮件地址。

（10）在 Column 内部添加该微件（位于第 1 个 TextFormField 之后）。该微件采用正则表达式验证其数据。

```
TextFormField(
  controller: _emailController,
  keyboardType: TextInputType.emailAddress,
  decoration: InputDecoration(labelText: 'Email'),
  validator: (text) {
    if (text.isEmpty) {
      return 'Enter the runner\'s email.';
    }

    final regex = RegExp('[^@]+@[^\.]+\..+');
    if (!regex.hasMatch(text)) {
      return 'Enter a valid email';
    }

    return null;
  },
),
```

注意：

正则表达式是一个字符序列，用于指定搜索模式，常用于输入验证。关于 Dart 语言中的正则表达式，读者可访问 https://api.dart.dev/stable/2.12.4/dart-core/RegExp-class.html 以了解更多内容。

（11）表单项均应设置完毕，同时还应提供对其进行验证的方法。这可通过调用表单的 validateAndSubmit()方法的按钮和函数予以实现。

（12）将两个微件添加至同一个 Column 中（位于第 2 个 TextField 之后）。

```
SizedBox(height: 20),
ElevatedButton(
 child: Text('Continue'),
 onPressed: _validate,
),
```

（13）实现 validate()方法。

```
void _validate() {
  final form = _formKey.currentState;
  if (!form.validate()) {
    return;
  }

  setState(() {
```

```
    loggedIn = true;
    name = _nameController.text;
  });
}
```

执行热重载，对应效果如图 5.8 所示。另外，读者还可将错误信息输入表单中，并查看对应结果。

图 5.8

5.5.3　工作方式

当前示例涵盖了多个主题，包括 TextField、Form 和 Key。

TextField 是平台感知型的微件，并遵循主平台的 UX 范例。与 Flutter 中的大多数内容类似，TextField 的外观是高度可定制的。默认的外观遵循 Material Design 规则，但也可通过 InputDecoration 属性实现定制。截至目前，读者应注意到 Flutter API 中的一些公共模式。许多微件（如 Containers、TextFields、DecoratedBox 等）可接收二级装饰对象。甚至可以说，针对这些微件，API 设计的一致性体验了某种自我解释性。例如，考查下列代码对第 2 个 TextField 所做的工作。

```
keyboardType: TextInputType.emailAddress,
```

上述代码需要我们使用电子邮件键盘（而非标准键盘）。如果是这样，那么恭喜你回答正确。

在当前示例中，我们使用了 TextField 的变体，即 TextFormField。TextFormField 是 TextField 的子类，加入了额外的验证回调，并在提交表单时被调用。

这里，第 1 个 validator 较为简单——它仅检查文本内容是否为空。如果验证失败，那么对应的验证函数应返回一个字符串；如果验证成功，那么该函数应返回一个 null。这也是 Flutter 中 null 发挥作用的少数几个场景。

封装了两个 TextField 的 Form 微件是一个非渲染容器微件。该微件知道如何访问 FormField 的子微件，并调用其验证器。如果所有的验证器函数均返回 null，则视为表单有效。

我们曾使用 GlobalKey 在 build()方法外部访问表单的状态类。GlobalKey 可简单地解释为，它将执行与 BuildContext 相反的任务。BuildContext 对象可查找微件树中的父微件；Key 对象则用于检索一个子微件。这一话题较为复杂，简而言之，我们可利用 Key 检索 Form 的状态。FormState 类包含一个名为 validate 的方法，并调用其子节点上的验证器。

注意：

与 Key 相关的内容远不止于此，这是一个较为高级的主题，具体内容则超出了本书的讨论范围。对此，谷歌的 Emily Fortuna 发布了一篇优秀的文章，读者可参考 5.5.4 节以了解更多内容。

最后是 TextEditingController。类似于前述示例中的 ScrollController，TextEditingController 对象可用于操控 TextField。在当前示例中，我们仅以此析取了 TextField 中的当前值，但还可通过编程方式设置微件中的值、更新文本选取内容并清空文本框。总之，这是一个非常有用的对象。

除此之外，TextField 上的一些回调函数也可实现相同任务。例如，用户每次输入一个字母时，如果打算更新 name 属性，则可使用核心 TextField（而非 TextFormField）上的 onChanged 回调。在实际操作过程中，包含大量的回调和内联闭包往往会使函数过于冗长且难以阅读。因此，虽然使用闭包比使用 TextEditingController 更加简单，但它可能会使代码更难阅读。在整洁的代码中，函数仅需实现一项功能，这意味着，一个函数负责处理设置和外观，而另一个函数应负责处理逻辑内容。

5.5.4 另请参阅

读者可参考下列资源以获取更多信息。

- Emily Fortuna 发布的与 Key 相关的文章和视频：https://medium.com/flutter/keys-what-are-they-good-for-13cb51742e7d。
- Form：https://api.flutter.dev/flutter/widgets/Form-class.html。

5.6 导航至下一个屏幕

截至目前，全部示例均出现于单一屏幕中，在大多数真实项目中，可能需要管理多个屏幕，每个屏幕都包含自己的路径，可以推送和弹出至屏幕上。

Flutter（特别是 MaterialApp）使用 Navigator 类管理应用程序的屏幕。这里，屏幕被抽象为 Route 这一概念，其中包含了所显示的微件，以及屏幕上的动画方式。此外，Navigator 还保存了路由的全部历史，进而可方便地返回之前的屏幕中。

在当前示例中，我们将链接 LoginScreen 和 StopWatch，以便 LoginScreen 实现用户登录。

5.6.1 实现方式

下面将链接应用程序中的两个屏幕。

（1）删除一些代码。

（2）移除 loggedIn 属性，以及引用该属性的所有代码部分。此外，buildSuccess()方法或 build()方法中的 ternary()方法也均不再需要。

（3）利用下列代码片段更新 build()方法。

```
Widget build(BuildContext context) {
  return Scaffold(
    appBar: AppBar(
      title: Text('Login'),
    ),
    body: Center(
```

```
      child: _buildLoginForm(),
    ),
  );
}
```

（4）在_validate()方法中启动导航，而非调用 setState()方法。

```
void _validate() {
  final form = _formKey.currentState;
  if (!form.validate()) {
    return;
  }

  final name = _nameController.text;
  final email = _emailController.text;

  Navigator.of(context).push(
    MaterialPageRoute(
      builder: (_) => StopWatch(name: name, email: email),
    ),
  );
}
```

（5）需要更新 StopWatch 微件的构造函数，以便其可以接收名称和电子邮件。确保这些修改过程在 stopwatch.dart 文件中进行。

```
class StopWatch extends StatefulWidget {
  final String name;
  final String email;

  const StopWatch({Key key, this.name, this.email}) : super(key:
    key);
```

（6）在 StopWatchState 类的 build()方法中，利用跑步者的名字替换 AppBarde 标题，只是为了让应用程序更具个性。

```
AppBar(
  title: Text(widget.name),
),
```

（7）当前，可在 LoginScreen 和 StopWatch 之间导航。然而，当用户单击回退按钮时将返回登录屏幕中，这看上去有些奇怪。在大多数应用程序中，一旦用户登录，登录屏幕就不能再次被访问。对此，可使用 Navigator 的 pushReplacement()方法予以实现。

```
Navigator.of(context).pushReplacement(
    MaterialPageRoute(
      builder: (_) => StopWatch(name: name, email: email),
    ),
);
```

尝试再次登录。随后即可看到用户将无法返回登录屏幕中。

5.6.2　工作方式

Navigator 是 MaterialApp 和 CupertinoApp 的组件。访问该对象是上下文模式的另一个例子。从内部来看，Navigator 的功能相当于一个堆栈。路由可以被推入堆栈，也可以从堆栈中弹出。

通常情况下，可采用标准的 push()和 pop()方法添加和移除路由。如前所述，我们不仅需要将 StopWatch 推送至屏幕中，此外还需要同时从栈中弹出 LoginScreen。对此，可使用 pushReplacement()方法，如下所示。

```
Navigator.of(context).pushReplacement(
    MaterialPageRoute(
```

另外，还需要使用 MaterialPageRoute 类表示路由。该对象将在两个屏幕之间创建一个与平台相关的过渡。在 iOS 中，这一对象会从右侧推送至屏幕上；而在 Android 中，该对象则从底部弹至屏幕中。

类似于 ListView.builder，MaterialPageRoute 也需要一个 WidgetBuilder，而不是子微件。WidgetBuilder 被定义为一个函数，该函数提供了一个 BuildContext，并期望返回一个 Widget。

```
builder: (_) => StopWatch(name: name, email: email),
```

这将使 Flutter 延迟微件的构造过程，直至真正需要时。另外，此处也无须使用 context 属性，并被下画线所替代。

5.7　通过名称调用导航路由

路由是一个在互联网中根深蒂固的概念，此处无须赘述。

在 Flutter 中，我们可使用命名路由，这意味着，可以为屏幕指定一个文本名称，并简单地对其加以调用，就像正在访问网站上的另一个页面一样。

在当前示例中，我们将更新 StopWatch 项目中现有的路由机制，并采用命名路由机制。

5.7.1 实现方式

打开已有的 StopWatch 项目，并执行下列步骤。

（1）命名路由被引用为字符串。为了降低错误风险，可在 stopwatch.dart 和 login_screen.dart 文件中均添加一些常量。

```
class LoginScreen extends StatefulWidget {
  static const route = '/login';

class StopWatch extends StatefulWidget {
  static const route = '/stopwatch';
```

（2）这些路由需要在 MaterialApp 中连接起来，以便它们可被提供至应用程序的 Navigator 中。

（3）打开 main.dart 文件，更新 MaterialApp 的构造函数，使其包含这些页面。

```
return MaterialApp(
  routes: {
    '/': (context) => LoginScreen(),
    LoginScreen.route: (context) => LoginScreen(),
    StopWatch.route: (context) => StopWatch(),
  },
  initialRoute: '/',
);
```

（4）调用当前路由。打开 login_screen.dart 文件并滚动到_validate()方法上，通过调用 pushReplacementNamed()方法替换方法底部已有的导航器代码。

```
Navigator.of(context).pushReplacementNamed(
      StopWatch.route,
    );
```

（5）命名路由和手动构造路由之间有一个显著差别——我们无法使用自定义的构造方法将数据传递至下一个屏幕中。相反，我们可使用路由参数。

（6）更新 Navigator，以便其使用可选 arguments 属性中的源自表单的跑步者的名称。

```
final name = _nameController.text;
Navigator.of(context).pushReplacementNamed(
      StopWatch.route,
```

```
    arguments: name,
  );
```

（7）当从路由参数中获取数据时，需要从 build()方法中检索屏幕的路由。这可通过上下文模式予以实现。

（8）在 stopwatch.dart 文件的 build()方法中，添加下列代码并更新 AppBar。

```
String name = ModalRoute.of(context).settings.arguments ?? '';

return Scaffold(
  appBar: AppBar(
    title: Text(name),
  ),
```

热重载应用程序，虽然与前述示例相比变化不大，但代码变得更加整洁。

5.7.2　工作方式

当查看 MaterialApp 中路由的定义方式时，需要使用 home 路由。对此，可采用符号“/”。随后针对应用程序设置另一个路由。

```
routes: {
      '/': (context) => LoginScreen(),
      LoginScreen.route: (context) => LoginScreen(),
      StopWatch.route: (context) => StopWatch(),
    },
```

此处代码稍显冗余，因此应用程序中仅存在两个屏幕。一旦路由声明完毕，MaterialApp 就需要知道启动哪一个路由。初始路由只是作为一个字符串被输入。

```
initialRoute: '/',
```

此处建议针对路由定义一个常量，而非字符串字面值。在当前示例中，我们针对配个屏幕以静态元素的方式设置常量。实际上并没有必要这样组织代码，如果愿意，也可以将常量保存在单个文件中。

注意：

使用命名路由（而不是手动构建的路由）缺乏明确性。如果决定使用命名路由，那么应提前进行更多的规划和设置，但这并不会带来更多的好处。关于命名路由，一种争论是，代码将变得简洁，但也难以阅读。一种解决方案是，在开发的开始阶段可采用手动构建路由，随后在出现需求时可在命名路由方向进行重构。

在命名路由之间传递数据应深思熟虑。由于 WidgetBuilder 已被定义完毕并在 MaterialApp 中锁定，因此无法使用自定义构造函数。相反，我们可通过参数添加所需内容，并将该内容传递至下一个屏幕中。当查看 pushNamed()函数定义时，可以看到参数类型为简单的 Object。

```
pushNamed(
  String routeName, {
  Object arguments,
})
```

虽然具有一定的灵活性，但这将忽略泛型提供的安全类型。当前，程序员的职责是确保向路由发送正确的对象。

利用上下文模式检索参数可获得与微件关联的路由。

```
String name = ModalRoute.of(context).settings.arguments;
```

上述代码自身缺少一定的安全性，且无法确保传递至参数的值是否为字符串，抑或根本不存在。例如，如果创建路由的对象决定将一个整数或一个 Map 置入 arguments 属性中，那么将抛出一个异常，并导致一个红色的错误屏幕接管当前应用程序。因此，当处理路由参数时需要格外小心。

通过命名路由传递参数需要付出额外的努力，尤其是涉及安全问题时。考虑到这些原因，建议在屏幕间传递数据时采用手动构建的路由。

5.8 在屏幕上显示对话框

在向用户发送消息并希望引起注意时，可使用对话框（或弹出框），包括错误消息、请求用户执行某种操作，甚至是显示警告消息。

提示：

因为警告需要从用户一方获得某些反馈，因而应将此用于重要信息提示，或需要引起立即注意的操作。换而言之，仅在必要时使用警告消息。

图 5.9 显示了 Android 和 iOS 中的默认警告消息。

在当前示例中，我们将创建一个平台感知的警告消息，并在用户终止秒表应用程序时显示一条提示信息。

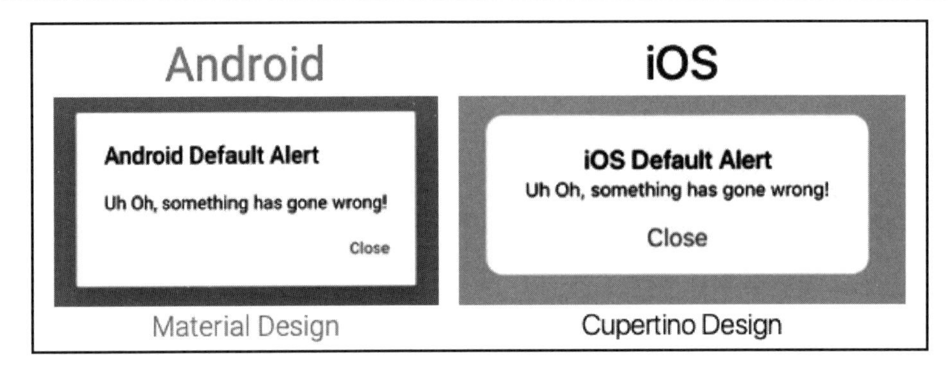

图 5.9

5.8.1 实现方式

本节将在项目中创建一个新文件，即 platform_alert.dart 文件。

（1）打开 platform_alert.dart 新文件，并定义一个接收标题和消息体的构造方法。对应类为一个简单的 Dart 对象。

```
import 'package:flutter/cupertino.dart';
import 'package:flutter/material.dart';

class PlatformAlert {
  final String title;
  final String message;

  const PlatformAlert({@required this.title, @required
    this.message})
      : assert(title != null),
        assert(message != null);
}
```

（2）PlatformAlert 需要一个 show()方法，该方法将查找应用程序的上下文，以确定该应用程序运行的设备类型，并随后显示相应的对话框微件。

（3）在构造方法后添加 show()方法。

```
void show(BuildContext context) {
  final platform = Theme.of(context).platform;

  if (platform == TargetPlatform.iOS) {
    _buildCupertinoAlert(context);
  } else {
```

```
      _buildMaterialAlert(context);
    }
}
```

（4）显示警告信息需要调用一个全局函数 showDialog()，该函数类似于 Navigator，且接收一个 WidgetBuilder 闭包。

注意：

showDialog()函数返回一个 Future<T>，这意味着该函数返回了一个可于稍后处理的值。在后续示例中，由于仅提供一些信息，我们无须对用户响应进行监听，因此方法的返回类型为 void。

（5）实现_buildMaterialAlert()方法。

```
void _buildMaterialAlert(BuildContext context) {
  showDialog(
      context: context,
      builder: (context) {
        return AlertDialog(
            title: Text(title),
            content: Text(message),
            actions: [
              TextButton(
                  child: Text('Close'),
                  onPressed: () => Navigator.of(context).pop())
            ]);
      });
}
```

（6）iOS 版本也基本类似——仅需将 Material 组件替换为其对应的 Cupertino 组件。在 Material 构造器之后立即添加此方法。

```
void _buildCupertinoAlert(BuildContext context) {
  showCupertinoDialog(
      context: context,
      builder: (context) {
        return CupertinoAlertDialog(
            title: Text(title),
            content: Text(message),
            actions: [
              CupertinoButton(
                  child: Text('Close'),
```

```
                    onPressed: () => Navigator.of(context).pop())
              ]);
        });
}
```

（7）当前，我们定义了一个平台感知型类，并封装了 AlertDialog 和 CupertinoAlertDialog。我们可在 stopwatch.dart 文件中对其进行测试。当用户终止秒表时（此时将显示所用的全部时间），将显示一个对话框，其中包含所有的圈数。在 setState()方法调用后，在 _stopTimer()方法底部添加下列代码。

```
final totalRuntime = laps.fold(milliseconds, (total, lap) => total
+ lap);
final alert = PlatformAlert(
  title: 'Run Completed!',
  message: 'Total Run Time is ${_secondsText(totalRuntime)}.',
);
alert.show(context);
```

运行应用程序（包含多个圈数）。单击 Stop 按钮时，对话框将显示所有的圈数。此外，还可分别在 iOS 或 Android 模拟器中运行应用程序。注意 UI 变化与平台标准之间的响应方式，如图 5.10 所示。

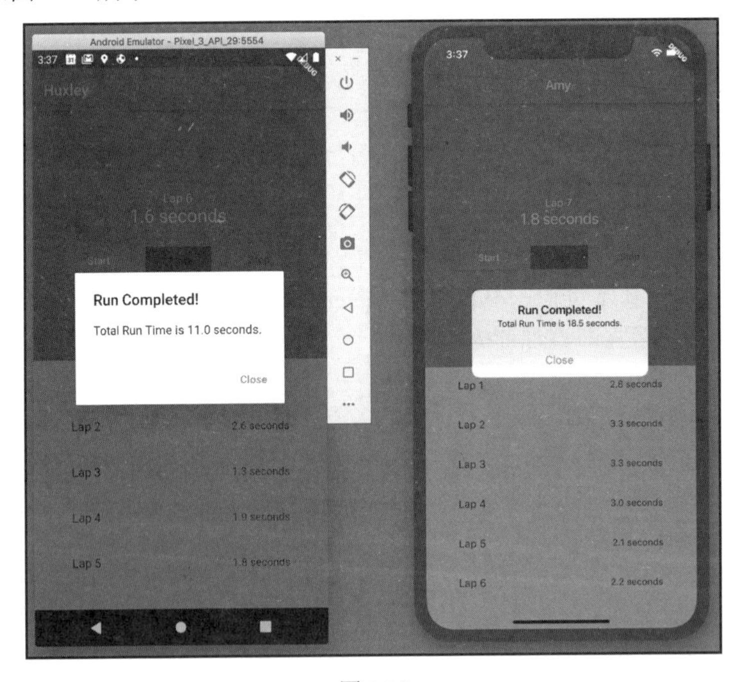

图 5.10

5.8.2 工作方式

就简单性而言，Flutter 处理对话框的方式令人满意。这里，对话框仅表示为路由。MaterialPageRoute 和 Dialog 之间的唯一差别在于 Flutter 显示的动画效果。由于对话框也是一个路由，因此可采用相同的推送和弹出 Navigator API，这可通过调用 showDialog()或 showCupertinoDialog()全局函数予以实现。这两个函数将查找应用程序的 Navigator，并通过适应于平台的动画效果将路由推送至导航栈中。

警告内容（无论是 Material 或 Cupertino）由以下 3 个组件构成。

（1）标题（title 属性）。

（2）内容（content 属性）。

（3）动作。

其中，title 和 content 属性仅表示为微件。通常情况下使用 Text 微件即可，但此处并非必需。如果打算将一个输入表单或一个滚动列表置于 Center 微件中，则可采用这种方式。

这里，动作（action）通常是一个按钮列表，其中，用户可执行相应的动作。在当前示例中，我们仅使用关闭对话框这一个动作。

```
TextButton(
  child: Text('Close'),
  onPressed: () => Navigator.of(context).pop())
```

注意，关闭对话框仅是一个 Navigator API 标准调用。由于对话框也是路由，因此可将二者等同对待。在 Android 平台中，正如预期的那样，系统的回退按钮甚至会从栈中弹出对话框。

5.8.3 更多内容

当前示例还使用了应用程序主题确定主平台。相应地，ThemeData 对象包含了一个名为 TargetPlatform 的枚举，并可显示 Flutter 可驻留的潜在选项。在当前示例中，我们仅处理了移动平台（iOS 和 Android 平台），但该枚举中涵盖了多个其他选项，包括桌面平台。TargetPlatform 的实现如下。

```
  enum TargetPlatform {
  /// Android: <https://www.android.com/>
  android,
```

```
  /// Fuchsia: <https://fuchsia.dev/fuchsia-src/concepts>
  fuchsia,

  /// iOS: <https://www.apple.com/ios/>
  iOS,

  /// Linux: <https://www.linux.org>
  linux,

  /// macOS: <https://www.apple.com/macos>
  macOS,

  /// Windows: <https://www.windows.com>
  windows,
}
```

其中包含了 fuchsia 这一有趣的选项。Fuchsia 是一个尚在试验中的操作系统，且谷歌仍致力于开发中，旨在替代 Android 系统。那时，Fuchsia 的主应用程序层将是 Flutter。从某种意义上讲，我们现在已经是无须 Fuchsia 开发人员。目前，这一操作系统尚处于早期阶段，相关信息也较少。但无论怎样，Flutter 的前途是光明的。

5.9　显示底部动作条

有些时候，我们需要呈现模态信息，但是对话框并不适合。对此，存在一些替代方案可将信息显示于屏幕上，且不需要用户进行操作。

底部动作条是相对“温和”的选择方案。据此，信息可从屏幕底部滑出。如果用户对此不感兴趣，则可向下滑动。另外，与警告消息不同，底部动作条并不会阻塞主界面，同时允许用户忽略这一可选的模态。

在最终的秒表应用程序中，我们将利用底部动作条替换对话框警告消息，并实现 5s 的动画效果。

5.9.1　实现方式

打开 stopwatch.dart 文件并执行下列步骤。

（1）底部动作条 API 与对话框相比并无明显差异。其中，全局函数将使用一个

BuildContent 和一个 WidgetBuilder。

（2）创建构造器（作为自身的函数）。

（3）在_stopTimer()方法下方添加下列代码。

```
Widget _buildRunCompleteSheet(BuildContext context) {
  final totalRuntime = laps.fold(milliseconds, (total, lap) =>
total + lap);
  final textTheme = Theme.of(context).textTheme;

  return SafeArea(
    child: Container(
      color: Theme.of(context).cardColor,
      width: double.infinity,
      child: Padding(
          padding: EdgeInsets.symmetric(vertical: 30.0),
          child: Column(mainAxisSize: MainAxisSize.min, children: [
            Text('Run Finished!', style: textTheme.headline6),
            Text('Total Run Time is
              ${_secondsText(totalRuntime)}.')
          ])),
    )
  );
}
```

（4）显示底部动作栏十分简单。在_stopTimer()方法中，删除显示对话框的代码，并通过 showBottomSheet()方法调用进行替换。

```
void _stopTimer(BuildContext context) {
  setState(() {
    timer.cancel();
    isTicking = false;
  });

  showBottomSheet(context: context, builder:
   _buildRunCompleteSheet);
}
```

（5）尝试运行代码并单击 Stop 按钮以显示底部动作栏。此时，控制台将显示如图 5.11 所示的错误信息。

```
flutter: ══╡ EXCEPTION CAUGHT BY GESTURE ╞═══════════════════════════════════
flutter: The following assertion was thrown while handling a gesture:
flutter: No Scaffold widget found.
flutter: StopWatch widgets require a Scaffold widget ancestor.
flutter: The Specific widget that could not find a Scaffold ancestor was:
flutter:   StopWatch
flutter: The ownership chain for the affected widget is:
flutter:   StopWatch ← Semantics ← Builder ← RepaintBoundary-[GlobalKey#a3f68] ← IgnorePointer ← Stack ←
flutter: _CupertinoBackGestureDetector<dynamic> ← DecoratedBox ← DecoratedBoxTransition ←
flutter: FractionalTranslation ← ⋯
flutter: Typically, the Scaffold widget is introduced by the MaterialApp or WidgetsApp widget at the top of
flutter: your application widget tree.
flutter:
flutter: When the exception was thrown, this was the stack:
flutter: #0      debugCheckHasScaffold.<anonymous closure> (package:flutter/src/material/debug.dart:149:7)
flutter: #1      debugCheckHasScaffold (package:flutter/src/material/debug.dart:161:4)
flutter: #2      showBottomSheet (package:flutter/src/material/bottom_sheet.dart:481:10)
flutter: #3      StopWatchState._stopTimer (package:stopwatch/stopwatch.dart:142:9)
flutter: #4      StopWatchState._buildControls.<anonymous closure> (package:stopwatch/stopwatch.dart:101:40)
flutter: #5      _InkResponseState._handleTap (package:flutter/src/material/ink_well.dart:635:14)
flutter: #6      _InkResponseState.build.<anonymous closure> (package:flutter/src/material/ink_well.dart:711:32)
flutter: #7      GestureRecognizer.invokeCallback (package:flutter/src/gestures/recognizer.dart:182:24)
flutter: #8      TapGestureRecognizer._checkUp (package:flutter/src/gestures/tap.dart:365:11)
flutter: #9      TapGestureRecognizer.handlePrimaryPointer (package:flutter/src/gestures/tap.dart:275:7)
flutter: #10     PrimaryPointerGestureRecognizer.handleEvent (package:flutter/src/gestures/recognizer.dart:455:9)
flutter: #11     PointerRouter._dispatch (package:flutter/src/gestures/pointer_router.dart:75:13)
flutter: #12     PointerRouter.route (package:flutter/src/gestures/pointer_router.dart:102:11)
flutter: #13     _WidgetsFlutterBinding&BindingBase&GestureBinding.handleEvent (package:flutter/src/gestures/binding.dart:218:19)
flutter: #14     _WidgetsFlutterBinding&BindingBase&GestureBinding.dispatchEvent (package:flutter/src/gestures/binding.dart:198:22)
flutter: #15     _WidgetsFlutterBinding&BindingBase&GestureBinding._handlePointerEvent (package:flutter/src/gestures/binding.dart:156:7)
flutter: #16     _WidgetsFlutterBinding&BindingBase&GestureBinding._flushPointerEventQueue (package:flutter/src/gestures/binding.dart:102:7)
flutter: #17     _WidgetsFlutterBinding&BindingBase&GestureBinding._handlePointerDataPacket (package:flutter/src/gestures/binding.dart:86:7)
flutter: #21     _invoke1 (dart:ui/hooks.dart:250:10)
flutter: #22     _dispatchPointerDataPacket (dart:ui/hooks.dart:159:5)
flutter: (elided 3 frames from package dart:async)
flutter:
flutter: Handler: "onTap"
flutter: Recognizer:
flutter:   TapGestureRecognizer#f56db
flutter: ════════════════════════════════════════════════════════════════════
```

图 5.11

（6）仔细阅读图 5.11 中的消息。栈跟踪信息表明，显示底部动作栏所用的上下文需要使用一个 Scaffold，但却对此查找失败。其原因在于，在树形结构中使用了过高的 BuildContext。对此，可通过一个 Builder 封装 Stop 按钮，并将新的上下文传递至 stop()方法中来解决这一问题。在_buildControls()方法中，利用下列代码替换 Stop 按钮。

```
Builder(
  builder: (context) => TextButton(
    child: Text('Stop'),
    onPressed: isTicking ? () => _stopTimer(context) : null,
  ...
```

此外，还需要更新_stopTimer()方法，以使其作为参数接收一个 BuildContext。

```
void _stopTimer(BuildContext context) {...}
```

（7）热重载应用程序并终止计时器。在单击 Stop 按钮后，底部动作栏将自动出现，并永久显示。当然，如果设置一个 5s 后自动删除底部动作栏的短计时器就更加完美了。对此，可通过 Future API 予以实现。在_stopTimer()方法中，更新调用过程进而显示底部动作栏，如下所示。

```
final controller =
    showBottomSheet(context: context, builder:
      _buildRunCompleteSheet);

Future.delayed(Duration(seconds: 5)).then((_) {
  controller.close();
});
```

热重载应用程序，底部动作栏将在 5s 后自动消失。

5.9.2　工作方式

当前示例中的底部动作栏易于理解。但是，为什么最初时无法显示底部动作栏？这一问题的根源又在哪里？考查如图 5.12 所示的秒表屏幕的微件树组织方式。

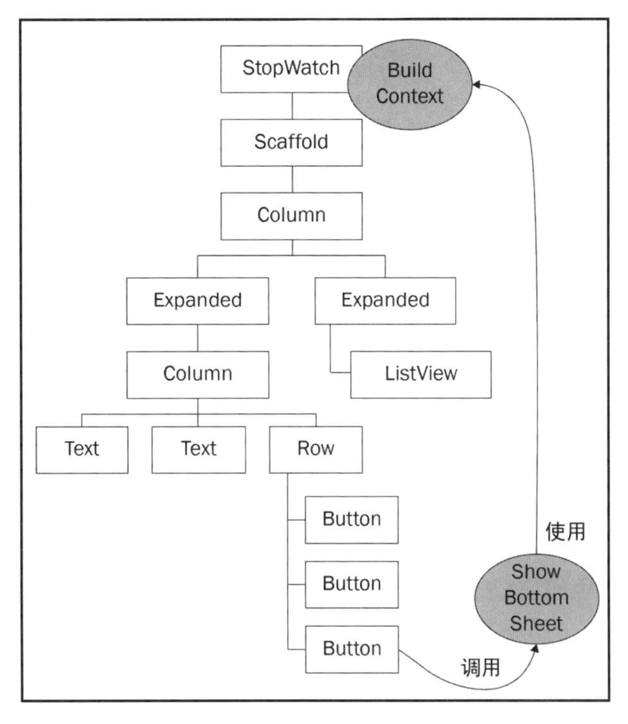

图 5.12

底部动作栏与对话框稍有不同，前者并不是完整的路由，对于所显示的底部动作栏，它采用相同的上下文模式将自身绑定至树形结构最近的 Scaffold 上以对其进行查找。这里的问题是，BuildContent 类（作为 StopWatchState 上的一个属性传递和存储）隶属于顶级 StopWatch 微件。屏幕使用的 Scaffold 微件表示为 StopWatch 的子微件，而不是父微件。

当在 showBottomSheet()函数中使用 BuildContext 时，将从该点处向上遍历以查找最近的 Scaffold。这里的问题是，StopWatch 上方不存在任何 Scaffold。这只会查找到一个 MaterialApp 和根微件。最终，当前调用失败。

对应的解决方案是使用树形结构中较低的 BuildContext，进而可找到 Scaffold。这是 Builder 微件的用武之地。Builder 是一个不包含子微件的微件，但却包含一个 WidgetBuilder，类似于路由和底部动作栏。

通过将按钮封装至 Builder 中，我们可获取不同的 BuildContext，并且是 Scaffold 的一个子元素，进而依次成功地显示底部动作栏，如图 5.13 所示。

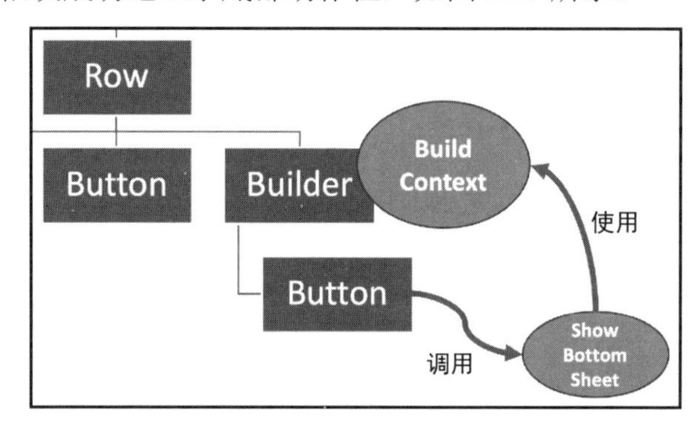

图 5.13

当设计微件树时，这也是常见的问题之一。当传递 BuildContext 类时，借助于树形结构是十分重要的。某些时候，从微件的 build()方法中获得的根上下文并不是我们正在查找的上下文。

buildBottomSheet()方法也返回一个 PersistentBottomSheetController，这与 ScrollController 或 TextEditingController 十分类似。这些“控制器”类绑定于微件上，并包含相应的方法对其进行操控。在当前示例中，我们采用了 Dart 的 Future API 在 5s 延迟后调用 close()方法。我们将在与异步代码相关的章节中介绍 Future。

5.9.3 另请参阅

关于 Flutter 如何管理状态，读者可参考下列资源。

- Widgets 101 – StatefulWidgets：https://www.youtube.com/watch?v=AqCMFXEmf3w。
- Flutter 的 Layered Design：https://www.youtube.com/watch?v=dkyY9WCGMi0。

第 6 章　基本的状态管理

随着应用程序的不断增加，通过应用程序管理数据流则变得较为复杂，同时这也将成为一个重要的问题。Flutter 社区提供了多种解决方案以处理状态管理。所有这些解决方案均包含一个共同点，即模型和视图的分离。

在深入讨论状态管理解决方案（如 BLoC、MVVM、Redux 等）之前，我们将首先考查这些方案共有的元素。这些模式都将应用程序划分为多个层，表示执行特定任务的类分组。层策略适用于几乎任意的应用程序架构。一旦掌握了基础内容，学习任何高级模式就会水到渠成。

本章将构建一个处理待办事项的笔记本应用程序。在该应用程序中，用户将能够创建包含多项任务的待办事项列表，用户可执行添加、编辑、删除等任务。

本章主要涉及以下主题。

- 模型-视图分离。
- 利用 InheritedWidget 管理数据层。
- 使应用程序状态在多个屏幕间可见。
- 设计 *n* 层框架（第 1 部分）——控制器。
- 设计 *n* 层框架（第 2 部分）——存储库。
- 设计 *n* 层框架（第 3 部分）——服务。

6.1　技术需求

在 IDE 中创建一个全新的项目 master_plan，随后删除 lib 和 test 文件夹中的全部内容。

6.2　模型-视图分离

模型和视图是应用程序框架中十分重要的内容。其中，模型表示处理应用程序数据的类；而视图则表示在屏幕上呈现数据的类。

在 Flutter 中，与视图最接近的类别是 Widget；模型则是一个基本的 Dart 类，且不继承 Flutter 框架中的任何内容，每个类仅负责一项工作。模型关注应用程序的数据维护，而视图则关注界面的绘制过程。模型和视图之间清晰、严格的分离将使得代码更加简单和易于处理。

在当前示例中，我们将构造一个 Todo 应用程序，并结合视图创建一个模型图。

6.2.1　准备工作

任何良好的应用程序架构均必须确保其具有正确的文件夹结构设置并准备就绪。在当前示例中的 lib 文件夹中，分别创建 models 和 views 两个子文件夹，如图 6.1 所示。

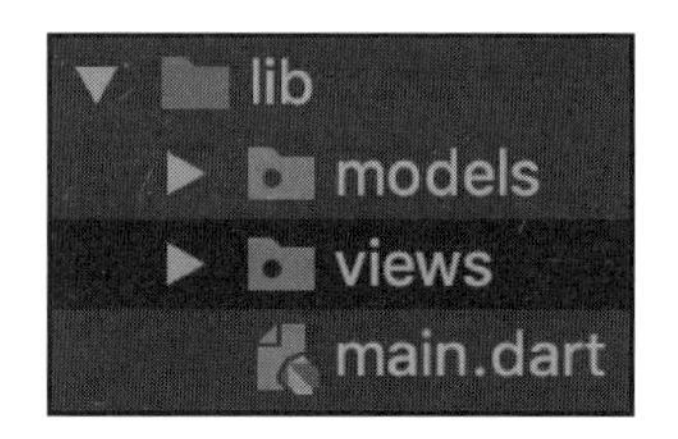

图 6.1

现在，一切均已准备就绪，即可开始着手处理当前项目。

6.2.2　实现方式

当实现视图和模型分离时，需要遵循下列步骤。

（1）数据层是较好的研究起点，我们无须深入了解用户界面的细节内容即可获得较为清晰的应用程序视图。在 models 文件夹中，创建一个名为 task.dart 的文件并定义 Task 类。该类应包含一个描述字符串、布尔值和构造函数，并负责保存应用程序的任务数据。对此，添加下列代码。

```
class Task {
  String description;
  bool complete;

  Task({
    this.complete = false,
    this.description = '',
  });
}
```

（2）此外还需要一个保存全部任务的 Plan 类。在 models 文件夹中，创建一个 plan.dart 文件并添加简单的 Plan 类。

```
import './task.dart';

class Plan {
  String name = '';
  final List<Task> tasks = [];
}
```

（3）通过添加一个导出两个模块的文件封装数据层。通过这种方式，导入内容不会随着应用程序的增长而变得过于庞大。在 models 文件夹中创建一个名为 data_layer.dart 的文件，该文件仅包含导出语句，而非真实代码。

```
export 'plan.dart';
export 'task.dart';
```

（4）在 main.dart 文件中，设置项目的 MaterialApp。当前，这一过程较为简单。对此，只需创建一个 StatelessWidget，它返回一个 MaterialApp 并在 home 目录中调用一个名为 PlanScreen 的微件。稍后将对此加以构建。

```
import 'package:flutter/material.dart';
import './views/plan_screen.dart';

void main() => runApp(MasterPlanApp());

class MasterPlanApp extends StatelessWidget {
  @override
  Widget build(BuildContext context) {
    return MaterialApp(
      theme: ThemeData(primarySwatch: Colors.purple),
      home: PlanScreen(),
    );
  }
}
```

（5）在处理完这些问题之后，我们可以继续处理视图层。在 views 文件夹中，创建一个名为 plan_screen.dart 的文件，并使用 StatefulWidget 模板生成一个名为 PlanScreen 的类。导入材质库并在 State 类中构建基本的 Scaffold 和 AppBar。此外，还将创建一个单独的 plan，它将作为一个属性被存储在 State 类中。

```
import '../models/data_layer.dart';
import 'package:flutter/material.dart';

class PlanScreen extends StatefulWidget {
```

```
  @override
  State createState() => _PlanScreenState();
}

class _PlanScreenState extends State<PlanScreen> {
  final plan = Plan();

  @override
  Widget build(BuildContext context) {
    return Scaffold(
      appBar: AppBar(title: Text('Master Plan')),
      body: _buildList(),
      floatingActionButton: _buildAddTaskButton(),
    );
  }
}
```

（6）由于缺少一些方法，上述代码目前尚无法编译。接下来讨论最为简单的 Add Task 按钮，该按钮将使用 FloatingActionButton 布局，根据 Material Design 规范，这是一种较为常见向列表中添加条目的操作方式。在 build()方法下方添加下列按钮。

```
Widget _buildAddTaskButton() {
  return FloatingActionButton(
    child: Icon(Icons.add),
    onPressed: () {
      setState(() {
        plan.tasks.add(Task());
      });
    },
  );
}
```

（7）创建一个可滚动的列表以显示全部任务。对此，ListView.builder 可满足这一需求。随后，实现这一简单方法以构建 ListView。

```
Widget _buildList() {
  return ListView.builder(
    itemCount: plan.tasks.length,
    itemBuilder: (context, index) =>
        _buildTaskTile(plan.tasks[index]),
  );
}
```

（8）此处仅需返回一个显示任务值的 ListTile。由于针对每项任务均设置了一个模型，因此构建视图将十分简单。在构造列表方法之后添加下列代码。

```
Widget _buildTaskTile(Task task) {
  return ListTile(
    leading: Checkbox(
        value: task.complete,
        onChanged: (selected) {
          setState(() {
            task.complete = selected;
          });
        }),
    title: TextField(
      onChanged: (text) {
        setState(() {
          task.description = text;
        });
      },
    ),
  );
}
```

（9）运行应用程序。可以看到，一切内容均已完全连接。我们可以添加任务、将其标记为“完成”，以及在内容较长时滚动列表。但是，我们需要添加一个与 iOS 相关的特性。这里的问题是，一旦键盘被打开，就无法关闭它。对此，在滚动事件中，可使用 ScrollController 移除 TextField 中的焦点。因此，在 plan 属性后，作为 State 类的一个属性添加一个滚动控制器。

```
ScrollController scrollController;
```

（10）scrollController 需要在 initState()生命周期方法中进行初始化，并于此处添加一个滚动监听器。下面在 scrollController 声明后，向 State 类中添加 initState()方法。

```
@override
void initState() {
  super.initState();
  scrollController = ScrollController()
    ..addListener(() {
      FocusScope.of(context).requestFocus(FocusNode());
    });
}
```

（11）在_buildList()方法的 ListView 中添加控制器。

```
return ListView.builder(
  controller: scrollController,
```

（12）当微件从树形结构中被移除时，处理 scrollController。

```
@override
void dispose() {
  scrollController.dispose();
  super.dispose();
}
```

（13）热重启（而不是重载）应用程序，对应结果如图 6.2 所示。

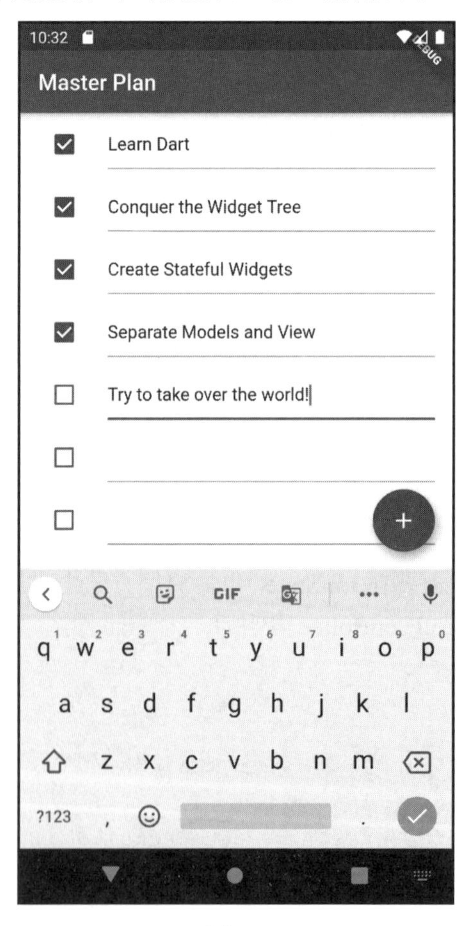

图 6.2

6.2.3 工作方式

当前示例中的 UI 是数据驱动的。ListView 微件（视图）查询 Plan 类（模型），以计算条目的数量，在 itemBuilder 闭包中，我们析取了与条目索引匹配的特定 Task，并将整个模型传递至 buildTaskTile()方法中。

另外，Tile 也是数据驱动型的，并读取模型中的 complete 布尔值，进而确定是否选择复选框。查看 Checkbox 微件的实现将会看到，该微件获取模型中的数据，并在其状态方式变化时将数据返回模型中。该微件是数据真正的视图。

```
Checkbox(
  value: task.complete,
  onChanged: (selected) {
    setState(() {
      task.complete = selected;
    });
  }),
```

当针对每项任务构建 UI 时，微件的状态由模型持有。UI 的工作仅是针对其自身状态查询模型，并相应地绘制自己。

onTapped 和 onChanged 回调使用了微件/视图中返回的值，并将其存储在模型中。这将依次调用 setState()方法，并导致微件利用最近更新的数据进行重绘。

注意：

正常情况下，视图与模型直接通信并不是一种较好的做法，这将导致与业务逻辑之间较强的耦合，这也是 BLoC 和 Redux 模式的用武之地，它们饰演了模型和视图之间的胶水。稍后将讨论这些组件。

不难发现，当前代码与前述示例并无太大差别。应用程序架构更像是一门艺术而非科学。实际上，代码的各层并不是应用程序正常工作的必要条件。前述章节并未生成模型，但这并未阻止我们创建成功的应用程序。那么，真正的原因又是什么呢？

分离模型和视图类的真正原因与功能无关，更多的是与生产力有关。通过将这些概念分离至不同的组件中，我们可划分开发处理过程。例如，当处理模型文件时，无须考虑用户界面。一方面，在数据级别，一般暂不考虑按钮、颜色、填充和滚动等概念，数据层的目标旨在关注数据和需要实现的业务规则；另一方面，视图无须考虑数据模型的实现细节。通过这种方式，即可实现所谓的“关注点分离”，这也是一种可靠的开发模式。

6.2.4　另请参阅

关于应用程序架构方面的更多内容，读者可参考下列资源。

- Robert Martin 编写的 *Clean Code* 一书。如果希望开发专业、可维护的代码，建议读者阅读该书，对应网址为 https://www.pearson.com/us/higher-education/program/Martin-Clean-Code-A-Handbook-of-Agile-Software-Craftsmanship/PGM63937.html。
- FocusManager：https://api.flutter.dev/flutter/widgets/FocusManagerclass.html。

6.3　利用 InheritedWidget 管理数据层

如何在应用程序中调用数据类？

从理论上讲，可在静态内存中设置一个位置，从而将所有数据类驻留于该位置处，但这并不适用于诸如 Hot Reload 这一类工具，甚至还可能在后续操作中引入一些未定义行为。更好的方法是将数据类置于微件树中，这样就可以利用应用程序的生命周期。

这里的问题变为，如何将一个模型置于微件树中？毕竟，模型并非微件，也不存在可在屏幕上构建的相关内容。

一种可能的解决方案是使用 InheritedWidget。截至目前，我们使用了两种微件类型，即 StatelessWidget 和 StatefulWidget。二者皆关注于屏幕上微件的渲染机制；唯一的区别在于，一个可以改变，而另一个则不可改变。

InheritedWidget 是另一个较为重要的微件，其工作是将数据向下传递至其子微件中，但从用户角度来看，该过程并不可见。InheritedWidget 可视为视图与数据层之间的通道。

在当前示例中，我们将更新 Master Plan 应用程序，并将待办事项列表的存储移至视图类外部。

6.3.1　准备工作

当前示例在 6.2 节示例的基础上编程。

6.3.2　实现方式

本节将讨论如何向项目中添加 InheritedWidget。

（1）创建存储 plans 的一个名为 plan_provider.dart 的新文件，并将该文件置于项目的 lib 目录的根目录中。该微件扩展了 InheritedWidget。

```
import 'package:flutter/material.dart';
import './models/data_layer.dart';

class PlanProvider extends InheritedWidget {
 final _plan = Plan();

PlanProvider({Key key, Widget child}) : super(key: key, child: child);

 @override
 bool updateShouldNotify(InheritedWidget oldWidget) => false;
}
```

（2）数据应可在应用程序的任意处被访问。对此，需要首先创建一个上下文方法。相应地，在 updateShouldNotify 之后，添加一个接收 BuildContext 的 Plan of()方法。

```
static Plan of(BuildContext context) {
  final provider =
context.dependOnInheritedWidgetOfExactType<PlanProvider>();
  return provider._plan;
}
```

（3）一旦 provider 微件处于就绪状态，就可将其置于树形结构中。在 MasterPlanApp 的 build()方法（位于 main.dart 文件中）中，利用一个新的 PlanProvider 类封装 PlanScreen。另外，必要时，不要忘记添加相应的导入语句。

```
return MaterialApp(
  theme: ThemeData(primarySwatch: Colors.purple),
  home: PlanProvider(child: PlanScreen()),
);
```

（4）向 plan.dart 文件中添加两个新的 get()方法，用于显示每个 plan 的进程。接下来调用第 1 个 completeCount 和第 2 个 completenessMessage。

```
int get completeCount => tasks
  .where((task) => task.complete)
  .length;

String get completenessMessage =>
    '$completeCount out of ${tasks.length} tasks';
```

（5）调整 PlanScreen 以便其使用 PlanProvider 的数据而非自身的数据。在 State 类中，删除 plan 属性（这将导致一些编译错误）。

（6）当修复步骤（5）中的错误时，将 PlanProvider.of(context)添加至_buildAddTaskButton()和_buildList()方法中。

```
Widget _buildAddTaskButton() {
  final plan = PlanProvider.of(context);
Widget _buildList() {
  final plan = PlanProvider.of(context);
```

（7）在 PlanScreen 类中，更新 build()方法以便在屏幕底部显示进程消息。随后，将_buildList()方法封装至一个 Expanded 微件中，同时将后者封装至 Column 列中。

（8）在 Column 结尾处，添加一个包含 completenessMessage 的 SafeArea 微件。最终结果显示如下。

```
@override
Widget build(BuildContext context) {
    final plan = PlanProvider.of(context);
    return Scaffold(
      appBar: AppBar(title: Text('Master Plan')),
      body: Column(children: <Widget>[
        Expanded(child: _buildList()),
        SafeArea(child: Text(plan.completenessMessage))
      ]),
      floatingActionButton: _buildAddTaskButton());
}
```

（9）将_buildTaskTile 中的 TextField 修改为 TextFormField，进而可更加方便地提供初始数据。

```
TextFormField(
  initialValue: task.description,
  onFieldSubmitted: (text) {
    setState(() {
      task.description = text;
    });
  },
```

最后，构建并运行应用程序。对应结果并无任何明显变化，但却实现了视图和模型之间更加清晰的关注点分离。

6.3.3　工作方式

InheritedWidget 是 Flutter 整体框架中值得关注的微件之一，其工作并不是在屏幕上渲染任何内容，而是将数据向下传递至树形结构中较低层的微件。类似于 Flutter 中的其他微件，InheritedWidget 也可包含子微件。

PlanProvider 类的第 1 部分内容如下。

```
class PlanProvider extends InheritedWidget {
  final _plans = <Plan>[];

  PlanProvider({Key key, Widget child}) : super(key: key, child: child);

  @override
  bool updateShouldNotify(InheritedWidget oldWidget) => false;
```

其中，首先定义了一个将存储 plan(_plans)的对象；随后定义了一个默认的未命名构造方法，该方法接收一个 key 和一个 child，并将它们传递至超类 super 中。

InheritedWidget 是一个抽象类，因而需要实现 updateShouldNotify()方法。Flutter 在微件重建时调用该方法。在 updateShouldNotify()方法中，可查看原微件并确定是否通知数据产生变化的子微件。在当前示例中，我们仅返回 false 并略过这一功能。大多数时候，一般不需要该方法返回 true。

接下来将考查上下文模式的自身实现。

```
static Plan of(BuildContext context) {
  final provider = context.dependOnInheritedWidgetOfExactType
   <PlanProvider>();
  return provider._plan;
}
```

此处使用上下文的 dependOnInheritedWidgetOfExactType()方法启动树形结构的遍历过程。Flutter 将从持有该上下文的微件处开始向上遍历，直至查找到 PlanProvider。

该方法的一个作用是，调用该方法后，原始微件将注册为依赖项。当前，这将生成一个子微件和 PlanProvider 之间的硬链接。在下一次调用该方法时，则无须再次向上遍历树形结构。子微件已经知晓数据位置，并可即刻对其进行检索。这种优化使得从 InheritedWidget 处获取数据的速度十分迅速，无论树形结构有多深。

6.3.4　另请参阅

读者可访问 https://api.flutter.dev/flutter/widgets/InheritedWidget-class.html 查看 InheritedWidget 的官方文档。

6.4　在多个屏幕间使得应用程序状态可见

在 Flutter 社区经常出现的一句话是“提升 State”，这句话最初源自 React，是指与微件树中所用微件相比，State 对象应置于较高的位置。针对单一屏幕，之前生成的 InheritedWidget 工作良好；然而，当添加第 2 个微件时，情况则不甚理想。在树形结构中，State 对象的存储位置越高，子微件就越容易访问到它。

在当前示例中，我们将向 Master Plan 应用程序添加另一个屏幕，以便可创建多个 plan。对此，State 提供者应升至树形结构中的较高位置，且更接近于其根节点。

6.4.1　准备工作

当前示例将在前述示例的基础上完成。

6.4.2　实现方式

下面将向应用程序中添加第 2 个屏幕，并将 State 提升至树形结构中的较高位置。

（1）更新 PlanProvider 类以便可处理多个 plan。此处，将单一 plan 中的存储属性修改为一个 plan 列表。

```
final _plans = <Plan>[];
```

（2）此外还需要更新上下文方法以返回正确的类型。这将对当前项目产生临时性的破坏，稍后将对此进行修正。

```
static List<Plan> of(BuildContext context) {
  final provider = context.dependOnInheritedWidgetOfExactType
   <PlanProvider>();
  return provider._plans;
}
```

（3）PlanProvider 也将在微件树中包含一个新的 home。实际上，我们希望将这一全局 State 微件置于 MaterialApp 上方，而非下方。更新 main.dart 文件中的 build()方法，如下所示。

```
return PlanProvider(
  child: MaterialApp(
    theme: ThemeData(primarySwatch: Colors.purple),
```

（4）创建一个新的屏幕以管理多个 plan。该屏幕依赖于 PlanProvider 存储应用程序的数据。在 views 文件夹中，创建一个名为 plan_creator_screen.dart 的文件，并声明一个名为 PlanCreatorScreen 的新 StatefulWidget。同时，使该类成为 MaterialApp 的新的 home 微件，并替换 PlanScreen。

```
home: PlanCreatorScreen(),
```

（5）在_PlanCreatorScreenState 类中，需要添加一个 TextEditingController，以便创建一个简单的 TextField 以添加新的 plan。另外，不要忘记在卸载微件时处理 textController。

```
final textController = TextEditingController();

@override
void dispose() {
  textController.dispose();
  super.dispose();
}
```

（6）针对当前屏幕定义 build()方法。该屏幕在上方包含一个 TextField，并在其下方包含一个 plan 列表。在 dispose()方法前添加下列代码以针对当前屏幕创建一个 Scaffold。

```
@override
Widget build(BuildContext context) {
  return Scaffold(
    appBar: AppBar(title: Text('Master Plans')),
    body: Column(children: <Widget>[
      _buildListCreator(),
      Expanded(child: _buildMasterPlans())
    ]),
  );
}
```

（7）_buildListCreator()方法构建一个 TextField，并在用户按 Enter 键时调用一个函数以添加一个 plan。我们将 TextField 封装至 Material 微件中，以使该字段弹出。

```
Widget _buildListCreator() {
  return Padding(
      padding: const EdgeInsets.all(20.0),
      child: Material(
        color: Theme.of(context).cardColor,
        elevation: 10,
        child: TextField(
            controller: textController,
            decoration: InputDecoration(
                labelText: 'Add a plan',
```

```
                contentPadding: EdgeInsets.all(20)),
            onEditingComplete: addPlan),
      ));
}
```

（8）addPlan()方法将检查用户是否向文本框中输入了某些内容，并随后重置屏幕。

```
void addPlan() {
  final text = textController.text;
  if (text.isEmpty) {
    return;
  }

  final plan = Plan()..name = text;
  PlanProvider.of(context).add(plan);
  textController.clear();
  FocusScope.of(context).requestFocus(FocusNode());
  setState(() {});
}
```

（9）我们可以创建一个 ListView，从 PlanProvider 中读取数据并将其输出至屏幕上。此外，该组件也知晓其中的内容，并可返回相应的微件集。

```
Widget _buildMasterPlans() {
  final plans = PlanProvider.of(context);

  if (plans.isEmpty) {
    return Column(
        mainAxisAlignment: MainAxisAlignment.center,
        children: <Widget>[
          Icon(Icons.note, size: 100, color: Colors.grey),
          Text('You do not have any plans yet.',
              style: Theme.of(context).textTheme.headline5)
        ]);
  }

  return ListView.builder(
      itemCount: plans.length,
      itemBuilder: (context, index) {
        final plan = plans[index];
        return ListTile(
              title: Text(plan.name),
              subtitle: Text(plan.completenessMessage),
              onTap: () {
```

```
                Navigator.of(context).push(
                    MaterialPageRoute(
                      builder: (_) => PlanScreen(plan: plan)));
              });
      });
}
```

（10）PlanScreen 也需要做适当的调整。具体来说，需要添加一个构造方法并于其中输入特定的 plan，随后更新 build()方法读取该值。下面将该属性和构造方法添加至 plan_screen.dart 的微件中。

```
final Plan plan;
const PlanScreen({Key key, this.plan}) : super(key: key);
```

（11）仅需要添加一种更加方便的访问微件方式。在 State 类中添加下列 getter。

```
Plan get plan => widget.plan;
```

（12）移除之前对 PlanProvider 的全部引用。对此，需要查看整个类并删除其对应的代码行。

```
final plan = PlanProvider.of(context);
```

当热启动应用程序后，将创建多个 plan，且每个屏幕上包含不同的列表，如图 6.3 所示。

图 6.3

6.4.3　工作方式

当前示例体现了构建微件树的重要性，这也是该实例的重点内容。当将一个新的路由推送至 Navigator 上时，实际上替换了 MaterialApp 下方的每个微件，如图 6.4 所示。

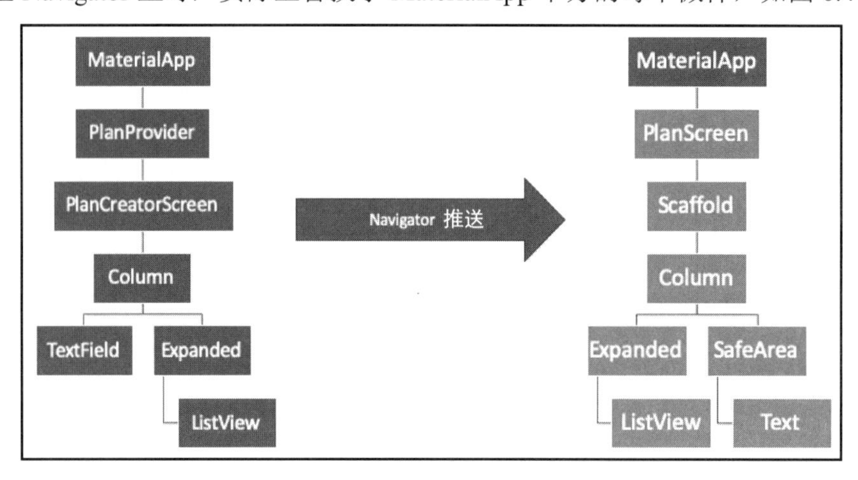

图 6.4

如果 PlanProvider 是 MaterialApp 的子元素，那么它将会在推送新路由时被销毁，其全部数据将无法被下一个微件所访问。如果存在一个仅需提供单一屏幕数据的 InheritedWidget，那么将其置于微件树的较低位置无疑是最佳方案。然而，如果相同的数据需要在多个屏幕间被访问，那么该微件必须被置于 Navigator 上方。

另外，将全局 State 微件置于树形结构的根节点上所带来的好处是，无须额外的代码即可更新应用程序。对此，尝试在 plan 中选择/取消选择某些任务，可以看到，数据将被神奇地自动更新。同时，这也是在应用程序中维护一个整洁的架构的主要好处之一。

6.5　设计 *n* 层框架（第 1 部分）——控制器

近期，存在多种比较流行的架构模式，如模型-视图-控制器（MVC）、模型-视图-视图模型（MVVM）和模型-视图-显示器（MVP）、协调器等。这些模式令人眼花缭乱，以至于有时候被戏称为 MV*模式。实际上，这意味着无论选择哪种模式，模型和视图之间都需要某种中间对象。

但是，所有这些流行的模式都包含一个共同的概念，即层（tier 或 layer，后续内容将交互使用这一术语）。应用程序中的每个层均是 MV*类的一部分内容，且包含单一职责。术语 *n* 层架构（有时也称作多层架构）意味着应用程序中不存在层数量方面的限制，并可根据需要设置任意多个层。

其中，最上方的一层为视图/微件层，该层仅关注设置用户界面。应用程序的全部数据和逻辑应委托至较低的层。通常情况下，视图层下方的第 1 层为控制器层，相关类负责处理业务逻辑，并在应用程序中的视图和较低层之间提供一个链接。

在当前示例中，我们将把 Master Plan 应用程序的业务逻辑从视图移至一个新的控制器类中。此外，还将添加删除列表注释的功能。

6.5.1　准备工作

本节示例在前述章节示例的基础上完成。

6.5.2　实现方式

当构建 *n* 层框架时，首先需要考查控制器层。

（1）由于控制器表示应用程序的一个独立层，因此可将其置于自己的文件夹中。在 lib 目录内，创建一个名为 controllers 的文件夹。

（2）创建一个新的 Dart 文件 plan_controller.dart，该文件（类）负责应用程序的全部逻辑，其类声明如下。

```
import '../models/data_layer.dart';

class PlanController {
  final _plans = <Plan>[];

  // This public getter cannot be modified by any other object
  List<Plan> get plans => List.unmodifiable(_plans);
}
```

（3）添加创建和删除 plan 的方法，此外还可于其中加入某些业务逻辑。

首先，创建一个私有方法负责检查条目列表并搜索重复名称。如果存在，则在结尾处添加一个数字，以确保名称是唯一的。相应地，将该方法添加至 PlanController 类中。

```
String _checkForDuplicates(Iterable<String> items, String text) {
 final duplicatedCount = items
 .where((item) => item.contains(text))
 .length;
```

```
  if (duplicatedCount > 0) {
  text += ' ${duplicatedCount + 1}';
  }
  return text;
}
```

（4）采用新的业务逻辑以检查新 plan 的输入。对此，在 plan 属性的公有 getter 之后、_checkForDuplicates()方法之前添加相关方法以创建一个新的 plan。

```
void addNewPlan(String name) {
  if (name.isEmpty) {
    return;
  }

  name = _checkForDuplicates(_plans.map((plan) => plan.name), name);

  final plan = Plan()..name = name;
  _plans.add(plan);
}
```

（5）更新 addNewPlan()方法，添加删除一个 plan 的相关方法。

```
void deletePlan(Plan plan) {
  _plans.remove(plan);
}
```

（6）添加类似的方法以创建和删除 plan 中的各项任务。对此，添加下列方法以在 deletePlan()方法下方添加一个新的 Task。

```
void createNewTask(Plan plan, [String description]) {
  if (description == null || description.isEmpty) {
    description = 'New Task';
  }

  description = _checkForDuplicates(
      plan.tasks.map((task) => task.description), description);

  final task = Task()..description = description;
  plan.tasks.add(task);
}
```

（7）在 createNewTask()方法下方添加相关方法以删除一项任务。

```
void deleteTask(Plan plan, Task task) {
  plan.tasks.remove(task);
}
```

（8）待 PlanController 完成后，即可将其集成至 Flutter 层中。由于相应的关注点分离机制，实例化 PlanController 的唯一可行之处是 PlanProvider 类。

我们需要更新该类以便可加载 PlanController，而非维护其自身的列表。另外，更新上下文方法的属性，以使对应方法返回正确的类型（这将对应用程序产生破坏，但稍后将对此进行修正）。

```
class PlanProvider extends InheritedWidget {
  final _controller = PlanController();
  /*...code elipted...*/

  static PlanController of(BuildContext context) {
  PlanProvider provider =
  context.dependOnInheritedWidgetOfExactType<PlanProvider>();
  return provider._controller;
```

（9）步骤（8）产生了一些临时的编译错误，下面将对此进行修正。打开 PlanCreatorScreen 并编辑_buildMasterPlans()方法。

```
Widget _buildMasterPlans() {
  final plans = PlanProvider.of(context).plans;
```

（10）编辑 addPlan()方法，即从视图中移除业务逻辑。

```
void addPlan() {
  final text = textController.text;

  // All the business logic has been removed from this 'view' method!

  final controller = PlanProvider.of(context);
  controller.addNewPlan(text);

  textController.clear();
  FocusScope.of(context).requestFocus(FocusNode());
  setState(() {});
}
```

（11）在消除了错误内容后，我们可添加一个特性以删除 plan。另外，该特性的业务逻辑已经存在，全部工作是添加一个可调用 PlanController 中的正确方法的微件。我们可将 ListTiles 封装至一个 Dismissible 微件中，进而生成一个较好的滑动-删除手势。下面将_buildMasterPlans()方法中的 ListTile 封装至一个新的微件中并添加下列代码。

```
return Dismissible(
  key: ValueKey(plan),
  background: Container(color: Colors.red),
  direction: DismissDirection.endToStart,
  onDismissed: (_) {
    final controller = PlanProvider.of(context);
    controller.deletePlan(plan);
    setState(() {});
  },
  child: ListTile(...),
)
```

（12）热重启应用程序。随后即可创建和删除 plan 内容。

（13）PlanScreen 类也可采用同样的更新方式。同时，还可对 PlanScreen 类进行相同的修改，并从视图中移除所有的业务逻辑痕迹。在_buildAddTaskButton()方法中，更新 onPressed 闭包以通过控制器创建人物。

```
onPressed: () {
  final controller = PlanProvider.of(context);
  controller.createNewTask(plan);
  setState(() {});
},
```

（14）另外，还可采用相同的滑动-关闭体验以删除任务。利用 Dismissible 微件将 ListTile 封装至_buildTaskTile()方法中。

```
Widget _buildTaskTile(Task task) {
  return Dismissible(
    key: ValueKey(task),
    background: Container(color: Colors.red),
    direction: DismissDirection.endToStart,
    onDismissed: (_) {
      final controller = PlanProvider.of(context);
      controller.deleteTask(plan, task);
      setState(() {});
    },
    child: ListTile(...),
  );
}
```

（15）相信读者已经看到，每次热重载时总会出现 bug。另外，每次热重载时，全部列表均消失。虽然这并不会影响最终的应用程序，但这也使得开发过程面临一定的挑战性。对此，一种解决方法是提升 State。具体来说，可从 MasterPlanApp 的 build()方法中移除 PlanProvider，并将其作为最上方微件添加至整个树形结构中。

```
void main() => runApp(PlanProvider(child: MasterPlanApp()));
```

6.5.3　工作方式

图 6.5 展示了本章所讨论的设计理念。

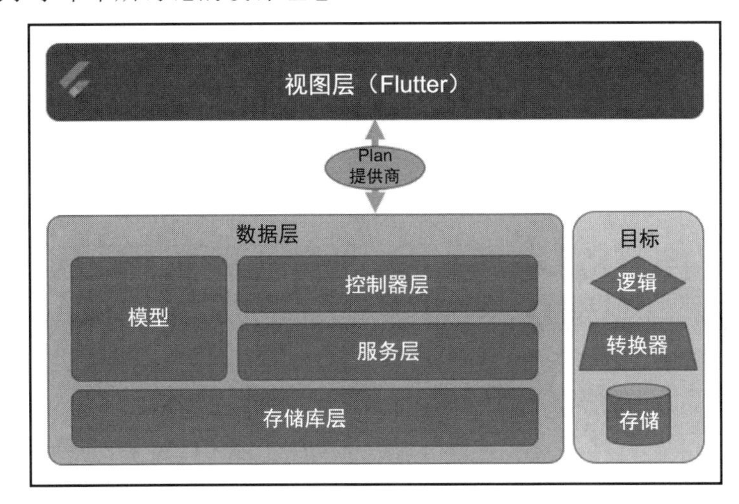

图 6.5

我们将数据层划分为多个组件，这将组件将构成 n 层架构，即控制器、服务和存储库。虽然图 6.5 展示了完整的设计理念，但是我们一般一次仅涉及一个层。在当前示例中，我们将重点考查控制器层。控制器层将通过 PlanProvider 接口与视图层通信。

当理解 n 层架构时，可以将应用程序视为一块蛋糕。其中，蛋糕的最上层（上面布满了糖霜和樱桃）可视为视图，这也是人们在蛋糕上首先看到的东西。

视图下方是放置控制器的地方。针对这种设计，控制器的工作是处理业务逻辑。这里，业务逻辑定义为与表示（视图）或持久化（数据库、Web 服务等）无关的规则。Master Plan 应用程序在业务逻辑方面相对薄弱，但我们仍添加了一项核心功能，即检查操作，以确保未创建副本。这一过程与用户界面无关，因而置于此处多少令人感到困惑。因此，存储_checkForDuplicates()方法的正确位置位于控制器中，并可针对规划事项和任务使用同一方法。如果该方法置于微件中，则需要编写代码两次，分别针对微件或者某些人为的继承结构。无论采用哪种方式，向每个类分配一项任务，并确保对应的角色被正确地运用，可以减少微件的使用，并使我们一次仅专注于一项任务。

6.5.4 另请参阅

下列资源提供了与分层架构相关的更多内容。

- 多层软件架构：https://hub.packtpub.com/what-is-multi-layered-software-architecture/。
- 多层架构：https://en.wikipedia.org/wiki/Multitier_architecture。
- 业务逻辑：https://en.wikipedia.org/wiki/Business_logic。

6.6 设计 *n* 层框架（第 2 部分）——存储库

在当前示例中，*n* 层架构的下一个阶段是最底层，即存储库或数据层。存储库的功能是存储和检索数据。该层实现为数据库、Web 服务或 Master Plan 项目示例中简单的内存缓存。与控制器层（与业务逻辑相关）不同，存储库层仅关注以抽象形式获取和存储数据。相关类甚至不了解之前创建的模型文件。

存储库主要关注持久化问题。对于众多需求，与数据库或 Web 服务之间的通信可能会非常复杂。这些问题通常位于业务逻辑下方且易于解决（此时仅关注抽象对象）。记住，*n* 层架构的整体目标是严格的分离职责。这里，存储库仅负责存储数据，而更高层则负责处理其他事务。

6.6.1 准备工作

本节示例需要在前述示例的基础上完成。

创建一个名为 repositories 的新文件夹以保存当前示例的代码。

6.6.2 实现方式

定义一个存储库接口，并将该接口版本实现为内存缓存。

（1）在 repositories 文件夹中，创建一个名为 repository.dart 的新文件，并添加下列接口。

```
import 'package:flutter/foundation.dart';

abstract class Repository {
```

```
  Model create();

  List<Model> getAll();

  Model get(int id);
  void update(Model item);

  void delete(Model item);
  void clear();
}
```

（2）定义一个名为 Model 的临时存储类，该类可用于存储库接口的任何实现。由于该模型与存储库概念强烈耦合，因此可将其添加至同一文件中。

```
class Model {
  final int id;
  final Map data;

  const Model({
    @required this.id,
    this.data = const {},
  });
}
```

（3）存储库接口可通过多种方式实现。出于简单考虑，当前仅实现内存缓存机制。在 repositories 文件夹中，创建一个名为 in_memory_cache.dart 的新文件并添加 InMemoryCache 类，该类实现了 Repository 接口，同时还持有一个保存全部数据的名为_storage 的私有 Map。

```
import 'repository.dart';

class InMemoryCache implements Repository {
  final _storage = Map<int, Model>();
}
```

提示：

一旦编写好了类声明，就可以使用 Android Studio/VS Code 的（自动填充）提示对话框自动生成全部所需方法的占位符。

（4）实现存储库接口中全部所需的函数。其中，最为复杂的函数是 create()，需要针对存储中的每个元素生成唯一标识符。

```
@override
Model create() {
  final ids = _storage.keys.toList()..sort();
  final id = (ids.length == 0) ? 1 : ids.last + 1;
  final model = Model(id: id);
  _storage[id] = model;
  return model;
}
```

（5）其余方法为 Map API 的简单的封装器。在 create()方法之后紧接着添加下列代码。

```
@override
Model get(int id) {
  return _storage[id];
}

@override
List<Model> getAll() {
  return _storage.values.toList(growable: false);
}

@override
void update(Model item) {
  _storage[item.id] = item;
}

@override
void delete(Model item) {
  _storage.remove(item.id);
}

@override
void clear() {
  _storage.clear();
}
```

至此，我们完成了当前项目的存储库层。稍后将进一步完善该项目，进而查看相应的运行结果。

6.6.3　工作方式

在当前示例中，我们作为抽象接口实现了存储库层。从理论上讲，设计这种结构可包含存储库接口的多种实现，并可轻松地进行交换。图 6.6 显示了 4 种较为常见的存储库类型。

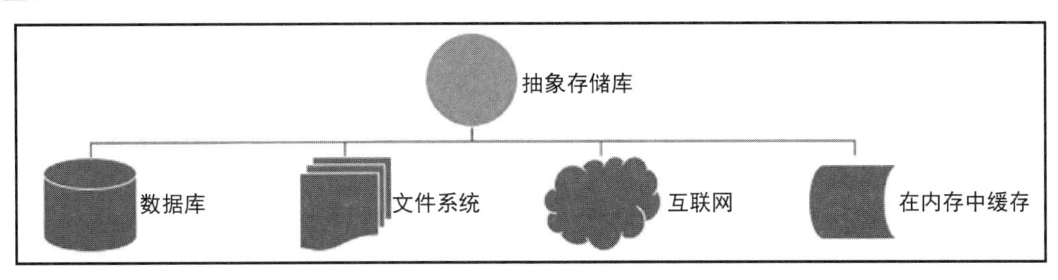

图 6.6

实际上，这个抽象类可用于在数据库、一个或多个文件，以及 RESTful Web 服务中存储数据。在当前示例中，我们选择了最为简单的 InMemoryCache 形式，即 Map。这个类代表了一个统一的接口，且无论数据的实际目的地是什么，都可以使用这个接口。

n 层架构中的较高层次无须了解数据的存储方式，从这一角度来看，其他一切内容均是实现细节。

存储库层的另一项要求是，该层无法了解针对项目定义的、与特定模型相关的任何内容，即 Plan 和 Task 模型。相反，我们定义了一个临时 Model 类，即一个包含 ID 属性的 Map。这里，id 属性用于检索存储中的对象。需要注意的是，该值必须唯一；否则，数据将被覆盖。

我们在 create()方法中实现了唯一 id 公式，如下所示。

```
final ids = _storage.keys.toList()..sort();
final id = (ids.length == 0) ? 1 : ids.last + 1;
```

Map 中的键未以任何顺序进行存储。当查找最大值时，需要排序 Map 中的全部键。一旦查找到最大数字，函数就会返回加 1 后的值。这是因为存储层控制 id 属性，对于高于存储库层的其他层，对应值应该是只读值。

6.7　设计 *n* 层框架（第 3 部分）——服务

n 层架构中的最后一层是服务层。该层作为控制器和存储库之间的胶水，旨在将存储方案所用的通用格式中的数据转换为控制器和用户界面所用的实际模式。

在当前示例中，我们将针对模型创建序列化和反序列化函数，并将其与服务类整合在一起。

6.7.1　实现方式

当前示例将被划分为两个部分，即序列化和反序列化。首先将讨论序列化函数，并通过后续的 3 个示例整合全部内容。

（1）打开 task.dart 文件并添加一个 id 属性和一个默认构造方法。这将使得 Task 模型可转换为一个通用的 Model。

```
import 'package:flutter/foundation.dart';
import '../repositories/repository.dart';

class Task {
  final int id;
  String description;
  bool complete;

  Task({@required this.id, this.complete = false, this.description
    = ''});
}
```

（2）添加序列化和反序列化方法，这些方法接收通用 Model 中的数据，并返回一个可用的强类型对象。在构造方法之后紧接着添加下列代码。

```
Task.fromModel(Model model)
 : id = model.id,
   description = model.data['description'],
   complete = model.data['complete'];


 Model toModel() =>
    Model(id: id, data: {'description': description, 'complete': complete});
```

（3）打开 plan.dart 文件并在类开始处添加一个不可变的 id 属性。此外还需要添加必要的构造方法。

```
import 'package:flutter/foundation.dart';
import '../repositories/repository.dart';

final int id;
List<Task> tasks = [];
Plan({@required this.id, this.name = ''});
```

（4）在类下方添加一个反序列化构造方法和一个序列化方法。

```
Plan.fromModel(Model model)
    : id = model.id,
      name = model?.data['name'],
      tasks = model?.data['task']
              ?.map<Task>((task) => Task.fromModel(task))
              ?.toList() ?? <Task>[];

Model toModel() => Model(id: id, data: {
      'name': name,
      'tasks': tasks.map((task) => task.toModel()).toList()
    });
```

（5）下面将关注点移至服务层。类似于 *n* 层架构中的其他层，需要创建一个文件夹。对此，在 lib 文件夹中创建一个名为 services 的新文件夹。

（6）创建一个名为 plan_services.dart 的新文件。

（7）在 plan_services.dart 文件中，作为类的私有属性实例化一个存储库。

```
import '../repositories/in_memory_cache.dart';
import '../repositories/repository.dart';
import '../models/data_layer.dart';

class PlanServices {
 final Repository _repository = InMemoryCache();
}
```

（8）转换 plan 的全部工作均已在当前模型中完成。当前，我们仅需公开服务类中的创建、读取、更新和删除（CRUD）方法。在 repository 属性之后添加这 4 个方法。

```
Plan createPlan(String name) {
  final model = _repository.create();
  final plan = Plan.fromModel(model)..name = name;
  savePlan(plan);
  return plan;
}

void savePlan(Plan plan) {
  _repository.update(plan.toModel());
}

void delete(Plan plan) {
  _repository.delete(plan.toModel());
```

```
}

List<Plan> getAllPlans() {
  return _repository
      .getAll()
      .map<Plan>((model) => Plan.fromModel(model))
      .toList();
}
```

（9）将 Tasks 集成至服务层中较为简单。这些对象强耦合于其父 Plan 对象。此处仅需确保各项任务包含唯一的 id。在 plan CRUD 方法后插入下列代码。

```
void addTask(Plan plan, String description) {
  final id = plan.tasks.last?.id ?? 0 + 1;
  final task = Task(id: id, description: description);
  plan.tasks.add(task);
  savePlan(plan);
}

void deleteTask(Plan plan, Task task) {
  plan.tasks.remove(task);
  savePlan(plan);
}
```

（10）当前，我们需要将系统与 PlanController 中现有的功能联系起来。对此，移除控制器的私有_plan 属性，并将其替换为 PlanServices 类实例。

```
final services = PlanServices();
```

（11）这里需要处理一些编译器错误。查找所有的红色下画线，并利用服务类中的相应 API 替换代码。首先是公有的 plan getter 和 addNewPlan()方法。

```
List<Plan> get plans => List.unmodifiable(services.getAllPlans());
void addNewPlan(String name) {
  if (name.isEmpty) {
    return;
  }

  name = _checkForDuplicates(plans.map((plan) => plan.name), name);
  services.createPlan(name);
}
```

（12）此外还可更新 savePlan()和 deletePlan()方法，并简单地将其各项功能委托至服务层。这里，在 addNewPlan()方法之后立即更新下列代码。

```
void savePlan(Plan plan) {
  services.savePlan(plan);
}

void deletePlan(Plan plan) {
  services.delete(plan);
}
```

（13）连接 Task 功能与实现 Plan 十分相似，仅需利用服务类中相应的方法替换 IDE 中高亮显示的红色错误即可。此处应删除显式创建任务的代码，因为该任务现在正由较低的层进行处理。对此，利用下列代码更新 createNewTask()和 deleteTask()函数。

```
void createNewTask(Plan plan, [String description]) {
  if (description == null || description.isEmpty) {
    description = 'New Task';
  }

  description = _checkForDuplicates(
      plan.tasks.map((task) => task.description), description);
  services.addTask(plan, description);
}

void deleteTask(Plan plan, Task task) {
  services.deleteTask(plan, task);
}
```

（14）UI 层中需要修改的最后一项内容是，当用户离开 PlanScreen 时，数据应与我们的数据存储解决方案同步。Flutter 包含一个名为 WillPopScope，可在路由撤销后运行任意代码。打开 plan_screen.dart 文件，并将屏幕的 Scaffold 封装至一个新微件中，随后包含下列闭包。

```
return WillPopScope(
  onWillPop: () {
 final controller = PlanProvider.of(context);
 controller.savePlan(plan);
 return Future.value(true);
 },
  child: Scaffold(...)
);
```

这就是我们的 MasterPlan 应用程序。执行热重载并运行应用程序。该架构允许我们在未来执行更多任务。

6.7.2 工作方式

当前示例与管线机制相关。service 类将数据从控制器传输至存储库中。这是一项相对简单的任务，意味着 service 类应易于理解。该类中不包含业务逻辑，也不负责维护状态，且仅与数据的单向转换相关。

当定义 service 类时，还需要注意应通过其抽象接口引用存储库层。

```
final Repository _repository = InMemoryCache();
```

通过显式地将该属性声明为一个 Repository 表明，使用 InMemoryCache 并不重要。该存储库可以很容易地成为数据库连接器或 HTTP 客户端，同时不会有太大的变化。这种编码风格被称作面向接口（而非实现）的编码行为。如果持有多个模块组件，并希望能够轻松地进行交换时，即可采用这种方式引用属性。

如前所述，服务层的主要工作是转换数据，这一过程可分为两类，即序列化和反序列化。其中，序列化定义为一种过程，其间获取数据并将数据转换为更适合传输的类型，这可能是字节流、JSON、XML 或当前示例中的 Model。序列化方法的命名规则通常是在前面添加 to，随后列出相应的类型，如 toJson()、toXml()或 toModel()方法。下面利用下列函数序列化任务模型。

```
Model toModel() =>
    Model(id: id, data: {'description': description, 'complete': complete});
```

该函数将内容传递至 Task，并生成一个 Map，其中包含了表示内容的键-值对。反序列化则是相反的过程，获取来自 transient 结构中的数据，并实例化强类型模型。反序列化方法常实现为构造方法，以使 API 易于处理。

```
Task.fromModel(Model model)
    : id = model.id,
      description = model.data['description'],
      complete = model.data['complete'];
```

当定义这些方法时，需要确保松散类型键在序列化和反序列化方法中是等同的。如果输入错误或使用了错误的键，这些方法将无法正确地执行。其中，任务仅包含两个键，即'description'和'complete'。即使在此处，出错的机会也较大。在编写这一类函数时，尤其是在较为复杂的模型上，我们需要对键进行仔细检查，因为编译器无法捕捉到这种情况。相应地，体验错误的唯一方法是在运行时进行查看。

6.7.3 更多内容

当前示例使用了一些 Dart 语言特性，如 null 操作符和 null 合并操作符。考查下列代码。

```
tasks = model?.data['task']
            ?.map<Task>((task) => Task.fromModel(task))
            ?.toList() ?? <Task>[];
```

当插入 null 感知操作符时，?号一般被插入可能为 null 的任意变量之后。此处，我们通知 Dart，如果变量是 null，则省略?号之后的内容。在当前示例中，model 属性可能为 null，因此，如果尝试访问 null 上的数据属性，那么 Dart 就会抛出一个异常。在这种情况下，如果遇到 null，代码将被优雅地忽略掉。

null 合并运算符??的使用方法类似于三元语句。如果左侧值为 null，该操作符将返回问号右侧的值。我们可将 null 合并运算符视为这一类语句的简短形式。

```
String nothing;
String something = nothing == null ? 'Something' : nothing
```

null 合并运算符常与 null 感知运算符结合使用，进而保证语句包含一个值而非 null 值。

6.7.4 另请参阅

读者可参考下列资源以了解更多内容。

- 基于接口的编程：https://en.wikipedia.org/wiki/Interfacebased_programming。
- null 感知运算符：http://blog.sethladd.com/2015/07/null-awareoperators-in-dart.html。

第 7 章　异 步 编 程

异步编程使应用程序能够完成较为耗时的任务，如从 Web 中检索，或者向 Web 服务器中写入一些数据，同时还可以并行方式运行其他任务并响应用户输入。这有效地改善了用户体验和软件的整体质量。

在 Dart 和 Flutter 中，我们可通过 Future 以及异步/等待模式编写异步代码，这些模式存在于大多数现代编程语言中；但 Flutter 还提供了一种高效的方式，并通过 FutureBuilder 类以异步方式构建用户界面。

第 9 章将重点考查流，这也是处理异步编程的一种替代方案。

本章示例将有助于理解 Future 在应用程序中的应用方式，此外我们还将学习如何选择和使用正确的 Flutter 工具，包括 Future、异步/等待和 FutureBuilder。

本章主要涉及以下主题。

- 使用 Future。
- 使用 async/await 移除回调。
- 完成 Future。
- 同时引发多个 Future。
- 处理异步代码中的错误。
- 基于 StatefulWidget 的 Future 应用。
- 使用 FutureBuilder 让 Flutter 管理 Future。
- 将导航路由转换为异步函数。
- 从对话框中获取结果。

7.1　技 术 需 求

在实现本章示例时，需要在 Windows、Mac、Linux 或 Chrome OS 设备上安装下列软件。

- Flutter SDK。
- Android SDK（Android 开发）。
- macOS 和 Xcode（iOS 开发）。
- 模拟器/仿真器，或处于连接状态的移动设备并可供调试。

- 代码编辑器，推荐使用 Android Studio、Visual Studio Code 或 IntelliJ IDEA。所有代码编辑器均应安装了 Flutter/Dart 扩展。

7.2　使用 Future

当编写代码时，通常情况下指令将按照一定的顺序逐行执行。例如，查看下列代码。

```
int x = 5;
int y = x * 2;
```

此处期望 y 值等于 10，因为指令 ing x = 5 在下一行代码之前完成。换而言之，第 2 行代码等待第一条指令完成。

在大多数时候，这一模式工作正常。但在某些时候，当需要运行较为耗时的指令时，这并不是一种推荐方法，因为应用程序将会处于无响应状态，直至相关任务结束。因此，大多数现代编程语言（包括 Dart）可执行异步操作。

异步操作并不会终止主线的执行，并在结束前允许执行其他任务。

对此，下面考查图 7.1。

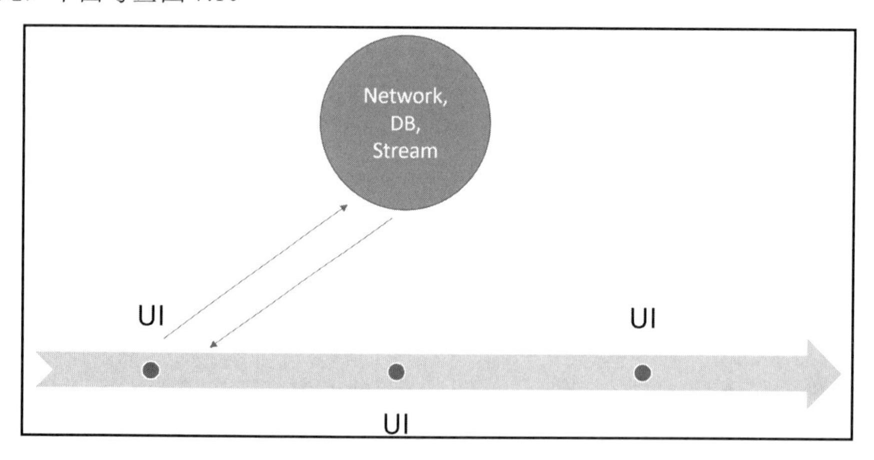

图 7.1

图 7.1 显示了主执行线（处理用户界面）以异步方式调用长时间运行的任务，而不会停止等待结果。当长时间运行的任务结束后，它返回主执行线。

Dart 是一种单线程语言，尽管如此，仍可采用异步编程模式创建响应式应用程序。

在 Dart 和 Flutter 中，可使用 Future 类执行异步操作。在某些情况下，推荐使用异步方案的场合包括从 Web 服务中检索数据、将数据写入数据库中、查找设备的坐标，或者从设备上的文件中读取数据。相应地，通过异步方式执行这些任务将使应用程序更具响应性。

在当前示例中，我们将使用 http 库从 Web 服务中读取某些数据。特别地，我们将从 Google Books API 中读取 JSON 数据。

7.2.1　准备工作

当实现本节示例时，需要满足下列条件。

- ❑ 设备需要连接至互联网，以从 Web 服务中检索数据。
- ❑ 当前示例的部分代码位于 https://github.com/PacktPublishing/Flutter-Cookbook/tree/master/chapter_07。

7.2.2　实现方式

本节将创建一个可连接至 Google Books API 的应用程序，进而从 Web 服务中检索与 Flutter 书籍相关的数据，并在屏幕上展示部分结果，如图 7.2 所示。

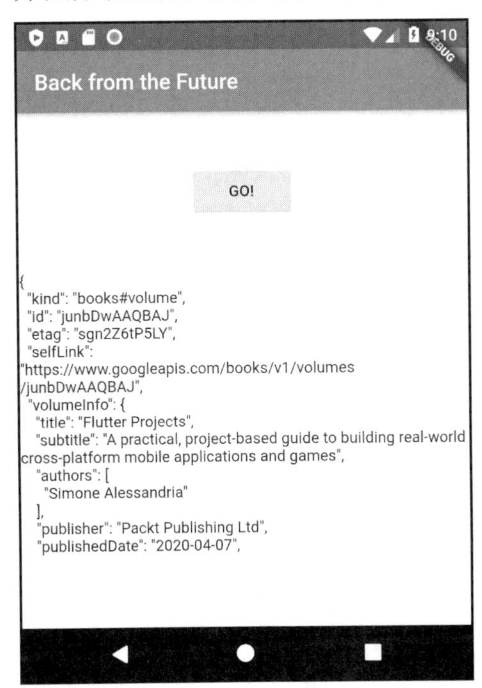

图 7.2

当采用 Future 检索和显示数据时，需要执行下列步骤。

（1）在 pubspec.yaml 文件中创建一个新的应用程序并添加一个 html 依赖项（确保使用最新的版本，读者可参考 https://pub.dev/packages/http/install 以了解更多内容）。

```
dependencies:
  flutter:
  sdk: flutter
http: ^0.13.1
```

（2）main.dart 文件中的起始代码包含了一个 ElevatedButton、一个包含了结果的 Text 以及一个 CircularProgressIndicator。读者可访问 https://github.com/PacktPublishing/Flutter-Cookbook/tree/master/chapter_07 下载这一段代码，否则输入下列代码。

```
import 'dart:async';
import 'package:flutter/material.dart';
import 'package:http/http.dart';
import 'package:http/http.dart' as http;
void main() {
  runApp(MyApp());
}
class MyApp extends StatelessWidget {
  @override
  Widget build(BuildContext context) {
    return MaterialApp(
      title: 'Future Demo',
      theme: ThemeData(
        primarySwatch: Colors.blue,
        visualDensity: VisualDensity.adaptivePlatformDensity,
      ),
      home: FuturePage(), ); }}
class FuturePage extends StatefulWidget {
  @override
 _FuturePageState createState() => _FuturePageState();
}
class _FuturePageState extends State<FuturePage> {
  String result;
  @override
  Widget build(BuildContext context) {
    return Scaffold(
      appBar: AppBar(
        title: Text('Back from the Future'),
      ),
```

```
      body: Center(
        child: Column(children: [
          Spacer(),
          ElevatedButton(
            child: Text('GO!'),
            onPressed: () {
            }, ),
          Spacer(),
          Text(result.toString()),
          Spacer(),
          CircularProgressIndicator(),
          Spacer(),
        ]),    ),  );  s}}
```

上述代码并无特别之处，但需要注意的是，在Columbia中设置了一个CircularProgressIndicator，只要进程动画保持移动，就说明应用程序处于响应状态。当动画停止时，则表明用户界面正在等待进程的完成。

（3）创建一个方法并从Web服务中检索某些数据。特别地，针对当前示例，我们将采用Google Books API。在_FuturePageState类结束处，添加一个名为getData()的方法，如下所示。

```
Future<Response> getData() async {
  final String authority = 'www.googleapis.com';
  final String path = '/books/v1/volumes/junbDwAAQBAJ';
  Uri url = Uri.https(authority, path);
  return http.get(url);
}
```

（4）当用户单击ElevatedButton并调用getData()方法时，需要在onPressed()函数中添加下列代码。

```
ElevatedButton(
          child: Text('GO!'),
          onPressed: () {
            result = '';
            setState(() {
              result = result;
            });
            getData()
            .then((value) {
              result = value.body.toString().substring(0, 450);
              setState(() {
```

```
                result = result;
              });
            }).catchError((_){
              result = 'An error occurred';
              setState(() {
                result = result;
              });
      });
    },
),
```

7.2.3 工作方式

上述代码调用了 getData()方法，并随后添加了 then()函数。

具体解释如下。

- getData()方法返回一个 Future。Future 具有泛型特征，因此可指定返回的 Future 类型。如果方法的返回值是 Future<int>，则说明方法将返回一个包含整数的 Future。在当前示例中，指定具体的类型并非必需，因而还可编写下列代码。

```
Future getData() async {
```

同样，上述代码工作正常。

- getData()方法被标记为 async。这里，利用关键字 async 标记异步方法是一种较好的方式，但在当前示例中并非必需（仅在使用 await 语句时需要。稍后将对此加以讨论）。
- http.get()方法将调用指定为参数的 Uri，当调用完成时，它返回一个 Response 类型的对象。

注意：

统一资源标识符（URI）是一个统一标识资源的字符序列，如 Web 地址、电子邮件地址、条形码、书籍的 ISBN，甚至是电话号码。

- 当在 Flutter 中构建 Uri 时，需要传递权限（在当前示例中为域名）和数据所在域名的路径。除此之外，还可设置更多的参数，稍后将对此予以展示。
- 在当前示例中，URL 则表示 JSON 格式的特定书籍的地址。

注意：

当一个方法返回一个 Future 时，该方法并不会返回实际值，而是在以后返回一个值的 Promise。

假设身处一家外卖餐厅，点餐后服务员并没有马上将外卖递到你的手中，而是开出了一张单据，上面记录着食物的数量。相应地，这可视为一种承诺，一旦食物备好后就会交付至顾客的手中。

Flutter 中的 Future 也以相同的方式工作。在当前示例中，一旦 http 连接完成（无论成功还是失败），我们就会在未来某一时间点获得一个 Response，

当 Future 成功返回后，则调用 then()函数，该调用的结果为 value。换而言之，具体过程可描述如下。

（1）调用 getData()方法。

（2）执行过程在主线程中持续执行。

（3）在未来的某一时间点，getData()方法返回一个 Response。

（4）调用 then()函数，Response 值将被传递至该函数中。

（5）调用 setState()方法更新微件的状态，并显示结果的前 450 个字符。

在 then()方法后是 catchError()函数。如果 Future 未成功地返回，则调用该函数。在当前示例中，这将捕捉到相应的错误并向用户提供某些反馈信息。

具体来说，Future 可以是下列 3 种状态之一。

（1）未完成状态：调用 Future 后未得到响应。

（2）成功完成状态：调用 then()函数。

（3）完成状态，但包含错误：调用 catchError()函数。

在应用程序中使用 Future 实现异步模式并不复杂。此处的要点是，执行过程不是按顺序出现的。因此，我们应理解异步函数的返回值何时可用（仅在 then()函数中），何时不可用。

7.2.4　另请参阅

读者可访问官方代码实验室（codelab）以了解 Flutter 中的异步模式，对应网址为 https://dart.dev/codelabs/async-await。

特别地，对于 Flutter，推荐观看官方推出的相关视频，对应网址为 http://y2u.be/OTS-ap9_aXc。

除此之外，Isolate 也是一个较为重要的理论概念，并进一步解释了异步编程如何在 Dart 和 Flutter 中工作。读者可观看视频以获得完整的解释，对应网址为 http://y2u.be/vl_AaCgudcY。

7.3　使用 async/await 移除回调

Flutter（基于其 then()回调）可使开发人员处理异步编程问题。对此，存在一种替代方案可处理 Future，并使得代码更加整洁、易于阅读。

一些现代编程语言已经涵盖了这种替代语法以简化代码。作为核心内容，该语法基于两个关键字，即 async 和 await。

- async 用于将某个方法标记为异步，且应被添加至函数体之前。
- await 用于通知框架继续等待，直至函数结束其执行过程并返回一个值。虽然 then 回调可工作于任何方法中，但 await 仅工作于 async()方法中。

提示：

当使用 await 时，调用函数必须使用 async 修饰符，并且使用 await 调用的函数也应标记为 async。

实际上，当 await 一个异步函数时，运行的代码行将停止，直至 async 操作完成。

图 7.3 显示了利用 then()回调和 await 语法实现的相同的代码示例。

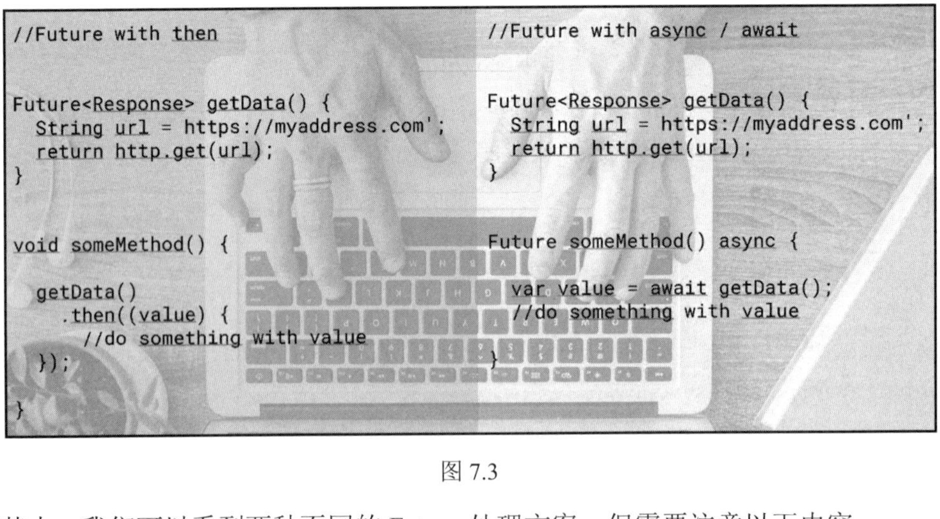

```
//Future with then

Future<Response> getData() {
  String url = https://myaddress.com';
  return http.get(url);
}

void someMethod() {

  getData()
    .then((value) {
      //do something with value
  });
}
```

```
//Future with async / await

Future<Response> getData() {
  String url = https://myaddress.com';
  return http.get(url);
}

Future someMethod() async {

  var value = await getData();
  //do something with value
}
```

图 7.3

其中，我们可以看到两种不同的 Future 处理方案，但需要注意以下内容。

- then()回调可用于任意方法中，而 await 则需要使用 async。
- 在执行 await 语句后，返回值即刻对后续代码行生效。
- 我们可以添加一个 catchError 回调：async/await 不存在等价的语法，但却可以使用 try-catch 语法，稍后将对此加以讨论（参见 7.6 节，其中特别阐述了异步编程中如何捕捉错误）。

7.3.1　准备工作

本节示例需要满足下列要求。

- ❑ 相关设备需要连接至互联网。
- ❑ 在前述示例的基础上编辑现有的项目，否则需要相关代码（https://github.com/PacktPublishing/Flutter-Cookbook/tree/master/chapter_07）创建新的应用程序。

7.3.2　实现方式

本节将考查 async/await 模式的优点。

（1）在 main.dart 文件中，在_FuturePageState 类下方添加下列 3 个方法。

```
Future<int> returnOneAsync() async {
  await Future<int>.delayed(const Duration(seconds: 3));
  return 1;
}

Future<int> returnTwoAsync() async {
  await Future<int>.delayed(const Duration(seconds: 3));
  return 2;
}

Future<int> returnThreeAsync() async {
  await Future<int>.delayed(const Duration(seconds: 3));
  return 3;
}
```

（2）在步骤（1）创建的 3 个方法下面，添加基于 async/await 模式的 count()方法。

```
Future count() async {
    int total = 0;
    total = await returnOneAsync();
    total += await returnTwoAsync();
    total += await returnThreeAsync();
    setState(() {
      result = total.toString();
    });
  }
```

（3）在 GO!按钮的 onPressed()函数中调用 count()方法。

```
ElevatedButton(
   child: Text('GO!'),
      onPressed: () {
        count();
      }
...
```

（4）尝试运行应用程序。其间，9s 后将会显示数字 6，如图 7.4 所示（车轮状图案将保持转动状态，这也是我们期望看到的结果）。

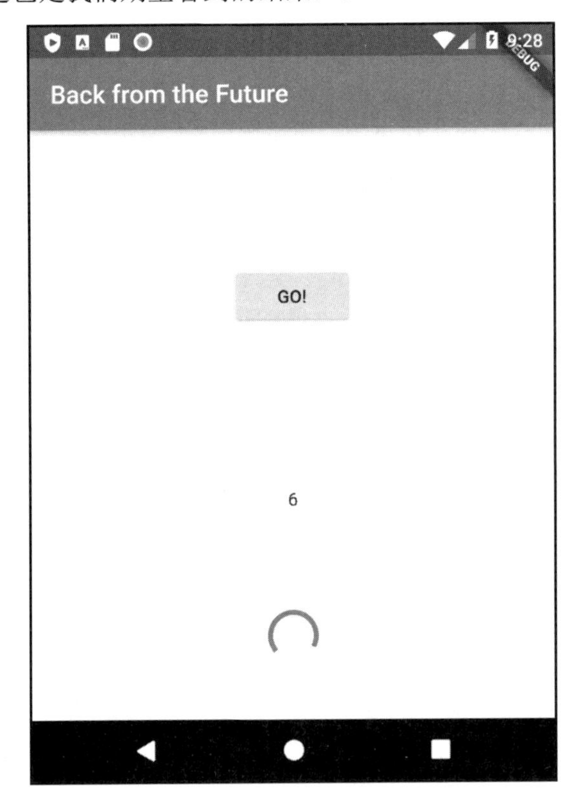

图 7.4

7.3.3　工作方式

async/await 模式的重要特性是，可以像顺序代码那样编写代码，同时兼具异步编程的优点（即不会阻塞 UI 线程）。在 await 语句执行后，返回值即刻对后续代码行生效，因此，示例中的total变量将在await语句执行后被更新。

当前示例中的3个方法（即returnOneAsync()方法、returnTwoAsync()方法和returnThreeAsync()方法）均等待3s并随后返回一个数字。如果打算利用then()回调对这3个数字进行求和，则可编写下列代码。

```
returnOneAsync().then((value) {
               total += value;
               returnTwoAsync().then((value) {
                 total += value;
                 returnThreeAsync().then((value) {
                   total += value;
                   setState(() {
                     result = total.toString();
                   });
                 });
               });
             });
```

可以看到，即使代码工作正常，但很快会变得难以阅读和维护，嵌套和回调构成了“回调地狱”模式。

记住，虽然可将一个then()回调置于任何地方（如ElevatedButton的onPressed()方法中），但需要生成一个async方法以使用await关键字。

7.3.4 另请参阅

关于Flutter中的异步模式，读者可参考官方代码实验室（codelab），对应网址为https://dart.dev/codelabs/async-await。

特别地，对于async/await模式，建议观看官方发布的视频，对应网址为http://y2u.be/SmTCmDMi4BY。

7.4 完成Future

对于大多数场景，then、catchError、async和await已然适用，但Dart和Flutter中还存在另一种方式处理异步编程问题，即Completer类。

Completer创建Future对象，随后可通过一个值或一个错误完成这些对象。当前示例将探讨如何使用Completer类。

7.4.1 准备工作

在探讨本节示例之前，需要满足以下条件。

- 修改本章前述示例。
- 根据现有代码（https://github.com/PacktPublishing/Flutter-Cookbook/tree/master/chapter_07）创建新的项目。

7.4.2 实现方式

本节将考查如何使用 Completer 类以执行较为耗时的任务。

（1）在 main.dart 文件的_FuturePageState 类中添加以下代码。

```
Completer completer;
Future<int> getNumber() {
    completer = Completer<int>();
    calculate();
    return completer.future;
  }
calculate() async {
    await new Future.delayed(const Duration(seconds : 5));
    completer.complete(42);
  }
```

（2）注释掉 onPressed()函数中的代码。

（3）向 onPressed()函数中添加下列代码。

```
getNumber().then((value) {
                setState(() {
                  result = value.toString();
                });
              });
```

当运行应用程序时，可以觉察到 5s 的延迟，随后屏幕上将显示数字 52。

7.4.3 工作方式

Completer 将创建多个 Future 对象，此类对象将在后续操作过程中完成。例如，getNumber()方法中设置的 Completer.future 即为 Future，并在调用 complete 后完成。

在当前示例中，当调用 getNumber()方法时，将通过下列调用返回一个 Future。

```
return completer.future;
```

getNumber()方法也将调用 calculate()异步函数，这将等待 5s（此处可以设置任意时长的任务），并随后调用 completer.complete()方法。completer.complete()方法将修改 Completer 的状态，以便获得 then()回调中的返回值。

当调用一项未使用 Future 的服务，并打算返回一个 Future 时，Completer 十分有用。此外，Completer 还可将长时间运行的任务与 Future 自身分离。

7.4.4　更多内容

当处理一项错误时，还可调用 Completer 的 completeError()方法。

（1）修改 calculate()方法中的代码，如下所示。

```
calculate() async {
    try {
      await new Future.delayed(const Duration(seconds : 5));
      completer.complete(42);
    }
    catch (_) {
      completer.completeError(null);
    }
  }
```

（2）在 getNumber()方法调用中，可将 catchError 连接至 then()函数中。

```
getNumber().then((value) {
                setState(() {
                  result = value.toString();
                });
              }).catchError((e) {
                result = 'An error occurred';
              });
```

7.4.5　另请参阅

关于 Completer 对象，读者可查看完整的官方文档，对应网址为 https://api.flutter.dev/flutter/dart-async/Completer-class.html。

7.5　同时引发多个 Future

当需要同时运行多个 Future 时，FutureGroup 类可简化处理过程。

FutureGroup 在 async 包中可用，因而必须将其添加至 pubspec.yaml 文件中，并导入 Dart 文件中，如下所示。

```
import 'package:async/async.dart';
```

提示：

dart:async 和 async/async.dart 是两个不同的库，在大多数时候，我们需要使用二者运行异步代码。

FutureGroup 是一个可并行运行的 Future 集合。当全部任务以并行方式运行时，运行时间将优于逐个调用每个异步方法。

当集合中的所有 Future 结束运行后，FutureGroup 将以它们被添加至分组中的相同顺序，以 List 形式返回其值。

相应地，可通过 add()方法将 Future 添加至 FutureGroup 中，当全部 Future 被添加完毕后，可调用 close()方法并以此表明不再有 Future 被添加至分组中。

注意：

如果分组中的 Future 返回错误，FutureGroup 将返回一条错误信息并关闭。

在当前示例中，我们将考查如何使用 FutureGroup 以并行方式运行多项任务。

7.5.1　准备工作

本节示例在 7.3 节示例的基础上完成。

7.5.2　实现方式

在当前示例中，我们将不再等待完成每项任务，而是使用 FutureGroup 并以并行方式运行 3 项异步任务。

（1）在项目的 main.dart 文件中，向_FuturePageState 类添加下列代码。

```
void returnFG() {
    FutureGroup<int> futureGroup = FutureGroup<int>();
```

```
    futureGroup.add(returnOneAsync());
    futureGroup.add(returnTwoAsync());
    futureGroup.add(returnThreeAsync());
    futureGroup.close();
    futureGroup.future.then((List <int> value) {
      int total = 0;
      value.forEach((element) {
        total += element;
      });
      setState(() {
        result = total.toString();
      });
    });
  }
```

（2）将 returnFG()方法调用添加至 ElevatedButton 的 onPressed()方法中（必要时移除或注释掉原有代码）。

```
onPressed: () {
    returnFG();
}
```

（3）运行代码。可以看到，代码的运行速度有所提升（大约 3s，而非 9s）。

7.5.3　工作方式

在 returnFG()方法中，利用下列指令创建一个新的 FutureGroup。

```
FutureGroup<int> futureGroup = FutureGroup<int>();
```

FutureGroup 具有泛型特征，因此 FutureGroup<int>表示 FutureGroup 内部的返回值将为 int 类型。

add()方法可将多个 Future 添加至 FutureGroup 中。在当前示例中，我们将添加 3 个 Future，如下所示。

```
futureGroup.add(returnOneAsync());
futureGroup.add(returnTwoAsync());
futureGroup.add(returnThreeAsync());
```

待所有 Future 被添加完毕后，通常需要调用 close()方法。这将通知框架全部 Future 均已添加，相关任务已处于就绪状态并可运行。

```
futureGroup.close();
```

当读取 Future 集合的返回值时，可利用 FutureGroup 中 future 属性的 then()方法。随后，返回值被置于 List 中，因此可使用 forEach 循环读取值。此外，还可调用 setState()方法更新 UI。

```
futureGroup.future.then((List <int> value) {
     int total = 0;
     value.forEach((element) {
       total += element;
     });
     setState(() {
       result = total.toString();
     });
  });
}
```

7.5.4　另请参阅

FutureGroup 十分有用，其作用往往被低估。关于该类的更多内容，读者可访问官方文档，对应网址为 https://api.flutter.dev/flutter/package-async_async/FutureGroup-class.html。

7.6　处理异步代码中的错误

相应地，存在多种方式可处理异步代码中的错误。在当前示例中，我们将通过 then()回调和 async/await 模式查看与处理错误相关的示例。

7.6.1　准备工作

在本章前述示例的基础上，我们可对现有的项目进行编辑；否则，可利用相关代码（https://github.com/PacktPublishing/Flutter-Cookbook/tree/master/chapter_07）创建新的应用程序。

7.6.2　实现方式

本节将被划分为两部分内容。第 1 部分将利用 then()回调函数处理错误，第 2 部分内容则通过 async/await 模式处理错误。

1. 利用 then()回调处理错误

在 then()回调中，较为直接的方法是使用 catchError()回调。对此，需要执行下列步骤。

（1）将下列方法添加至 main.dart 文件的_FuturePageState 类中。

```
Future returnError() {
  throw ('Something terrible happened!');
}
```

（2）当某个方法调用 returnError()时，将会抛出一个错误。当捕捉该错误时，可将下列代码置于 ElevatedButton 的 onPressed()方法中。

```
returnError()
    .then((value){
      setState(() {
        result = 'Success';
      });
    }).catchError((onError){
      setState(() {
        result = onError;
      });
    }).whenComplete(() => print('Complete'));
```

（3）运行应用程序并单击 GO!按钮，随后可以看到 catchError()回调将被执行，同时更新 State 变量，如图 7.5 所示。

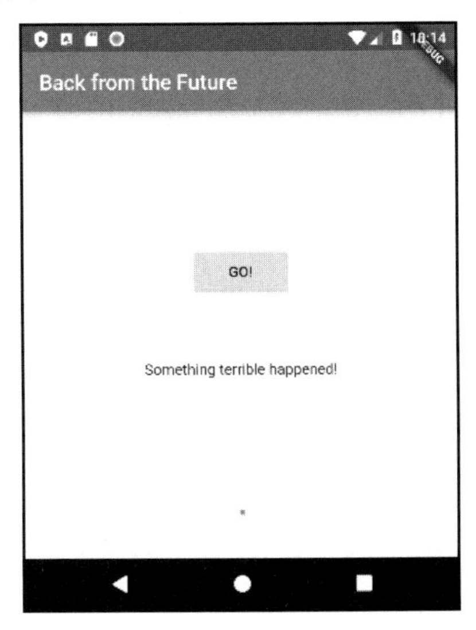

图 7.5

（4）此外还可以看到 whenComplete()回调也被调用。在 DEBUG CONSOLE 中，应可看到 Complete 字符串，如图 7.6 所示。

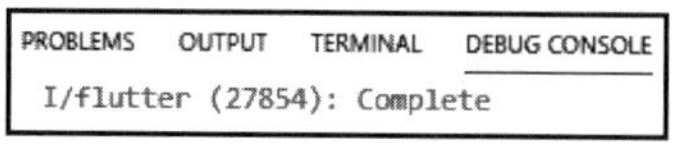

```
PROBLEMS    OUTPUT    TERMINAL    DEBUG CONSOLE
 I/flutter (27854): Complete
```

图 7.6

2．利用 async/await 处理错误

当使用 async/await 模式时，可以使用 try...catch 语法处理错误，就像处理同步代码时一样。下面重构 handleError()方法。

```
Future handleError() async {
    try {
      await returnError();
    }
    catch (error) {
      setState(() {
        result = error;
      });
    }
    finally {
      print('Complete');
    }
  }
```

当调用 ElevatedButton 的 onPressed()方法中的 handleError()方法时，应可看到 catch 被调用，并且结果与 catchError()回调中完全相同。

7.6.3　工作方式

当在 Future 执行过程中出现异常时，catchError()将被调用；而 whenComplete()在任何情况下都被调用，无论 Future 成功或出现错误。当采用 async/await 模式时，通过 try...catch 即可处理错误。

再次强调，与回调相比，基于 await/async 的错误处理机制更具可读性。

7.6.4　另请参阅

关于错误处理机制，Dart 提供了一个较为全面的教程，该教程中所解释的每一个概念也适用于 Flutter，对应网址为 https://dart.dev/guides/libraries/futureserror-handling。

7.7 基于 StatefulWidget 的 Future 应用

如前所述，无状态微件不保存任何状态信息，而有状态微件则可跟踪变量和属性。当更新应用程序时，可使用 setState()方法。这里，状态（State）表示为可在微件生命周期中修改的信息。

当使用有状态微件时，可使用 4 种核心的生命周期方法。

- 当构建 State 时，仅调用 initState()方法一次，并于其中放置对象的初始设置和起始值。这里应尽可能地使用 initState()方法而非 build()方法。
- 当内容发生变化时，将调用 build()方法。这将销毁 UI 并从头开始对其进行重建。
- 当微件从树形结构中被移除时，将调用 deactivate()和 dispose()方法：具体方法用例包括关闭数据库连接，或在修改路由之前保存数据。

下面考查如何在微件的生命周期上下文中处理 Future。

7.7.1 准备工作

实现本节示例需要执行下列步骤。

- 在前述示例的基础上编辑现有项目；否则利用相关代码（https://github.com/PacktPublishing/Flutter-Cookbook/tree/master/chapter_07）创建新的应用程序。
- 当前示例将使用 geolocator 库（https://pub.dev/packages/geolocator），因而需要将其添加至 pubspec.yaml 文件中。

7.7.2 实现方式

在当前示例中，我们需要查找用户的位置坐标，并在屏幕上对其进行显示。获取坐标是一项返回 Future 的异步操作，具体操作步骤如下。

（1）在项目的 lib 文件夹中创建一个名为 geolocation.dart 的新文件。

（2）创建一个名为 LocationScreen 的新的有状态微件。

（3）在 Geolocation 微件的 State 类中，添加显示用户当前位置的代码，最终结果如下。

```
import 'package:flutter/material.dart';
import 'package:geolocator/geolocator.dart';

class LocationScreen extends StatefulWidget {
 @override
```

```
 _LocationScreenState createState() => _LocationScreenState();
}

class _LocationScreenState extends State<LocationScreen> {
 String myPosition = '';
 @override
 void initState() {
 getPosition().then((Position myPos) {
 myPosition = 'Latitude: ' + myPos.latitude.toString() + ' -
Longitude: ' + myPos.longitude.toString();
 setState(() {
 myPosition = myPosition;
 });
 });
 super.initState();
 }

 @override
 Widget build(BuildContext context) {
 return Scaffold(
 appBar: AppBar(title: Text('Current Location')),
 body: Center(child:Text(myPosition)),
 );
 }

 Future<Position> getPosition() async {
 Position position = await
Geolocator().getLastKnownPosition(desiredAccuracy:
LocationAccuracy.high);
 return position;
 }
}
```

（4）在 main.dart 文件中，在 MyApp 类 MaterialApp 的 home 属性中，添加 LocationScreen()调用。

```
home: LocationScreen(),
```

（5）运行应用程序。几秒后，应可在屏幕中心处看到当前所处的位置。

7.7.3　工作方式

getPosition()是一个异步方法并返回一个 Future，该方法利用一个 Geolocator 类检索用户最近一个已知位置。

这里的问题是，应该在哪里调用 getPosition()方法？由于位置应该仅检索一次，显然应该使用 initState()方法，该方法仅在加载微件时调用一次。

建议使 initState()方法保持同步状态，因此可使用 then 语法等待回调并更新微件状态。myPosition 是一个状态 String 变量，其中包含了设备检索坐标后用户可看到的消息以及经纬度信息。

在 build()方法中，仅存在一个包含 myPosition 值的、位于中心位置的 Text。在开始阶段，Text 为空并随后显示包含坐标信息的字符串。

7.7.4 更多内容

当前，我们尚无法确切地知晓异步任务可能需要多长时间，所以当设备检索当前位置时，较好的做法是使用 CircularProgressIndicator 向用户提供反馈信息。当检索到相应的位置后，我们需要的实现任务是显示动画效果；一旦坐标有效，就隐藏动画效果并显示坐标信息。对此，可在 build()方法中编写相关代码。

```
@override
 Widget build(BuildContext context) {
    Widget myWidget;
    if (myPosition == '') {
     myWidget = CircularProgressIndicator();
    } else {
      myWidget = Text(myPosition);
    }
    return Scaffold(
      appBar: AppBar(title: Text('Current Location')),
      body: Center(child:myWidget),
   );
 }
```

提示：

如果无法看到 CircularProgressIndicator 的动画效果，一种可能是设备的运算速度过快。对此，可利用 await Future<int>.delayed(const Duration(seconds: 3));指令在 Geolocator()调用之前增加一些延迟。

除此之外，还存在另一种相对简单的方式处理 Future 和有状态微件，稍后将对此加以讨论。

7.7.5 另请参阅

理解 Flutter 中的微件的生命周期十分重要，读者可查看官方文档以了解更多信息，对应网址为 https://api.flutter.dev/flutter/widgets/StatefulWidget-class.html。

7.8 使用 FutureBuilder 管理 Future

采用异步方式的数据检索模式，以及基于该数据的用户界面更新机制十分常见。实际上，在 Flutter 中，FutureBuilder 微件可帮助我们删除构建基于 Future 的 UI 所需的一些样板代码。

我们可使用 FutureBuilder 将 Future 集成至微件树中，进而在 Future 更新时自动更新微件树的内容。由于 FutureBuilder 根据 Future 的状态加以构建，因此可略过 setState()指令，Flutter 仅重建需要更新的用户界面部分。

FutureBuilder 实现了响应式编程，并在检索到数据时仅关注用户界面的更新。对于 UI 来说，这是一种较为方便的 Future 中的数据响应方式，同时也是在代码中使用 FutureBuilder 的主要原因。

FutureBuilder 需要一个 future 属性，其中包含了打算显示内容的 Future 对象和一个 builder。在 builder 中，可构造用户界面，也可检查数据状态。特别地，我们可利用数据的 connectionState，以便准确地知道 Future 何时返回其数据。

在当前示例中，我们将构建与 7.7 节相同的 UI，并通过 Geolocator 库（https://pub.dev/packages/geolocator）查找用户位置坐标，并将其显示于屏幕上。

7.8.1 准备工作

本节示例将在 7.1 节示例的基础上完成。

7.8.2 实现方式

具体实现过程需要执行下列步骤。

（1）修改 getPosition()方法，即等待 3s 并随后检索当前设备的位置（完整代码可参考上一个示例）。

```
Future<Position> getPosition() async {
  await Future<int>.delayed(const Duration(seconds: 3));
```

```
  Position position = await
  Geolocator().getLastKnownPosition(desiredAccuracy:
  LocationAccuracy.high);
  return position;
}
```

（2）在 State 类的 build()方法中添加下列代码。

```
@override
 Widget build(BuildContext context) {
  return Scaffold(
    appBar: AppBar(title: Text('Current Location')),
    body: Center(child: FutureBuilder(
      future: getPosition(),
      builder: (BuildContext context, AsyncSnapshot<dynamic>
        snapshot) {
         if (snapshot.connectionState ==
          ConnectionState.waiting) {
           return CircularProgressIndicator();
         }
         else if (snapshot.connectionState ==
          ConnectionState.done) {
           return Text(snapshot.data);
         }
         else {
           return Text('');
         }
       },
      ),
  ));
}
```

7.8.3 工作方式

在当前示例中，getPosition 是将要传递至 FutureBuilder 的 Future，且不需要使用 initState()方法——当数据和状态发生变化时，FutureBuilder 负责更新用户界面。

注意，FutureBuilder 需要设置两个属性，即 future（在当前示例中表示为 getPosition()方法）和 builder。

builder 接收当前上下文和一个 AsyncSnapshot（包含了所有的 Future 数据和状态信息），且 builder 需要返回一个微件。

AsyncSnapshot 对象的 connectionState 属性要求我们检查 Future 的对应状态，特别是

以下信息。

- waiting 表示 Future 已被调用，但尚未完成其执行过程。
- done 表示执行完毕。

7.8.4　更多内容

注意，我们不可想当然地认为 Future 会毫无差错地完成执行过程。对于异常处理机制，我们可检查 Future 是否返回了错误，从而使该类成为构造基于 Future 的用户界面的完整解决方案。实际上，我们可通过检查 snapshot 的 hasError 属性捕捉 FutureBuilder 中的错误，如下所示。

```
else if (snapshot.connectionState == ConnectionState.done) {
           if (snapshot.hasError) {
             return Text('Something terrible happened!');
           }
           return Text(snapshot.data);
         }
```

可以看到，FutureBuilder 是在用户界面中处理 Future 时的一种有效、整洁的响应式方法。

7.8.5　另请参阅

当编写依赖于 Future 的 UI 时，FutureBuilder 可有效地增强代码。另外，读者还可访问 https://api.flutter.dev/flutter/widgets/FutureBuilder-class.html 查看相关指南和视频。

7.9　将导航路由转换为异步函数

在当前示例中，我们将通过 Navigator 并利用 Flutter 将一个 Route 转换为一个 async 函数。其间，我们将把一个新的屏幕推送至应用程序中，随后等待路由返回某些数据以更新原屏幕。

具体操作步骤如下。

- 添加一个 ElevatedButton（启动第 2 个屏幕）。
- 在第 2 个屏幕中，用户将选择一种颜色。
- 在颜色选取完毕后，第 2 个屏幕将在第 1 个屏幕上更新背景颜色。

图 7.7 显示了第 1 个屏幕的屏幕截图。

图 7.7

在第 2 个屏幕中，我们可通过 3 个 ElevatedButton 选择一种颜色，如图 7.8 所示。

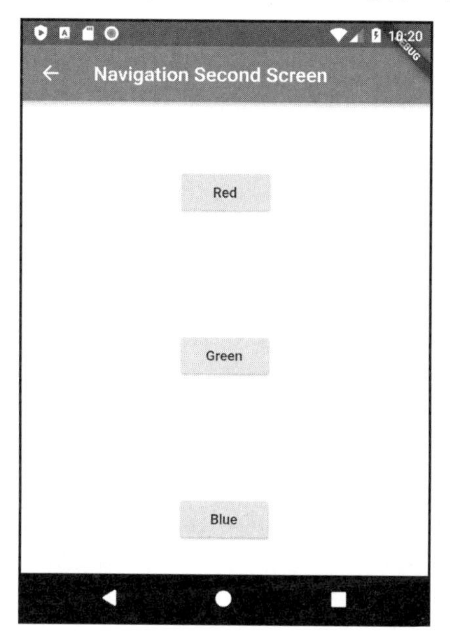

图 7.8

7.9.1 准备工作

在本章前述示例的基础上，仅需编辑现有的项目即可；否则，需要通过相关代码（https://github.com/PacktPublishing/Flutter-Cookbook/tree/master/chapter_07）创建新的应用程序。

7.9.2 实现方式

首先创建第 1 个屏幕，这是一个有状态微件，即包含一个居中 ElevatedButton 的 Scaffold。具体步骤如下。

（1）创建一个名为 navigation_first.dart 的新文件。

（2）向 navigation_first.dart 文件中添加下列代码（注意，当前在按钮的 onPressed() 方法中将调用一个尚不存在的_navigateAndGetColor()方法）。

```
import 'package:flutter/material.dart';

class NavigationFirst extends StatefulWidget {
  @override
  _NavigationFirstState createState() => _NavigationFirstState();
}

class _NavigationFirstState extends State<NavigationFirst> {
  Color color = Colors.blue[700];
  @override
  Widget build(BuildContext context) {
    return Scaffold(
        backgroundColor: color,
        appBar: AppBar(
          title: Text('Navigation First Screen'),
        ),
       body: Center(
            child: ElevatedButton(
              child: Text('Change Color'),
              onPressed: () {
                _navigateAndGetColor(context);
              }),
          ),
        );
  }
```

（3）等待导航结果，这也是当前示例中较为重要的部分。_navigateAndGetColor()方法将启动 NavigationSecond，并在第 2 个屏幕上等待（await）Navigator.pop()方法的结果。在_navigateAndGetColor()方法中添加下列代码。

```
_navigateAndGetColor(BuildContext context) async {
   color = await Navigator.push(
     context,
     MaterialPageRoute(builder: (context) => NavigationSecond()),
   );
   setState(() {
    color = color;
   });
}
```

（4）创建一个名为 navigation_second.dart 的新文件。

（5）在 navigation_second.dart 文件中，添加一个名为 NavigationSecond 的新的有状态微件，该微件包含 3 个按钮，分别对应于蓝、绿、红按钮。

（6）添加下列代码以完善屏幕内容。

```
import 'package:flutter/material.dart';

class NavigationSecond extends StatefulWidget {
  @override
  _NavigationSecondState createState() => _NavigationSecondState();
}

class _NavigationSecondState extends State<NavigationSecond> {
  @override
  Widget build(BuildContext context) {
    Color color;
    return Scaffold(
      appBar: AppBar(
        title: Text('Navigation Second Screen'),
        ),
      body: Center(
        child: Column(
          mainAxisAlignment: MainAxisAlignment.spaceEvenly,
          children: <Widget>[
            ElevatedButton(
              child: Text('Red'),
              onPressed: () {
                color = Colors.red[700];
```

```
                Navigator.pop(context, color);
              }),
            ElevatedButton(
              child: Text('Green'),
              onPressed: () {
                color = Colors.green[700];
                Navigator.pop(context, color);
              }),
            ElevatedButton(
              child: Text('Blue'),
              onPressed: () {
                color = Colors.blue[700];
                Navigator.pop(context, color);
              }),
],),));}}
```

（7）在 main.dart()方法的 MaterialApp 的 home 属性中调用 NavigationFirs。

```
home: NavigationFirst(),
```

（8）运行应用程序，并尝试修改屏幕的颜色。

7.9.3 工作方式

代码的关键之处在于从第 2 个屏幕中传递 Navigator.pop()方法中的数据。另外，第 1 个屏幕期望接收一个 Color，因此 pop()方法向 NavigationFirst 屏幕中返回一个 Color。

当需要等待源自应用程序的不同屏幕中的结果时，该模式可视为一种优雅的解决方案。实际上，当需要等待对话框窗口中的结果时，我们将采用相同的模式，稍后将对此加以讨论。

7.10 从对话框中获取结果

当前示例展示了等待另一个屏幕中的某些数据（参见上一个示例）的替代方案，但这里不再使用全尺寸页面，而是使用一个对话框。实际上，对话框的行为类似于可等待的路由。

AlertDialog 可用于显示包含某些文本和按钮的弹出屏幕，此外还可包含图像和其他微件。具体来说，AlertDialog 可能包含 title、content 和 actions。其中，actions 用于请求用户的反馈（如保存、删除或接受）。

另外，还存在一些诸如高度、背景、现状或颜色等设计属性，以使 AlertDialog 可与应用程序中的设计方案实现更好的集成。

当前示例将在 7.9 节示例的基础上完成，并请求用户选择对话框中的某种颜色，随后根据用户的选择结果以利用 Future 修改调用屏幕的背景。

图 7.9 显示了相应的对话框。

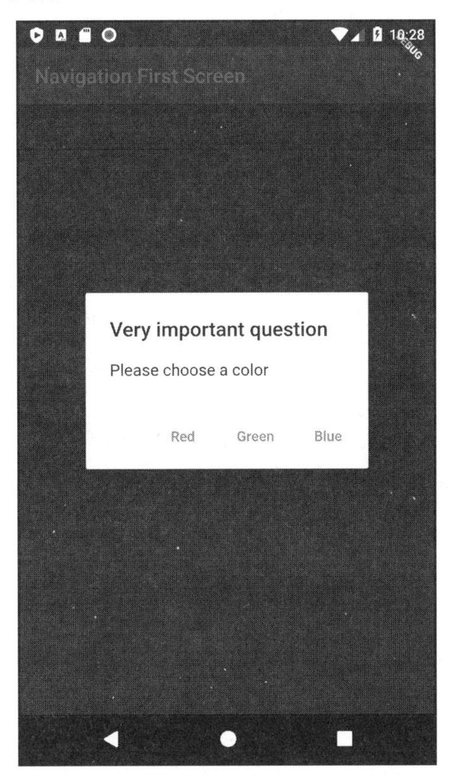

图 7.9

7.10.1 准备工作

实现本节案例需要访问 https://github.com/PacktPublishing/Flutter-Cookbook/tree/master/chapter_07 并下载示例代码。

7.10.2 实现方式

（1）向项目中添加一个名为 navigation_dialog.dart 的新文件。

（2）向 navigation_dialog.dart 文件中添加下列代码。

```
import 'package:flutter/material.dart';

class NavigationDialog extends StatefulWidget {
  @override
  _NavigationDialogState createState() => _NavigationDialogState();
}

class _NavigationDialogState extends State<NavigationDialog> {
  Color color = Colors.blue[700];
  @override
  Widget build(BuildContext context) {
    return Scaffold(
        backgroundColor: color,
        appBar: AppBar(
          title: Text('Navigation Dialog Screen'),
        ),
        body: Center(
            child: ElevatedButton(
              child: Text('Change Color'),
              onPressed: () {
              }),
          ),
        );
  }
```

（3）创建将返回所选颜色的异步方法，即 showColorDialog()方法，并将其标记为 async。

```
_showColorDialog(BuildContext context) async {
   color = null;
   await showDialog(
     barrierDismissible: false,
     context: context,
     builder: (_) {
       return AlertDialog(
         title: Text('Very important question'),
         content: Text('Please choose a color'),
         actions: <Widget>[
           TextButton(
               child: Text('Red'),
               onPressed: () {
                 color = Colors.red[700];
```

```
                Navigator.pop(context, color);
              }),
          TextButton(
              child: Text('Green'),
              onPressed: () {
                color = Colors.green[700];
                Navigator.pop(context, color);
              }),
          TextButton(
              child: Text('Blue'),
              onPressed: () {
                color = Colors.blue[700];
                Navigator.pop(context, color);
              }),
        ],
      );
    },
  );
  setState(() {
    color = color;
  });
}
```

（4）在 build()方法中，在 ElevatedButton 的 onPressed 属性中调用刚刚创建的 _showColorDialog()方法。

```
onPressed: () {
 _showColorDialog(context);
}),
```

（5）在 main.dart 文件的 MaterialApp 的 home 属性中，调用 NavigationDialog()方法。

```
home: NavigationDialog(),
```

（6）运行应用程序，并尝试修改屏幕的背景 color。

7.10.3 工作方式

需要注意的是，在上述代码中，barrierDismissible 属性通知用户是否可单击对话框外部来关闭该对话框（其中，true 表示可以；而 false 则表示不可以）。考虑到这是一个“较为重要的问题”，因此我们将该属性设置为 false。

这种关闭警告信息的方式可通过 Navigator.pop()方法并传递所选颜色予以实现。这里，Alert 的工作方式类似于一个路由。

接下来仅需在 Change color 按钮的 onPressed 属性中调用该方法即可。

```
onPressed: () {
              _showColorDialog(context).then((Color value){
                setState(() {
                  color = value;
                });
              });
```

针对源自警告对话框的数据，当前示例展示了异步等待模式。

7.10.4　另请参阅

关于 Flutter 中的对话框，读者可访问 https://api.flutter.dev/flutter/material/AlertDialog-class.html 以了解更多内容。

第 8 章　基于互联网的数据持久化和通信

在大多数应用程序中，尤其是商务应用程序，均需要执行 CRUD 任务，即创建、读取、更新或删除数据。本章将考查如何在 Flutter 中执行 CRUD 操作。

数据可通过两种方式实现持久化，即本地方式和远程方式。无论数据的目的地是什么，在大多数场合中，数据需要被转化为 JSON 格式才能被持久化。因此，我们将首先介绍 Dart 和 Flutter 中的 JSON 格式，这对于后续应用程序中所实施的各项技术十分重要，包括 SQLite、Sembast 和 Firebase 数据库。这些均是基于 JSON 数据的发送和检索机制而实现的。

考虑到数据整合通常需要异步连接，因此我们将把之前讨论的 Future 也纳入进来。

本章主要涉及下列主题。

- 将 Dart 模型转换为 JSON。
- 处理与模型不兼容的 JSON 模式。
- 捕捉常见的 JSON 错误。
- 简单地利用 SharedPreferences 保存数据。
- 访问文件系统（第 1 部分）——path_provider。
- 访问文件系统（第 2 部分）——与目录协同工作。
- 使用安全存储保存数据。
- 设计 HTTP 客户端并获取数据。
- POST 数据。
- PUT 数据。
- DELETE 数据。

在阅读完本章后，读者将了解应用程序中的 JSON 数据处理方式，并与数据库和 Web 服务进行交互。

8.1　技术需求

在完成本章示例之前，需要在 Windows、Mac、Linux 或 Chrome OS 设备上安装下列软件。

- Flutter SDK。

- ❑ Android SDK（Android 开发）。
- ❑ macOS 和 Xcode（iOS 开发）。
- ❑ 可用于调试的模拟器、仿真器或已连接的移动设备。
- ❑ 互联网连接以使用 Web 服务。
- ❑ 代码编辑器，推荐使用 Android Studio、Visual Studio Code 和 IntelliJ IDEA，其中均应安装了 Flutter/Dart 扩展。

读者可访问 GitHub 查看本章示例代码，对于网址为 https://github.com/PacktPublishing/Flutter-Cookbook/tree/master/chapter_08。

8.2　将 Dart 模型转换为 JSON 格式

对于应用程序之间的数据存储、传输和共享，JSON 已成为一种标准格式，许多 Web 服务和数据库均使用 JSON 检索和处理数据。本章稍后将学习如何将数据存储于设备中，其间将涉及面向 JSON 的数据结构的序列化（编码）和反序列化（解码）方式。

注意：

JSON 是指 JavaScript 对象表示法。虽然 JSON 很大程度上遵循 JavaScript 语法，但也可独立于 JavaScript 使用。大多数现代语言（包括 Dart）均定义了相关方法读取和写入 JSON 数据。

图 8.1 显示了 JSON 数据结构示例。

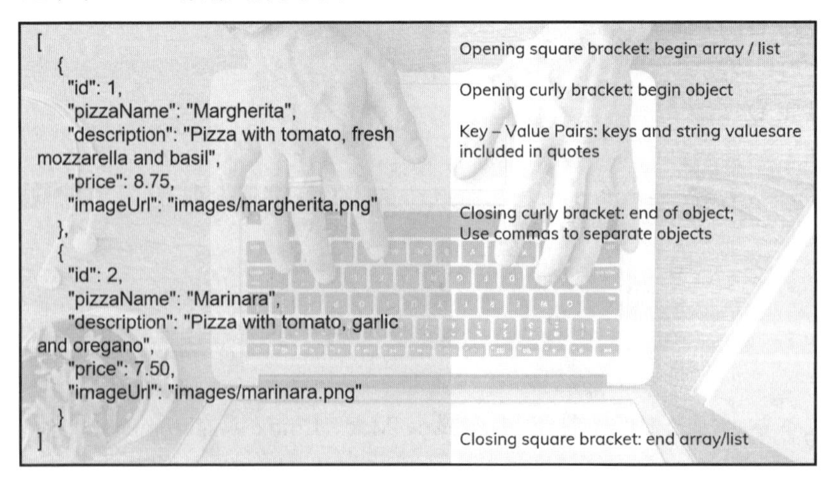

图 8.1

可以看到，JSON 是一种基于文本的格式，并以键-值对的方式描述数据：每个对象（当前示例中为 Pizza）均包含在一个花括号中。在该对象中，可指定多个属性和字段。键通常包含于引号中，随后是一个冒号和对应值。所有的键-值对和对象均通过逗号与下一个键-值对隔开。

基本上讲，JSON 是一个 String。当在面向对象编程语言（如 Dart）中编写一个应用程序时，通常需要将 JSON 字符串转换为一个对象，以便正确地与数据协同工作，这一过程被称作反序列化（或解码）。当需要从对象中生成 JSON 字符串时，则需要执行相反的操作，即序列化操作（或编码操作）。

本章将通过内建的 dart:convert 库执行编码和解码操作。

8.2.1　准备工作

在实现本节示例之前，需要访问 https://github.com/PacktPublishing/Flutter-Cookbook/tree/master/chapter_08 下载某些 JSON 数据。

8.2.2　实现方式

在当前示例中，我们将创建一个新的应用程序，进而展示如何序列化和反序列化 JOSN 字符串。

在编辑器中，创建名为 store_data 的新 Flutter 项目。

（1）在 main.dart 文件中，删除已有的代码并添加相关代码（https://github.com/PacktPublishing/Flutter-Cookbook/tree/master/chapter_08），或者输入下列内容。

```
import 'package:flutter/material.dart';

void main() {
    runApp(MyApp());
}

class MyApp extends StatelessWidget {
    @override
    Widget build(BuildContext context) {
        return MaterialApp(
            title: 'Flutter JSON Demo',
            theme: ThemeData(
                primarySwatch: Colors.blue,
                visualDensity: VisualDensity
```

```
                .adaptivePlatformDensity,
            ),
            home: MyHomePage(),
    );}}
class MyHomePage extends StatefulWidget {
    @override
    _MyHomePageState createState() => _MyHomePageState();
}
class _MyHomePageState extends State<MyHomePage> {
    @override
    Widget build(BuildContext context) {
        return Scaffold(
            appBar: AppBar(title: Text('JSON')),
            body: Container(),
    );}}
```

（2）在项目的根目录中添加名为 assets 的新文件夹。

（3）在 assets 文件夹中，创建一个名为 pizzalist.json 的新文件，并复制 8.2.1 节链接提供的内容，其中包含了 JSON 对象列表。

（4）在 pubspec.yaml 文件中，添加指向新资源数据文件夹的引用，如下所示。

```
assets:
- assets/
```

（5）在 main.dart 文件的_MyHomePageState 类中，添加一个名为 pizzaString 的状态变量。

```
String pizzaString = '';
```

（6）当读取 pizzalist.json 文件内容时，在_MyHomePageState 类（位于 main.dart 文件中）的底部，添加一个名为 readJsonFile()的异步方法，该方法将设置 pizzaString 值，如下所示。

```
Future readJsonFile() async {
    String myString = await DefaultAssetBundle.of(context)
    .loadString('assets/pizzalist.json');
    setState(() {
    pizzaString = myString;
    });
}
```

（7）在_MyHomePageState 类中，重载 initState()方法，并于其中调用 readJsonFile()方法。

```
@override
void initState() {
    readJsonFile();
    super.initState();
}
```

（8）在 Container（Scaffold 的 body 属性）中显示检索到的 JSON 数据。对此，添加一个 Text 微件并作为 Container 的子微件。

```
body: Container(
    child: Text(pizzaString),
),
```

（9）运行应用程序。如果一切顺利，屏幕上的 JSON 文件内容如图 8.2 所示。

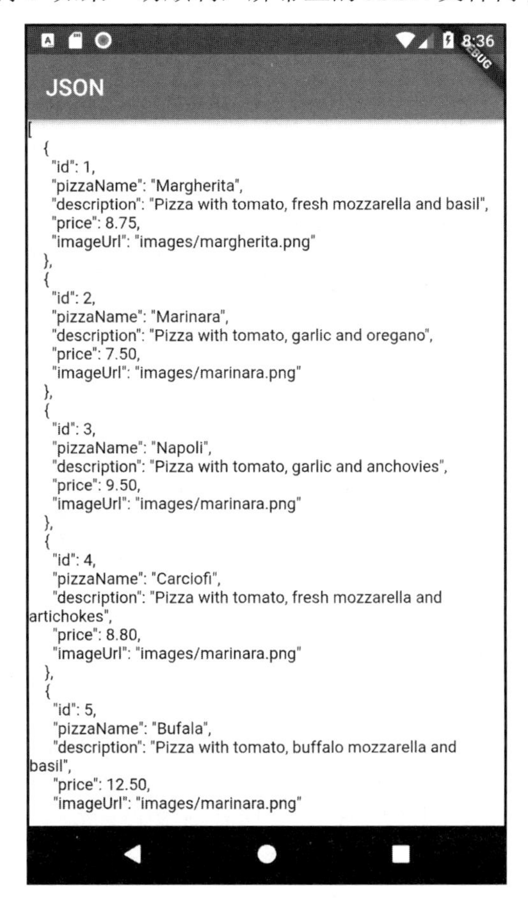

图 8.2

（10）将 String 转换为对象的 List。对此，可定义一个新类。在应用程序的 lib 文件夹中，创建一个名为 pizza.dart 的新文件。

（11）在 pizza.dart 文件中，定义 Pizza 类的属性。

```
class Pizza {
    int id;
    String pizzaName;
    String description;
    double price;
    String imageUrl;
}
```

（12）在 Pizza 类中，定义一个名为 fromJson 的命名构造函数，该函数接收一个 Map 作为参数，并将 Map 转换为一个 Pizza 实例。

```
Pizza.fromJson(Map<String, dynamic> json) {
    this.id = json['id'];
    this.pizzaName = json['pizzaName'];
    this.description = json['description'];
    this.price = json['price'];
    this.imageUrl = json['imageUrl'];
}
```

（13）重构 readJsonFile()方法。首先通过调用 jsonDecode()方法将 String 转换为 Map。在 readJsonFile()方法中，添加下列粗体显示的代码。

```
Future readJsonnFile() async {
    String myString = await DefaultAssetBundle.of(context)
        .loadString('assets/pizzalist.json');
List myMap = jsonDecode(myString);
...
```

（14）在 main.dart 文件开始处，确保编辑器自动添加 dart:convert 库中的 import 语句；否则，仅需要手动方式添加它们。另外，还需要针对 Pizza 类添加 import 语句。

```
import 'dart:convert';
import './pizza.dart';
```

（15）将 JSON 字符串转换为一个本地 Dart 对象的 List。对此，可遍历 Map 列表并将其转换为一个 Pizza 对象。在 readJsonFile()方法中，在 jsonDecode()方法下方添加下列代码。

```
List<Pizza> myPizzas = [];
    myMap.forEach((dynamic pizza) {
    Pizza myPizza = Pizza.fromJson(pizza);
    myPizzas.add(myPizza);
});
```

（16）移除或注释掉设置 pizzaString 字符串的 setState()方法，并返回 Pizza 对象的列表。

```
return myPizzas;
```

（17）修改方法签名以便显式地展示返回值。

```
Future<List<Pizza>> readJsonFile() async {
```

（18）利用 Pizza 对象的 List，我们可显示一个包含 ListTile 微件集合的 ListView，而不是仅向用户显示一个 Text。由于 readJsonFile()是一个异步方法，因此可通过 FutureBuilder 构建用户界面。在 build()方法中，在 Scaffold 体内的 Container 中添加下列代码。

```
body: Container(
    child: FutureBuilder(
        future: readJsonFile(),
        builder: (BuildContext context, AsyncSnapshot<List<Pizza>>
         pizzas) {
            return ListView.builder(
                itemCount: (pizzas.data == null) ? 0 :
                  pizzas.data.length,
                itemBuilder: (BuildContext context, int position) {
                    return ListTile(
                        title: Text(pizzas.data[
                          position].pizzaName),
                        subtitle: Text(pizzas.data[
                          position].description +' -
                         € ' +
                         pizzas.data[position].price.toString()),
);});}),),
```

（19）运行应用程序。此时，用户界面将更加友好，如图 8.3 所示。

图 8.3

8.2.3　工作方式

当前示例包含下列主要特性。

- 读取 JSON 文件。
- 将 JSON 字符串转换为一个 Map 对象的 List。
- 将 Map 对象转换为 Pizza 对象。

接下来逐一考查各项内容的实现方式。

1．读取 JSON 文件

通常情况下，我们将从 Web 服务或数据库中获取 JSON 数据。在当前示例中，JSON 包含于一个数据资源文件中。在任何情况下，无论数据来源是哪里，读取数据通常是一项异步任务。这就是为什么 readJsonFile()方法一开始就被设置为 async 的原因。

当从载入数据资源的文件中读取数据时，可使用 DefaultAssetBundle.of(context)对象，如下所示。

```
String myString = await
DefaultAssetBundle.of(context).loadString('assets/pizzalist.json');
```

注意：

数据资源是一个与应用程序一起部署并在运行时访问的文件。数据资源的例子包括配置文件、图像、图标、文本文件，以及当前示例中的一些 JSON 格式的数据。

在向 Flutter 中添加数据资源时，需要在 pubspec.yaml 文件的 asset 键中指定其位置。

```
assets:
- assets/
```

2. 将 JSON 字符串转换为一个 Map 对象的 List

dart:convert 库中的 jsonDecode()方法负责执行 JSON 解码工作。该方法接收一个 JSON 字符串并将其转换为一个 Map 对象的 List。

```
List myMap = jsonDecode(myString);
```

Map 表示为一个键-值对集合。其中，键表示为一个字符串——id、pizzaName、description 和 price 均为键和字符串；值类型则可根据键而变化——price 可以是一个数字，而 description 则可表示为一个字符串。

在执行了 jsonDecode()方法之后，我们将持有一个 Map 对象的 List，进而准确地显示了 Map 的构成方式，如图 8.4 所示。

3. 将 Map 对象转换为 Pizza 对象

在当前示例中，我们将把 Map 对象转换为 Pizza 对象。对此，我们将在 Pizza 类中定义一个构造函数，该函数接收一个 Map<String, dynamic>并从中创建一个新的 Pizza 对象。

```
Pizza.fromJson(Map<String, dynamic> json) {
    this.id = json['id'];
    this.pizzaName = json['pizzaName'];
    this.description = json['description'];
    this.price = json['price'];
    this.imageUrl = json['imageUrl'];
}
```

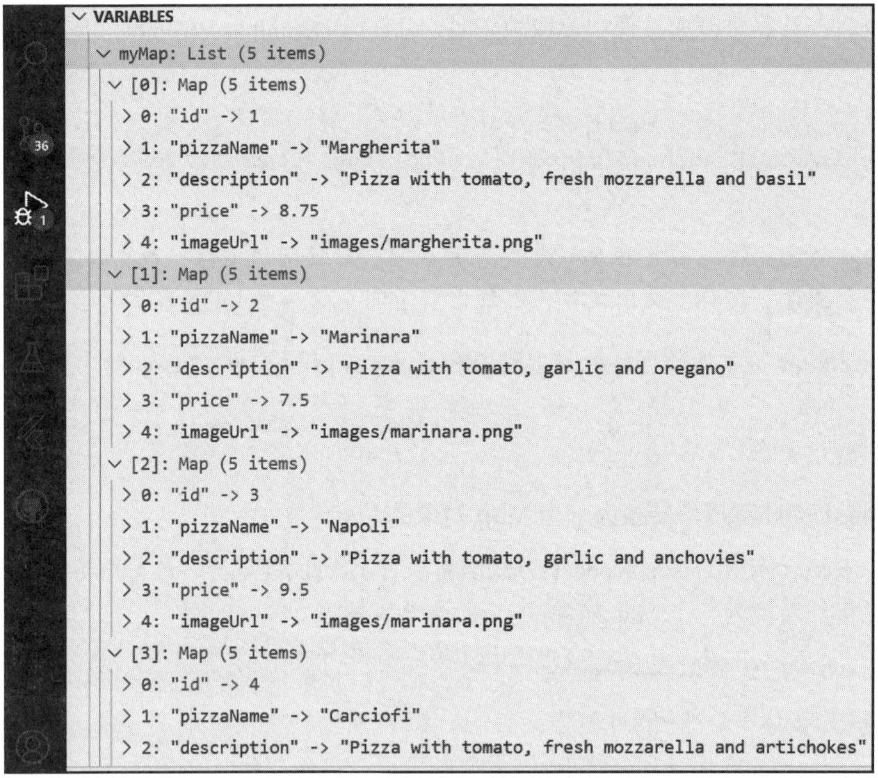

```
VARIABLES
myMap: List (5 items)
  [0]: Map (5 items)
    > 0: "id" -> 1
    > 1: "pizzaName" -> "Margherita"
    > 2: "description" -> "Pizza with tomato, fresh mozzarella and basil"
    > 3: "price" -> 8.75
    > 4: "imageUrl" -> "images/margherita.png"
  [1]: Map (5 items)
    > 0: "id" -> 2
    > 1: "pizzaName" -> "Marinara"
    > 2: "description" -> "Pizza with tomato, garlic and oregano"
    > 3: "price" -> 7.5
    > 4: "imageUrl" -> "images/marinara.png"
  [2]: Map (5 items)
    > 0: "id" -> 3
    > 1: "pizzaName" -> "Napoli"
    > 2: "description" -> "Pizza with tomato, garlic and anchovies"
    > 3: "price" -> 9.5
    > 4: "imageUrl" -> "images/marinara.png"
  [3]: Map (5 items)
    > 0: "id" -> 4
    > 1: "pizzaName" -> "Carciofi"
    > 2: "description" -> "Pizza with tomato, fresh mozzarella and artichokes"
```

图 8.4

在该方法中，应注意 Map 值的访问方式，也就是说，需要使用方括号和键名（如 json['pizzaName']接收 Pizza 的名称）。

当命名构造函数执行完毕后，即可获得一个可用于应用程序中的 Pizza 对象。

8.2.4　更多内容

虽然 JSON 反序列化是一项较为常见的任务，但某些时候，还需要对 JSON 执行序列化操作。Dart 类与 JSON 字符串之间的转换方式十分重要，且需要执行下列步骤。

（1）在 pizza.dart 文件中，将新方法 toJson()添加至 Pizza 类中，这将从对象中返回一个 Map<String, dynamic>。

```
Map<String, dynamic> toJson() {
  return {
    'id': id,
```

```
    'pizzaName': pizzaName,
    'description': description,
    'price': price,
    'imageUrl': imageUrl,
  };
}
```

（2）可将 Map 序列化回一个 JSON 字符串。对此，在 main.dart 文件的_MyHomePageState 类的底部添加一个新方法 convertToJSON()。

```
String convertToJSON(List<Pizza> pizzas) {
    String json = '[';
pizzas.forEach((pizza) {
    json += jsonEncode(pizza);
    });
    json += ']';
    return json;
}
```

通过再次调用 dart_convert 库中的 jsonEncode()方法，上述方法将 Pizza 对象的 List 转换回一个 json 字符串。

（3）调用 convertToJSON()方法，并在 DEBUG CONSOLE（调试控制台）中输出 JSON 字符串。对此，将下列代码添加至 readJsonFile()方法中（在返回 myPizzas 列表之前）。

```
...
String json = convertToJSON(myPizzas);
print(json);
return myPizzas;
```

运行应用程序。图 8.5 显示了输出的 JSON 字符串。

```
PROBLEMS    OUTPUT    DEBUG CONSOLE    TERMINAL    Filter (e.g. text, !exclude)
Restarted application in 1.863ms.
I/flutter ( 5353): [{id: 1, pizzaName: Margherita, description: Pizza with tomato, fresh mozzarella and basil, price: 8.75, imageUrl: images/margherita.png}, {id: 2, pizzaName: Marinara, description: Pizza with tomato, garlic and oregano, price: 7.5, imageUrl: images/marinara.png}, {id: 3, pizzaName: Napoli, description: Pizza with tomato, garlic and anchovies, price: 9.5, imageUrl: images/marinara.png}, {id: 4, pizzaName: Carciofi, description: Pizza with tomato, fresh mozzarella and artichokes, price: 8.8, imageUrl: images/marinara.png}, {id: 5, pizzaName: Bufala, description: Pizza with tomato, buffalo mozzarella and basil, price: 12.5, imageUrl: images/marinara.png}]
```

图 8.5

至此，我们介绍了应用程序中 JSON 数据的序列化和反序列化方式，这也是在 Flutter 中处理 Web 服务和多个数据库的首要步骤。

8.2.5　另请参阅

当前示例采用手动方式序列化和反序列化 JSON 内容。读者可参考 Flutter 官方教程以了解更多内容，对应网址为 https://flutter.dev/docs/development/data-and-backend/json。

8.3　处理与模型不兼容的 JSON 模式

理想情况下，JSON 数据将始终与 Dart 类 100%兼容，因而上一个示例不会引发错误。但实际情况并非如此，当前示例将学习如何转换代码，以使其更加可靠且具有弹性，进而应用于最终的产品中。

8.3.1　准备工作

当前示例将在前述内容的基础上完成。读者可访问 https://github.com/PacktPublishing/Flutter-Cookbook/tree/master/chapter_08 下载工作代码。

8.3.2　实现方式

当前示例在上一个项目的基础上完成，我们将处理真实的 JSON 文件，读者可访问 https://github.com/PacktPublishing/Flutter-Cookbook/tree/master/chapter_08 下载该文件。注意，该文件并不会与我们的类完全兼容，且缺乏一致性和相关字段。因此，本节重点内容是代码的重构，以使代码更具弹性且减少错误量。对此，需要执行下列步骤。

（1）删除 pizzalist.json 文件中的内容，并粘贴 https://github.com/PacktPublishing/Flutter-Cookbook/tree/master/chapter_08 中的内容。

（2）运行应用程序，此时将会显示如图 8.6 所示的错误内容。

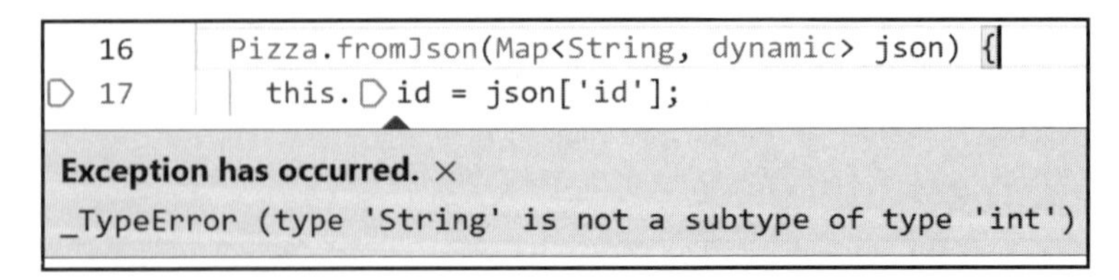

图 8.6

（3）编辑 Pizza.dart 文件中的 Pizza.fromJson()构造方法，即向 Pizza.fromJson()方法的 String 值中添加一个 toString()方法。

```
Pizza.fromJson(Map<String, dynamic> json) {
    this.id = json['id'];
    this.pizzaName = json['pizzaName'].toString();
    this.description = json['description'].toString();
    this.price = json['price'];
    this.imageUrl = json['imageUrl'].toString();
}
```

（4）运行应用程序。可以看到，错误内容已发生了变化，如图 8.7 所示。

```
26    this.price = json[keyPrice];

Exception has occurred. ×
_TypeError (type 'String' is not a subtype of type 'double')
```

图 8.7

（5）编辑 Pizza.dart 文件中的 Pizza.fromJson()构造方法，这次向数字值中添加 tryParse()方法。

```
Pizza.fromJson(Map<String, dynamic> json) {
    this.id = int.tryParse(json['id'].toString());
    this.pizzaName = json['pizzaName'].toString();
    this.description = json['description'].toString();
    this.price = double.tryParse(json['price'].toString());
    this.imageUrl = json['imageUrl'].toString();
}
```

（6）再次运行应用程序。这一次，输出结果中包含了多个 null 值，如图 8.8 所示。

（7）编辑 Pizza.fromJson()构造方法，并添加三元操作符，如下所示。

```
Pizza.fromJson(Map<String, dynamic> json) {
    this.id = (json['id'] != null) ?
      int.tryParse(json['id'].toString()) : 0;
    this.pizzaName =(json['pizzaName'] != null) ?
      json['pizzaName'].toString() : '';
    this.description =(json['description'] != null) ?
      json['description'].toString() : '';
    this.price = (json['price'] != null &&
      double.tryParse(json['price'].toString()) != null) ?
      json['price'] : 0.0;
    this.imageUrl =(json['imageUrl'] != null) ?
      json['imageUrl'].toString() : '';
}
```

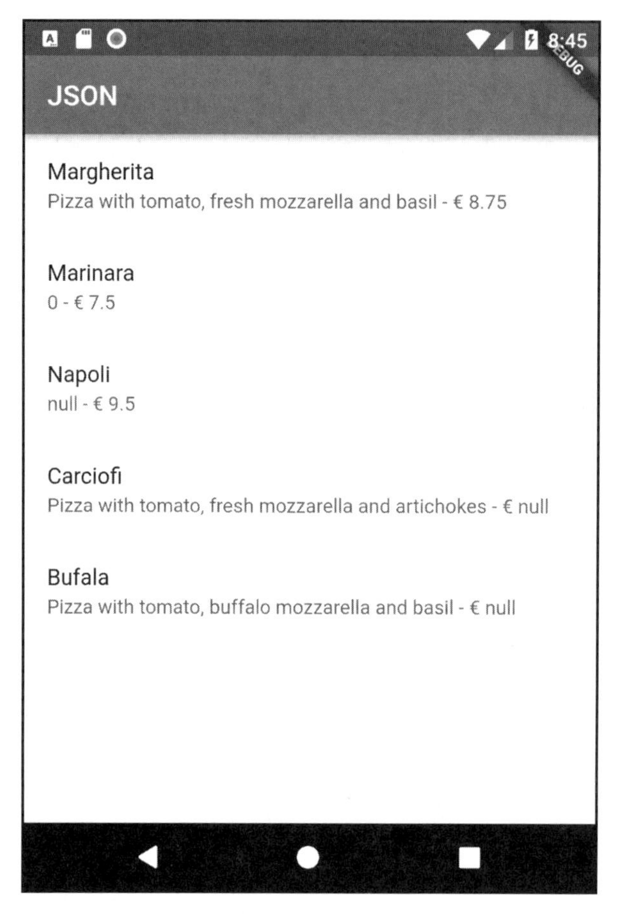

图 8.8

（8）再次运行应用程序。此时，一切工作正常且不再显示 null 值。

8.3.3　工作方式

新的 pizzalist.json 文件与我们的类之间包含了许多不一致之处——一些字段缺失，而另一些字段包含了错误的数据类型。这些都是在处理数据时常见的问题。对此，较好的做法是一直修改数据，以便与我们的类兼容。

在添加了新的 JSON 文件后，我们遇到的第一个错误是数据类型错误；文件中包含的第 2 个 Pizza 对象包含了一个描述键且为一个数字，而非 String。

```
"description": 0,
```

因此，我们将接收到 Type Error: "Type int is not a subtype of type String"这一消息，这表明，当前希望接收一个字符串，而不是一个整数，因而会出现错误。

然而，通过将 toString()方法添加至打算转换的数据中，我们可方便地将几乎任何类型的数据转换为一个 String，如下所示。

```
this.description = json['description'].toString();
```

为了避免其他类似的问题，我们还将 toString()方法添加至类中的其他字符串中。这里，我们接收到的第 2 个错误也是类型错误，但这取决于相反的情况。

ID 为 4 的 Pizza 对象包含下列键-值对。

```
"price": "N/A",
```

此处，价格表示为一个 String；但在我们的类中，价格显然是一个数字，这将导致一个类型错误。

相应的解决方案是向对应值中添加一个 double.tryParse()方法。

```
double.tryParse(json['price'].toString());
```

总体而言，当需要将某种数据转换为另一种类型时，可使用 parse()方法。当转换失败（例如，"n/a"无法被转换为一个数字）时，转换过程将触发一个错误。相比之下，tryPaese()方法的行为则有所不同：当转换失败时，该方法仅返回 null，而不是引发一个错误。

double.tryParse()方法接收一个 String 参数，同样通过向当前价格中添加一个 toString()方法，可确保一直传递一个 String。

对于 id，可重复同一模式。

```
int.tryParse(json[id].toString());
```

通过这种方式，即可解决应用程序中的错误，但 null 值会显示于用户界面上——通常，我们应尽量避免这一问题。因此，最近一次对代码进行重构时，我们对所有字段均使用了三元运算符。

```
this.pizzaName = (json['pizzaName'] != null) ? json['pizzaName'].toString()
: '';
```

对于字符串，如果值不为 null（json['pizzaName'] != null），则返回转换为字符串的值。

```
json['pizzaName'].toString() otherwise an empty string ('')
```

对于数字，可采用相同的模式，但会返回 0 值而非空字符串。

```
this.id = (json['id'] != null) ? int.tryParse(json['id'].toString()) : 0;
```

对于价格，还可添加第 2 项检查，如下所示。

```
this.price = (json['price'] != null &&
double.tryParse(json['price'].toString()) != null) ? json['price']
```

在上述指令中，我们检查了 JSON 数据中的价格（json['price'] != null），并且（&&）它是一个双精度数字，即 double.tryParse(json['price'].toString()) != null。

在检查结束后，我们可使用这一存在问题的 JSON 代码，并将其成功地应用到 Pizza 类上。

8.3.4　更多内容

在前述代码中，即使 JSON 文件中包含的对象遗漏了对应用程序来说非常重要的数据片段（如 Pizza 对象的名称或其 ID），我们仍然创建一个 Pizza 实例。但这并不是必需的，也不推荐这样做。因此，我们可利用 factory 构造函数，且仅在其 id 和 pizzaName 有效时才创建 Pizza 的新实例。对此，可执行下列步骤。

（1）编辑 PizzaList.json 文件，以使"id": 2 的对象不包含 pizzaName。

```
{
    "id": 2,
    "description": 0,
    "price": 7.50,
    "imageUrl": "images/marinara.png"
},
```

（2）在 pizza.dart 文件的 Pizza 类中，添加新的 factory 构造函数。

```
Pizza();
factory Pizza.fromJsonOrNull(Map<String, dynamic> json) {
    Pizza pizza = Pizza();
    pizza.id = (json['id'] != null) ?
     int.tryParse(json['id'].toString()) : 0;
    pizza.pizzaName = (json['pizzaName'] != null) ?
     json['pizzaName'].toString() : '';
    pizza.description = (json['description'] != null) ?
     json['description'].toString() : '';
    pizza.price = (json['price'] != null &&
     double.tryParse(json['price'].toString()) != null) ?
     json['price'] : 0.0;
    pizza.imageUrl =(json['imageUrl'] != null) ?
     json['imageUrl'].toString() : '';
```

```
    if (pizza.id == 0 || pizza.pizzaName.trim() == '') {
    return null;
    }
    return pizza;
    }
```

（3）在 main.dart 文件中，编辑 readJsonFile()方法，以使 myMap.forEach()方法调用新的工厂构造函数，如下所示。

```
myMap.forEach((dynamic pizza) {
    Pizza myPizza = Pizza.fromJsonOrNull(pizza);
    if (myPizza != null)
    myPizzas.add(myPizza);
});
```

（4）检查当前应用程序。此时，列表中包含 4 个条目（而非 5 个），如图 8.9 所示。

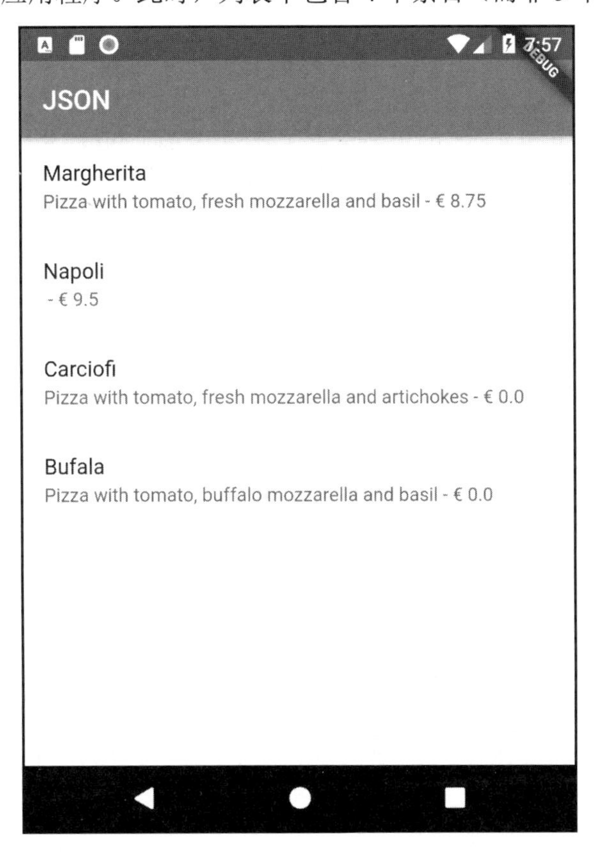

图 8.9

注意：

在 Dart 语言中，工厂构造函数并不总是返回所调用对象的新实例。

当前，我们仅希望在 ID 不为 0 且 pizzaName 字符串不为空时创建一个新的 Pizza 对象。相应地，trim()方法将从字符串中删除前导和尾随空格。

```
if (pizza.id == 0 || pizza.pizzaName.trim() == '') {
    return null;
}
    return pizza;
}
```

该过程可描述为，若数据有效，则返回一个 Pizza 实例；否则，仅返回 null 并忽略无效条目。

8.3.5 另请参阅

当前实例处理了一些 JSON 数据操作过程中常见的一些错误，大多数错误与数据类型相关。关于类型安全和 Dart 的更多讨论，读者可访问 https://dart.dev/guides/language/sound-problems 以参考相关文章。

8.4 捕捉常见的 JSON 错误

如前所述，我们需要处理与自身数据不兼容的 JSON 数据。除此之外，代码中还存在另一个错误源。

当处理 JSON 时，常会看到键名称在代码中重复多次。另外，我们可能会输入不正确的内容从而引发错误。处理这一类错误较为困难，它们仅在运行期内发生。

防止此类错误的一种常见方法是使用常量，而不是在每次需要对其进行引用时输入键名称。

8.4.1 准备工作

本节示例将在前述示例的基础上完成。

8.4.2 实现方式

在当前示例中，我们将使用常量，而非输入每个 JSON 数据字段的键。

（1）在 pizza.dart 文件开始处的 Pizza 类中添加常量，以供后续操作使用。

```
const keyId = 'id';
const keyName = 'pizzaName';
const keyDescription = 'description';
const keyPrice = 'price';
const keyImage = 'imageUrl';
```

（2）在 Pizza.fromJson 构造函数中，移除 JSON 对象的字符串，并添加常量。

```
Pizza.fromJson(Map<String, dynamic> json) {
this.id = (json[keyId] != null) ?
int.tryParse(json['id'].toString()) : 0;
this.pizzaName = (json[keyName] != null) ? json[keyName].toString() : '';
this.description = (json[keyDescription] != null) ?
json[keyDescription].toString() : '';
this.price = (json[keyPrice] != null &&
double.tryParse(json[keyPrice].toString()) != null) ?
json[keyPrice] : 0.0;
this.imageUrl = (json[keyImage] != null) ?
json[keyImage].toString() : '';
}
```

（3）在 Pizza.fromJsonOrNull()工厂构造函数中，移除字符串并添加常量。

```
factory Pizza.fromJsonOrNull(Map<String, dynamic> json) {
    Pizza pizza = Pizza();
    pizza.id = (json[keyId] != null) ?
     int.tryParse(json[keyId].toString()) : 0;
    pizza.pizzaName =(json[keyName] != null) ?
     json[keyName].toString() : '';
    pizza.description =(json[keyDescription] != null) ?
     json[keyDescription].toString() : '';
    pizza.price = (json[keyPrice] != null
     &&double.tryParse(json[keyPrice].toString()) != null)?
     json[keyPrice]: 0.0;
    pizza.imageUrl =(json[keyImage] != null) ?
     json[keyImage].toString() : '';
    if (pizza.id == 0 || pizza.pizzaName.trim() == '') {
    return null;
    }
    return pizza;
    }
```

（4）在 toJson()方法中，重复相同的处理过程。

```
Map<String, dynamic> toJson() {
    return {
    keyId: id,
    keyName: pizzaName,
    keyDescription: description,
    keyPrice: price,
    keyImage: imageUrl,
    };
}
```

8.4.3 工作方式

在当前示例中，我们采用了常量，而非重复 JSON 数据的键名称。

在 Android 开发中，这一场景令人十分熟悉。采用常量而非输入字段名称通常是一种较好的做法，并有助于防止出现难以调试的错误。

在其他语言（如 Java）中，通常在 SCREAMING_CAPS 中命名常量；而在当前代码中，第 1 个常量命名为 KEY_ID。在 Dart 和 Flutter 中，针对常量推荐使用 lowerCamelCase 这种命名方式。

8.4.4 另请参阅

在本章的前 3 个示例中，我们通过手动方式创建了编码/解码 JSON 数据的方法。随着数据结构变得越发复杂，我们可使用创建这些方法的相关库，如 json_serializable（https://pub.dev/packages/json_serializable）和 built_value（https://pub.dev/packages/built_value）两个较为常用的库。

8.5 简单地利用 SharedPreferences 保存数据

在众多 Flutter 数据保存方法中，SharedPreferences 是一种最为简单的方式。SharedPreferences 适用于 Android、iOS、Web 和桌面，当在设备中存储简单的数据时，这是一种十分有效的方法。

提示：

需要说明的是，不应对关键数据使用 shared_preferences，因为存储于其中的数据未经加密，而且写入操作无法得到保证。

作为核心内容，SharedPreferences 在磁盘上存储键-值对。特别地，SharedPreferences 仅可保存基本数据类型，如数字。布尔值、字符串和字符串列表（stringList）。全部数据均被保存于应用程序中。

在当前示例中，我们将创建一个简单的应用程序，用于跟踪用户打开应用程序的次数，并允许用户删除记录。

8.5.1　准备工作

在实现当前示例之前，读者需要访问 https://github.com/PacktPublishing/Flutter-Cookbook/tree/master/chapter_08 并下载工作代码。

8.5.2　实现方式

在当前示例中，我们将创建一个应用程序，用于存储用户打开应用程序的次数。可以看到，应用逻辑较为简单，当需要跟踪应用程序的使用状况，或将目标消息发送至特定用户时，该逻辑十分有用。对此，我们需要学习如何使用 shared_preferences 库，如下所示。

（1）必须将一个依赖项添加至 shared_preferences 中。相应地，可访问 https://pub.dev/packages/shared_ preferences/install 并查看库的最新版本。

（2）在项目的 pubspec.yaml 文件中，添加 shared_preferences 依赖项（基于步骤（1）中检索到的版本号）。

```
dependencies:
  flutter:
    sdk: flutter
  shared_preferences: ^2.0.5
```

（3）必要时，在终端窗口中运行 flutter pub get 命令。

（4）在 main.dart 文件开始处，导入 shared_preferences。

```
import 'package:shared_preferences/shared_preferences.dart';
```

（5）在_MyHomePageState 类开始处，创建一个名为 appCounter 的新的整数状态变量。

```
int appCounter;
```

（6）在_MyHomePageState 类中，创建一个名为 readAndWritePreferences()的新的异步方法。

```
Future readAndWritePreference() async {}
```

（7）在 readAndWritePreference()方法中，创建一个 SharedPreferences 实例。

```
SharedPreferences prefs = await SharedPreferences.getInstance();
```

（8）在 prefs 创建完毕后，尝试读取 appCounter 键的值。如果该值为 null，则将其设置为 1；否则，递增该值。

```
appCounter = prefs.getInt('appCounter');
if (appCounter == null) {
    appCounter = 1;
} else {
    appCounter++;
}
```

（9）在 appCounter 更新完毕后，将 prefs 中 appCounter 键的值设置为新值。

```
await prefs.setInt('appCounter', appCounter);
```

（10）更新 appCounter 状态值。

```
setState(() {
    appCounter = appCounter;
});
```

（11）在_MyHomePageState 类的 initState()方法中调用 readAndWritePreference()方法。

```
@override
void initState() {
    readAndWritePreference();
    super.initState();
}
```

（12）在 build()方法中，创建应用程序的用户界面，并将下列代码添加至 Container 微件中。

```
child: Center(
    child: Column(
    mainAxisAlignment: MainAxisAlignment.spaceEvenly,
    children: [
    Text(
    'You have opened the app ' + appCounter.toString() + ' times.'),
    ElevatedButton(
    onPressed: () {},
    child: Text('Reset counter'),
)],)),
```

（13）运行应用程序。当首次打开应用程序时，屏幕效果如图 8.10 所示。

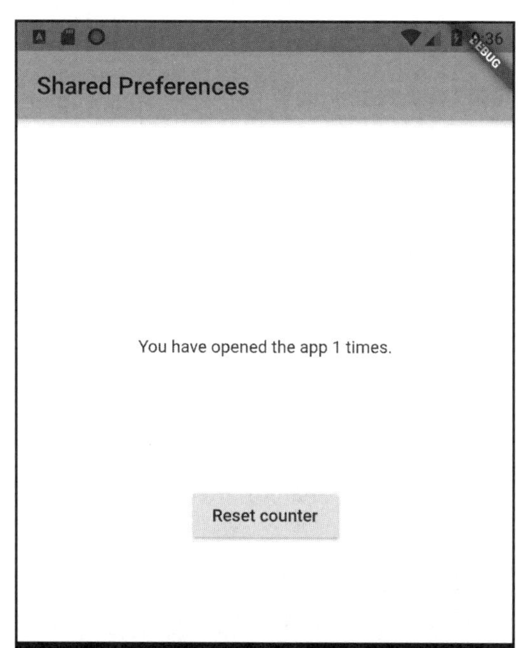

图 8.10

（14）向_MyHomePageState 类中添加一个名为 deletePreference()的新方法，该方法将删除所保存的值。

```
Future deletePreference() async {
    SharedPreferences prefs = await
SharedPreferences.getInstance();
    await prefs.clear();
    setState(() {
    appCounter = 0;
});
```

（15）在 build()方法中，从 ElevatedButton 微件的 onPressed 属性中调用 deletePreference()方法。

```
ElevatedButton(
    onPressed: () {
      deletePreference();
```

```
    },
    child: Text('Reset counter'),
)
```

（16）再次运行应用程序。当单击重置按钮时，appCounter 值将被删除。

8.5.3 工作方式

在前述代码中，我们曾使用了 SharedPreferences 读取、写入和删除设备中的值。

当使用 SharedPreferences 时，首先是添加指向 pubspec.yaml 文件的引用，因为这是一个外部库。随后需要在所用文件的开始处导入该库。

接下来是获取 SharedPreferences 实例，如下所示。

```
SharedPreferences prefs = await SharedPreferences.getInstance();
```

getInstance()方法返回一个 Future<SharedPreferences>，因此应采用异步方式对其进行处理。例如，在 async 方法中使用 await 关键字。

当持有 SharedPreferences 实例后，即可在设备中读取和写入值。当读取和写入值时，可使用一个键。

例如，考查下列指令。

```
await prefs.setInt('appCounter', 42);
```

上述指令将整数值写入名为 appCounter 的键中。如果该键不存在，则创建该键，否则将覆写该值。

setInt()方法将写入一个 int 值。相应地，当写入一个 String 时，可使用 setString()方法。

另外，当读取值时，仍需要使用键，并针对整数使用 getInt()方法，针对 String 使用 getString()方法。

当在 SharedPreferences 上执行读/写操作时，表 8.1 将十分有用。

表 8.1

类　型	读取（get）	写入（set）
int	getInt(key)	setInt(key, value)
double	getDouble(key)	setDouble(key, value)
bool	getBool(key)	setBool(key, value)
String	getString(key)	setString(key, value)
stringList	getStringList(key)	setStringList(key, listOfvalues

注意：

所有针对 SharedPreferences 和 getInstance()方法的写入操作均是异步的。

当前示例的最后一个特性是删除设备中的值。对此，可通过下列指令予以实现。

```
await prefs.clear();
```

这将删除应用程序中的所有键和值。

8.5.4　另请参阅

shared_preferences 插件是一个较为成熟，且实现了良好文档化的 Flutter 库。读者可访问 https://flutter.dev/docs/cookbook/persistence/key-value 查看另一个应用示例。

8.6　访问文件系统（第 1 部分）——path_provider

当需要将文件写入设备中时，首先应了解这些文件的存储位置。在当前示例中，我们将创建一个应用程序，并显示系统的 temporary 和 document 目录。

path_provider 是一个库，它允许在设备中查找公共路径，无论应用程序运行于哪个操作系统上。

例如，在 iOS 和 Android 系统中，文档的路径是不同的。通过 path_provider，无须根据所使用的操作系统编写两个不同的方法，使用库中的相关方法即可获得相应的路径。

目前，path_provider 库支持 iOS、Windows、macOS 和 Linux。读者可访问 https://pub.dev/packages/path_ provider 查看更新后的操作系统支持列表。

8.6.1　准备工作

针对当前示例，读者可创建新的应用程序，或者更新上一个示例的代码。

8.6.2　实现方式

当在应用程序中使用 path_provider 时，需要执行下列步骤。

（1）像往常一样，使用库的第一步是将相关依赖项添加至 pubspec.yaml 文件中。

（2）检查 path_provider 的当前版本（https://pub.dev/packages/path_provider）。

（3）向 pubspec.yaml 文件中添加依赖项。

```
path_provider: ^2.0.1
```

（4）在 main.dart 文件开始处，导入 path_provider。

```
import 'package:path_provider/path_provider.dart';
```

（5）在_MyHomePageState 类开始处，添加更新用户界面的状态（State）变量。

```
String documentsPath='';
String tempPath='';
```

（6）在_MyHomePageState 类中，添加 temporary 和 documents 目录的检索方法。

```
Future getPaths() async {
    final docDir = await getApplicationDocumentsDirectory();
    final tempDir = await getTemporaryDirectory();
        setState(() {
            documentsPath = docDir.path;
            tempPath = tempDir.path;
        });
}
```

（7）在_MyHomePageState 类的 initState()方法中，调用 getPaths()方法。

```
@override
void initState() {
    getPaths();
    super.initState();
}
```

（8）在_MyHomePageState 类的 build()方法中，创建包含两个 Text 微件的 UI，它们显示检索到的路径。

```
@override
Widget build(BuildContext context) {
    return Scaffold(
    appBar: AppBar(title: Text('Path Provider')),
    body: Container(
        child: Column(
            mainAxisAlignment: MainAxisAlignment.spaceEvenly,
            children: [
                Text('Doc path: ' + documentsPath),
```

```
              Text('Temp path' + tempPath),
          ],),
      ),
  );
}
```

（9）运行应用程序。屏幕输出结果如图 8.11 所示。

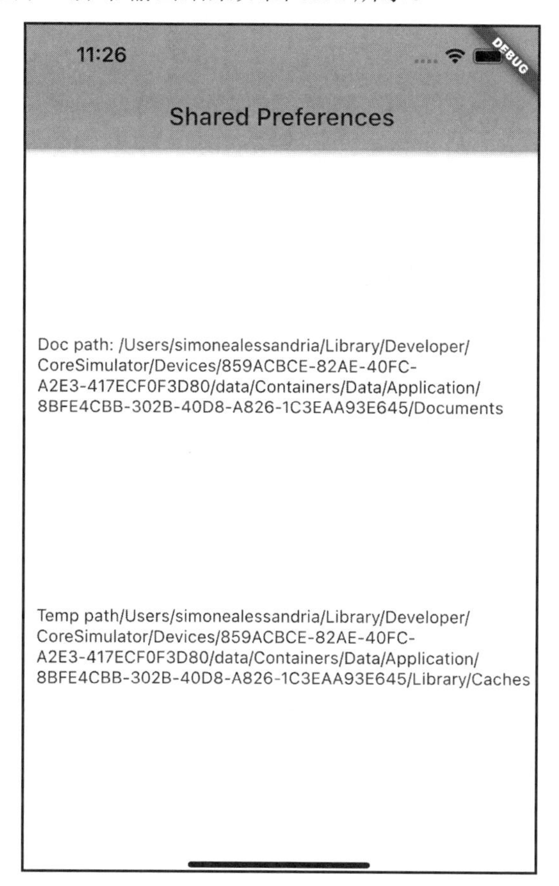

图 8.11

8.6.3　工作方式

利用 path_provider，我们可得到两个目录，即 documents 目录和 temporary 目录。

由于 temporary 目录可在任意时刻被系统创建，因此当存储需要保存的数据时，应该使用 documents 目录，并将临时目录用作应用程序的某种缓存或会话存储。

当使用 path_provider 库时，检索目录的两个方法分别是 GetApplicationDocumentsDirectory()和 getTemporaryDirectory()方法。

这两个方法均为异步方法并返回一个 Directory 对象。图 8.12 显示了一个目录及其全部属性示例，相关内容展示于与 Windows PC 绑定的 Android 模拟器中。

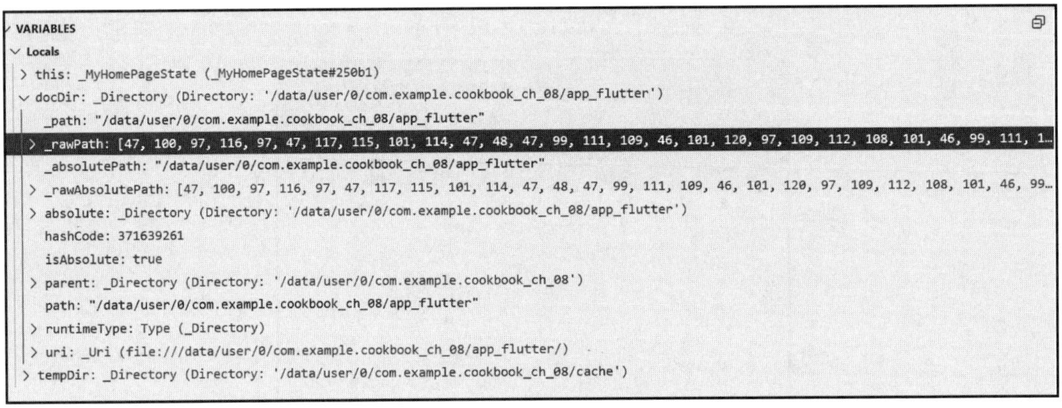

```
VARIABLES
v Locals
 > this: _MyHomePageState (_MyHomePageState#250b1)
 v docDir: _Directory (Directory: '/data/user/0/com.example.cookbook_ch_08/app_flutter')
    _path: "/data/user/0/com.example.cookbook_ch_08/app_flutter"
  > _rawPath: [47, 100, 97, 116, 97, 47, 117, 115, 101, 114, 47, 48, 47, 99, 111, 109, 46, 101, 120, 97, 109, 112, 108, 101, 46, 99, 111, 1…
    _absolutePath: "/data/user/0/com.example.cookbook_ch_08/app_flutter"
  > _rawAbsolutePath: [47, 100, 97, 116, 97, 47, 117, 115, 101, 114, 47, 48, 47, 99, 111, 109, 46, 101, 120, 97, 109, 112, 108, 101, 46, 99…
  > absolute: _Directory (Directory: '/data/user/0/com.example.cookbook_ch_08/app_flutter')
    hashCode: 371639261
    isAbsolute: true
  > parent: _Directory (Directory: '/data/user/0/com.example.cookbook_ch_08')
    path: "/data/user/0/com.example.cookbook_ch_08/app_flutter"
  > runtimeType: Type (_Directory)
  > uri: _Uri (file:///data/user/0/com.example.cookbook_ch_08/app_flutter/)
 > tempDir: _Directory (Directory: '/data/user/0/com.example.cookbook_ch_08/cache')
```

图 8.12

可以看到，其中显示了一个 path 字符串，该字符串包含了检索到的目录的绝对路径。这也是使用下列指令的原因。

```
setState(() {
    documentsPath = docDir.path;
    tempPath = tempDir.path;
});
```

至此，我们讨论了应用程序中状态变量的更新方式，进而在用户界面中展示临时目录和文档目录的绝对路径。

8.6.4　另请参阅

关于 Flutter 的文件读、写方式（iOS 和 Android 平台），读者可访问 https://flutter.dev/docs/cookbook/persistence/reading-writing-files 以了解更多内容。

8.7　访问文件系统（第 2 部分）——与目录协同工作

本节示例将在前述示例的基础上完成，以便可利用 Dart 的 Directory 类和 dart:io 库。

8.7.1　准备工作

当前示例将在前述示例的基础上完成。

8.7.2　实现方式

在当前示例中，我们将完成下列任务。

- ❑ 在设备或仿真器/模拟器中创建一个新的文件。
- ❑ 写入一些文本内容。
- ❑ 读取文件中的内容并将其显示于屏幕上。

读、写文件的方法包含于 dart.io 库中，具体步骤如下。

（1）在 main.dart 文件的开始处导入 dart:io 库。

```
import 'dart:io';
```

（2）在 main.dart 文件的_MyHomePageState 类的开始处针对文件及其内容创建两个新的状态变量。

```
File myFile;
String fileText='';
```

（3）在 MyHomePageState 类中，创建一个名为 writeFile()的新方法，并使用 dart:io 库的 File 类创建一个新文件。

```
Future<bool> writeFile() async {
    try {
        await myFile.writeAsString('Margherita, Capricciosa, Napoli');
        return true;
    } catch (e) {
        return false;
    }
}
```

（4）在 initState()方法中，在调用 getPaths()方法之后，在 then()方法中创建一个文件并调用 writeFile()方法。

```
@override
void initState() {
```

```
    getPaths().then((_) {
        myFile = File('$documentsPath/pizzas.txt');
        writeFile();
    });
    super.initState();
}
```

（5）创建一个方法并读取文件。

```
Future<bool> readFile() async {
    try {
        // Read the file.
        String fileContent = await myFile.readAsString();
        setState(() {
            fileText = fileContent;
        });
        return true;
    } catch (e) {
        // On error, return false.
        return false;
    }
}
```

（6）在 build()方法中，在 Column 微件中利用 ElevatedButton 更新用户界面。当用户单击该按钮时，将读取文件内容并将其显示于屏幕上。

```
children: [
    Text('Doc path: ' + documentsPath),
    Text('Temp path' + tempPath),
    ElevatedButton(
        child: Text('Read File'),
        onPressed: () => readFile(),
    ),
    Text(fileText),
],
```

（7）运行应用程序并单击 Read File 按钮。在该按钮下，应可看到文本内容 Margherita, Capricciosa, Napoli，如图 8.13 所示。

图 8.13

8.7.3　工作方式

在上述代码中，我们整合了两个库中的方法。也就是说，使用 path_provider 检索设备中的 documents 文件夹，同时还使用了 dart:io 库创建新的文件、写入内容并读取其内容。

这里的问题是，为什么需要使用 path_provider 获取 documents 文件夹，而不是执行写入操作？出于安全考虑，iOS 和 Android 中的本地驱动器大多无法访问。应用程序只能写入选择文件夹，其中包括 temp 和 documents 文件夹。

当处理文件时，需要执行下列操作。

（1）获取指向文件的引用。

（2）写入一些内容。

（3）读取文件的内容。

在当前示例中，我们将执行上述各项步骤。此处注意下列指令。

```
myFile = File('$documentsPath/pizzas.txt');
```

这将生成一个 File 对象，其路径指定为一个参数。

随后是下列指令。

```
await myFile.writeAsString('Margherita, Capricciosa, Napoli');
```

这将把包含的 String 作为参数写入文件中。

提示：

writeAsString()方法是一个异步方法，该方法还存在一个相应的同步版本，即 writeAsStringSync()方法。除非特殊原因，否则一般推荐使用该方法的异步版本。

当读取文件时，我们采用了下列指令。

```
String fileContent = await myFile.readAsString();
```

在上述指令执行完毕后，fileContent 字符串将包含当前文件的内容。

8.7.4　另请参阅

除了字符串的读、写操作之外，还可通过其他一些方法访问 Flutter 中的文件。关于文件访问的综合指南，读者可访问 https://api.flutter.dev/flutter/dart-io/File-class.html 和 https://flutter.dev/docs/cookbook/persistence/reading-writing-files 以了解更多内容。

8.8　使用安全存储保存数据

存储用户凭证或其他敏感数据是应用程序自身内部的常见操作。由于数据无法被加密，因此 SharedPreferences 并不是一种理想的工具。在当前示例中，我们将学习如何利用 flutter_secure_storage 存储加密数据，进而提供一种简单、安全的方式存储数据。

8.8.1　准备工作

当前示例需要执行下列操作。

- 在 Android 平台中，需要将应用程序的 build.gradle 文件中的 minSdkVersion 设

置为 18。build.gradle 文件位于项目文件夹中，即/android/app/build.gradle。minSdkVersion 键则位于 defaultConfig 节点中。

- 下载应用程序的工作代码（https://github.com/PacktPublishing/Flutter-Cookbook/tree/master/chapter_08）。

8.8.2　实现方式

在当前示例中，我们将创建一个应用程序，接收文本字段中的一个 String，并通过 flutter_secure_storage 库实现安全存储。具体步骤如下。

（1）通过添加 flutter_secure_storage 依赖项编辑 pubspec.yaml 文件。对此，我们需要访问 https://pub.dev/packages/flutter_secure_storage 获取最新版本。

```
flutter_secure_storage: ^4.1.0
```

（2）在 main.dart 文件中，复制 https://bit.ly/flutter_secure_storage 中可用的代码。

（3）在 main.dart 文件开始处，添加所需的 import 语句。

```
import
'package:flutter_secure_storage/flutter_secure_storage.dart';
```

（4）在_myHomePageState 类的开始处，创建安全存储，如下所示。

```
final storage = FlutterSecureStorage();
final myKey = 'myPass';
```

（5）在_myHomePageState 类中，添加相关方法并将数据写入安全存储中。

```
Future writeToSecureStorage() async {
    await storage.write(key: myKey, value: pwdController.text);
}
```

（6）在_myHomePageState 类的 build()方法中，当用户单击 Save Value 按钮时，添加将写入存储中的相关代码。

```
ElevatedButton(
    child: Text('Save Value'),
    onPressed: () {
        writeToSecureStorage();
    }
),
```

（7）在_myHomePageState 类中，添加相关方法可供从安全存储中读取数据。

```
Future<String> readFromSecureStorage() async {
    String secret = await storage.read(key: myKey);
```

```
    return secret;
}
```

（8）在_myHomePageState 类的 build()方法中，当用户单击 Read Value 按钮并更新 myPass 的状态变量时，添加相关代码可供从存储中读取数据。

```
ElevatedButton(
    child: Text('Read Value'),
    onPressed: () {
      readFromSecureStorage().then((value) {
      setState(() {
        myPass = value;
      });
    });
}),
```

（9）运行应用程序，并在文本框中写入所选的某些文本内容，随后单击 Save Value 按钮，接下来单击 Read Value 按钮。此时将能够看到文本框中所输入的文本，如图 8.14 所示。

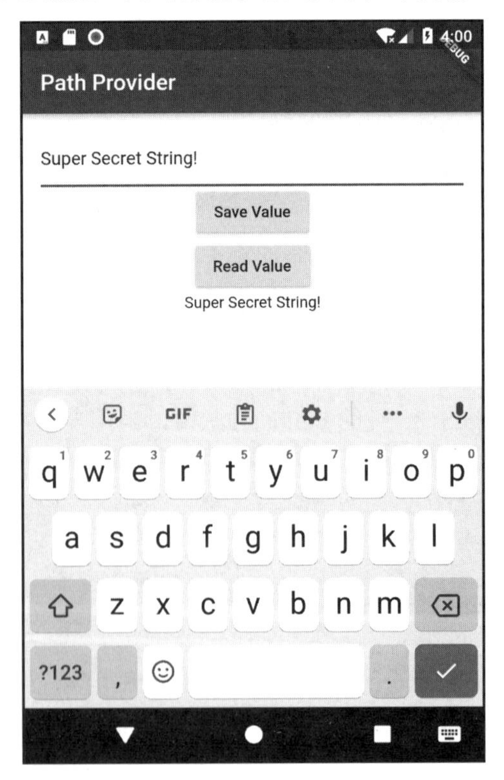

图 8.14

8.8.3　工作方式

flutter_secure_storage 易于使用并实现了安全的加密。特别地，当使用 iOS 时，数据将通过 Keychain 获得加密；而在 Android 平台中，flutter_secure_storage 则采用 AES 加密，而 AES 则通过 RSA 实现加密，对应的密钥被存储于 KeyStore。

对此，需要获取 FlutterSecureStorage 类的实例，如下所示。

```
final storage = FlutterSecureStorage();
```

类似于 shared_preferences，这将使用键-值对存储数据，通过下列指令，可将值写入键中。

```
await storage.write(key: myKey, value: pwdController.text);
```

通过下列指令，可从键中读取值。

```
String secret = await storage.read(key: myKey);
```

可以看到，read()和 write()均为异步方法。

8.8.4　另请参阅

在 Flutter 中，存在多个库可简化数据的加密处理过程，encrypt（https://pub.dev/packages/encrypt）和 crypto（https://pub.dev/packages/crypto）即是两个最为常见的加密库。

8.9　设计 HTTP 客户端并获取数据

大多数移动应用程序依赖于源自外部源的数据。例如，我们通过应用程序阅读书籍、观赏电影、与朋友分享图片、阅读新闻或编写邮件，所有这些应用程序均使用来自外部的数据。当应用程序使用外部数据时，通常存在一个后端服务并针对应用程序提供数据，即 Web 服务或 Web API。

具体过程可描述为，应用程序（前端或客户端）通过 HTTP 连接一项 Web 服务并请求某些数据。随后，后端服务通过向应用程序中发送数据（通常以.json 或.xml 格式）予以响应。

这里，我们将创建一个从 Web 服务中读、写数据的应用程序。考虑到创建一个 Web API 超出了本书的讨论范围，因此我们将使用名为 MockLab 的模拟服务，进而模仿真实 Web 服务，且易于配置和使用。本章稍后还将讨论另一种方法，即利用 Firebase 创建真实的后端。

8.9.1　准备工作

在当前示例中，相关设备需要连接至互联网，并从 Web 服务中检索数据。读者可访问 https://github.com/PacktPublishing/Flutter-Cookbook/tree/master/chapter_08 下载工作代码。

8.9.2　实现方式

当前示例将采用 MockLab 模拟 Web 服务，并创建一个从模拟服务中读取数据的应用程序。下面首先设置新的服务。

（1）访问 https://app.mocklab.io/注册 MockLab 服务，并选取相应的用户名和密码。

（2）登录服务，访问示例模拟 API，并单击示例 API 的 Stubs 部分。随后单击第 1 项，即 Get a JSON resource，如图 8.15 所示。

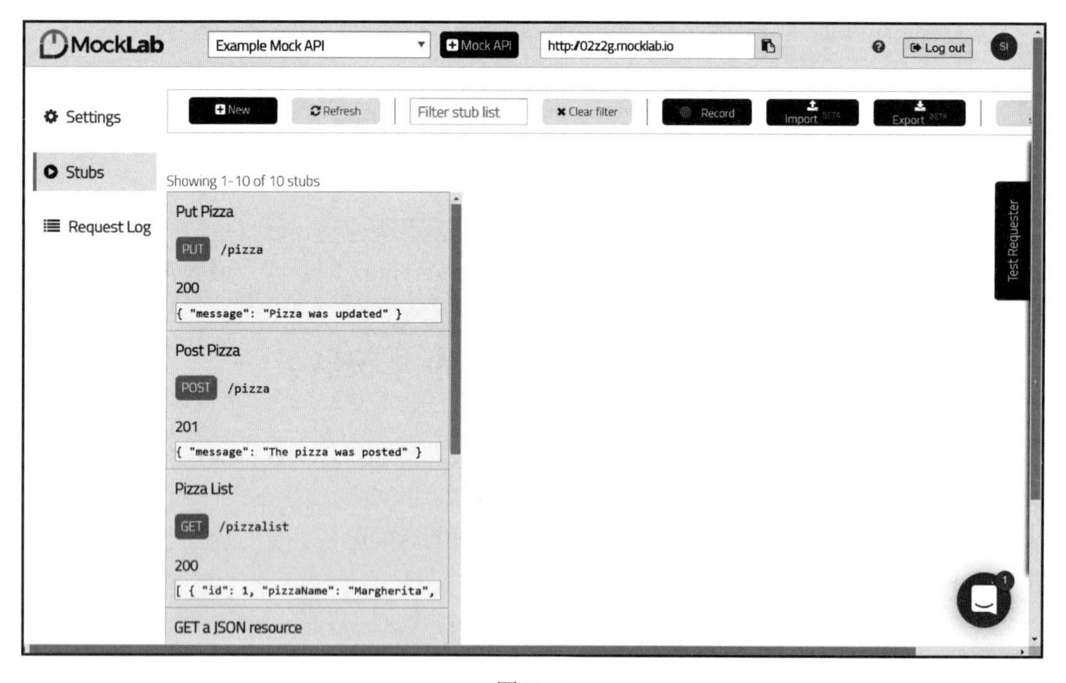

图 8.15

（3）单击 New 按钮。针对 Name 输入 Pizza List，并将 GET 保留为动作（verb）。在 GET 动作附近的文本框中，输入/pizzalist。接下来在 Response 部分，针对状态 200，粘贴 JSON 内容（https://bit.ly/pizzalist）。最终结果如图 8.16 所示。

```
Request duration: 112ms

    HTTP/1.1 200 OK
    Matched-Stub-Id: f8f3616b-8926-42a9-b96a-fea790877a67
    Matched-Stub-Name: Pizza List
    Vary: Accept-Encoding, User-Agent

    [
        {
          "id": 1,
          "pizzaName": "Margherita",
          "description": "Pizza with tomato, fresh mozzarella and basil",
```

图 8.16

（4）单击页面底部的 Save 按钮保存存根（stub）。这将完成后端模拟服务的配置工作。

（5）在当前项目中，在 pubspec.yaml 文件中添加 http 依赖项。相应地，读者可访问 https://pub.dev/packages/http 查看最新版本。

```
http: ^0.12.2
```

（6）在项目的 lib 文件夹中，添加一个名为 httphelper.dart 的新文件。

（7）在 httphelper.dart 文件中，添加下列代码。

```
import 'dart:io';
import 'package:http/http.dart' as http;
import 'dart:convert';
import 'pizza.dart';

class HttpHelper {
 final String authority = '02z2g.mocklab.io';
 final String path = 'pizzalist';

 Future<List<Pizza>> getPizzaList() async {
   Uri url = Uri.https(authority, path);
   http.Response result = await http.get(url);
    if (result.statusCode == HttpStatus.ok) {
      final jsonResponse = json.decode(result.body);

      // provide a type argument to the map method to avoid type error
      List<Pizza> pizzas =
          jsonResponse.map<Pizza>((i) =>
            Pizza.fromJson(i)).toList();
```

```
      return pizzas;
    } else {
      return null;
    }
  }
```

（8）在 main.dart 文件的_MyHomePageState 类中，添加 callPizzas()方法。该方法通过调用 HttpHelper 类的 getPizzaList()方法返回 Pizza 对象的 List 的 Future，如下所示。

```
Future<List<Pizza>> callPizzas() async {
  HttpHelper helper = HttpHelper();
  List<Pizza> pizzas = await helper.getPizzaList();
  return pizzas;
}
```

（9）在_MyHomePageState 类的 initState()方法中，调用 callPizzas()方法。

```
@override
  void initState() {
    callPizzas();
    super.initState();
  }
```

（10）在_MyHomePageState 类的 build()方法中，在 Scaffold 体内，添加一个构建 ListTile 微件（包含 Pizza 对象）的 ListView 的 FutureBuilder。

```
Widget build(BuildContext context) {
    return Scaffold(
      appBar: AppBar(title: Text('JSON')),
      body: Container(
        child: FutureBuilder(
             future: callPizzas(),
             builder: (BuildContext context,
              AsyncSnapshot<List<Pizza>> pizzas) {
               return ListView.builder(
                   itemCount: (pizzas.data == null) ? 0 :
                    pizzas.data.length,
                   itemBuilder: (BuildContext context,
                    int position) {
                     return ListTile(
                       title: Text(pizzas.data[position].pizzaName),
                       subtitle: Text(pizzas.data[
                         position].description +
                           ' - € ' +
```

```
                                pizzas.data[position].price.toString()),
                        );
                      });
               }),
          ),
      );
}
```

（11）运行应用程序。对应结果如图 8.17 所示。

图 8.17

8.9.3　工作方式

在当前示例中，我们使用了一项模拟 Web API 的服务，这是一种简单的客户端代码创建方式，且无须构建真实的 Web 服务。MockLab 与“存根”协调工作。这里，存根（stub）是一个包含动作（verb，如 GET）和响应的 URL。

基本上讲，我们创建了一个地址，并在调用时返回一个包含 Pizza 对象数组的 JSON 响应结果。

http 库允许应用程序向 Web 服务发出请求。

此处注意下列指令。

```
import 'package:http/http.dart' as http;
```

当使用 as http 命令时，我们将命名库，以便可通过 HTTP 名称使用 http 库的函数和类，如 http.get()函数。

HTTP 的 get()方法返回一个包含 Response 对象的 Future。当处理 Web 服务时，我们将使用相关“动作（verb）”，并在 Web 服务上予以执行。GET 动作将从 Web 服务上检索数据。除此之外，本章后续内容还将展示其他动作，如 POST、PUT 和 DELETE。

当 get()方法调用成功时，http.Response 类包含从 Web 服务上接收到的所有数据。

当检查调用是否成功时，可以使用 HttpStatus 类（这需要导入 dart:io 库，如下列代码所示。

```
if (result.statusCode == HttpStatus.ok) {
      final jsonResponse = json.decode(result.body);
```

Response（在当前示例中为 result）包含了一个 statusCode，而 body. statusCode 可以是一个成功的状态响应（如 HttpStatus.ok），也可以是一个错误（如 HttpStatus.notFound）。

在上述代码中，若 Response 包含一个有效的 statusCode，那么可在响应体上调用 json.decode()方法，并随后使用下列指令。

```
List<Pizza> pizzas = jsonResponse.map<Pizza>((i) =>
Pizza.fromJson(i)).toList();
```

这将把响应结果转换为 Pizza 类型的 List。

提示：

当调用 map()方法时，可指定一个类型参数。由于 map()方法通常返回一个 dynamic 的 List，因此这有助于避免类型错误。

在 main.dart 文件的 callPizzas()方法中，需要创建一个 HttpHelper 类实例。随后即可调用 getPizzaList()方法，并返回一个 Pizza 对象的 List。

```
Future<List<Pizza>> callPizzas() async {
    HttpHelper helper = HttpHelper();
    List<Pizza> pizzas = await helper.getPizzaList();
    return pizzas;
  }
```

接下来的操作则较为简单，即利用 FutureBuilder 显示一个 ListView，其中设置了一个包含 Pizzas 信息的 ListTile 微件。

8.9.4　更多内容

当前，我们仅持有一个使用了 HttpHelper 类的方法。随着应用程序的不断增长，可能需要在应用程序的不同部分多次调用 HttpHelper。因此，每次需要使用类中的某个方法时，需要创建该类的多个实例，进而造成资源浪费。

对此，一种处理方法是使用工厂（factory）构造函数和单体模式，进而确保将类仅实例化一次。当应用程序中仅需要一个对象，或需要访问一个应用程序中的共享资源时，这将十分有用。

注意：

Dart 和 Flutter 中存在多种模式可在应用程序中共享服务和业务逻辑，单体模式仅是其中之一。其他选择还包括依赖项注入、继承的微件、提供者和服务定位器。关于 Flutter 中的各种选择方案，读者可访问 http://bit.ly/flutter_ DI 并阅读相关文章。

在 httphelper.dart 文件中，向 HttpHelper 类中添加下列代码（在声明下方）。

```
static final HttpHelper _httpHelper = HttpHelper._internal();
HttpHelper._internal();
factory HttpHelper() {
   return _httpHelper;
}
```

在当前示例中，这意味着首次调用工厂构造函数时将返回新的 HttpHelper。待 HttpHelper 实例化完毕后，构造函数并不会构建新的 HttpHelper 实例，且仅返回现有的实例。

8.9.5　另请参阅

关于 MockLab 服务，读者可访问 https://www.mocklab.io/docs/getting-started/以了解更多内容。

8.10　POST 数据

在当前示例中，我们将学习如何执行 Web 服务上的 POST 动作。当连接至 Web 服务（不仅提供数据而且还可更改服务器端存储的信息）上时，这将十分有用。通常情况下，我们需要向服务提供某种形式的身份验证，但当前示例将使用模拟服务，因而不需要执行此类身份验证行为。

8.10.1　准备工作

当前示例在前述示例的基础上完成。

8.10.2　实现方式

当在 Web 服务上执行 POST 动作时，需要执行下列步骤。

（1）访问 https://app.mocklab.io 并登录 MockLab 服务，单击示例 API 的 Stubs 部分，随后创建新的存根。

（2）完成下列请求。

- ❑ Name：Post Pizza。
- ❑ Verb：POST。
- ❑ Address：/pizza。
- ❑ Status：201。
- ❑ Body：{"message": "The pizza was posted"}。

对应结果如图 8.18 所示。

```
Request duration: 32ms

HTTP/1.1 201 Created
Matched-Stub-Id: 60af6f2b-3348-4353-91f1-eaa6278cadad
Matched-Stub-Name: Post Pizza
Vary: Accept-Encoding, User-Agent
Content-Type: application/json

{
  "message": "The pizza was posted"
}
```

图 8.18

（3）单击 Save 按钮。

（4）在 Flutter 项目 httpHelper.dart 文件的 HttpHelper 类中，创建一个名为 postPizza()的新方法，如下所示。

```
Future<String> postPizza(Pizza pizza) async {
  String post = json.encode(pizza.toJson());
```

```
  Uri url = Uri.https(authority, postPath);
  http.Response r = await http.post(
    url,
    body: post,
  );
  return r.body;
}
```

（5）在当前项目中，创建一个名为 pizza_detail.dart 的新文件。

（6）在新文件的开始处，添加所需的导入语句。

```
import 'package:flutter/material.dart';
import 'pizza.dart';
import 'httphelper.dart';
```

（7）创建一个名为 PizzaDetail 的 StatefulWidget。

```
class PizzaDetail extends StatefulWidget {
  @override
  _PizzaDetailState createState() => _PizzaDetailState();
}
class _PizzaDetailState extends State<PizzaDetail> {
  @override
  Widget build(BuildContext context) {
    return Container(
    );
  }
}
```

（8）在_PizzaDetailState 类开始处，添加 5 个新的 TextEditingController 微件，其中包含了稍后发布的 Pizza 对象的数据，以及包含 POST 请求结果的一个字符串。

```
final TextEditingController txtId = TextEditingController();
final TextEditingController txtName = TextEditingController();
final TextEditingController txtDescription = TextEditingController();
final TextEditingController txtPrice = TextEditingController();
final TextEditingController txtImageUrl = TextEditingController();
String postResult = '';
```

（9）在类的 build()方法中，返回一个 Scaffold，其 AppBar 包含了显示"Pizza Detail"的 Text，其 body 包含了一个 Padding 和一个包含了 Column 的 SingleChildScrollView。

```
return Scaffold(
      appBar: AppBar(
        title: Text('Pizza Detail'),
      ),
```

```
      body: Padding(
        padding: EdgeInsets.all(12),
        child: SingleChildScrollView(
          child: Column(
            children: [
    ]),
);
```

（10）对于 Colum 的 children 属性，添加一些包含发布结果的 Text、5 个 TextField（每个 TextField 绑定至自己的 TextEditingController 上），以及一个 ElevatedButton 以实际完成 POST 操作（接下来将创建 postPizza()方法）。

```
Text(
    postResult,
    style: TextStyle(
        backgroundColor: Colors.green[200], color: Colors.black),
  ),
  SizedBox(
    height: 24,
  ),
  TextField(
    controller: txtId,
    decoration: InputDecoration(hintText: 'Insert ID'),
  ),
  SizedBox(
    height: 24,
  ),
  TextField(
    controller: txtName,
    decoration: InputDecoration(hintText: 'Insert Pizza Name'),
  ),
  SizedBox(
    height: 24,
  ),
  TextField(
    controller: txtDescription,
    decoration: InputDecoration(hintText: 'Insert Description'),
  ),
  SizedBox(
    height: 24,
  ),
  TextField(
    controller: txtPrice,
    decoration: InputDecoration(hintText: 'Insert Price'),
```

```
  ),
  SizedBox(
    height: 24,
  ),
  TextField(
    controller: txtImageUrl,
    decoration: InputDecoration(hintText: 'Insert Image Url'),
  ),
  SizedBox(
    height: 48,
  ),
  ElevatedButton(
      child: Text('Send Post'),
      onPressed: () {
        postPizza();
      })
],
```

（11）在_PizzaDetailState 类开始处，添加 postPizza()方法。

```
Future postPizza() async {
    HttpHelper helper = HttpHelper();
    Pizza pizza = Pizza();
    pizza.id = int.tryParse(txtId.text);
    pizza.pizzaName = txtName.text;
    pizza.description = txtDescription.text;
    pizza.price = double.tryParse(txtPrice.text);
    pizza.imageUrl = txtImageUrl.text;
    String result = await helper.postPizza(pizza);
    setState(() {
      postResult = result;
    });
    return result;
  }
```

（12）在 main.dart 文件中，导入 pizza_detail.dart 文件。

```
import 'pizza_detail.dart';
```

（13）在_MyHomePageState 类的 build()方法的 Scaffold 中，添加一个 FloatingActionButton，它将导航至 PizzaDetail 路由中。

```
floatingActionButton: FloatingActionButton(
          child: Icon(Icons.add),
          onPressed: () {
```

```
            Navigator.push(
              context,
              MaterialPageRoute(builder: (context) =>
                PizzaDetail()),
            );
        }),
```

（14）运行应用程序。在主屏中，单击 FloatingActionButton 导航至 PizzaDetail 路由中。

（15）在文本框中，添加 Pizza 的细节内容并单击 Send Post 按钮，对应结果如图 8.19 所示。

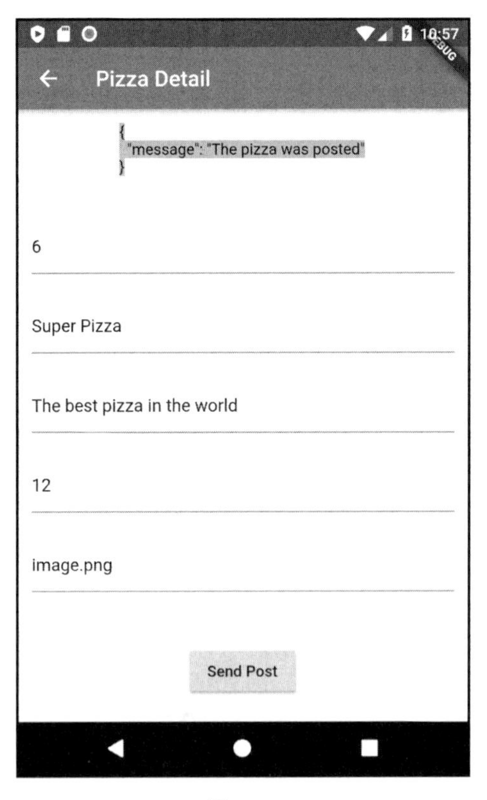

图 8.19

8.10.3　工作方式

Web 服务（特别是 RESTful Web 服务）一般与相应的动作协同工作。当涉及数据时，通常存在 4 种主要的动作，即 GET、POST、PUT 和 DELETE。

在当前示例中，我们使用了 POST，这也是应用程序请求 Web 服务器插入新数据时常使用的动作。

因此，需要指示模拟 Web 服务首先接收/pizza 地址处的 POST，进而可尝试向其发送一些数据，并响应于一个成功的消息结果。

提示：

当使用 Web API 时，准确地了解向服务器发送的数据可能会节省大量的时间。当发送 Web 请求时，较常使用的工具之一是 Postman（https://www.postman.com/）。Postman 甚至还可与来自模拟器或仿真器的请求协同工作。对此，读者可访问 https://blog.postman.com/using-postman-proxy-tocapture-and-inspect-api-calls-fromios-or-android-devices/ 以了解更多信息。

当在 MockLab 中创建了 POST 存根后，我们创建了 postPizza()方法以实际生成服务器调用。由于该方法接收一个 JSON 字符串，因此我们使用 json.encode()方法将 Map 转换为 JSON。

```
String post = json.encode(pizza.toJson());
```

接下来调用 http.post()方法并将 post 字符串发送至服务器。相应地，服务器将向数据库中添加一个新纪录——在当前示例中，这种情况并不会出现，但却能够验证是否已生成调用，并在响应结果中接收到成功消息。

类似于 HTTP 动作，POST 也是一个异步操作，因而代码中使用了 await 等待调用完成。http.post()方法接收 url（未命名参数）和发送至服务器中的内容，后者也称作有效负载。

```
Uri url = Uri.https(authority, postPath);
    http.Response r = await http.post(
      url,
      body: post,
    );
```

在当前示例中，由于发送的数据是新的 Pizza，因此用户应能够执行 Pizza 的细节内容。对此，我们在项目中添加了一个新屏幕，以便用户能够指定新对象的 id、name、description、price 和 imageUrl 等细节内容。

对于新屏幕的用户界面，我们使用了两个十分有用的微件。其中，第 1 个微件是 SingleChildScrollView，并在容器过小时支持其子微件的滚动操作。在 Column 中，当在 TextField 间留有一定间隔时，此处使用了 SizedBox。在当前示例中，mainAxisAlignment

无法正常工作，因为它包含在 SingleChildScrollView 中，且没有固定的高度。

最后，我们定义了调用 HttpHelper.postPizza()方法的方法，该方法接收一个 Pizza 实例，同时需要利用其 extEditingController 读取 TextFieldTextField 中的值，随后创建一个新的 Pizza 对象并将其传递至 postPizza()方法中。

在接收到响应结果后，接下来将其写入 postResult 字符串中，这将利用成功消息更新屏幕内容。

8.11　PUT 数据

在当前示例中，我们将学习如何在 Web 服务上执行一个 PUT 动作，当应用程序需要在 Web 服务中编辑现有数据时，这将十分有用。

8.11.1　准备工作

当前示例将在前述示例的基础上完成。

8.11.2　实现方式

当在 Web 服务上执行一个 PUT 动作时，需要执行下列步骤。

（1）访问 https://app.mocklab.io/并登录 MockLab，单击示例 API 的 Stubs 部分，随后创建一个新的存根。

（2）完成下列请求。

- Name：Put Pizza。
- Verb：PUT。
- Address：/pizza。
- Status：200。
- Body：{"message": "Pizza was updated"}。

对应结果如图 8.20 所示。

（3）在 Flutter 项目 http_helper.dart 文件的 HttpHelper 类中，添加一个 putPizza()方法。

```
Future<String> putPizza(Pizza pizza) async {
  String put = json.encode(pizza.toJson());
  Uri url = Uri.https(authority, putPath);
  http.Response r = await http.put(
```

```
    url,
    body: put,
  );
  return r.body;
}
```

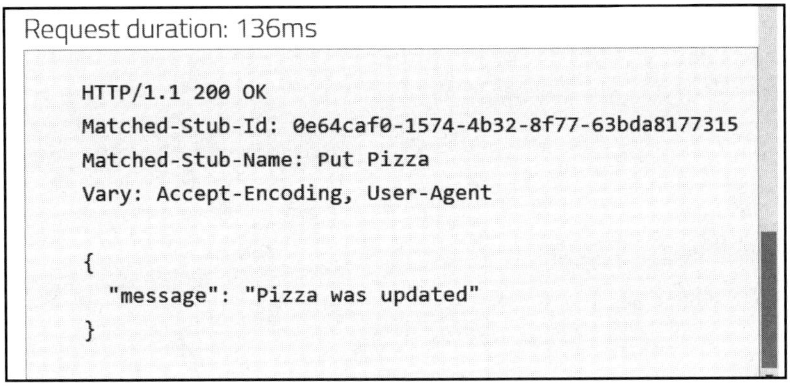

```
Request duration: 136ms

HTTP/1.1 200 OK
Matched-Stub-Id: 0e64caf0-1574-4b32-8f77-63bda8177315
Matched-Stub-Name: Put Pizza
Vary: Accept-Encoding, User-Agent

{
  "message": "Pizza was updated"
}
```

图 8.20

（4）在 pizza_detail.dart 文件的 PizzaDetail 类中，添加两个属性（Pizza 和 boolean）和设置这两个属性的构造函数。

```
final Pizza pizza;
final bool isNew;
PizzaDetail(this.pizza, this.isNew);
```

（5）在 PizzaDetailStat 类中，重载 initState()方法。当 PizzaDetail 类的 isNew 属性为 false 时，该方法将通过传递的 Pizza 对象值设置 TextField 的内容。

```
@override
  void initState() {
    if (!widget.isNew) {
      txtId.text = widget.pizza.id.toString();
      txtName.text = widget.pizza.pizzaName;
      txtDescription.text = widget.pizza.description;
      txtPrice.text = widget.pizza.price.toString();
      txtImageUrl.text = widget.pizza.imageUrl;
    }
    super.initState();
  }
```

（6）编辑 savePizza()方法，以便当 isNew 属性为 true 时，它调用 helper.postPizza()方法；而当 isNew 属性为 false 时，它调用 helper.putPizza()方法。

```
Future savePizza() async {
...

    String result = '';
    if (widget.isNew) {
      result = await helper.postPizza(pizza);
    } else {
      result = await helper.putPizza(pizza);
    }
    setState(() {
      postResult = result;
    });
    return result;
  }
```

（7）在 main.dart 文件_MyHomePageState 类 build()方法的 ListTile 中，添加 onTop 属性，以便在用户对其执行单击操作时，应用程序将改变路由并显示 PizzaDetail 屏幕（传递当前的 Pizza 对象和 isNew 参数的 false 值）。

```
return ListTile(
    title: Text(pizzas.data[position].pizzaName),
    subtitle: Text(pizzas.data[position].description + ' - € ' +
    pizzas.data[position].price.toString()),
    onTap: () {
        Navigator.push(
            context,
            MaterialPageRoute(
                builder: (context) =>
                PizzaDetail(pizzas.data[position], false)),
            );
        },
);
```

（8）在 FloatingActionButton 中，向 PizzaDetail 路由中传递新的 Pizza 对象和 isNew 参数 true。

```
floatingActionButton: FloatingActionButton(
          child: Icon(Icons.add),
          onPressed: () {
```

```
          Navigator.push(
            context,
            MaterialPageRoute(builder: (context) =>
                PizzaDetail(Pizza(), false)),
          );
        }),
  );
```

（9）运行应用程序。在主屏幕中，单击任意的 Pizza 对象并导航至 PizzaDetail 路由。

（10）在文本框中编辑 Pizza 对象的详细信息并单击 Save 按钮。随后将会显示一条消息，表明 Pizza 对象的细节信息已被更新。

8.11.3　工作方式

当前示例与上一个示例十分相似，但此处使用了 PUT 动作。当应用程序请求 Web 服务器更新现有的数据片段时，一般会使用到该动作。

因此，需要指示模拟 Web 服务接收/pizza 地址处的一个 PUT 动作，以便可向其发送数据，并通过一条成功消息予以响应。注意，/pizza 地址基本上等同于 POST 设置的地址，唯一不同在于所执行的动作。换而言之，取决于所采取的动作，我们可在同一 URL 处执行不同的动作。

当在 MockLab 中创建了 PUT 存根后，即可定义 putPizza()方法。除了执行的动作之外，该方法与 postPizza()方法基本相同。

为了让用户更新现有的 Pizza 对象，我们使用了相同的 PizzaDetail 屏幕；此外还传递了需要更新的 Pizza 对象和一个布尔值，该布尔值告诉我们 Pizza 对象是一个新对象（使用 POST）还是一个已有的对象（使用 PUT）。

8.12　DELETE 数据

在当前示例中，我们将学习如何在 Web 服务上执行一个 DELETE 动作。当应用程序需要从 Web 服务中删除已有数据时，这将十分有用。

8.12.1　准备工作

当前示例需要在前述示例的基础上完成。

8.12.2　实现方式

当在 Web 服务上执行 DELETE 动作时，需要执行下列步骤。

（1）访问 https://app.mocklab.io/并登录 MockLab，单击示例 API 的 Stubs 部分，随后创建一个新的存根。

（2）完成下列请求。

- Name：Delete Pizza。
- Verb：DELETE。
- Address：/pizza。
- Status：200。
- Body：{"message": "Pizza was deleted"}。

最终结果如图 8.21 所示。

Request duration: 5ms

```
HTTP/1.1 200 OK
Matched-Stub-Id: 0fa7017a-b71c-44df-86ec-51b33d212bce
Matched-Stub-Name: Delete Pizza
Vary: Accept-Encoding, User-Agent

Pizza was deleted
```

图 8.21

（3）在 Flutter 项目 http_helper.dart 文件的 HttpHelper 类中，添加一个 deletePizza()方法。

```
Future<String> deletePizza(int id) async {
    Uri url = Uri.https(authority, deletePath);
    http.Response r = await http.delete(
      url,
    );
    return r.body;
  }
```

（4）在 main.dart 文件_MyHomePageState 类的 build()方法中，重构 ListView.builder

的 itemBuilder，以便 ListTile 包含于 Dismissible 微件中，如下所示。

```
return ListView.builder(
    itemCount: (pizzas.data == null) ? 0 : pizzas.data.length,
    itemBuilder: (BuildContext context, int position) {
        return Dismissible(
            onDismissed: (item) {
                HttpHelper helper = HttpHelper();
                pizzas.data.removeWhere((element) => element.id ==
                  pizzas.data[position].id);
                helper.deletePizza(pizzas.data[position].id);
            },
            key: Key(position.toString()),
            child: ListTile(
...
```

（5）运行应用程序。当从 Piazza 列表中滑动任何元素时，ListTile 将消失。

8.12.3　工作方式

当前示例与上一个示例十分相似，但此处使用了 DELETE 动作。当应用程序请求 Web 服务器删除已有数据片段时，一般将使用该动作。

因此，需要指示模拟 Web 服务接收/pizza 地址处的一个 DELETE 动作，以便可向其发送数据，并通过一条成功消息予以响应。

当在 MockLab 中创建了 DELETE 存根后，即可定义 deletePizza()方法，该方法与 postPizza()和 putPizza()方法较为相似；该方法需要使用 Pizza 对象的 ID 执行删除操作。

为了让用户删除已有的 Pizza，我们使用了 Dismissible 微件。当需要滑动一个元素（左或右）并从屏幕中移除该元素时，则可使用 Dismissible 微件。

第 9 章　基于流的高级状态管理

在 Dart 和 Flutter 中，Future 和流是处理异步编程的主要工具。

Future 表示在将来某个时间交付的单一值，而流则是可在任意时刻交付的一组（序列）值。基本上讲，它是一个连续的数据流。

当从流中获取数据时，需要对其加以订阅（或监听）。每次发送数据时，可通过应用程序逻辑并根据需求接收或操控数据。

注意：

默认状态下，每个流仅支持单一订阅。此外，读者还可查看如何启用多重订阅。

本章主要讨论在 Flutter 应用程序中如何使用流。其间，我们将学习在不同场景中使用流、如何将数据读/写至流中、根据流构建用户界面，以及如何使用 BLoC 状态管理模式。

类似于 Future，流也可生成数据或错误，在后续示例中，我们也将对此加以讨论。

本章主要涉及以下主题。

- 如何使用 Dart 流。
- 使用流控制器和接收器。
- 将数据转换注入流中。
- 订阅流事件。
- 支持多重流订阅。
- 使用 StreamBuilder 创建响应式用户界面。
- 使用 BLoC 模式。

在阅读完本章后，读者将能够了解并在 Flutter 中使用流。

9.1　技 术 需 求

- Flutter SDK。
- Android SDK（Android 开发）。
- macOS 和 Xcode（iOS 开发）。
- 模拟器/仿真器，或处于连接状态的移动设备并可供调试。
- 编辑器，推荐使用 Android Studio、Visual Studio Code 和 IntelliJ IDEA。所有编

辑器均应安装了 Flutter/Dart 扩展。

读者可访问 GitHub 查看本章示例代码，对应网址为 https://github.com/PacktPublishing/Flutter-Cookbook/tree/master/chapter_ 09。

9.2 如何使用 Dart 流

在当前示例中，我们将每秒修改应用程序的背景颜色。对此，将创建一个包含 5 种颜色的列表，且每秒修改填充整个屏幕的 Container 微件的背景颜色。

其中，颜色信息将从数据流中被发出。相应地，主屏幕需要监听 Stream，获取当前颜色并更新背景。

虽然更改颜色并不是流操作中的必需内容，但相关原则也适用于较为复杂的场景，包括从 Web 服务中获取数据流。例如，我们可编写一个聊天应用程序，并根据用户写入内容实时更新内容；或者编写一个应用程序并以实时方式显示股票价格。

9.2.1 准备工作

读者可访问 https://github.com/PacktPublishing/Flutter-Cookbook/tree/master/chapter_09 现在项目的工作代码。

9.2.2 实现方式

当前示例将构建简单的流应用示例。

（1）创建新的应用程序并将其命名为 stream_demo。

（2）更新 main.dart 文件中的内容，如下所示。

```
import 'package:flutter/material.dart';

void main() {
  runApp(MyApp());
}

class MyApp extends StatelessWidget {
  // This widget is the root of your application.
  @override
  Widget build(BuildContext context) {
    return MaterialApp(
```

```
      title: 'Stream',
      theme: ThemeData(
        primarySwatch: Colors.deepPurple,
        visualDensity: VisualDensity.adaptivePlatformDensity,
      ),
      home: StreamHomePage(),
    );
  }
}

class StreamHomePage extends StatefulWidget {
  @override
  _StreamHomePageState createState() => _StreamHomePageState();
}

class _StreamHomePageState extends State<StreamHomePage> {
  @override
  Widget build(BuildContext context) {
    return Container(
    );
  }
}
```

（3）在项目的 lib 文件夹中创建一个名为 stream.dart 的新文件。

（4）在 stream.dart 文件中导入 material.dart 库，并创建一个名为 ColorStream 的新类，如下所示。

```
import 'package:flutter/material.dart';

class ColorStream {

}
```

（5）在 ColorStream 类中，创建 colorStream 属性和一个 getColors()方法，该方法返回一个 Color 类型流，并标记为 async*（注意 async 结尾处的*号）。

```
Stream colorStream;
Stream<Color> getColors() async* {
}
```

（6）在 getColors()方法的开始处，定义一个 colors 颜色列表，并涵盖 5 种颜色。

```
final List<Color> colors = [
  Colors.blueGrey,
```

```
  Colors.amber,
  Colors.deepPurple,
  Colors.lightBlue,
  Colors.teal
];
```

（7）在 colors 声明后，添加 yield*命令并完成 ColorStream 类。

```
yield* Stream.periodic(Duration(seconds: 1), (int t) {
  int index = t % 5;
  return colors[index];
});
```

（8）在 main.dart 文件中，导入 stream.dart 文件。

```
import 'stream.dart';
```

（9）在_StreamHomePageState 类开始处，添加两个属性 Color 和 ColorStream，如下所示。

```
Color bgColor;
ColorStream colorStream;
```

（10）在 main.dart 文件的_StreamHomePageState 类开始处添加一个 changeColor()异步方法，该方法监听 colorStream.getColors 流，并更新 bgColor 状态变量值。

```
changeColor() async {
     await for (var eventColor in colorStream.getColors()) {
      setState(() {
        bgColor = eventColor;
      });
    }
  }
```

（11）覆写_StreamHomePageState 类中的 initState()方法。这里，初始化 colorStream 并调用 changeColor()方法。

```
@override
 void initState() {
   colorStream = ColorStream();
   changeColor();
   super.initState();
 }
```

（12）在 build()方法中返回一个 Scaffold。在 Scaffold 的 body 中，添加一个包含 decoration 的容器，其 BoxDecoration 将读取 bgColor 值并更新 Container 的背景颜色。

```
@override
 Widget build(BuildContext context) {
   return Scaffold(
       appBar: AppBar(
         title: Text('Stream'),
       ),
       body: Container(
         decoration: BoxDecoration(color: bgColor),
       ));
 }
```

（13）运行应用程序。在模拟器中可以看到，屏幕每秒将改变颜色，如图 9.1 所示。

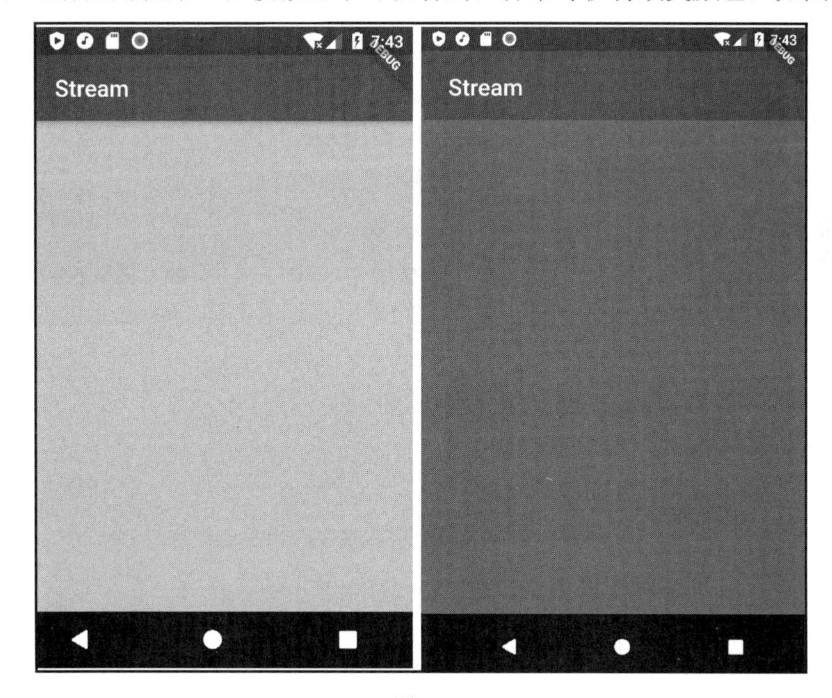

图 9.1

9.2.3　工作方式

当前应用程序的两个核心部分是创建数据流和监听（或订阅）数据流。

我们在 stream.dart 文件中已经创建了数据流。对此，我们添加了一个方法并返回一个颜色数据流，同时将该方法标记为 async*。

```
Stream<Color> getColors() async* {
```

在前述章节中，我们一般将某个函数标记为 async（不包含*号）。在 Dart 和 Flutter 中，可针对 Future 使用 async，并针对流使用 async*（包含一个*号）。如前所述，流和 Future 之间的主要差别在于所返回的事件数量：Future 仅为 1；而流则为 0 或多个。如果将某个函数标记为 async*，则表明正在创建一个称为生成器函数的特定的函数类型，因为该函数将生成一个值序列（即流）。

考查下列代码片段。

```
yield* Stream.periodic(Duration(seconds: 1), (int t) {
      int index = t % 5;
      return colors[index];
    });
```

当在一个 async*方法中返回一个流时，可使用 yield*语句。读者可能会认为 yield*是一个返回语句，但这里的差别在于，yield*并不会结束函数。

Stream.periodic()则是一个创建流的构造函数。流按照作为参数传递的值中指定的时间间隔发送事件。在当前代码中，流将每秒发出一个值。在 Stream.periodic()构造函数内的方法中，根据方法调用所经历的秒数，我们采用模运算符选择所显示的颜色，并返回相应的颜色。

这将生成一个数据流。在 main.dart 文件中，我们还添加了相应的代码以利用 changeColor()方法监听流。

```
changeColor() async {
    await for (var eventColor in colorStream.getColors()) {
      setState(() {
        bgColor = eventColor;
      });
    }
  }
```

上述方法的核心内容是 await for 命令，这是一个遍历流事件的异步 for 循环。基本上讲，此类循环类似于一个 for（或 for each）循环，但不会遍历数据集（如列表），而是持续监听流中的每个事件。自此以后，我们可调用 setState()方法更新 bgColor 属性。

9.2.4　更多内容

如果不使用异步 for 循环，我们还可在流上使用 listen()方法。对此，可执行下列步骤。

（1）移除或注释掉 changeColor()方法中的内容。

（2）向 changeColor()方法中添加下列代码。

```
colorStream.getColors().listen((eventColor) {
  setState(() {
    bgColor = eventColor;
  });
});
```

（3）运行应用程序。可以看到，应用程序的行为与之前类似，但会每秒改变屏幕的颜色。

listen 和 await for 之间的主要差别在于，若循环之后存在代码，listen 将允许执行过程继续进行，而 await for 则终止执行，直至完成流。

在当前应用程序中，我们从未终止监听流，但当任务完成后，应关闭流。对此，可采用 close()方法，稍后将对此加以讨论。

9.2.5　另请参阅

关于流的信息获取方式，读者可参考官方教程，对应网址为 https://dart.dev/tutorials/language/streams。

9.3　使用流控制器和接收器

StreamController 将创建一个链接的 Stream 和 Sink。流包含了顺序发送的、可供任意订阅者接收的数据，而 Sink 则用于插入事件。

流控制器简化了流的管理过程，并自动创建一个流和一个接收器，以及相关方法以控制其事件和特性。

在当前示例中，我们将创建一个流控制器，并监听和插入新的事件，进而展示完整的流控制方式。

9.3.1　准备工作

本节示例将在 9.2 节示例的基础上完成。

9.3.2　实现方式

在当前示例中，我们将借助于 StreamControllers 及其属性在屏幕上显示一个随机数。

（1）在 stream.dart 文件中，导入 dart:async 库。

```
import 'dart:async';
```

（2）在 stream.dart 文件下方，添加一个名为 NumberStream 的新类。

```
class NumberStream {
}
```

（3）在 NumberStream 类中，添加一个 int 类型的流控制器，即 controller。

```
StreamController<int> controller = StreamController<int>();
```

（4）在 NumberStream 类中，添加一个名为 addNumberToSink()的方法，如下所示。

```
addNumberToSink(int newNumber) {
  controller.sink.add(newNumber);
}
```

（5）在类底部添加 close()方法。

```
close() {
  controller.close();
}
```

（6）在 main.dart 文件中，导入 dart:async 和 dart:math 的导入语句。

```
import 'dart:async';
import 'dart:math';
```

（7）在_StreamHomePageState 开始处，声明 3 个变量 int、StreamController 和 NumberStream。

```
int lastNumber;
StreamController numberStreamController;
NumberStream numberStream;
```

（8）编辑 initState()方法以便添加下列代码。

```
@override
 void initState() {
   numberStream = NumberStream();
   numberStreamController = numberStream.controller;
   Stream stream = numberStreamController.stream;
   stream.listen((event) {
     setState(() {
       lastNumber = event;
     });
   });
   super.initState();
 }
```

（9）在_StreamHomePageState 类底部，添加 addRandomNumber()方法，代码如下。

```
void addRandomNumber() {
    Random random = Random();
    int myNum = random.nextInt(10);
    numberStream.addNumberToSink(myNum);
}
```

（10）在 build()方法中，编辑 Scaffold 体，以便包含基于 Text 和 ElevatedButton 的一列。

```
body: Container(
          width: double.infinity,
          child: Column(
            mainAxisAlignment: MainAxisAlignment.spaceEvenly,
            crossAxisAlignment: CrossAxisAlignment.center,
            children: [
              Text(lastNumber.toString()),
              ElevatedButton(
                onPressed: () => addRandomNumber(),
                child: Text('New Random Number'),
              )
            ],
          ),
        )
```

（11）运行应用程序。可以看到每次单击按钮时，相应的数字将显示于屏幕上，如图 9.2 所示。

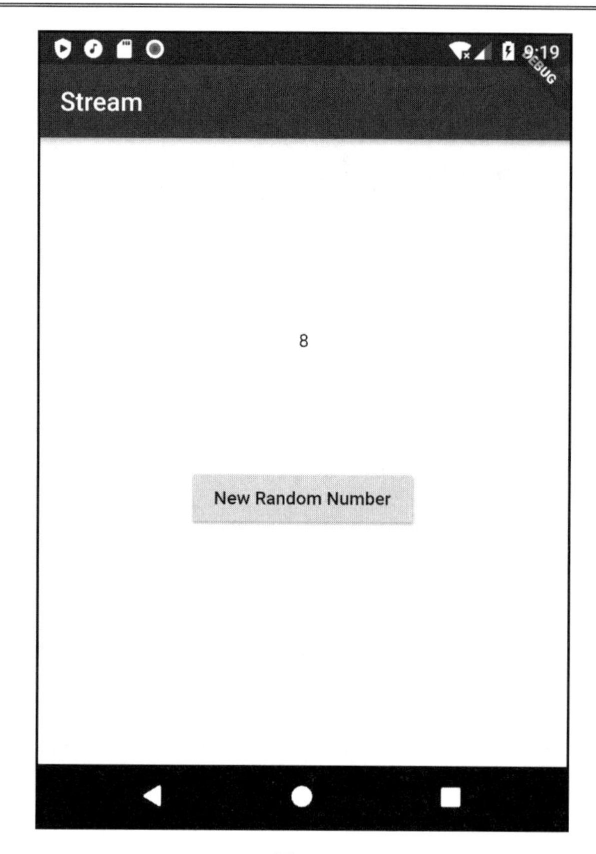

图 9.2

9.3.3　工作方式

我们可将一个流视为单路管道且包含两个端点。其中，管道的一个端点仅允许插入数据，而另一个端点则是数据的出口。

在 Flutter 中，我们可执行下列操作。

（1）使用流控制器控制流。

（2）流控制器包含一个 sink 属性可插入新数据。

（3）StreamController 的 stream 属性是一个 StreamController 的出口方法。

图 9.3 描述了上述各个概念。

在当前示例应用程序中，第 1 步涉及流控制器的创建，并借助于下列命令在 NumberStream 类中完成。

```
StreamController<int> controller = StreamController<int>();
```

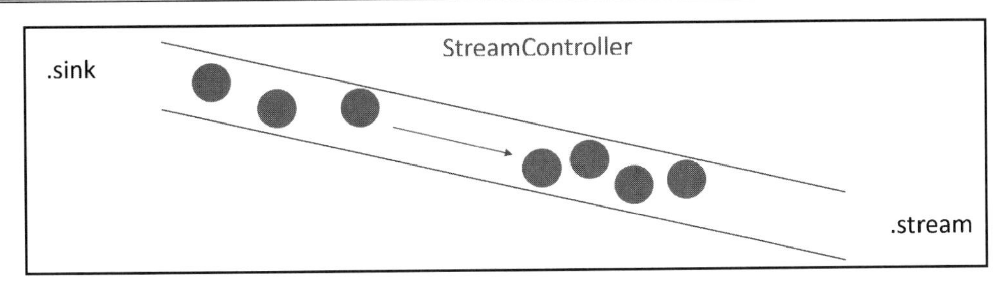

图 9.3

不难发现，流控制器具有泛型特征，并可根据应用程序的具体需求选择相应的类型（在当前示例中为 int）。

第 2 步是利用流控制器的 sink 属性向其自身中添加数据，如下所示。

```
controller.sink.add(newNumber);
```

特别地，sink（接收器）是一个 StreamSink 类实例，即流的入口。

StreamController 的 stream 属性包含了流的实例，并可在其上通过 listen()方法监听流。在当前代码中，通过以下命令实现。

```
Stream stream = numberStreamController.stream;
    stream.listen((event) {
      setState(() {
        lastNumber = event;
      });
    })
```

在当前简单示例中，采用了 StreamController、Stream 和 StreamSink，但 StreamController 还包含了另一个较为重要的特性，即错误处理机制。

9.3.4　更多内容

StreamController 还可帮助我们解决错误问题。当启用错误处理机制时，可执行下列步骤。

（1）在 stream.dart 文件中，添加一个名为 addError()的新方法，代码如下。

```
addError() {
    controller.sink.addError('error');
  }
```

（2）在 main.dart 文件中，在 onError()方法的_StreamHomePageState 的 initState()函

数中，添加 listen()方法，如下所示。

```
stream.listen((event) {
      setState(() {
        lastNumber = event;
      });
    }).onError((error) {
      setState(() {
        lastNumber = -1;
      });
    });
```

（3）在 addRandomNumber()方法中，注释掉 addNumberToSink()方法调用，并在 numberStream 实例上调用 addError()方法。

```
void addRandomNumber() {
  Random random = Random();
  // int myNum = random.nextInt(10);
  // numberStream.addNumberToSink(myNum);
  numberStream.addError();
}
```

（4）运行应用程序并单击按钮。此时应可在屏幕中心看到数字-1。

（5）移除数字生成器相关行上的注释内容，并注释掉 addError()方法，以便完成后续示例。

可以看到，流控制器的另一个较为重要的特性是捕捉错误，并可通过 onError()函数进行处理。通过在 StreamSink 上调用 addError()方法即可产生相关错误。

9.3.5　另请参阅

关于流的创建以及如何在 Dart 中使用 StreamController，读者可访问 https://dart.dev/articles/libraries/creating-streams 以阅读相关文章。

9.4　将数据转换注入流中

有些时候，需要在数据到达最终的目的地之前操控并转换从流中发送的数据。

当根据任意条件类型过滤数据、验证数据、向用户显示前修改数据，以及对其进行处理并生成新的输出结果时，这将十分有用。

相关示例包括将数字转换为字符串、如何生成计算，以及如何忽略数据重复问题。

在当前示例中，我们将把 StreamTransformer 注入 Stream 中，以便映射和过滤数据。

9.4.1 准备工作

当前示例将在 9.3 节示例的基础上完成。

9.4.2 实现方式

在当前示例中，我们将通过 StreamTransformer 编辑屏幕上的数字生成器，并使用 9.3 节中的示例代码。

（1）在 main.dart 文件的_StreamHomePageState 类开始处，添加一个 StreamTransformer 声明。

```
StreamTransformer transformer;
```

（2）在 initState() 方法中（在声明后），调用 fromHandlers() 构造函数创建 StreamTransformer 实例。

```
transformer = StreamTransformer<int, dynamic>.fromHandlers(
       handleData: (value, sink) {
         sink.add(value * 10);
       },
       handleError: (error, trace, sink) {
         sink.add(-1);
       },
       handleDone: (sink) => sink.close());
```

（3）仍然在 initState()方法中，编辑流上的 listen()方法，以便调用流上的 transform()方法，同时将 transformer 作为参数传递。

```
stream.transform(transformer).listen((event) {
     setState(() {
       lastNumber = event;
     });
  }).onError((error) {
     setState(() {
       lastNumber = -1;
     });
  });
  super.initState();
```

（4）运行应用程序。可以看到数字进行 10～100 的变化，而非 1～10，如图 9.4 所示。

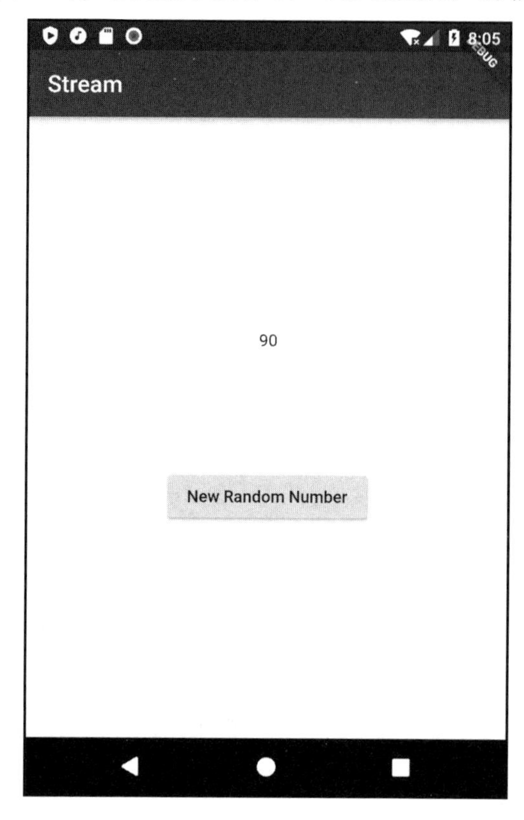

图 9.4

9.4.3　工作方式

当监听流时，操控数值通常十分有用。在 Dart 中，StreamTransformer 是一个执行流上数据转换的对象，以便流监听器随后接收转换后的数据。在当前示例代码中，我们通过将数字乘以 10 转换流发出的随机数字。

其中，第 1 步是使用 fromHandlers()构造函数创建流转换器。

```
transformer = StreamTransformer<int, dynamic>.fromHandlers(
       handleData: (value, sink) {
         sink.add(value * 10);
       },
       handleError: (error, trace, sink) {
         sink.add(-1);
```

```
        },
        handleDone: (sink) => sink.close());
```

借助 StreamTransformer.fromHandlers()构造函数，利用 3 个命名参数指定了回调函数，即 handleData()、handleError()和 handleDone()函数。

这里，handleData()函数接收流发出的数据事件，这可于此处应用所需执行的转换。在 handleData()函数中指定的函数作为参数接收流发出的数据，以及当前流的 EventSink 实例。

此处使用 add()方法向流监听器发送转换后的数据。handleError()函数则响应流发出的错误事件。其中的参数包括错误、栈跟踪和 EventSink 实例。

当不再有数据时，则调用 handleDone()函数，此时将调用流接收器的 close()方法。

9.4.4 另请参阅

除此之外，还存其他方式可将数据转换为流。其中之一便是使用 map()方法，该方法将创建一个流并将每个元素转换为一个新值。对此，读者可访问 https://api.dart.dev/stable/1.10.1/dart-async/Stream/map.html 和 https://dart.dev/articles/libraries/creating-streams 以了解更多信息。

9.5 订阅流事件

在上一个示例中，我们使用了 listen()方法从流中获取值，这将生成一个 Subscription。Subscription 包含相关方法，并可通过结构化方式监听事件。

在当前示例中，我们将采用 Subscription 以较为优雅的方式处理事件、错误，以及关闭 Subscription。

9.5.1 准备工作

当前示例将在 9.4 节示例的基础上完成。

9.5.2 实现方式

在当前示例中，我们将使用 StreamSubscription 及其相关方法；此外还将添加一个按钮关闭流，具体步骤如下。

（1）在_StreamHomePageState 类开始处声明一个名为 subscription 的 StreamSubscription。

```
StreamSubscription subscription;
```

（2）在_StreamHomePageState 类的 initState()方法中，移除 StreamTransformer 并设置 subscription。最终的结果如下。

```
@override
  void initState() {
    numberStream = NumberStream();
    numberStreamController = numberStream.controller;
    Stream stream = numberStreamController.stream;
    subscription = stream.listen((event) {
      setState(() {
        lastNumber = event;
      });
    });
   super.initState();
  }
```

（3）在设置了 subscription 后，仍然在 initState()方法中，设置可选的 subscription 的 onError 属性。

```
subscription.onError((error) {
     setState(() {
       lastNumber = -1;
     });
  });
```

（4）在 onError 属性后，设置 onDone 属性。

```
subscription.onDone(() {
      print('OnDone was called');
});
```

（5）在_StreamHomePageState 类底部，添加一个名为 stopStream()的新方法，该方法将调用 StreamController 的 close()方法。

```
void stopStream() {
    numberStreamController.close();
}
```

（6）在 build()方法的 Column 微件结尾处，添加第 2 个 ElevatedButton，它调用 stopStream()方法。

```
ElevatedButton(
    onPressed: () => stopStream(),
    child: Text('Stop Stream'),
)
```

（7）在向接收器中添加数字之前，编辑 addRandomNumber 以检查 StreamController 的 isClosed。如果 isClosed 属性为 true，则调用 setState()方法将 lastNumber 设置为−1。

```
void addRandomNumber() {
   Random random = Random();
   int myNum = random.nextInt(10);
   if (!numberStreamController.isClosed) {
     numberStream.addNumberToSink(myNum);
   } else {
     setState(() {
       lastNumber = -1;
     });
   }
}
```

（8）运行应用程序。此时应可在屏幕上看到两个按钮，如图 9.5 所示。

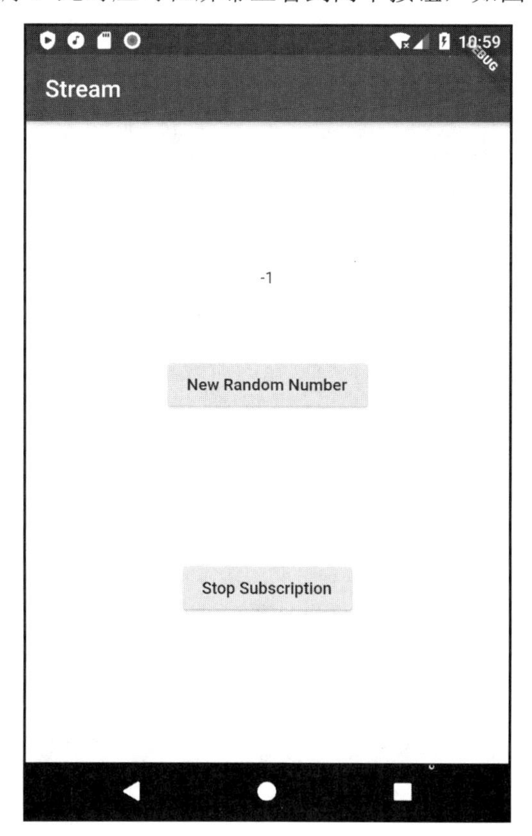

图 9.5

（9）依次单击 Stop Subscription 按钮和 New Random Number 按钮。在调试控制台中，将可看到 OnDone was called 消息，如图 9.6 所示。

```
PROBLEMS ③   OUTPUT   TERMINAL   DEBUG CONSOLE
Restarted application in 1,009ms.
I/flutter ( 5570): OnDone was called
```

图 9.6

9.5.3　工作方式

当在流上调用 listen()方法时，将获得一个 StreamSubscription。当创建一个 StreamSubscription 后，即可设置 4 个参数。其中，一个是必需参数，另外 3 个为可选参数，如表 9.1 所示。

表 9.1

参　　数	可选/必需	类　　型
onListen	必需——第 1 个参数	函数
onDone	可选	函数
onError	可选	函数
cancelOnError	可选	布尔值

在当前示例中，在创建 StreamSubscription 时，我们设置了第 1 个参数（onListen）。

```
subscription = stream.listen((event) {
      setState(() {
        lastNumber = event;
      });
    });
```

如前所述，无论何时，当流发送数据后，onDone 回调将被触发。对于可选参数，稍后可通过 subscription 属性对其进行设置。

特别地，可借助下列命令设置 onError 属性。

```
subscription.onError((error) {
 setState(() {
 lastNumber = -1;
 });
 });
```

当流发送错误时，onError 将被调用。在当前示例中，需要在屏幕上显示-1。因此，我们将 lastNumber 的状态值设置为-1。

onDone 则是另一个较为有用的回调，可通过下列命令对其进行设置。

```
subscription.onDone(() {
      print('OnDone was called');
});
```

当 StreamSubsription 不再有数据时，则调用 onDone 回调，通常是执行关闭操作。当尝试 onDone 回调时，我们需要显式地通过其 close()方法关闭 StreamController。

```
numberStreamController.close();
```

一旦关闭了 StreamController，就会执行订阅的 onDone 回调，因而调试控制台中将显示 OnDone was called 消息。

此处并未设置 cancelOnError（默认时为 false）。当 cancelOnError 为 true 时，在出现错误时订阅将自动被消除。

如果用户单击 New Random Number 按钮，那么应用程序将尝试向接收器中添加一个新的数字，这将产生一个错误，因为 StreamController 已被关闭。因此，较好的做法是利用下列命令检查订阅是否已被关闭。

```
if (!numberStreamController.isClosed) { ...
```

这可确保在执行操作前 StreamController 仍处于激活状态。

9.5.4　另请参阅

关于 StreamSubscription 的完整属性和方法，读者可访问 https://api.flutter.dev/flutter/dart-async/StreamController-class.html 以了解更多信息。

9.6　支持多重流订阅

默认状态下，每个流仅支持单一订阅。当尝试多次监听同一个订阅时，此时将得到一条错误消息。Flutter 中设置了一种特定流，即广播流，进而支持多个监听器。在当前示例中，我们将使用广播流展示一个简单的示例。

9.6.1　准备工作

当前示例将在 9.5 节示例的基础上完成。

9.6.2　实现方式

在当前示例中，我们将向之前构建的流中添加第 2 个监听器。

（1）在 main.dart 文件的_StreamHomePageState 类开始处，声明第 2 个名为 subscription2 的 StreamSubscription，以及一个名为 values 的字符串。

```
StreamSubscription subscription2;
String values = '';
```

（2）在 initState()方法中，编辑第 1 个订阅并利用第 2 个订阅监听流。

```
subscription = stream.listen((event) {
      setState(() {
        values += event.toString() + ' - ';
      });
    });
subscription2 = stream.listen((event) {
      setState(() {
        values += event.toString() + ' - ';
      });
    });
```

（3）运行应用程序。此时屏幕上将显示一条错误消息，如图 9.7 所示。

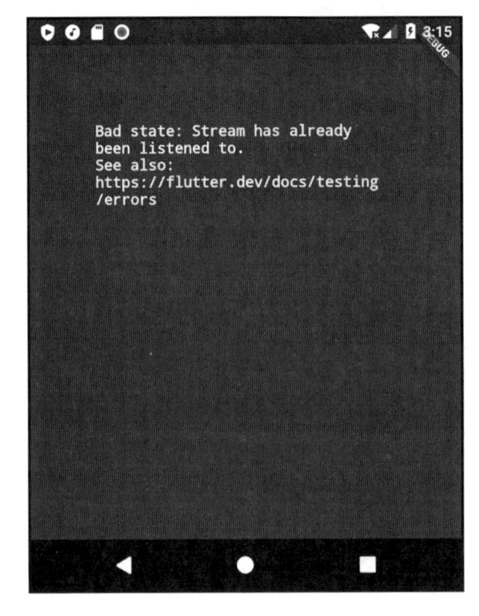

图 9.7

（4）仍在 initState()方法中，将当前流设置为广播流。

```
 void initState() {
    numberStream = NumberStream();
    numberStreamController = numberStream.controller;
    Stream stream =
numberStreamController.stream.asBroadcastStream();
...
```

（5）在 build()方法中，编辑列中的文本，以便输出 values 字符串。

```
child: Column(
          mainAxisAlignment: MainAxisAlignment.spaceEvenly,
          crossAxisAlignment: CrossAxisAlignment.center,
          children: [
            Text(values),
```

（6）运行应用程序。多次单击 New Random Number 按钮。每次单击按钮时，对应值将被添加至字符串中两次，如图 9.8 所示。

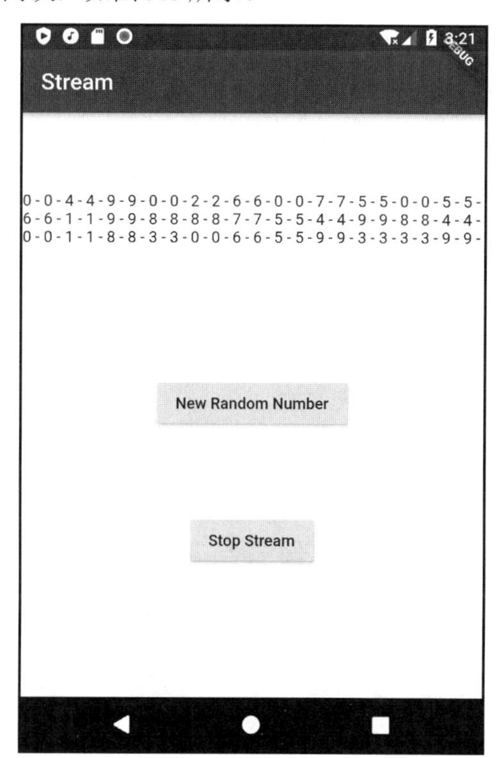

图 9.8

9.6.3　工作方式

在当前示例的第 1 部分内容中，我们尝试创建了 StreamSubscription，并监听同一个流，这生成了 Stream has already been listened to 错误消息。

stream.asBroadcastStream()方法返回一个多重订阅（广播）流。通过下列命令，我们创建自己的广播流。

```
Stream stream = numberStreamController.stream.asBroadcastStream();
```

每个订阅者接收相同的数据，因而在当前代码中，每个值被重复两次。

9.6.4　另请参阅

关于 Dart 中单一订阅和广播订阅之间的讨论，读者可访问 https://www.dartcn.com/articles/libraries/broadcast-streams 以了解更多信息。

9.7　使用 StreamBuilder 创建响应式用户界面

Streambuilder 是一个监听流发出的事件的微件，当发出事件时，Streambuilder 将重新构建其后代内容。类似于 FutureBuilder 微件（参见第 7 章），StreamBuilder 可简化响应式界面（每次新数据可用时进行更新）的构建过程。

在当前示例中，我们将通过 StreamBuilder 更新屏幕上的文本内容，与 setState()方法及其 build()方法调用的更新操作相比，这是一种十分高效的方式，因为实际上仅包含于 StreamBuilder 中的微件被重新绘制。

9.7.1　准备工作

为了遵循当前示例，本节将从头开始创建一个应用程序，因而建议创建一个新的应用程序来遵循。

9.7.2　实现方式

在当前示例中，我们将生成一个流并通过 StreamBuilder 更新用户界面，具体步骤如下。

（1）在新的应用程序的项目的 lib 文件夹中，创建一个名为 stream.dart 的新文件。

（2）在 stream.dart 文件中，创建一个名为 NumberStream 类。

```
class NumberStream {}
```

（3）在 NumberStream 类中，添加一个方法，该方法返回一个 int 类型的流并每秒返回一个新的随机数。

```
import 'dart:math';

class NumberStream {
  Stream<int> getNumbers() async* {
    yield* Stream.periodic(Duration(seconds: 1), (int t) {
      Random random = Random();
      int myNum = random.nextInt(10);
      return myNum;
    });
  }
}
```

（4）在 main.dart 文件中，编辑示例应用程序中已有的代码，如下所示。

```
import 'package:flutter/material.dart';
import 'stream.dart';
import 'dart:async';

void main() {
  runApp(MyApp());
}
class MyApp extends StatelessWidget {
  @override
  Widget build(BuildContext context) {
    return MaterialApp(
      title: 'Stream',
      theme: ThemeData(
        primarySwatch: Colors.deepPurple,
        visualDensity: VisualDensity.adaptivePlatformDensity,
      ),
      home: StreamHomePage(),
    );
  }
}
class StreamHomePage extends StatefulWidget {
  @override
  _StreamHomePageState createState() => _StreamHomePageState();
```

```
}

class _StreamHomePageState extends State<StreamHomePage> {
  @override
  Widget build(BuildContext context) {
    return Scaffold(
        appBar: AppBar(
          title: Text('Stream'),
        ),
        body: Container(
          ),
        );
  }}
```

（5）在_StreamHomePageState 类开始处，声明一个名为 numberStream 的 int 类型的流。

```
Stream<int> numberStream;
```

（6）在_StreamHomePageState 类中，重载 initState()方法，并于其中从新的 NumberStream 实例中调用 getNumbers()函数。

```
@override
 void initState() {
   numberStream = NumberStream().getNumbers();
   super.initState();
 }
```

（7）在 build()方法的 Scaffold 主体容器中，作为子元素添加一个 StreamBuilder，其 stream 属性中包含一个 numberStream；在构建器中返回一个居中的 Text，其中包含快照数据。

```
body: Container(
        child: StreamBuilder(
          stream: numberStream,
          initialData: 0,
          builder: (context, snapshot) {
            if (snapshot.hasError) {
              print('Error!');
            }
            if (snapshot.hasData) {
              return Center(
                  child: Text(
                snapshot.data.toString(),
                style: TextStyle(fontSize: 96),
```

```
            ));
          } else {
            return Center();
          }
        },
      ),
    ),
```

（8）运行应用程序。此时，在屏幕中心位置处每秒都会显示一个新的数字，如图 9.9 所示。

图 9.9

9.7.3　工作方式

当使用 StreamBuilder 时，第 1 步是设置其 stream 属性，这可通过下列命令进行设置。

```
StreamBuilder(
        stream: numberStream,
```

借助于 initialdata 属性，我们可指定屏幕加载时，以及在发送的 1 个事件之前显示哪些数据。

```
initialData: 0,
```

接下来将编写一个 builder，这是一个接收当前上下文和一个快照（包含了 data 属性中流发送的数据）的函数。因此，每次 Stream 发送一个新事件时，该函数将被自动触发，进而得到新数据。在当前示例中，通过下列命令，我们将检查快照是否包含数据。

```
if (snapshot.hasData) {...
```

如果快照中存在数据，则将其在 Text 中予以显示。

```
return Center(
    child: Text(
        snapshot.data.toString(),
        style: TextStyle(fontSize: 96),
));
```

快照的 hasError 属性有助于检查是否返回错误，这十分有用，以避免未经处理的异常。

```
if (snapshot.hasError) {
    print('Error!');
}
```

需要注意的是，在最后一个示例中，我们从未调用 setState()方法，从而将应用程序的逻辑和状态从用户界面中分离出来。我们将在下一个示例中完成这种转换，并考查如何利用 BLoC 模式处理状态。

9.7.4　另请参阅

关于完整的 StreamBuilder 及其布局，读者可参考官方文档，对应网址为 https://api.flutter.dev/flutter/widgets/StreamBuilderclass.html。

9.8　使用 BLoC 模式

当采用 BLoC 模式时，一切均为事件流。BLoC（即业务逻辑组件）是数据源和使用数据的用户界面之间的一个层。这里，源包括 Web 服务中检索的 HTTP 数据，或数据库中检索的 JSON。

BLoC 从源中接收数据流，在必要时通过业务逻辑对其进行处理，并将数据流返回其订阅者处。

图 9.10 显示了 BLoC 饰演的角色。

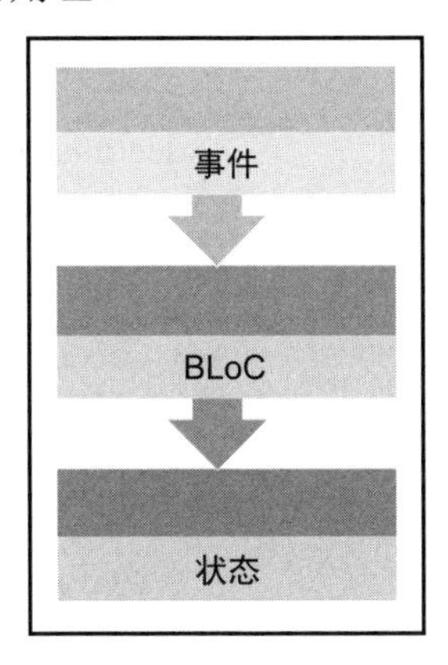

图 9.10

使用 BLoC 的主要原因在于将应用程序的业务逻辑从微件表示中分离出来。当应用程序变得较为复杂时，或者需要在多个不同处共享状态时，这将非常有用。当前示例较为简单，但可对较大的应用程序进行适当的扩展。

9.8.1　准备工作

本节将创建一个全新的应用程序。

9.8.2　实现方式

这里将通过 BLoC 创建一个简单的倒计数，即 60～0。

（1）在项目的 lib 文件夹中，创建一个名为 countdown_bloc.dart 的新文件。

（2）在 countdown_bloc.dart 文件中，导入 dart:async 库。

```
import 'dart:async';
```

（3）仍然在 countdown_bloc.dart 文件中，创建一个名为 TimerBLoC 的新类。

```
class TimerBLoC {}
```

（4）在 TimerBLoC 类的开始处，声明一个整数、StreamController、Stream getter 和

StreamSink。

```
int seconds = 60;
StreamController _secondsStreamController = StreamController();
Stream get secondsStream =>
    _secondsStreamController.stream.asBroadcastStream();
StreamSink get secondsSink => _secondsStreamController.sink;
```

（5）在 TimerBLoC 类中，创建一个名为 decreaseSeconds()的异步方法，该方法将递减秒数并向接收器中添加新值。

```
Future decreaseSeconds() async {
  await Future.delayed(const Duration(seconds: 1));
  seconds--;
  secondsSink.add(seconds);
}
```

（6）仍然在 TimerBLoC 类中，创建一个名为 countDown()的异步方法，该方法将调用 decreaseSeconds()方法，直至到达 0 值。

```
countDown() async {
  for (var i = seconds; i > 0; i--) {
    await decreaseSeconds();
    returnSeconds(seconds);
  }
}
```

（7）创建一个返回秒数的方法。

```
int returnSeconds(seconds) {
    return seconds;
  }
```

（8）创建一个关闭流的 dispose()方法。

```
void dispose() {
  _secondsStreamController.close();
}
```

（9）在 main.dart 文件中，编辑示例代码中已有的代码，使其如下所示。

```
import 'package:flutter/material.dart';
import 'countdown_bloc.dart';

void main() {
  runApp(MyApp());
```

```
}
class MyApp extends StatelessWidget {
  @override
  Widget build(BuildContext context) {
    return MaterialApp(
      title: 'BLoC',
      theme: ThemeData(
        primarySwatch: Colors.deepPurple,
        visualDensity: VisualDensity.adaptivePlatformDensity,
      ),
      home: StreamHomePage(),
    );
  }
}
class StreamHomePage extends StatefulWidget {
  @override
  _StreamHomePageState createState() => _StreamHomePageState();
}

class _StreamHomePageState extends State<StreamHomePage> {
  @override
  Widget build(BuildContext context) {
    return Scaffold(
        appBar: AppBar(
          title: Text('BLoC'),
        ),
        body: Container(
),); }}
```

（10）在_StreamHomePageState 类开始处，声明一个 TimerBLoC 和一个表示秒数的整数。

```
TimerBLoC timerBloc;
int seconds;
```

（11）在_StreamHomePageState 类中，重载 initState()方法并设置初始值。

```
@override
  void initState() {
    timerBloc = TimerBLoC();
    seconds = timerBloc.seconds;
    timerBloc.countDown();
    super.initState();
}
```

（12）在 build()方法的 Container 中，添加一个 StreamBuilder。这将使用 BLoC 创建的流（timerBloc.secondsStream）。

```
body: Container(
      child: StreamBuilder(
        stream: timerBloc.secondsStream,
        initialData: seconds,
        builder: (context, snapshot) {
          if (snapshot.hasError) {
            print('Error!');
          }
          if (snapshot.hasData) {
            return Center(
                child: Text(
              snapshot.data.toString(),
              style: TextStyle(fontSize: 96),
            ));
          } else {
            return Center();
          }
        },
      ),
    ),
```

运行应用程序。随后可看到 60～0 的倒计数效果。

9.8.3 工作方式

当采用 BLoC 作为状态管理模式时，需要执行下列步骤。

（1）创建一个将用作 BLoC 的类。

（2）在 BLoC 类中，声明需要在应用程序中更新的数据。

（3）设置 StreamController。

（4）创建流和接收器的 getter。

（5）添加 BLoC 逻辑。

（6）添加设置数据的构造函数。

（7）监听变化。

（8）设置一个 dispose()方法。

（9）在 UI 中创建一个 BLoC 实例。

（10）使用 StreamBuilder 构建使用 BLoC 数据的微件。

（11）针对数据的任何变化，必要时向接收器中添加事件。

当前示例中的大多数代码与 9.7 节中的示例相比并无太多变化。主要差别在于，我们将应用程序中的逻辑（在当前示例中为倒计数操作）移至 BLoC 类中，以使用户界面中几乎不包含逻辑内容——这也是使用 BLoC 的主要原因。实际上，应用程序的逻辑包含在 countDown()方法中。

```
countDown() async {
    for (var i = seconds; i > 0; i--) {
      await decreaseSeconds();
      returnSeconds(seconds);
    }
  }
```

这里将根据所需的次数（在当前示例中为 60s）等待 decreaseSeconds()方法的结果，该方法返回剩余的秒数。在递减剩余的秒数并将新值添加至 Sink 中之前，decreaseSeconds()方法将等待 1s。通过将值添加至 Sink 中，监听器将接收新值，并在必要时更新用户界面。

```
Future decreaseSeconds() async {
    await Future.delayed(const Duration(seconds: 1));
    seconds--;
    secondsSink.add(seconds);
}
```

9.8.4　另请参阅

通过手动方式实现 BLoC 需要使用一些样板代码。虽然这对理解 BLoC 的主要内容十分有帮助，但我们还可借助于 flutter_bloc 包（https://pub.dev/packages/flutter_bloc），进而方便地将 BLoC 集成于 Flutter 中。

BLoC 模式是 Flutter 中被推荐使用的状态管理模式之一。读者可访问 https://flutter.dev/docs/development/dataand-backend/state-mgmt/options 查看该模式的完整解释。

本章主要介绍了流的处理方式。关于 Dart 中与流相关的主要概念，读者可访问 https://dart.dev/tutorials/language/streams 以了解更多信息。

第 10 章　使用 Flutter 包

包是 Flutter 提供的一个主要特性。Flutter 团队和第 3 方开发人员每天都在添加和维护 Flutter 包。这也使得构造应用程序更加快速和可靠。通过利用其他开发人员创建和测试的类和函数，我们可将注意力集中于应用程序自身的特征中。

软件包发布于 https://pub.dev 中，我们可于其中搜索包、验证平台兼容性（iOS、Android、Web 和桌面平台）、流行程度、版本和用例。在阅读本章内容之前，读者很可能已经多次使用过 https://pub.dev。

图 10.1 显示了 https://pub.dev 的主页，且屏幕中心位置设置了一个搜索框。

图 10.1

本章主要涉及下列主题。

- 导入包和依赖项。
- 创建自己的包（第 1 部分）。
- 创建自己的包（第 2 部分）。
- 创建自己的包（第 3 部分）。
- 向应用程序中添加谷歌地图。
- 使用位置服务。
- 向地图中添加标记。

在阅读完本章后，读者将能够使用包、创建和发布自己的包，并将谷歌地图插件添加至应用程序中。

10.1　技术需求

完成本章示例需要在 Windows、Mac、Linux 或 Chrome OS 环境下安装下列软件。

- Flutter SDK。
- Android SDK（Android 开发）。
- macOS 和 Xcode（iOS 开发）。
- 模拟器/仿真器，或处于连接状态的移动设备并可供调试。
- 代码编辑器，推荐使用 Android Studio、Visual Studio Code 和 IntelliJ IDEA。所有代码编辑器均应安装了 Flutter/Dart 扩展。

读者可访问 GitHub 查看本章示例代码，对应网址为 https://github.com/PacktPublishing/Flutter-Cookbook/tree/master/chapter_ 10。

10.2　导入包和依赖项

当前示例将展示如何在 https://pub.dev 中获取包和插件，以及如何将其集成至应用程序的 pubspec.yaml 文件中。

特别地，我们还将从 https://pub.dev 中检索版本和包名、将包导入项目的 pubspec.yaml 文件中、下载包并在类中对其加以使用。

在实现了当前示例后，读者将了解如何将 pub.dev 中的包导入应用程序中。

10.2.1　准备工作

在当前示例中，我们将从头创建一个新项目。

10.2.2　实现方式

安装 pub.dev 中的包十分简单。针对当前示例，我们将安装 http 包，并连接值 Git 存储库上。

（1）创建一个名为 plugins 的 Flutter 新项目。

（2）访问 https://pub.dev。

（3）在搜索框中输入 http。

（4）单击结果页面中的 http 包。

（5）在 http 包的主页面中，单击 Installing 按钮。

（6）复制页面上方处 Depend on it 部分中的依赖项版本。

（7）打开项目中的 pubspec.yaml 文件。

（8）将 http 依赖项粘贴至 pubspec.yaml 文件的 dependencies 部分。此时，依赖项应如下列代码所示（http 的版本号可能有所不同）。此处应确保对齐方式，且 http 位于 flutter 下方。

```
dependencies:
  flutter:
    sdk: flutter
  http: ^0.13.1
```

（9）当下载包时，相关操作取决于具体系统。在终端中，输入 flutter pub get，这将初始化包的下载过程。

（10）在 Visual Studio Code 中，单击屏幕右上角的 Get Packages 按钮；或者在命令面板中执行 Pub: Get Packages 命令，如图 10.2 所示（除此之外，还可简单地保存 pubspec.yaml 文件并等待几秒，下载过程将会自动开始）。

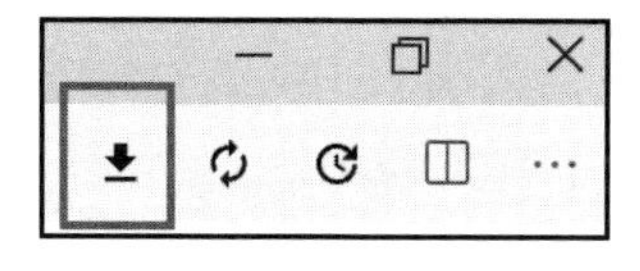

图 10.2

（11）在 Android Studio/IntelliJ Idea 中，单击窗口右上方的 Packages get 按钮，如图 10.3 所示。

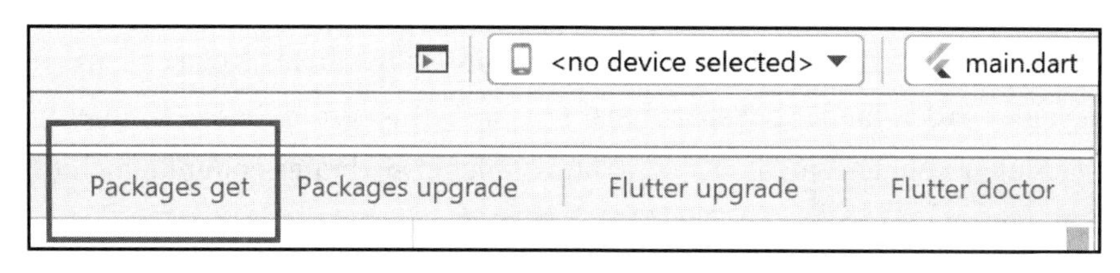

图 10.3

10.2.3　工作方式

pub.dev 是发布包和插件的主要资源，并可于其中查找包或为其他用户发布包。对此，读者需要注意以下内容。

- 所有的包均为开源。
- 一旦发布，包就无法被移除。
- 所有包仅依赖于其他发布后的包。

上述各项规则将对终端用户提供便利。当使用来自 pub.dev 的包时，包已处于可用状态，其使用不存在任何限制，同时也不会隐藏遵守不同规则的依赖项。

pubspec.yaml 文件采用 YAML 编写，该语言主要用于配置操作，同时也是 JSON（基于键-值对）的超集、关于 YAML，较为重要的特性是采用缩进实现嵌套，因而应注意缩进和间距的应用方式。如果使用不当，可能会引发意想不到的错误。

下列命令将 http 包导入项目中，并针对版本号使用了脱字符语法（^）。

```
http: ^0.13.1
```

一旦导入了包，就可在项目的任何地方使用其属性和方法。例如，http 包可通过 http 或 https 协议连接至 Web 服务。当需要使用添加至 pubspec.yaml 文件中的包时，还需要利用 import 语句将其导入使用包的文件中，如下所示。

```
import 'package:http/http.dart';
```

版本中的 3 个数字表示为 MAJOR.MINOR.PATCH。在版本 1.0.0 之后，重要变化仅出现于主版本中；而对于 1.0.0 之前的版本，重要变化则出现于每个小版本中。

因此，^0.13.1 意味着版本等于或大于 0.13.1 且小于 0.14.0；1.0.0 则意味着版本等于或大于 1.0.0 且小于 2.0.0。

提示：

当导入包时，通常需要在 pub.dev 存储库中查找包的最新版本。此外还应不时地更新和解决依赖项问题。对此，存在一些工具可简化依赖项的更新和添加操作。例如，若使用 Visual Studio Code，可安装 Pubspec Assist Plugin（https://marketplace.visualstudio.com/items?itemName=jeroen-meijer.pubspec-assist）；若使用 Android Studio 或 Intellij Idea，则需要添加 Flutter Enhancement 工具（https://plugins.jetbrains.com/plugin/12693-flutter-enhancement-suite）。这两种工具可在编辑器内方便地添加和更新依赖项。

在向 pubspec.yaml 文件的依赖项部分添加了包后，即可通过 flutter pub get 命令在终端中采用手动方式对其进行下载；或者也可单击编辑器的 Get 按钮。这一步对于 VS Code 和 Android Studio 来说可能并不必要——这两个编辑器经配置后可在更新 pubspec.yaml 文件时自动获取包。

10.2.4　另请参阅

有些时候，针对应用程序选择最优的包和插件并非易事。因此，Flutter 团队开发了一个 Flutter Favorite 程序，以帮助开发人员在创建应用程序时首先识别包和插件。读者可访问 https://flutter.dev/docs/development/packages-and-plugins/favorites 以了解详细信息。

10.3　创建自己的包（第 1 部分）

使用其他开发人员发布的包可提升应用程序的构建速度，但有些时候，我们需要创建自己的包，主要原因如下。

- 模块化。
- 复用性。
- 与特定环境之间的底层交互。

包有助于编写模块化代码，因为可在单一文件中包含多个文件和依赖项，并在应用程序中对其加以使用即可。同时，代码复用实现起来也较为简单，因为包可在不同的应用程序之间共享。另外，当修改包时，仅需在一处实施即可，随后可自动连接至指向该包的所有应用程序。

除此之外，还存在一个特殊的包类型，即插件。针对 iOS、Android 或其他操作系统，插件包含与平台相关的实现。通常情况下，当需要与系统特定的底层特性交互时，可创建相应的插件。相应地，硬件方面包括摄像头，而软件方面则包括智能手机中的联系人列表。

作为第 1 个示例，下列内容将展示如何创建包，并将其发布于 GitHub 和 pub.dev 上。

10.3.1　准备工作

当前示例需要在编辑器中创建新的 Flutter 项目，并借助 10.2 节中的项目完成。

10.3.2　实现方式

在当前示例中，我们将创建一个简单的 Dart 包，进而计算矩形或三角形面积。

（1）在项目的根文件夹中，创建一个名为 packages 的新文件夹。

（2）打开终端窗口。

（3）在终端中输入 cd .\packages\。

（4）输入 flutter create --template=package area。

（5）在应用程序的 package 文件夹的 pubspec.yaml 文件中，将依赖项添加至 intl 包的最新版本中。

```
dependencies:
  flutter:
    sdk: flutter
  intl: ^0.17.0
```

（6）在应用程序的 package/lib 文件夹的 area.dart 文件中，删除已有的代码，导入 intl 包并定义一个方法计算矩形面积，如下所示。

```
library area;

import 'package:intl/intl.dart';

String calculateAreaRect(double width, double height) {
    double result = width * height;
    final formatter = NumberFormat('#.####');
    return formatter.format(result);
}
```

（7）在 calculateAreaRect()方法下，定义另一个方法计算三角形面积，如下所示。

```
String calculateAreaTriangle(double width, double height) {
    double result = width * height / 2;
    final formatter = NumberFormat('#.####');
    return formatter.format(result);
}
```

（8）在主项目的 pubspec.yaml 文件中，将依赖项添加至刚刚创建的包中。

```
area:
    path: packages/area
```

（9）在主项目的 main.dart 文件开始处，导入 area 包。

```
import 'package:area/area.dart';
```

（10）移除示例应用程序中生成的 MyHomePage 类。

（11）重构 MyApp 类，如下所示。

```
class MyApp extends StatelessWidget {
@override
```

```
Widget build(BuildContext context) {
return MaterialApp(
title: 'Packages Demo',
home: PackageScreen(),
);
}
}
```

（12）创建一个名为 PackageScreen 的新的有状态微件（为了节省时间，也可使用 stful 快捷方式）。最终结果如下。

```
class PackageScreen extends StatefulWidget {
@override
    _PackageScreenState createState() => _PackageScreenState();
}

class _PackageScreenState extends State<PackageScreen> {
    @override
    Widget build(BuildContext context) {
        return Container();
    }
}
```

（13）在_PackageScreenState 类中，创建两个 TextEditingController 微件（分别对应于形状的宽度和高度），以及一个针对最终结果的 String。

```
final TextEditingController txtHeight = TextEditingController();
final TextEditingController txtWidth = TextEditingController();
String result = '';
```

（14）在 main.dart 文件底部，创建一个无状态微件，该微件接收一个 TextEditingController 和一个 String，并返回一个 TextField（其中包含了某些 Padding）以供用户输入使用。

```
class AppTextField extends StatelessWidget {
    final TextEditingController controller;
    final String label;
    AppTextField(this.controller, this.label);
    @override
    Widget build(BuildContext context) {
        return Padding(
            padding: EdgeInsets.all(24),
            child: TextField(
                controller: controller,
```

```
                decoration: InputDecoration(hintText: label),
                ),
            );
    }
}
```

（15）在_PackageScreenState 类的 build()方法中，移除已有的代码并返回一个 Scaffold，其中包含了一个 appBar 和一个 body，如下所示。

```
return Scaffold(
    appBar: AppBar(
        title: Text('Package App'),
    ),
    body: Column(
        children: [
            AppTextField(txtWidth, 'Width'),
            AppTextField(txtHeight, 'Height'),
            Padding(
                padding: EdgeInsets.all(24),
            ),
            ElevatedButton(
                child: Text('Calculate Area'),
                onPressed: () {}),
            Padding(
                padding: EdgeInsets.all(24),
            ),
            Text(result),
        ],
    ),
);
```

（16）在 ElevatedButton 的 onPressed()函数中，添加代码并调用 area 包中的 calculateAreaRect()方法。

```
double width = double.tryParse(txtWidth.text);
double height = double.tryParse(txtHeight.text);
String res = calculateAreaRect(width, height);
setState(() {
    result = res;
});
```

（17）运行应用程序。

（18）向屏幕中的文本框内输入两个有效数字，并单击 Calculate Area 按钮。图 10.4

显示了文本微件中的对应结果。

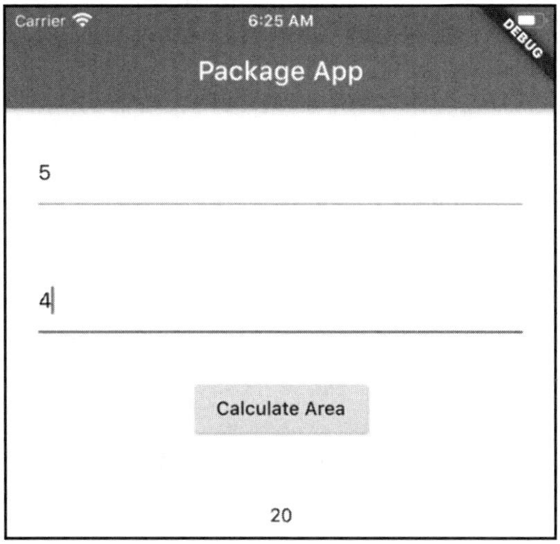

图 10.4

10.3.3　工作方式

包启用了模块化代码的创建机制，进而可方便地实现共享。其中，最简单的包应至少涵盖下列内容。

- 包含包名、版本和其他元数据的 pubspec.yaml 文件。
- 包含包代码的 lib 文件夹。

包可在 lib 文件夹中包含多个单一文件，但至少需要定义一个包含包名（在当前示例中为 area.dart）的 Dart 文件。

area.dart 文件包含两个方法，一个方法用于计算矩形面积，另一个方法则计算三角形面积。当然，也可在一个方法中计算二者。后续示例需要使用两个方法，稍后将对此加以讨论。

在 pubspec.yaml 文件中，我们导入 intl 包。

```
intl: ^0.17.0
```

包的重要特性之一是，当于某处添加依赖项并借助某个包时，无须在主程序中使用这个包。这意味着，不需要将 intl 包导入主包中。

注意下列命令。

```
final formatter = NumberFormat('#.####');
```

这将生成一个 NumberFormat 实例，进而从一个数字中创建一个 String，其结果限定为 4 位小数。在主项目的 pubspec.yaml 文件中，我们利用下列代码行将依赖项添加至 area 包中。

```
area:
    path: packages/area
```

当包以本地方式存储于 packages 目录中时，这是允许的。此外，其他选项还包括 Git 或 pub.dev 存储库。

在项目的 main.dart 文件中，在使用包之前需要在文件开始处将其导入，就像使用其他第 3 方包一样。

```
import 'package:area/area.dart';
```

用户界面则较为简单，其中设置了包含两个文本框的 Column。为了管理文本框中的内容，我们使用两个 TextEditingController 微件，它们可通过以下命令进行声明。

```
final TextEditingController txtHeight = TextEditingController();
final TextEditingController txtWidth = TextEditingController();
```

在 TextEditingController 微件声明完毕后，可将其与 AppTextField StatelessWidget 中的 TextField 关联，同时传递控制器参数，如下所示。

```
class AppTextField extends StatelessWidget {
    final TextEditingController controller;
    final String label;
    AppTextField(this.controller, this.label);
    @override
    Widget build(BuildContext context) {
        return Padding(
            padding: EdgeInsets.all(24),
            child: TextField(
            controller: controller,
            decoration: InputDecoration(hintText: label),
            ),
        );
    }
}
```

最后，通过调用 calculateAreaRect()方法使用包。在导入 area.dart 包后，该包即可在主项目中使用。

```
String res = calculateAreaRect(width, height);
```

10.3.4　另请参阅

关于包和插件之间的差别及其创建方式，读者可访问 https://flutter.dev/docs/development/packages-andplugins/developing-packages 以了解更多内容。

10.4　创建自己的包（第 2 部分）

在上一个示例中，包位于项目内。在本节示例中，我们将考查如何创建一个由多个文件构成的包，且依赖于主项目的 Git 存储库。

10.4.1　准备工作

当前示例将在 10.3 节示例的基础上完成。

10.4.2　实现方式

在当前示例中，首先通过关键字 part 和 part of 将 area.dart 文件中创建的函数分为两个独立的文件。随后，针对依赖项，我们将在项目的文件夹中使用 Git 存储库（而非包）。

（1）在包的 lib 文件夹中，创建一个名为 rectangle.dart 的新文件。

（2）创建名为 triangle.dart 的另一个文件。

（3）在 rectangle.dart 文件开始处，指定 area 包部分。

```
part of area;
```

（4）在 part of 语句之后，粘贴相关方法以计算矩形面积，并将该方法从 area.dart 文件中移除。此时 NumberFormat()方法将产生错误，这也是期望中的结果，稍后将对此加以处理。

```
String calculateAreaRect(double width, double height) {
    double result = width * height;
    final formatter = NumberFormat('#.####');
    return formatter.format(result);
}
```

（5）对 triangle.dart 文件进行重复步骤（3）和步骤（4）的处理过程。triangle.dart 文件的代码如下。

```
part of area;

String calculateAreaTriangle(double width, double height) {
    double result = width * height / 2;
    final formatter = NumberFormat('#.####');
    return formatter.format(result);
}
```

（6）在 area.dart 文件中，移除已有的方法并添加两条 part 语句。这将解决 triangle.dart 和 rectangle.dart 文件中的错误。area.dart 文件的完整代码如下。

```
library area;

import 'package:intl/intl.dart';

part 'rectangle.dart';
part 'triangle.dart';
```

（7）当前包可被更新至 Git 存储库中。一旦包发布完毕，就可通过 Git 地址更新主项目的 pubspec.yaml 文件。接下来，从主项目的 pubspec.yaml 文件中移除下列依赖项。

```
area:
   path: packages/area
```

（8）添加自己的 Git URL，或者在依赖项中使用下列 Git 地址。

```
area:
   git: https://github.com/simoales/area.git
```

10.4.3 工作方式

在当前示例中，我们考查了如何使用 Git 存储库创建包含多个文件的包及其使用方式。

其中，part 和 part of 关键字可将一个库划分为多个文件。在主文件中，我们可通过 part 语句指定构成库的其他文件。此处注意下列命令。

```
part 'rectangle.dart';
part 'triangle.dart';
```

上述命令意味着，triangle.dart 和 rectangle.dart 文件是 area 库的一部分。另外，这也是放置全部 import 语句之处，这些语句在每个链接文件中均是可见的。在链接文件中，还可添加相应的 part of 语句。

```
part of area;
```

这表明，每个文件均是 area 包的一部分。

提示：

建议选择小型库（也称作迷你包）以尽可能避免使用 part/part of 命令。然而，在某些情况下，了解可将复杂的代码划分为多个文件仍然是十分有用的。

pubspec.yaml 文件中的依赖项也是当前示例中较为关键的部分。

```
area:
   git: https://github.com/simoales/area.git
```

该语法允许从 Git 库中添加包，这对于下列情形十分有用：希望在团队中保持私有的包；或者在将包发布至 pub.dev 中之前对其有所依赖。能够依赖 Git 存储库中的包，允许我们在项目和团队间简单地共享包。

10.4.4　另请参阅

当在 Dart 中创建由多个文件构成的库时，读者可访问 https://dart.dev/guides/language/effective-dart/usage 以参考相关原则。

10.5　创建自己的包（第 3 部分）

如果读者希望对 Flutter 社区有所贡献，那么可将包共享至 pub.dev 存储库中。在当前示例中，我们将讨论其中所涉及的各项步骤。

10.5.1　准备工作

当前示例在 10.4 节示例的基础上完成。

10.5.2　实现方式

下列步骤展示了如何将包发布至 pub.dev 中。

（1）在终端窗口中，访问 area 目录。

```
cd packages/area
```

（2）运行 flutter pub publish --dry-run 命令，该命令将提供发布前所需的相关信息。

（3）复制 BSD 证书（https://opensource.org/licenses/BSD-3-Clause）。

注意：

BSD 证书是一个开源证书，并支持软件的合法使用，使开发者免于承担任何责任，且仅针对软件的使用和发布制订了最低程度的限制，无论是出于个人原因还是商业原因。

（4）打开 area 目录中的 LICENSE。

（5）将 BSD 证书粘贴至 LICENSE 文件中。

（6）在证书的第 1 行，添加当前年份和名字，或者实体名称。

```
Copyright 2021 Your Name Here
```

（7）打开 README.md 文件。

（8）在 README.md 文件中，移除已有的代码并添加下列内容。

```
# area
A package to calculate the area of a rectangle or a triangle
## Getting Started
This project is a sample to show how to create and publish packages
from a local directory, then a git repo, and finally pub.dev
You can view some documentation at the link:
[online documentation](https://youraddress.com), that contains
samples and a getting started guide.
Open the CHANGELOG.md file, and add the content below:
## [0.0.1]
* First published version
```

（9）在项目的 pubspec.yaml 文件中，移除作者键（如果存在），并添加包的主页，这可能是 Git 存储库的地址。pubspec.yaml 文件中前 4 行内容如下。

```
name: area
 description: The area Flutter package.
 version: 0.0.1
 homepage: https://github.com/simoales/area
```

（10）再次运行 flutter pub publish --dry-run 命令，并查看是否存在警告信息。虽然这一个特定的包可能并不是较好的候选方案。

提示：

在运行后续命令之前，应确保包能够为 Flutter 社区增加真正的价值。

（11）运行 flutter pub publish 命令，并将包上传至 pub.dev 公共存储库中。

10.5.3　工作方式

flutter pub publish --dry-run 命令并不能发布包，而仅仅是告知所发布的文件，以及是否存在警告或错误消息。在决定将包发布至 pub.dev 中时，这是一个较好的起点。

发布至 pub.dev 中的包必须包含一个开源证书。对此，Flutter 团队建议使用 BSD 证书，且不注明出处即可用于各种用途，同时还免除了作者的任何责任。BSD 证书内容较短，建议读者亲自阅读。

相应地，证书的文本内容置于包项目中的 LICENSE 文件中。

对于包来说，另一个较为重要的文件是 README.md 文件，该文件包含了用户在包主页上看到的主要内容，并采用了 Markdown 格式。这是一种标记语言，可用于格式化纯文本文档。

在前述示例中，我们采用了 3 种格式选项。

（1）# area：#表示一个级别 1 标题（HTML 中的 H1）。

（2）## Getting Started：##表示级别 2 标题（HTML 中的 H2）。

（3）[online documentation](https://youraddress.com)：这将生成一个指向圆括号中的 URL 的链接，并显示方括号中的内容。

CHANGELOG.md 文件并非必需，但推荐使用该文件。CHANGELOG.md 文件也是一个 Markdown 文件，包含了更新包时所包含的所有变化内容。如果将该文件添加至包中，这将在 pub.dev 站点的包页面上显示一个选项卡。

在正式发布包之前，还需要更新 pubspec.yaml 文件，其中应包含包名和描述、版本号和包的主页（通常是 GitHub 存储库）。

```
name: area
description: The area Flutter package.
version: 0.0.1
homepage: https://github.com/simoales/area
```

flutter pub publish 终端命令可将包发布至 pub.dev 中。注意，一旦发布完毕，其他开发人员就可使用它，且无法将包从存储库中移除。当然，发布者也可上传更新内容。

10.5.4　另请参阅

发布包并不是仅仅运行 flutter pub publish 命令，其间还将涉及多项规则、评分系统和推荐方法，进而生成高质量、成功的包。对此，读者可访问 https://pub.dev/help/publishing 以了解更多信息。

10.6 向谷歌地图中添加应用程序

当前示例将展示如何将谷歌地图插件添加至应用程序中。

特别地，我们将考查如何获得谷歌地图 API 密钥、如何将谷歌地图添加至 Android 和 iOS 项目中，以及如何在屏幕上显示地图。

最后，我们还将了解如何将谷歌地图集成至项目中。

10.6.1 准备工作

当前示例需要创建一个新的项目。

10.6.2 实现方式

在当前示例中，我们将把谷歌地图添加至应用程序中，并讨论将谷歌地图集成至 iOS 或 Android 项目中所需的相关步骤。

（1）创建一个新的 Flutter 应用程序，并将其命名为 map_recipe。

（2）将谷歌地图包依赖项添加至项目的 pubspec.yaml 文件中。这里，对应的包名为 google_maps_flutter。

```
dependencies:
  google_maps_flutter: ^2.0.3
```

（3）当获取谷歌地图时，需要获取 API 密钥。对此，可访问 https://cloud.google.com/maps-platform/，并在 Google Cloud Platform（GCP）控制台中获取。

（4）当通过谷歌账户进入控制台后，可以看到如图 10.5 所示的页面。

（5）每个 API 密钥均隶属于某一个项目。创建一个名为 maps-recipe 的新项目，保留当前位置的 No Organization 项，并随后单击 Create 按钮。

（6）在证书页面，可创建新的证书。对此，单击 Create credentials 按钮并选择 Api Key。通常情况下，我们需要限制密钥的使用，但当前测试项目并无此要求。

（7）在生成了密钥后，将该密钥复制至粘贴板中，稍后可从 Credentials 页面中检索密钥。

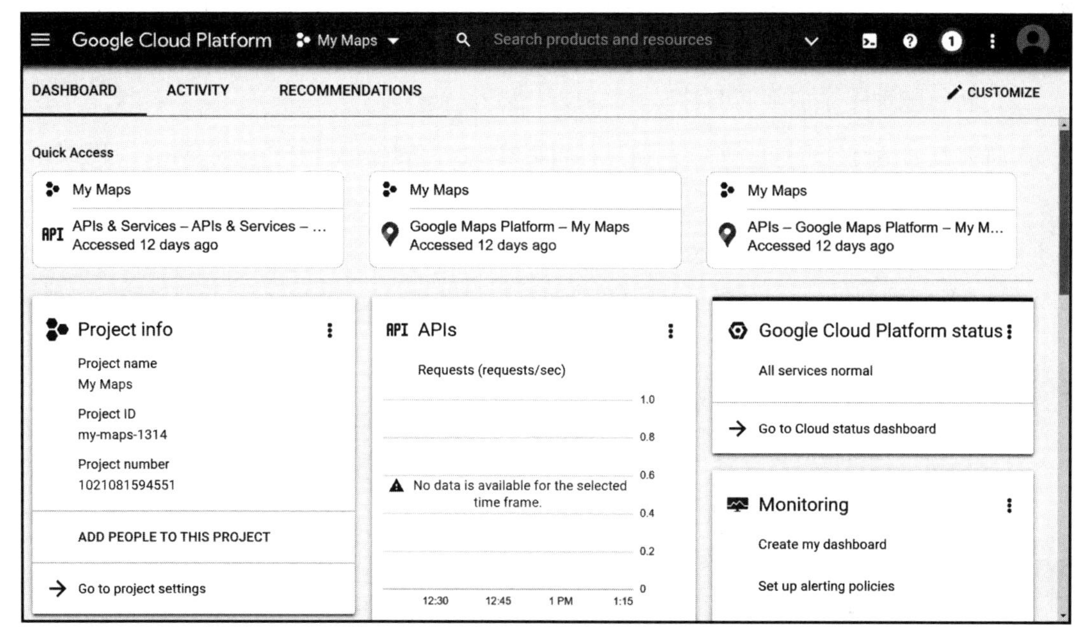

图 10.5

（8）在 iOS 和 Android 环境下，还需要针对目标系统从 API 页面中启用 Maps SDK。最终结果如图 10.6 所示。

Enabled APIs

Select an API to view details. Figures are for the last 30 days.

API ↑	Requests	Errors	Avg latency (ms)	
Maps SDK for Android	0	0	-	Details
Maps SDK for iOS	0	0	-	Details

图 10.6

下列步骤将根据具体平台而变化。

1. 将谷歌地图添加至 Android 中

（1）打开项目中的 android/app/src/main/AndroidManifest.xml 文件。

（2）将下列代码行添加至应用程序节点的图标启动器 icon 的后面。

```
android:icon="@mipmap/ic_launcher">
 <meta-data android:name="com.google.android.geo.API_KEY"
 android:value="[PUT YOUR KEY HERE]"/>
```

2. 将谷歌地图添加至 iOS 中

（1）打开 AppDelegate 文件，该文件可以在 ios/Runner/AppDelegate.swift 中找到。

（2）在 AppDelegate.swift 文件开始处，导入 GoogleMaps，如下所示。

```
import UIKit
import Flutter
import GoogleMaps
```

（3）向 AppDelegate 类中添加 API 密钥，如下所示。

```
@objc class AppDelegate: FlutterAppDelegate {
override func application(
_ application: UIApplication,
didFinishLaunchingWithOptions launchOptions:
[UIApplication.LaunchOptionsKey: Any]?
) -> Bool {
GMSServices.provideAPIKey("YOUR API KEY HERE")
GeneratedPluginRegistrant.register(with: self)
return super.application(application,
didFinishLaunchingWithOptions: launchOptions)
}
```

（4）选择使用嵌入视图的预览图。打开项目的 ios/Runner/Info.plist 文件，并向<dict>节点中加入下列内容。

```
<key>io.flutter.embedded_views_preview</key>
<true/>
```

当在屏幕上显示地图时，需要执行下列步骤。

（1）在 main.dart 文件开始处，针对 Flutter 包导入谷歌地图。

```
import 'package:google_maps_flutter/google_maps_flutter.dart';
```

（2）从文件中移除 MyHomePage 类。

（3）利用 stful 快捷方式创建新的有状态微件，并调用 MyMap 类。

```
class MyMap extends StatefulWidget {
   @override
   _MyMapState createState() => _MyMapState();
```

```
}
class _MyMapState extends State<MyMap> {
    @override
    Widget build(BuildContext context) {
        return Container(
    );}
}
```

（4）在 MyMap 类中，移除注释，并修改 MaterialApp 的 title 和 home 属性，如下所示。

```
class MyApp extends StatelessWidget {
    @override
    Widget build(BuildContext context) {
        return MaterialApp(
            title: 'Map Demo',
            theme: ThemeData(
                primarySwatch: Colors.blue,
            ),
            home: MyMap(),
        );
    }
}
```

（5）在_MyMapState 类的新 Scaffold 的 body 中，添加 GoogleMap 对象，同时传递参数 initialCameraPosition，如下所示。

```
class _MyMapState extends State<MyMap> {
    @override
    Widget build(BuildContext context) {
        return Scaffold(
            appBar: AppBar(title: Text('Google Maps'),),
            body: GoogleMap(
                initialCameraPosition: CameraPosition(
                target: LatLng(51.5285582, -0.24167),
                zoom: 12)
            ,),
        );
    }
}
```

运行应用程序。此时屏幕上将显示伦敦中央区位置的一幅地图，如图 10.7 所示。

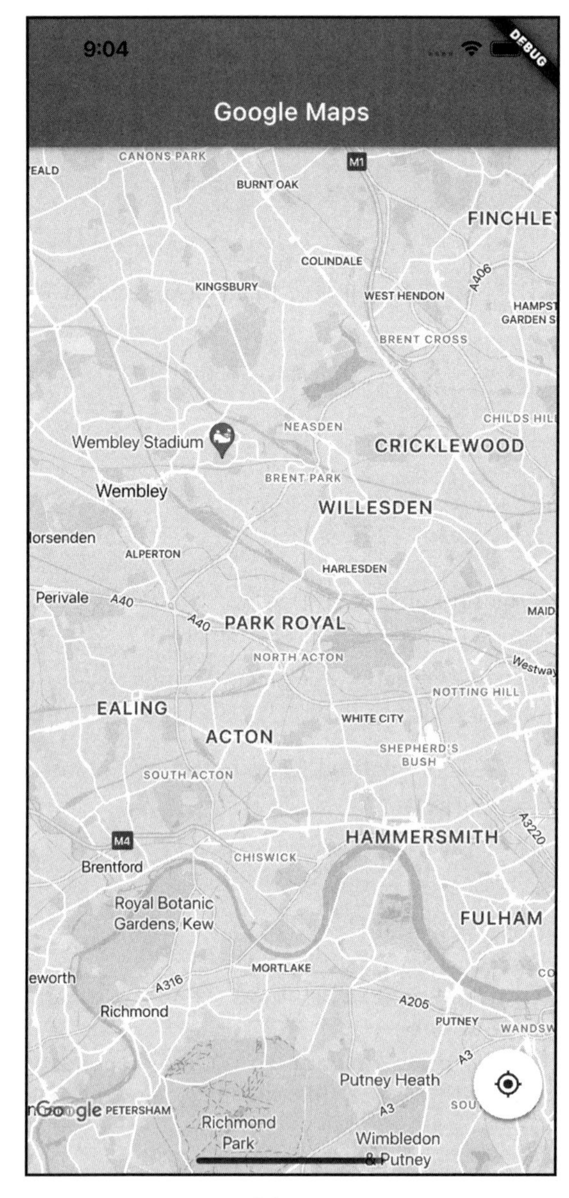

图 10.7

10.6.3　工作方式

在当前示例中，我们向应用程序中添加了谷歌地图，具体步骤如下。

（1）获取谷歌地图证书并激活该证书。

（2）利用证书配置应用程序。

（3）在项目中使用谷歌地图。

这里，证书和谷歌地图均为免费使用。这对于一般的开发过程已然足够，但如果打算发布应用程序，则需要考虑 API 费用等问题。

注意：

关于谷歌地图的价格等问题，读者可访问 https://cloud.google.com/maps-platform/pricing/ 以了解更多信息。

配置应用程序取决于所用的操作系统。对于 Android，需要向 Android 应用程序清单中添加谷歌地图信息。该文件涵盖了与应用程序相关的基本信息，包括包名、应用程序所需的权限以及系统需求。

在 iOS 环境下，我们可使用 AppDelegate.swift 文件，即 iOS 应用程序的根对象，该文件用于管理应用程序的共享行为。针对 iOS 项目，我们还需要选择使用嵌入视图的预览视图，这可在应用程序的 Info.plist 文件中实现。

如前所述，显示一幅地图并不复杂，所使用的对象为 GoogleMap，唯一所需的参数为 initialCameraPosition，该参数使用一个 CameraPosition 对象。这是一个地图的中心位置，同时还需要使用一个目标位置。随后，目标位置将通过一个 LatLng 对象表示地图中的位置。其中包括两个小数表示的坐标，分别对应于纬度和经度。除此之外，还可指定一个缩放级别，即该数字越大，地图的比例就越大。谷歌采用维度和经度定位地图，并将标记置于其上。

当在屏幕上显示地图时，用户可放大或缩小地图，并在 4 个基本方向上移动地图的中心位置。

接下来将考查如何根据用户位置动态地定位地图。

10.6.4　另请参阅

除谷歌地图外，还存在一些其他的地图服务，如 Bing 或 Apple，用户可选择自己喜爱的产品并与 Flutter 结合使用。maps 则是一个与平台无关的插件，读者可访问 https://pub.dev/packages/maps 以了解更多信息。

10.7　使用位置服务

前述示例考查了如何利用谷歌地图和固定坐标显示并定位地图。在当前示例中，我们将查找用户的当前位置，进而根据用户的位置调整地图。

特别地，我们需要向项目中添加位置包、检索设备的位置坐标，进而将地图的位置设置为检索到的坐标。

在考查完本示例后，读者将能够理解用户位置在应用程序中的应用方式。

10.7.1　准备工作

当前示例需要在 10.6 节示例的基础上完成。

10.7.2　实现方式

我们可使用名为 location 的 Flutter 包访问与平台相关的位置服务。

（1）将依赖项中位置包的最新版本添加至 pubspec.yaml 文件中。

```
location: ^4.1.1
```

（2）在 Android 环境中，添加相关权限以访问用户的位置。在 Android 清单文件（android/app/src/main/AndroidManifest.xml）的 Manifest 节点中添加下列节点。

```
<uses-permission
android:name="android.permission.ACCESS_FINE_LOCATION" />
```

（3）在 main.dart 文件中，导入 location 包。

```
import 'package:location/location.dart';
```

（4）在_MyMapState 类开始处，添加一个 LatLng 变量。

```
LatLng userPosition;
```

（5）在_MyMapState 类底部，添加一个新方法，用于检索当前用户的位置。

```
Future<LatLng> findUserLocation() async {
    Location location = Location();
    LocationData userLocation;
    PermissionStatus hasPermission = await
     location.hasPermission();
    bool active = await location.serviceEnabled();
    if (hasPermission == PermissionStatus.granted && active) {
        userLocation = await location.getLocation();
        userPosition = LatLng(userLocation.latitude,
         userLocation.longitude);
```

```
    } else {
        userPosition = LatLng(51.5285582, -0.24167);
    }
    return userPosition;
}
```

（6）在_MyMapState 类的 build()方法中，将 GoogleMap 置入 FutureBuilder 对象中，该对象的 future 属性调用 findUserLocation()方法。

```
body: FutureBuilder(
    future: findUserLocation(),
    builder: (BuildContext context, AsyncSnapshot snapshot) {
        return GoogleMap(
            initialCameraPosition:
                CameraPosition(target: snapshot.data, zoom: 12),
        );
    },
),
```

（7）运行应用程序。随后即可看到用户在地图/模拟器上的位置，以及模拟器自身设置的位置。

10.7.3　工作方式

当查找用户的当前位置时，我们创建了一个名为 findUserLocation()的 asyn 方法，该方法利用设备的 GPS 查找当前用户所在位置的维度和经度（如果存在），并将其返回调用者处。随后，该方法用于在用户界面中设置 FutureBuilder 对象的 future 属性。

在尝试检索用户位置之前，需要执行两个较为重要的步骤。通常情况下，我们应检查位置服务是否处于活动状态，以及用户是否已授权检索他们的位置数据。在当前示例中，我们采用了下列命令。

```
PermissionStatus hasPermission = await location.hasPermission();
```

并随后添加了下列命令。

```
bool active = await location.serviceEnabled();
```

其中，hasPermission()方法返回一个 PermissionStatus 值，该值包含了一个位置授权状态。serviceEnabled()方法则返回一个布尔值，当启用了位置服务后，该值为 true。这两点都是确定设备位置的先决条件。

getLocation()方法返回一个 LocationData 对象，该对象不仅包含了 latitude 和 longitude，

而且还包含了 altitude 和 speed。当前示例并未使用到 altitude 和 speed 数据，但对于其他应用程序来说，此类数据可能十分有用。

在 build()方法中，我们使用了 FutureBuilder 对象自动设置 initialPosition（当它存在时）。

接下来，我们将考查如何向地图中添加标记。

10.7.4　另请参阅

如前所述，我们需要特定的权限使用位置服务。为了较好地处理应用程序的权限问题，读者可尝试使用 permission_handler 包，并访问 https://pub.dev/packages/permission_handler 以了解与此相关的更多内容。

10.8　向应用程序中添加标记

在当前示例中，我们将考查如何查询 Google Map Places 服务，并向应用程序中的地图添加标记。特别地，我们将搜索用户位置附近（直径为 1000m 的范围）处的所有餐厅。

在学习完本示例后，读者将能够查询庞大的 Google Places 归档，并通过标记指向地图中的任何位置。

10.8.1　准备工作

当前示例将在 10.6 节和 10.7 节示例的基础上完成。

10.8.2　实现方式

在向项目的地图中添加标记时，需要执行下列步骤。

（1）返回 Google Maps API 控制台中，并针对应用程序启用位置 API。确保选择 Flutter Maps 项目，并随后单击 Enable 按钮。

（2）在 main.dart 文件开始处，分别针对 http 包和 dart:convert 包添加两个新的导入语句，如下所示。

```
import 'package:http/http.dart' as http;
import 'dart:convert';
```

（3）在_MyMapState 类开始处，添加一个 Marker 对象的新 List。

```
class _MyMapState extends State<MyMap> {
LatLng userPosition;
List<Marker> markers = [];
```

（4）在_MyMapState 类 build()方法所包含的 AppBar 中，添加包含 IconButton 的 actions 属性，这将在执行单击操作时调用 findPlaces()方法。

```
@override
Widget build(BuildContext context) {
    return Scaffold(
        appBar: AppBar(
            title: Text('Google Maps'),
            actions: [
                IconButton(
                    icon: Icon(Icons.map),
                    onPressed: () => findPlaces(),
                )
            ],
        ),
```

（5）在 GoogleMap 对象中，添加 markers 参数，这将使用源自 markers 列表中的 Marker 对象的 Set。

```
return GoogleMap(
    initialCameraPosition:
        CameraPosition(target: snapshot.data, zoom: 12),
    markers: Set<Marker>.of(markers),
);
```

（6）在_MyMapState 类的底部，创建一个名为 findPlaces()的新的异步方法。

```
Future findPlaces() async {}
```

（7）在 findPlaces()方法中，添加 Google Maps 密钥和查询的基本 URL。

```
final String key = '[Your Key Here]';
final String placesUrl =
'https://maps.googleapis.com/maps/api/place/nearbysearch/json?';
```

（8）在声明下方，添加 URL 的动态部分。

```
String url = placesUrl +
'key=$key&type=restaurant&location=${userPosition.latitude},${userPosi
tion.longitude}' + '&radius=1000';
```

（9）针对生成后的 URL 执行 http get 调用。如果响应有效，则调用一个 showMarkers()

方法，并传递一个检索到的数据（稍后将对此加以讨论）；否则该方法将抛出一个异常。对应代码如下。

```
final response = await http.get(Uri.parse(url));
    if (response.statusCode == 200) {
      final data = json.decode(response.body);
      showMarkers(data);
    } else {
      throw Exception('Unable to retrieve places');
    }
}
```

（10）创建一个名为 showMarkers()的新方法，并接收一个 data 参数。

```
showMarkers(data) {}
```

（11）在 showMarkers()方法中，创建一个名为 places 的 List，并读取所传递的 data 对象的 results 节点，同时清空 markers List。

```
List places = data['results'];
markers.clear();
```

（12）在结果列表上创建一个 forEach 循环，这将针对列表中的各项添加一个新标记。针对每个标记，分别设置 markerId、position 和 infoWindow，如下所示。

```
places.forEach((place) {
    markers.add(Marker(
        markerId: MarkerId(place['reference']),
        position: LatLng(place['geometry']['location']['lat'],
            place['geometry']['location']['lng']),
        infoWindow:
            InfoWindow(title: place['name'], snippet:
              place['vicinity'])));
});
```

（13）更新设置标记的 State。

```
setState(() {
    markers = markers;
});
```

（14）运行应用程序。随后将会在地图上看到一个标记列表，其中包含了附近位置处的所有餐厅。当单击其中的某个标记时，将会显示包含餐厅名称和地址的信息窗口。

10.8.3　工作方式

Google Places API 包含了超过 1.5 亿个关注点，并可添加至地图中。一旦激活了该项服务，即可结合 http 类并通过 get 调用执行查询操作。基于位置的查询地址如下。

```
https://maps.googleapis.com/maps/api/place/nearbysearch/json
```

在地址的最后一部分内容中，可根据希望接收的格式指定 json 或 xml。在此之前，nearbysearch 则针对指定位置附近的地址执行查询。当实施附近搜索时，需要使用 3 个参数和多个选项。其间，应采用&号分隔每个参数。

对应的 3 个参数如下。

（1）key：即 API 密钥。

（2）location：地址附近的位置（纬度和经度）。

（3）radius：以米表示的半径，并在此范围内检索结果。

在当前示例中，还需要使用可选参数 type。相应地，type 将对结果进行筛选，以便仅返回与指定类型匹配的地址。在当前示例中，我们使用了"restaurant"。其他类型还包括 café、church、mosque、museum 和 school。对此，读者可访问 https://developers.google.com/places/web-service/supported_types 查看所支持类型的完整列表。

最终的 URL 地址示例应如下。

```
https://maps.googleapis.com/maps/api/place/nearbysearch/json?key=[YOUR KEY
HERE]&type=restaurant&location=41.8999983,12.49639830000001&radius=10000
```

在查询构建完毕后，还需要通过 http.get()方法调用 Web 服务。如果调用成功，则该方法将返回包含 JSON 地址信息的响应结果。下列内容展示了部分选择结果。

```
"results": [
  {
    "geometry" : {
      "location" : {
        "lat" : 41.8998425,
        "lng" : 12.499711
      },
  },
  "name" : "UNAHOTELS Decò",
  "place_id" : "ChIJk6d0a6RhLxMRVH_wYTNrTDQ",
  "reference" : "ChIJk6d0a6RhLxMRVH_wYTNrTDQ",
  "types" : [ "lodging", "restaurant", "food", "point_of_interest",
  "establishment" ],
```

```
  "vicinity" : "Via Giovanni Amendola, 57, Roma"
},
```

我们可采用标记在地图上标定地理位置。这里，标记包含一个 markerId，用以唯一地表示地址（positon），它接收一个 LatLng 对象和可选的 infoWindow，后者在用户单击标记时显示与位置相关的一些信息。在当前示例中，我们显示了位置名称及其地址（在 API 中称作 vicinity）。

在当前示例中，showMarkers()方法通过 places List 上的 forEach()方法针对每个检索到的位置添加一个新的 Marker。

在 GoogleMaps 对象中，markers 参数用于向地图中添加标记。

10.8.4　另请参阅

关于基于 Google Maps 的位置搜索，读者可访问 https://developers.google.com/places/web-service/search 以了解更多内容。

第 11 章　向应用程序中添加动画

动画是一种十分重要的显示效果，并可通过变化中的用户界面显著地改善应用程序的用户体验，包括从列表中添加和移除元素，以及引起用户注意的元素淡化效果。Flutter 中的动画 API 功能强大，但无法直接构建简单的微件。在本章中，我们将学习如何创建有效的动画效果，并将其添加至项目中，进而完善用户的视觉体验。

本章主要涉及以下主题。

- 创建基本的容器动画。
- 设计动画（第 1 部分）——VSync 和 AnimationController。
- 设计动画（第 2 部分）——添加多重动画。
- 设计动画（第 3 部分）——使用曲线。
- 优化动画。
- 使用 Hero 动画。
- 使用预置动画转换。
- 使用 AnimatedList 微件。
- 使用 Dismissible 微件实现滑动手势。
- 使用 Flutter 动画包。

在阅读完本章后，读者将能够向应用程序中插入多种不同类型的动画。

11.1　创建基本的容器动画

在当前示例中，我们将把一个正方形置于屏幕中间位置。当单击 AppBar 中的 IconButton 时，将同时出现 3 个动画。其间，正方形将改变颜色、尺寸和上边距，如图 11.1 所示。

在此基础上，读者将理解如何与 AnimatedContainer 微件协同工作，进而通过 Container 创建简单的动画。

图 11.1

11.1.1　准备工作

在当前示例中，我们将从头开始创建新的项目。

11.1.2　实现方式

在当前示例中，我们将创建一个新的屏幕，并利用 AnimatedContainer 微件显示动画效果。

（1）创建新的 Flutter 应用程序，并将其称作 myanimations。

（2）移除示例应用程序中的 MyHomePage 类。

（3）重构 MyApp 类，如下所示。

```
import 'package:flutter/material.dart';

void main() {
```

```
  runApp(MyApp());
}

class MyApp extends StatelessWidget {
  @override
  Widget build(BuildContext context) {
    return MaterialApp(
      title: 'Animations Demo',
      theme: ThemeData(
        primarySwatch: Colors.blue,
      ),
      home: MyAnimation(),
    );
  }
}
```

（4）创建一个名为 my_animation.dart 的文件，并通过 stful 快捷方式添加一个名为 MyAnimation 的有状态微件，如下所示。

```
class MyAnimation extends StatefulWidget {
  @override
  _MyAnimationState createState() => _MyAnimationState();
}

class _MyAnimationState extends State<MyAnimation> {
  @override
  Widget build(BuildContext context) {
    return Container();
  }
}
```

（5）移除_MyAnimationStateClass 中的容器，并插入一个 Scaffold。在 Scaffold 的 appBar 参数中，添加一个标题为 Animated Container 的 AppBar 和一个空的 actions。在 Scaffold 体内，添加一个 Center 微件，对应代码如下。

```
Widget build(BuildContext context) {
  return Scaffold(
      appBar: AppBar(
        title: Text('Animated Container'),
        actions: []
      ),
    body: Center());
```

（6）在_MyAnimationState 类开始处，添加一个颜色 List。

```
final List<Color> colors = [
  Colors.red,
  Colors.green,
  Colors.yellow,
  Colors.blue,
  Colors.orange
];
```

（7）在 List 下方，添加一个整型状态变量 iteration（从 0 值开始）。

```
int iteration = 0;
```

（8）在 Scaffold 体内，添加一个包含 AnimatedContainer 的 Center 微件。AnimatedContainer 的 width（宽度）和 height（高度）均为 100，其 Duration 为 1s，且对应的 color 为 colors[iteration]。

```
body: Center(
  child: AnimatedContainer(
    width: 100,
    height: 100,
    duration: Duration(seconds: 1),
    color: colors[iteration],
)));
```

（9）在 AppBar 的 actions 属性中，添加一个 IconButton，其图标为 run_circle。

（10）在 onPressed 参数中，如果 iteration 值小于 colors 列表长度，则将 iteration 递增 1；否则将其重置为 0。随后调用 setState()方法，进而设置新的 iteration 值。

```
actions: [
  IconButton(
    icon: Icon(Icons.run_circle),
    onPressed: () {
      iteration < colors.length - 1 ? iteration++ : iteration = 0;
      setState(() {
        iteration = iteration;
});},)],
```

（11）运行应用程序。

（12）多次单击图标，每次将会看到正方形的颜色发生变化。变化内容将自动插值以使转换效果更加平滑。

（13）在_MyAnimationState 类的开始处，添加两个新的列表。

```
final List<double> sizes = [100, 125, 150, 175, 200];
final List<double> tops = [0, 50, 100, 150, 200];
```

（14）编辑 AnimatedController 微件，对应代码如下。

```
child: AnimatedContainer(
  duration: Duration(seconds: 1),
  color: colors[iteration],
  width: sizes[iteration],
 height: sizes[iteration],
 margin: EdgeInsets.only(top: tops[iteration]),
)
```

（15）再次运行应用程序。多次单击 IconButton 并查看相应结果。

11.1.3　工作方式

AnimatedContainer 是 Container 微件的动画版本，并可在一段时间内更改其属性。在当前示例中，我们创建了一个过渡动画，并修改文件的颜色、宽度、高度和边距。

当使用 AnimatedContainer 时，duration 不可或缺，如下所示。

```
AnimatedContainer(
  duration: Duration(seconds: 1),
```

这表明，每次 AnimatedContainer 变化时，旧值和新值之间的过渡转换将占用 1s。

接下来，设置 AnimatedContainer 的一个或多个属性，这些属性应该在指定的持续时间内改变。

提示：

并不是 AnimatedContainer 的所有属性都需要改变。但是，一旦全部属性发生改变，它们就会在 duration 属性指定的时间段内一起发生变化的。

在当前项目中，我们使用了 4 个属性，即 color、width、height 和 margin，对应代码如下。

```
color: colors[iteration],
width: sizes[iteration],
height: sizes[iteration],
margin: EdgeInsets.only(top: tops[iteration])
```

当单击 AppBar 中的 IconButton 时，动画开始在 onPressed 回调中运行。为了使容器呈现动画效果，我们仅需修改微件的状态即可，即修改 iteration 值。

```
onPressed: () {
  iteration < 4 ? iteration++ : iteration = 0;
  setState(() {
    iteration = iteration;
  });
},
```

11.1.4　另请参阅

关于 AnimatedContainer 的使用方式，官方文档中提供了讲解视频和提示内容，对应网址为 https://api.flutter.dev/flutter/widgets/AnimatedContainer-class.html。

11.2　设计动画（第 1 部分）——VSync 和 AnimationController

在当前示例中，我们将执行微件动画的第 1 个步骤，即设置一个计时 Mixin 并初始化 AnimationController。此外，还将添加相应的监听器以确保每次计时时 build()函数返回。

这里，我们将构建一个动画，使球体自屏幕的上方起以对角线方式移动，并在结束位置处停止，如图 11.2 所示。

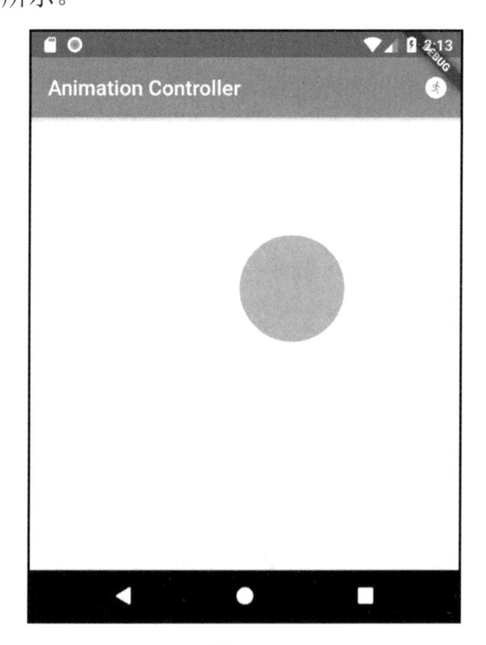

图 11.2

11.2.1　准备工作

本章示例需要在现有的 Flutter 项目上完成，或者也可在 11.1 节示例的基础上完成。

11.2.2　实现方式

在当前示例中，我们将构建一个在屏幕间移动的微件。

（1）在 lib 文件夹中，创建一个名为 shape_animation.dart 的新文件。

（2）在文件开始处导入 material.dart。

```
import 'package:flutter/material.dart';
```

（3）利用 stful 快捷方式创建一个新的有状态微件，并将其称作 ShapeAnimation，结果如下。

```
class ShapeAnimation extends StatefulWidget {
  @override
  _ShapeAnimationState createState() => _ShapeAnimationState();
}

class _ShapeAnimationState extends State<ShapeAnimation> {
  @override
  Widget build(BuildContext context) {
    return Container(
);}}
```

（4）在 shape_animation.dart 文件下方，通过 stless 快捷方式创建一个名为 Ball 的无状态微件。

```
class Ball extends StatelessWidget {
  @override
  Widget build(BuildContext context) {
    return Container(
  );
}}
```

（5）在 Ball 类的 build()方法中，将容器的 width 和 height 设置为 100，随后在其 decoration 中，将 color 设置为橘黄色，并将 shape 设置为圆形。

```
return Container(
  width: 100,
```

```
  height: 100,
  decoration: BoxDecoration(color: Colors.orange, shape: BoxShape.circle),
);
```

（6）在_ShapeAnimationState 类上方，声明一个名为 controller 的 AnimationController。

```
AnimationController controller;
```

（7）在_ShapeAnimationState 类中，重载 initState()方法。

```
@override
void initState() {
    super.initState();
}
```

（8）在 initState()方法中，将控制器设置为包含 3s 延迟、vsync 为 this 的新 AnimationController。这将在 vsync 参数中产生一个错误，稍后将对此加以处理。

```
controller = AnimationController(
  duration: const Duration(seconds: 3),
  vsync: this,
);
```

（9）在_ShapeAnimationState 声明中，添加 with SingleTickerProviderStateMixin 指令。

```
class _ShapeAnimationState extends State<ShapeAnimation> with
SingleTickerProviderStateMixin {
```

（10）在_ShapeAnimationState 类开始处，添加类型为 double 的 Animation 声明。

```
Animation<double> animation;
```

（11）在动画声明下方，声明一个名为 pos 的 double 类型。

```
double pos = 0;
```

（12）在 build()方法中，添加一个 Scaffold，其中，AppBar 包含一个 Text（对应值为 Animation Controller），且 body 包含一个 Stack。在 Stack 中，设置一个 Positioned 微件，其子微件为 Ball 实例。接下来设置 pos 的左、右属性，如下所示。

```
return Scaffold(
  appBar: AppBar(
    title: Text('Animation Controller'),
  ),
  body: Stack(
    children: [
```

```
    Positioned(left: pos, top: pos, child: Ball()),
],),),);}
```

（13）在_ShapeAnimationState 类的下方，创建一个名为 moveBall()的新方法，该方法将把 pos 状态值修改为 animation 的 value 属性。

```
void moveBall() {
  setState(() {
    pos = animation.value;
  });
}
```

（14）在 initState()方法中，利用 double 类型的 Tween 设置动画，且 begin 值为 0，end 值为 200。此外，添加一个 animate()方法并传递控制器，同时向动画中添加一个监听器。监听器中的函数将简单地调用 moveBall()方法，如下所示。

```
animation = Tween<double>(begin: 0, end: 200).animate(controller)
..addListener(() {
  moveBall();
});
```

（15）在 build()方法的 AbbBar 中，添加 actions 参数。这将设置一个包含 run_circle 图标的 IconButton，并在单击时重置控制器，同时调用其 forward()方法。

```
actions: [
  IconButton(
    onPressed: () {
      controller.reset();
      controller.forward();
    },
    icon: Icon(Icons.run_circle),
)],
```

（16）在 main.dart 文件开始处，导入 shape_animation.dart。

```
import './shape_animation.dart';
```

（17）在 MyApp 类的 build()方法中，将 MaterialApp 的 home 设置为 ShapeAnimation。

```
home: ShapeAnimation(),
```

（18）运行应用程序，并观察球体在屏幕上的运动行为。

11.2.3　工作方式

当前示例为后续的两个示例提供了准备工作，并加入了一些重要特性以在 Flutter 中实现微件的动画效果。特别地，其间使用 3 个较为重要的类。

（1）Animation 类。

（2）Tween 类。

（3）AnimationController 类。

在_ShapeAnimationState 类开始处，我们声明一个 Animation，并具有以下声明。

```
Animation<double> animation;
```

Animation 类接收多个值，并将其转换为动画。据此，我们将针对动画执行插值操作。Animation<double>意味着将对 double 类型进行插值。

Animation 实例并未绑定至屏幕上的其他微件，且仅在每帧变化期间关注动画的状态。Tween（in-between 的简写）包含了属性值，或动画期间变化的属性。考查下列指令。

```
animation = Tween<double>(begin: 0, end: 200).animate(controller);
```

这将在 AnimationController 中指定的时间段内针对 0～200 的数字执行插值计算。AnimationController 控制一个或多个 Animation 对象，此外还可用以执行多项任务，包括启动动画、指定一个时间段、执行重置操作或重复动画。当硬件已为新的一帧做好准备时，AnimationController 将生成一个新值。特别地，AnimationController 将对指定的持续时间生成 0～1 的数字。另外，当使用结束后，还应销毁 AnimationController。

在 initState()方法中，我们置入下列指令。

```
controller = AnimationController(
  duration: const Duration(seconds: 3),
  vsync: this,
);
```

duration 属性包含了一个 Duration 对象，并可于其中指定与控制器关联的动画时长（以秒计算）。此外，还可选取其他计时方式，如毫秒和分钟。

vsync 属性需要使用到一个 TickerProvider。这里，计时器被定义为一个类，并以固定的时间间隔发送信号，理想状态是每秒 60 次（如果设备支持该帧速率）。在当前示例中，在 State 类声明中，我们使用下列指令。

```
class _AnimatedSquareState extends State<AnimatedSquare> with
SingleTickerProviderStateMixin {
```

关键字 with 意味着我们正在使用一个 Mixin，这是一个包含多个方法的类，并可以由其他类使用，而不需要从其他类中继承这些方法。基本上讲，我们包含了 Mixin 类，而不是将其用作父类。Mixin 是在多个层次结构中重用相同类代码的一种非常有效的方法。

with SingleTickerProviderStateMixin 表明我们正在使用一个传递 SingleTicker 的 TickerProvider，且仅适用于包含单一 AnimationController 时。当使用多个 AnimationController 对象时，则应使用一个 TickerProviderStateMixin。

每次动画值变化时，添加至 Animation 中的 addListener()方法将被调用。

考查下列指令。

```
addListener(() {
  moveBall();
});
```

在上述代码中，我们调用了 moveBall()方法，当每帧变化时，该方法更新屏幕上的球体位置。通过调用 setState()方法，moveBall()方法自身也向用户显示变化内容。

```
void moveBall() {
  setState(() {
    pos = animation.value;
});}
```

pos 变量包含 Ball 的 left 和 top 值，这将创建一种屏幕上自下至右的线性运动行为。

11.2.4　另请参阅

Flutter 团队在创建和记录动画方面投入了大量资源，这也是 Flutter 与其他框架相比脱颖而出的原因之一。关于动画的工作方式，读者可参考官方动画教程，对应网址为 https://flutter.dev/docs/development/ui/animations/tutorial。

11.3　设计动画（第 2 部分）——添加多重动画

本节将连接一系列中间动画（描述动画的改变值），随后将其链接至 AnimationController。这将允许球体在屏幕上以不同的速度运动。

在当前示例中，我们将学习如何利用同一个 AnimationController 执行多重动画，这将提供一定的灵活性并在应用程序中执行更为有趣的自定义动画。

11.3.1　准备工作

当前示例将在 11.2 节示例的基础上完成。

11.3.2　实现方式

下列步骤展示了如何利用单一的 AnimationController 同时执行两个 Tween 动画。

（1）在_ShapeAnimationState 类开始处，移除 double 类型的 pos 值并添加两个新值，分别对应于球体的上方位置和左方位置。除此之外，还需要移除 animation 变量，并添加两个动画，分别对应于上方值和左方值，如下所示。

```
double posTop = 0;
double posLeft = 0;
Animation<double> animationTop;
Animation<double> animationLeft;
```

（2）在 initState()方法中，移除 animation 对象并设置 animationLeft 和 animationTop，其中仅向 animationTop 中添加监听器。

```
animationLeft = Tween<double>(begin: 0, end: 200).animate(controller);
animationTop = Tween<double>(begin: 0, end: 400).animate(controller)
..addListener(() {
  moveBall();
});
```

（3）在 setState()调用的 moveBall()方法中，将 posTop 设置为 animationTop 动画值，随后利用 animationLeft 针对 posLeft 执行相同的操作。

```
void moveBall() {
  setState(() {
    posTop = animationTop.value;
    posLeft = animationLeft.value;
  });
}
```

（4）在 build()方法的 Positioned 微件中，将 left 和 top 参数设置为 posLeft 和 posTop。

```
Positioned(left: posLeft, top: posTop, child: Ball()),
```

（5）运行应用程序并观察球体的运动结果。

11.3.3　工作方式

AnimationController 控制一个或多个动画。在当前示例中，我们考查了如何将第 2 个动画添加至同一个控制器中。这一点十分重要，因为可利用不同的值改变对象的不同属性。

当前示例的目标是分离 Ball 对象的左方坐标值和上方坐标值。

考查下列指令。

```
animationLeft = Tween<double>(begin: 0, end: 200).animate(controller);
animationTop = Tween<double>(begin: 0, end: 400).animate(controller)
..addListener(() {
  moveBall();
});
```

这两个 Tween 动画（animationLeft 和 animationTop）将在 AnimationController 指定的时间内插值 0～200 和 0～400 的数字，这意味着，垂直运动快于水平运动，因为在相同的时间帧内，球体在垂直方向上涵盖两倍的空间。

11.4　设计自己的动画（第 3 部分）——曲线

线性运动仅存在于理论物理中，而曲线则可向运动行为添加更多的真实感。在当前示例中，我们将向之前的动画添加曲线，以使球体缓慢地启动，随后执行加速运动，最后再次缓慢地运动直至停止。

在学习了该示例后，读者将能够了解如何向动画中添加曲线，并使运动行为更具真实感和吸引力。

11.4.1　准备工作

当前示例将在 11.2 节和 11.3 节的基础上完成。

11.4.2　实现方式

在当前示例中，我们将重构动画、添加一条曲线并调整运动行为。

（1）在_ShapeAnimationState 类的开始处，针对上方坐标和最大左侧坐标的最大值添加两个新的 double 值、一个类型为 double 的新 Animation（如果在前述示例中未将该动画删除，那么该动画可能已经存在），以及一个包含球体尺寸的 final int。

```
double maxTop = 0;
double maxLeft = 0;
Animation<double> animation;
final int ballSize = 100;
```

（2）在 build()方法中，使用 LayoutBuilder 将 Stack 微件封装在 SafeArea 中。在构造器中，将 maxLeft 和 maxTop 值设置为约束的最大值，并减去球体的尺寸（100）。Positioned 微件的 left 和 top 值将分别使用 posLeft 和 posTop。完整的 Scaffold 体如下。

```
body: SafeArea(child: LayoutBuilder(
  builder: (BuildContext context, BoxConstraints constraints) {
    maxLeft = constraints.maxWidth - ballSize;
    maxTop = constraints.maxHeight - ballSize;
    return Stack(
      children: [
        Positioned(left: posLeft, top: posTop, child: Ball()),
      ],
    );
  },
)));
```

（3）在 initState()方法中，移除或注释掉 animationLeft 和 animationTop 设置项，并添加一个新的 CurvedAnimation。

```
animation = CurvedAnimation(
  parent: controller,
  curve: Curves.easeInOut,
);
```

（4）在 animation 设置项下，添加监听器，如下所示。

```
animation
..addListener(() {
moveBall();
});
```

（5）在 moveBall()方法中，设置 posTop 和 posLeft，如下所示。

```
void moveBall() {
  setState(() {
    posTop = animation.value * maxTop;
    posLeft = animation.value * maxLeft;
  });
}
```

（6）运行应用程序并观察球体的运行效果。

11.4.3 工作方式

当前示例向已有的动画中添加了两个特性，即计算 Ball 对象可能移动的空间大小，以及向运动行为中添加一条曲线。当设计应用程序的动画效果时，这两点十分有用。

当计算有效的空间时，我们使用了包含 LayoutBuilder 的 SafeArea 微件。

SafeArea 微件向其子微件添加了一些间隙，以避免操作系统占用，如屏幕顶部的状态栏。当希望仅使用应用程序的有效空间时，这将十分有用。

LayoutBuilder 可计算当前上下文的有效空间，因为它提供了父微件的约束条件——在当前示例中为 SafeArea 的约束。LayoutBuilder 需要在其构造函数中使用一个 builder，并接收一个包含当前上下文和父微件约束的函数。

下面考查下列指令。

```
body: SafeArea(child: LayoutBuilder(
builder: (BuildContext context, BoxConstraints constraints) {
maxLeft = constraints.maxWidth - ballSize;
maxTop = constraints.maxHeight - ballSize;
```

这里采用了 SafeArea 微件的约束（BoxConstraints constraints），并减去球体的尺寸（100），进而在球体到达安全区域边缘时停止其运动。

当前示例中另一个重要部分是曲线，对此，我们使用了下列指令。

```
animation = CurvedAnimation(
  parent: controller,
  curve: Curves.easeInOut,
);
```

当想在动画中应用非线性曲线时，可使用 CurvedAnimation。对此，存在多种预置曲线可用——当前示例采用了 easeInOut 曲线，其过程可描述为缓慢启动，随后加速，最后缓慢降速。CurvedAnimation 对象的返回值为 0.0～1.0，但在整个动画期间的速度则有所不同。这也解释了 moveBall()方法的调整方式。

```
void moveBall() {
  setState(() {
    posTop = animation.value * maxTop;
    posLeft = animation.value * maxLeft;
  });
}
```

动画值起始于 0，且球体的位置也始于 0，并随后到达 maxLeft 和 maxTop 坐标极限值。此时，动画结束且对应值为 1。

当应用程序时，可以看到球台在开始时缓慢运动，随后加速，最终缓慢地停止。

11.4.4　另请参阅

关于 Flutter 中完整的曲线列表，读者可访问 https://api.flutter.dev/flutter/animation/Curves-class.html 以了解更多内容。

11.5　优 化 动 画

在当前示例中，我们将使用 AnimatedBuilder 微件简化动画的编写过程，同时还将提供性能方面的优化措施。

特别地，我们将设计一个“yo-yo”动画。通过 AnimatedBuilder，动画仅需要重新绘制微件的子节点。通过这种方式，我们优化动画并简化其设计过程。

11.5.1　准备工作

当前示例将在 11.2 节、11.3 节和 11.4 节示例的基础上完成。

11.5.2　实现方式

在当前示例中，我们将向应用程序中添加一个 AnimatedBuilder 微件，并优化球体在屏幕上的移动行为。

（1）在_ShapeAnimationState 类的 build()方法中，移除 AppBar 中的 actions 参数。

（2）在 Scaffold 体内，将 Positioned 微件包含在 AnimatedBuilder 中；在 builder 参数中，添加一个 moveBall()方法调用。

```
return Stack(children: [AnimatedBuilder(
  animation: controller,
  child: Positioned(left: posLeft, top: posTop, child: Ball()),
  builder: (BuildContext context, Widget child) {
    moveBall();
    return Positioned(left: posLeft, top: posTop, child: Ball());
})]);
```

（3）在 moveBall()方法内，移除 setState 指令，如下所示。

```
void moveBall() {
  posTop = animation.value * maxTop;
  posLeft = animation.value * maxLeft;
}
```

（4）在 initState()方法中，当设置控制器 AnimationController 时，添加一个 repeat()方法，如下所示。

```
controller = AnimationController(
  duration: const Duration(seconds: 3),
  vsync: this,
)..repeat();
```

（5）运行应用程序并查看动画的重复方式。

（6）向 repeat()方法中添加一个参数 reverse: true，如下所示。

```
controller = AnimationController(
  duration: const Duration(seconds: 3),
  vsync: this,
)..repeat(reverse: true);
```

（7）运行应用程序并观察运动的变化方式。

11.5.3　工作方式

当构建动画时，Flutter 动画框架提供了多种选择方案，AnimatedBuilder 便是其中较具灵活性的方案之一。AnimatedBuilder 微件将动画描述为其他微件的 build()方法中的一部分内容，并接收一个 animation、一个 child 和一个 builder。其中，可选的 child 独立于动画存在。AnimatedBuilder 监听源自动画对象的通知，并针对动画提供的每个值调用其构造器，且仅重建其子节点——这是处理动画时的一种较为高效的方法。

在 moveBall()方法中，无须调用 setState()方法，因为重绘球体是 AnimatedBuilder 自动执行的一项任务。

AnimationController 中的 repeat()方法从头至尾运行动画，并在动画结束后重启动画。

在将 reverse 参数设置为 true 后，当动画结束后，它将从结尾值（max）处开始并递减该值（而非从开始值 min 处重启），因而生成了一种“yo-yo”动画。该动画于近期添加至 Flutter 框架中且易于实现。

11.5.4　另请参阅

选取适宜的动画效果是动画设计过程中面临的挑战之一。对此，读者可参考 Medium 上发表的一篇文章，该文章解释了 AnimatedBuilder 和 AnimatedWidget 的应用方式，对应网址为 https://medium.com/flutter/when-should-i-useanimatedbuilder-or-animatedwidget-57ecae0959e8。

11.6　使用 Hero 动画

在 Flutter 中，Hero 是一个动画并可使微件在屏幕间运动。在运动过程中，Hero 可改变其位置、尺寸和形状。Flutter 框架将自动处理转换问题。

在当前示例中，我们将在应用程序中实现一个 Hero 转变效果，即从 ListTile 中的图表变为细节屏幕中更大的图表，如图 11.3 所示，其中包含了一个 List。

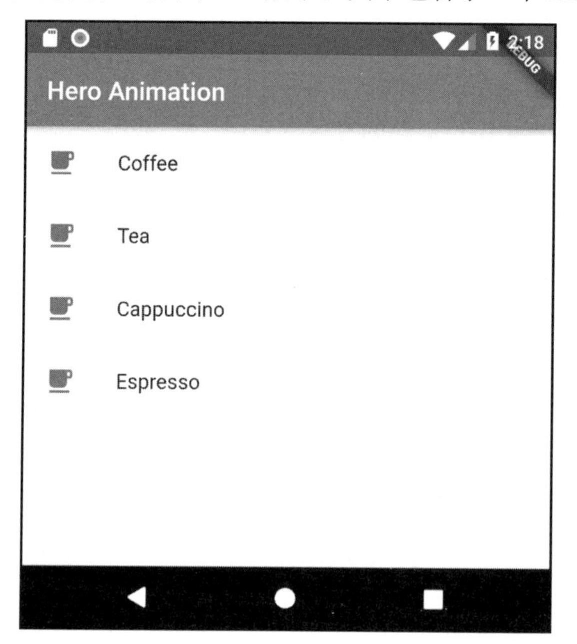

图 11.3

当用户单击 List 中的某一项内容时，第 2 个屏幕将以动画方式呈现，如图 11.4 所示。

图 11.4

11.6.1　准备工作

当前示例将在现有的 Flutter 项目上完成，或者也可使用之前创建的应用程序。

11.6.2　实现方式

在当前示例中，我们将转换一个图表，修改其位置和尺寸，进而创建一个 Hero 动画。

（1）在项目中的 lib 文件夹中创建一个名为 listscreen.dart 的新文件。

（2）在新文件开始处，导入 material.dart。

```
import 'package:flutter/material.dart';
```

（3）利用 stless 快捷方式创建一个名为 ListScreen 的无状态微件。

```
class ListScreen extends StatelessWidget {
@override
Widget build(BuildContext context) {
  return Container();
}}
```

（4）在 ListScreen 微件开始处，添加一个名为 drinks 的新的字符串 List。

```
final List<String> drinks= ['Coffee', 'Tea', 'Cappuccino', 'Espresso'];
```

（5）在 build()方法中返回一个 Scaffold。在 Scaffold 的 appBar 参数中，添加一个标题为'Hero Animation'的 AppBar。

```
Widget build(BuildContext context) {
  return Scaffold(
    appBar: AppBar(
      title: Text('Hero Animation'),
    ),
    body: Container()
);}
```

（6）在 Scaffold 体中，添加一个包含其 builder()构造函数的 ListView。随后将 itemCount 参数设置为 drinks 列表的长度；在 itemBuilder 中返回一个 ListTile。

```
body: ListView.builder(
  itemCount: drinks.length,
  itemBuilder: (BuildContext context, int index) {
  return ListTile();
)
```

（7）在 ListTile 中，设置 leading 参数并使用一个 Hero 微件，tag 属性接收一个由"cup"和索引组成的字符串。child 则使用 free_breakfast 图标。

```
return ListTile(
  leading: Hero(tag: 'cup$index', child:
   Icon(Icons.free_breakfast)),
  title: Text(drinks[index]),
);
```

（8）在 ListTile 底部，添加一个 onTap 参数，这将访问另一个名为 DetailScreen 的页面。由于需要创建一个 DetailScreen 类，因此此处会产生错误。

```
onTap: () {
  Navigator.push(context, MaterialPageRoute(
  builder: (context) => DetailScreen(index)
  ));
},
```

（9）在项目的 lib 文件夹中创建一个名为 DetailScreen.dart 的新文件。

（10）在新文件开始处，导入 material.dart。

```
import 'package:flutter/material.dart';
```

（11）利用 stless 快捷方式创建一个名为 DetailScreen 的无状态微件。

```
class DetailScreen extends StatelessWidget {
  @override
  Widget build(BuildContext context) {
    return Container();
  }
}
```

（12）在 DetailScreen 微件开始处，添加一个名为 index 的 final int，以及允许设置索引的构造函数。

```
final int index;
DetailScreen(this.index);
```

（13）在 DetailScreen 的 build()方法中，返回一个 Scaffold。appBar 将包含一个 title（其中包含一个'Detail Screen'的 Text），并在 body 中设置一个 Column。

```
return Scaffold(
  appBar: AppBar(
    title: Text('Detail Screen'),
  ),
  body: Column(children: []));
```

（14）在 Column 的 children 中，添加了两个 Expanded 微件。其中，第一个 Expanded 微件的 flex 值为 1；第 2 个 Expanded 微件的 flex 值为 3。第 1 个 Expanded 微件的 child 将包含一个 Hero，并包含了一个 ListScreen 中设置的相同的标签，以及一个 size 为 96 的 free_breakfast 图标；第 2 个 Expanded 微件仅包含一个空容器。

```
children: [
  Expanded(
    flex: 1,
    child: Container(
      width: double.infinity,
      decoration: BoxDecoration(color: Colors.amber),
      child: Hero(
        tag: 'cup$index',
        child: Icon(Icons.free_breakfast, size: 96,),
      ),
    ),
```

```
  ),
  Expanded(
    flex: 3,
    child: Container(),
  )
],
```

（15）在 listscreen.dart 文件开始处，导入 detailscreen.dart。

```
import './detailscreen.dart';
```

（16）在 main.dart 文件中，在 MaterialApp 的 home 中调用 ListScreen。

```
home: ListScreen(),
```

（17）运行应用程序。单击 ListView 上的任意条目，可以看到，动画将移至 DetailScreen 中。

11.6.3　工作方式

当创建 Hero 动画时，需要创建两个 Hero 微件，分别对应于源和目标。

实现 Hero 动画需要执行下列步骤。

（1）创建一个源 Hero。Hero 需要一个 child，并定义了外观（图像、图标或其他微件）和一个 tag。这里，我们使用 tag 唯一地识别微件，且源和目标 Hero 微件需要共享同一个 tag。在当前示例中，我们通过下列指令创建一个源 Hero。

```
Hero(tag: 'cup$index', child: Icon(Icons.free_breakfast)),
```

通过将索引连接至"cup"字符串，即可得到一个唯一的标签。

提示：

每一个 Hero 均需要使用唯一的 Hero 标签——这用于识别将被动画化的微件。在 ListView 中，我们无法针对条目重复相同的标签，即使它们包含相同的子元素；否则将会得到一条错误消息。

（2）创建目标 Hero。这需要包含与源 Hero 相同的标签，其子元素应与目标类似，但可修改某些属性，如尺寸和位置。

我们通过下列指令创建了目标 Hero。

```
Hero(
  tag: 'cup$index',
```

```
  child: Icon(Icons.free_breakfast, size: 96,),
),
```

使用 Navigator 对象可到达包含目标 Hero 的 Route（路由）。对此，可使用 push 或 pop，因为二者将针对共享源和目标路由中的同一标签的每个 Hero 触发动画。在当前示例中，当触发动画时，我们使用了下列指令。

```
Navigator.push(context, MaterialPageRoute(
  builder: (context) => DetailScreen(index)
));
```

11.6.4　另请参阅

Hero 动画易于实现。关于 Flutter 中 Hero 动画的完整资源列表，读者可访问 https://flutter.dev/docs/development/ui/animations/hero-animations 以了解更多信息。

11.7　使用预置动画转变

与传统的动画相比，我们可使用转变（transition）微件简化动画的构建过程。Flutter 框架包含多个预置转变微件，它们可通过更加直观的方式生成动画对象，其中包括以下微件。

- DecoratedBoxTransition。
- FadeTransition。
- PositionedTransition。
- RotationTransition。
- ScaleTransition。
- SizeTransition。
- SlideTransition。

在当前示例中，我们将使用 FadeTransition 微件，但相同规则也适用于 Flutter 框架中的其他转变行为。

特别地，我们将在指定的时间段内生成一个在屏幕上缓慢呈现的正方形，如图 11.5 所示。

图 11.5

11.7.1　准备工作

当前示例需要在现有的 Flutter 项目或应用程序的基础上完成。

11.7.2　实现方式

下面首先在应用程序中实现 FadeTransition 微件，以使正方形呈现于屏幕上。

（1）在项目的 lib 文件夹中生成一个名为 fade_transition.dart 的新文件。

（2）在 fade_transition.dart 文件开始处，导入 material.dart 库。

```
import 'package:flutter/material.dart';
```

（3）在 fade_transition 文件中，利用 stful 快捷方式创建一个新的有状态微件，并将新微件命名为 FadeTransitionScreen。

```
class FadeTransitionScreen extends StatefulWidget {
  @override
  _FadeTransitionScreenState createState() =>
    _FadeTransitionScreenState();
}
```

```
class _FadeTransitionScreenState extends
State<FadeTransitionScreen> {
  @override
  Widget build(BuildContext context) {
    return Container(
  );
  }
}
```

（4）向_FadeTransitionScreenState 类中添加 SingleTickerProviderStateMixin 指令。

```
class _FadeTransitionScreenState extends
State<FadeTransitionScreen> with SingleTickerProviderStateMixin
```

（5）在_FadeTransitionScreenState 类开始处，声明两个变量，即 AnimationController 和 Animation。

```
AnimationController controller;
Animation animation;
```

（6）重载 initState()方法。在该方法中，设置 AnimationController 以使其 vsync 参数接收 this，同时将时长设置为 3s。

```
@override
void initState() {
  controller = AnimationController(vsync: this, duration:
   Duration(seconds: 3));
  super.initState();
}
```

（7）在 initState()方法的 controller 配置下方，将 Animation 设置为一个包含开始值为 0.0、结束值为 1.0 的 Tween。

```
animation = Tween(begin: 0.0, end: 1.0).animate(controller);
```

（8）在 build()方法开始处，调用 AnimationController 上的 forward()方法。

```
controller.forward();
```

（9）在 build()方法中，返回一个包含 AppBar 和 body 的 Scaffold，而非默认的容器。在 body 中，返回一个 Center 微件并添加一个 FadeTransition 微件，同时设置 opacity 以便其使用当前动画。作为一个子节点，添加一个包含紫色的 Container，对应代码如下。

```
@override
Widget build(BuildContext context) {
```

```
  controller.forward();
  return Scaffold(
    appBar: AppBar(
      title: Text('Fade Transition Recipe'),
    ),
    body: Center(
      child: FadeTransition(
        opacity: animation,
      child: Container(
        width: 200,
    height: 200,
    color: Colors.purple,
),),),),);}
```

（10）在类底部，重载 dispose()方法，并于其中调用 controller.dispose()方法。

```
@override
void dispose() {
  controller.dispose();
  super.dispose();
}
```

（11）在 main.dart 文件 MaterialApp 的 home 属性中调用 FadeTransitionScreen 微件。

```
home: FadeTransitionScreen(),
```

（12）运行应用程序。可以看到，当屏幕加载时，紫色的正方形将逐渐淡入并耗时 3s。

11.7.3 工作方式

FadeTransition 微件针对其子微件的透明度实现了动画效果，当希望在指定时长显示或隐藏某个微件时，这是一种较好的动画方式。

当使用 FadeTransition 时，需要传递下列两个参数。

（1）opacity：该参数需要使用 Animaton，用于控制子微件的转变。

（2）child：该微件利用 opacity 中指定的动画实现淡入或淡出效果。

在当前示例中，我们利用以下 3 个指令设置 FadeTransition。

```
FadeTransition(
  opacity: animation,
  child: Container(
    width: 200,
    height: 200,
```

```
    color: Colors.purple,
),),
```

在当前示例中，child 表示为一个 Container，其宽度和高度均为 200 像素（与设备无关），且包含紫色的背景。当然，我们也可指定其他微件，包括图像或图标。

Animation 微件需要使用一个 AnimationController，并可利用下列指令设置控制器。

```
controller = AnimationController(vsync: this, duration: Duration
(seconds:3));
```

这指定了 Duration（3s）和 vsync 参数。为了将 vsync 设置为 this，需要添加 with SingleTickerProviderStateMixin 指令。

注意：

读者可参考 11.2 节中的示例，以了解与 Minxin 相关的更多内容。

对于动画，当前示例使用了 Tween，且无须使用更加复杂的动画。对于淡入、淡出动画，我们可使用一个线性动画。考查下列指令。

```
animation = Tween(begin: 0.0, end: 1.0).animate(controller);
```

这将生成一个 Tween，它利用控制器 AnimationController 呈线性 0～1 的运动。

当前示例的最后一步是添加代码并在 dispose()方法中处理控制器。

```
@override
void dispose() {
  controller.dispose();
  super.dispose();
}
```

使用诸如 FadeTransition 这一类预置转变，可以简化项目的动画添加过程。

11.7.4　另请参阅

FadeTransition 仅是 Flutter 中可用的众多 Transition 微件之一。读者可访问 https://flutter.dev/docs/development/ui/widgets/animation 查看 Flutter 中完整的动画微件列表。

11.8　使用 AnimatedList 微件

Listview 可能是 Flutter 中显示数据列表时最为重要的微件之一。当使用 Listview 时，其内容可被添加、移除或修改。这里的一个常见问题是，用户可能会错失列表中的变化内容。对此，可借助 AnimatedList 微件，其工作方式类似 ListView，但当在列表中添加或移除某个条目时，可显示一个动画以帮助用户了解更改内容。

在当前示例中，我们将使多个条目在动画列表中缓慢地显示或消失，如图 11.6 所示。

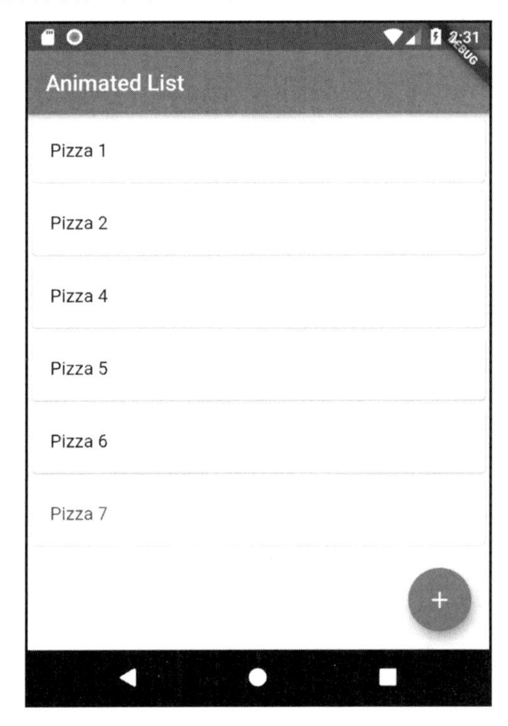

图 11.6

11.8.1　准备工作

当前示例需要在现有的 Flutter 项目或之前创建的应用程序的基础上完成。

11.8.2　实现方式

在当前示例中，我们将在 AnimatedList 中使用 FadeTransition，

（1）在 lib 文件夹中创建名为 animatedlist.dart 的新文件。

（2）在文件开始处导入 material.dart。

```
import 'package:flutter/material.dart';
```

（3）创建名为 AnimatedListScreen 的有状态微件。

```
class AnimatedListScreen extends StatefulWidget {
  @override
  _AnimatedListScreenState createState() =>
   _AnimatedListScreenState();
  }
class _AnimatedListScreenState extends State<AnimatedListScreen> {
  @override
  Widget build(BuildContext context) {
    return Container();
  }
}
```

（4）在_AnimatedListScreenState 类开始处，声明一个 GlobalKey，并可以此在类中访问 AnimatedList。

```
final GlobalKey<AnimatedListState> listKey =
GlobalKey<AnimatedListState>();
```

（5）在 GlobalKey 下方，声明一个 int 值的 List，并将该列表设置为包含数字 1～5 以及一个 counter 整数。

```
final List<int> _items = [1, 2, 3, 4, 5];
int counter = 0;
```

（6）在_AnimatedListScreenState 类中，添加一个名为 fadeListTile()的新方法，该方法接收一个当前上下文、一个整数和一个 Animation。在 fadeListTile()方法内，将通过传递的索引检索列表上的当前条目；随后返回一个 FadeTransition，并通过 Tween 为 0～1 实现其子节点透明度的动画效果。

（7）FadeTransition 的子节点返回一个包含 ListTile 的 Card，其 title 将使用一个 Text 微件，其中包含了'Pizza'和条目号（所传递的索引）。

在 ListTile 的 onTap 参数中，调用 removePizza()方法（该方法尚未创建，因而此时将会产生错误消息，稍后将对此加以讨论）。fadeListTile()方法的完整代码如下。

```
fadeListTile(BuildContext context, int index, Animation animation)
{
  int item = _items[index];
  return FadeTransition(
    opacity: Tween(begin: 0.0, end: 1.0).animate(animation),
    child: Card(
      child: ListTile(
```

```
      title: Text('Pizza ' + item.toString()),
      onTap: () {
        removePizza(index);
},),),),);}
```

（8）添加另一个名为 removePizza()的方法，该方法接收一个包含移除条目的整数值。

（9）在 removePizza()方法内，利用之前创建的 GlobalKey 调用 removeItem()方法。该方法接收移除条目的索引、一个返回动画的函数（fadeListTile()）和一个可选的 duration（1s）。在 removeItem()方法底部，移除_items 列表中所删除的条目。removePizza()方法的对应代码如下。

```
removePizza(int index) {
  int animationIndex = index;
  if (index == _items.length - 1) animationIndex--;
  listKey.currentState.removeItem(
    index,
    (context, animation) => fadeListTile(context, animationIndex,
     animation),
    duration: Duration(seconds: 1),
  );
  _items.removeAt(index);
}
```

（10）在_AnimatedListScreenState 类中添加一个名为 insertPizza()的新方法。

（11）在 insertPizza()方法内，利用之前创建的 GlobalKey 调用 insertItem()方法。insertItem()方法接收一个包含条目添加位置的整数，以及一个可选的时长。

（12）在 insertItem()方法底部，将条目添加至_itemsList 中，并递增计数器。insertPizza()方法的对应代码如下。

```
insertPizza() {
  listKey.currentState.insertItem(
    _items.length,
    duration: Duration(seconds: 1),
  );
  _items.add(++counter);
}
```

（13）在_ AnimatedListScreenState 类的 build()方法中，返回一个 Scaffold。

（14）在 Scaffold 的 body 中，添加一个 AnimatedList（并利用之前定义的 GlobalKey 设置其键）、一个 initialItemCount（接收_items List 的长度），以及一个返回 fadeListTile()方法的 itemBuilder，对应代码如下。

```
@override
Widget build(BuildContext context) {
  return Scaffold(
    appBar: AppBar(
    title: Text('Animated List'),
  ),
  body: AnimatedList(
    key: listKey,
    initialItemCount: _items.length,
    itemBuilder: (BuildContext context, int index, Animation
     animation) {
      return fadeListTile(context, index, animation);
    },
)),
```

（15）将 floatingActionButton 添加至 Scaffold 中，这将显示一个添加图标，并在单击该图标时调用 insertPizza()方法。

```
floatingActionButton: FloatingActionButton(
  child: Icon(Icons.add),
  onPressed: () {
    insertPizza();
  },
),
```

（16）在 main.dart 文件 MaterialApp 的 home 中调用 AnimatedListScreen 微件。

```
home: AnimatedListScreen(),
```

（17）运行应用程序。尝试从列表中添加和移除条目，当执行每项动作时，注意观察所显示的动画效果。

11.8.3　工作方式

当前示例的布局十分简单，其中仅包含一个列表视图和一个 FloatingActionButton，进而将新条目添加至 AnimatedList 中。

AnimatedList 是一个 ListView，并在条目插入或移除时显示动画效果。

当前示例中的第 1 步是设置 GlobalKey<AnimatedListState>，进而可存储 AnimatedList 微件的状态。

```
final GlobalKey<AnimatedListState> listKey =
GlobalKey<AnimatedListState>();
```

在当前示例中，我们使用了 AnimatedList 并设置了下列 3 个属性。

（1）key：当从条目自身外部访问 AnimatedList 时，需要使用一个键。

（2）initialItemCount：使用 initialItemCount 加载列表的初始值，这些操作不包含动画效果，且对应的默认值为 0。

（3）itemBuilder：该参数不可或缺，用于构造 AnimatedList 中的条目。

itembuilder 中的方法可返回任何动画微件。在当前示例中，使用了一个 FadeTransition 并在其中使用了一个 ListTile 显示 Card。

创建 AnimatedList 并设置其属性的代码如下。

```
AnimatedList(
key: listKey,
initialItemCount: _items.length,
itemBuilder: (BuildContext context, int index, Animation animation) {
    return fadeListTile(context, index, animation);
  },
)
```

特别地，在 itemBuilder 参数中，我们调用了 fadeListTile()方法，如下所示。

```
fadeListTile(BuildContext context, int index, Animation animation) {
  int item = _items[index];
  return FadeTransition(
    opacity: Tween(begin: 0.0, end: 1.0).animate(animation),
    child: Card(
      child: ListTile(
    title: Text('Pizza ' + item.toString()
      ),
```

其中通过 Tween（始于 0 并结束于 1）使用了 FadeTransition 动画。需要注意的是，当显示 AnimatedList 上的条目时，可以使用任何动画。

提示：

关于如何使用 FadeTransition 动画，读者可参考前述转变动画应用示例。

当向列表中添加新项目时，我们编写了 insertPizza()方法，如下所示。

```
insertPizza() {
  listKey.currentState.insertItem(
    _items.length,
    duration: Duration(seconds: 1),
```

```
  );
  _items.add(++counter);
}
```

这将通过 State 类开始处创建的 GlobalKey 调用 insertItem()方法。currentState 属性包含了当前保存 GlobalKey 的微件的 State。

提示：

当插入或移除条目时，应确保保存了 AnimatedList 中包含值的相关数据也被更新。

当移除条目时，我们采用了 removePizza()方法。

```
removePizza(int index) {
  int animationIndex = index;
  if (index == _items.length - 1) animationIndex--;
  listKey.currentState.removeItem(
    index,
    (context, animation) => fadeListTile(context, animationIndex,
     animation),
    duration: Duration(seconds: 1),
  );
  _items.removeAt(index);
  }
}
```

这里，读者可能会感到疑问，为何使用了 animationIndex 而非传递至函数中的索引？其原因在于，当 AnimatedList 移除最后一个条目时，其索引不再有效。因此，为了避免出现错误，可在最后一个条目之前实现条目的动画效果，这在 Fade 转变中工作良好。

11.8.4　另请参阅

SliverAnimatedList 则是处理动画列表时的另一种选择方案，读者可访问 https://api.flutter.dev/flutter/widgets/SliverAnimatedList-class.html 以了解更多信息。

11.9　利用 Dismissible 微件实现滑动手势

移动用户希望应用程序能够响应手势操作。特别地，左、右滑动 ListView 中的条目可用于删除 List 中的条目。例如，滑动一封电子邮件并对其进行删除。

Flutter 提供了一个非常有用的微件以响应用户的滑动手势，进而移除某个条目，即 Dismissible 微件。在当前示例中，我们将通过一个简单的示例展示如何在应用程序中实现 Dismissible 微件。

11.9.1 准备工作

当前示例在现有的序幕或应用程序示例的基础上完成。

11.9.2 实现方式

当前示例将利用 ListView 创建一个屏幕，并将 Dismissible 微件包含于其中。

（1）在 lib 文件夹中创建一个名为 dismissible.dart 的新文件。

（2）在文件开始处，导入 material.dart。

```
import 'package:flutter/material.dart';
```

（3）创建一个名为 DismissibleScreen 的有状态微件。

```
class DismissibleScreen extends StatefulWidget {
  @override
  _DismissibleScreenState createState() =>
   _DismissibleScreenState();
}

class _DismissibleScreenState extends State<DismissibleScreen> {
  @override
  Widget build(BuildContext context) {
    return Container();
  }
}
```

（4）在_DismissibleScreenState 类开始处，声明一个 String 值的 List，称其为 sweets。

```
final List<String> sweets = [
  'Petit Four',
  'Cupcake',
  'Donut',
  'Éclair',
  'Froyo',
  'Gingerbread ',
```

```
  'Honeycomb ',
  'Ice Cream Sandwich',
  'Jelly Bean',
  'KitKat'
];
```

（5）在_DismissibleScreenState 类的 build()方法中，返回一个 Scaffold，其中包含了一个 appBar 和一个 body（包含了一个基于 builder()构造函数的 ListView）。

```
@override
Widget build(BuildContext context) {
  return Scaffold(
    appBar: AppBar(
      title: Text('Dismissible Example'),
    ),
    body: ListView.builder();
  );
}
```

（6）在 ListView.builder 中，设置 itemCount 和 itemBuilder 参数，如下所示。

```
itemCount: sweets.length,
itemBuilder: (context, index) {
  return Dismissible(
    key: Key(sweets[index]),
    child: ListTile(
      title: Text(sweets[index]),
    ),
    onDismissed: (direction) {
      sweets.removeAt(index);
    },
);},),
```

（7）在 main.dart 文件 MaterialApp 的 home 中调用 DismissibleScreen。

（8）运行应用程序。在 ListView 中的条目上左、右滑动，该条目将以动画方式在屏幕上被移除。

11.9.3　工作方式

借助 Dismissible 微件，Flutter 框架可通过滑动手势非常方便地实现了 ListView 条目的删除操作。

我们可以简单地左、右（即 DismissDirection）拖曳 Dismissible。相应地，所选条目将以动画方式滑出视图。

对应的工作方式如下。

- 设置 key 参数，以使框架唯一地识别被滑动的条目，因而需要使用到该参数。在当前示例中，我们在创建位置上利用 sweets 的名称生成了一个新的 key。

```
key: Key(sweets[index]),
```

- 设置 onDismissed()参数，该方法（参数）在滑动条目时被调用。由于针对两个方向删除条目，因此当前示例并未关注滑动方向。
- 在 onDismissed()方法中，我们仅调用了 sweets 上的 removeAt()方法，进而删除 List 中的条目。

注意：

sweets 列表包含了 Android 前 10 个版本的名称。

当需要移除 List 中的某个条目时，建议使用 Dismissible 微件。

11.9.4　另请参阅

在某些场合下，根据用户滑动手势的方向执行不同的动作将十分有用。关于方向的完整列表，读者可访问 https://api.flutter.dev/flutter/widgets/DismissDirection-class.html 以了解更多信息。

11.10　使用 Flutter 动画包

Flutter 团队发布的 animations 包可根据 Material Design 运动规范设计动画。animations 包包含基于自身内容的定制动画。通过几行代码即可向应用程序中添加复杂的动画效果，同时也包括之前实现的容器转变动画效果。

特别地，在当前示例中，我们将把 ListTile 转换为一个全屏，如图 11.7 所示。

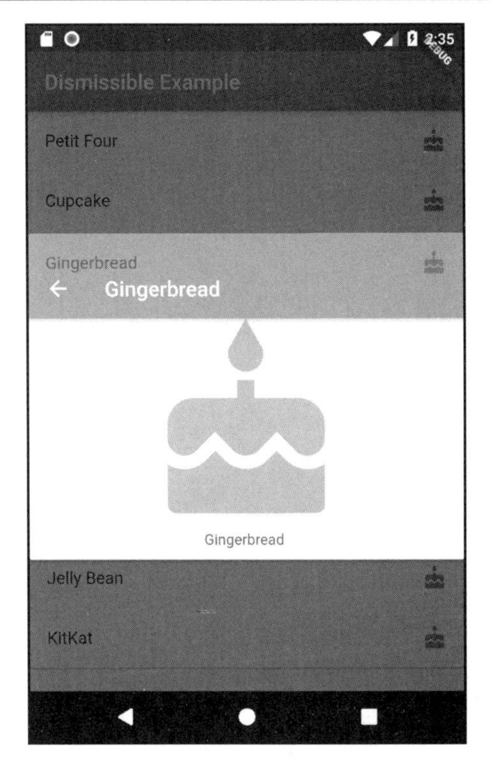

图 11.7

11.10.1　准备工作

当前示例将在 11.9 节示例的基础上完成。

11.10.2　实现方式

在当前示例中，我们将使用容器转化动画。

（1）在 pubspec.yaml 文件中，导入 animations 依赖项。

```
dependencies:
  flutter:
    sdk: flutter
  animations: ^2.0.0
```

（2）在 dismissible.dart 文件开始处，导入 animations 包。

```
import 'package:animations/animations.dart';
```

（3）在 dismissible.dart 文件中，在 ListView 的 itembuilder 中将 Dismissible 微件封装至 OpenContainer 微件中（在其 closedBuilder 参数中），如下所示。

```
return OpenContainer(
  closedBuilder: (context, openContainer) {
    return Dismissible(
      key: Key(sweets[index]),
      child: ListTile(
        title: Text(sweets[index]),
        trailing: Icon(Icons.cake),
        onTap: () {
          openContainer();
        },
      ),
      onDismissed: (direction) {
        sweets.removeAt(index);
      },
    );
},);
```

（4）在 OpenContainer 对象开始处，添加一个 transitionDuration 和一个 transitionType，如下所示。

```
transitionDuration: Duration(seconds: 3),
transitionType: ContainerTransitionType.fade,
```

（5）在 OpenContainer 对象中，添加 openBuilder 参数，其中包含基于所选 ListTile 详细视图的一个 Scaffold，如下所示。

```
openBuilder: (context, closeContainer) {
  return Scaffold(
    appBar: AppBar(
      title: Text(sweets[index]),
    ),
    body: Center(
      child: Column(
    children: [
      Container(
    width: 200,
    height: 200,
    child: Icon(
      Icons.cake,
      size: 200,
```

```
        color: Colors.orange,
      ),
        ),
      Text(sweets[index])
],),),),);},
```

（6）运行应用程序。观察 ListTile 至 Scaffold 之间的转变效果（反之亦然）。

11.10.3　工作方式

在当前示例中，我们使用了容器转换（Container Transform）这一转变效果。基本上讲，我们将 ListView 中的 ListTile 转换为一个由 Scaffold、Icon 和文本构成的全屏。

两个视图（即动画的容器）之间的转变完全由 OpenContainer 微件加以管理。

实现这一效果涉及两个较为重要的属性，即 openBuilder 和 closedBuilder。二者需要一个函数用于构建当前视图的用户界面。

特别地，我们实现了起始视图（关闭状态），如下所示。

```
closedBuilder: (context, openContainer) {
  return Dismissible(
    key: Key(sweets[index]),
    child: ListTile(
      title: Text(sweets[index]),
      trailing: Icon(Icons.cake),
      onTap: () {
    openContainer();
      },
    ),
    onDismissed: (direction) {
      sweets.removeAt(index);
    },
);
```

closedBuilder 参数中的函数接收当前的 BuildContext 以及一个方法，后者那个在用户开启动画时被调用。

在当前示例中，关闭的视图包含一个 Dismissible 微件，其子微件是一个包含 Text 和跟踪图标的 ListTile 微件。当用户单击 ListTile 时，openContainer()方法将被调用。对此，我们通过 OpenContainer 的 openBuilder 属性实现了这一功能。

```
openBuilder: (context, closeContainer) {
  return Scaffold(
```

```
    appBar: AppBar(
    title: Text(sweets[index]),
  ),
  body: Center(
    child: Column(
      children: [
        Container(
          width: 200,
          height: 200,
          child: Icon(
            Icons.cake,
            size: 200,
            color: Colors.orange,
          ),
        ),
    Text(sweets[index])],),
),);},
```

动画的第 2 个视图（开启状态）包含一个 Scaffold，其中的 appBar 包含所选 sweet 的名称作为其标题。

在 body 中，我们放置了一个 Column（包含较大版本的蛋糕图标）和一个 Text（包含所选条目）。

11.10.4　另请参阅

当前所采用的动画包涵盖了 4 种效果，全部来自 Material Motion Pattern 规范，即当前示例中的 Container Transform、Shared Axis、Fade 和 Fade Through。读者可访问 https://pub.dev/packages/animations 查看完整的规范列表。

第 12 章　使用 Firebase

Firebase 是一个工具集，并可以此构建云端可伸缩的应用程序。这一类工具包括数据库、文件存储、身份验证、分析、通知和托管机制。

本章将配置一个 Firebase 应用程序，随后考查如何注册、添加分析机制、利用 Cloud Firestore 在多台设备间同步数据、向用户发送通知，以及在云端存储数据。

另外，采用 Firebase 创建的后端可在谷歌服务器群上进行扩展，进而能够访问几乎无限的资源。在 Flutter 应用程序中将 Firebase 用作后端具有诸多优点：可以说，Firebase 可视为后端即服务（BAAS），这一点十分重要，同时也意味着，可以轻松创建后端（或服务器端）应用程序，而不必担心平台和系统设置，并节省了通常所需大部分代码，进而生成真实的应用程序。对于那些可忽略实现细节而主要工作于前端的应用程序（Flutter 应用程序自身）来说，这种解决方案可以说是完美的。

本章主要涉及以下主题。

- 配置 Firebase 应用程序。
- 创建登录表单。
- 添加谷歌 Sign-in。
- 集成 Firebase Analytics。
- 使用 Firebase Cloud Firestore。
- 利用 Firebase Cloud Messaging（FCM）发送 Push Notifications。
- 将文件存储至云端。

在阅读完本章后，读者将能够利用多项 Firebase 服务创建全栈应用程序，而无须编写服务器端代码。

12.1　配置 Firebase 应用程序

在应用程序中使用 Firebase 服务之前，下面首先讨论配置过程。这项任务取决于安装应用程序的系统。在当前示例中，我们将介绍 Android 和 iOS 中所需的配置条件。在此基础上，我们还可添加其他 Firebase 服务，包括数据和文件存储、注册和通知。

12.1.1　准备工作

在当前示例中，我们将创建一个新项目。对此需要一个谷歌账户才可使用 Firebase，且该账户为整章的一个先决条件。

12.1.2　实现方式

在当前示例中，我们将考查如何配置一个 Flutter 应用程序，以便能够使用 Firebase 服务。该任务被分为两个部分：首先将创建一个新的 Firebase 项目；接下来将配置一个 Flutter 应用程序以连接 Firebase 项目。相关步骤如下。

（1）在 Firebase 控制台中打开浏览器，对应地址为 https://console.firebase.google.com/。

（2）输入谷歌凭证或创建一个新账户。

（3）在 Firebase 控制台中，单击 Add Project（或 New Project）链接。

（4）在 Create a Project 页面中插入标题 Flutter CookBook。

（5）单击 Continue 按钮。

（6）在 Step2 页面，启用 Google Analytics 特性。

（7）在 Step3 页面，选择一个分析账户或创建一个新账户。

（8）单击 Create Project 按钮并等待，直至项目创建完毕。

（9）单击 Continue 按钮，随后应进入 Firebase 项目的概述页面，如图 12.1 所示。

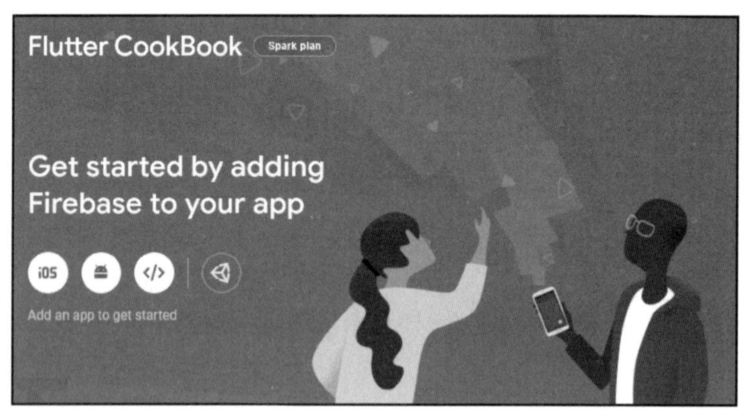

图 12.1

当前，Firebase 项目处于就绪状态。接下来需要配置 Flutter 应用程序以便连接至新项目。注意，Android 和 iOS 的过程是不同的，如果打算同时创建 Android 和 iOS 应用程序，则需要同时完成这两个过程。这里，创建一个名为 firebase_demo 的 Flutter 应用程序。

1．Android 配置

下面考查在 Android 设备上配置 Firebase 所需的步骤。

（1）在<project-name>/android/app/build.gradle 路径处打开文件。

（2）检索 defaultConfig 节点中的 applicationId 键，删除 com.example.firebase_demo 值，并添加自己的域名（或自己的名字和姓氏），如 it.softwarehouse.firebase_demo（我们需要一个唯一标识应用程序的名称）。

（3）在 Firebase 项目的概述页面中，单击 Get started by adding Firebase to your app 按钮下方的 Android 按钮。

（4）将包名设置为所选的 applicationId，并将昵称设置为 Firebase Flutter，如图 12.2 所示。

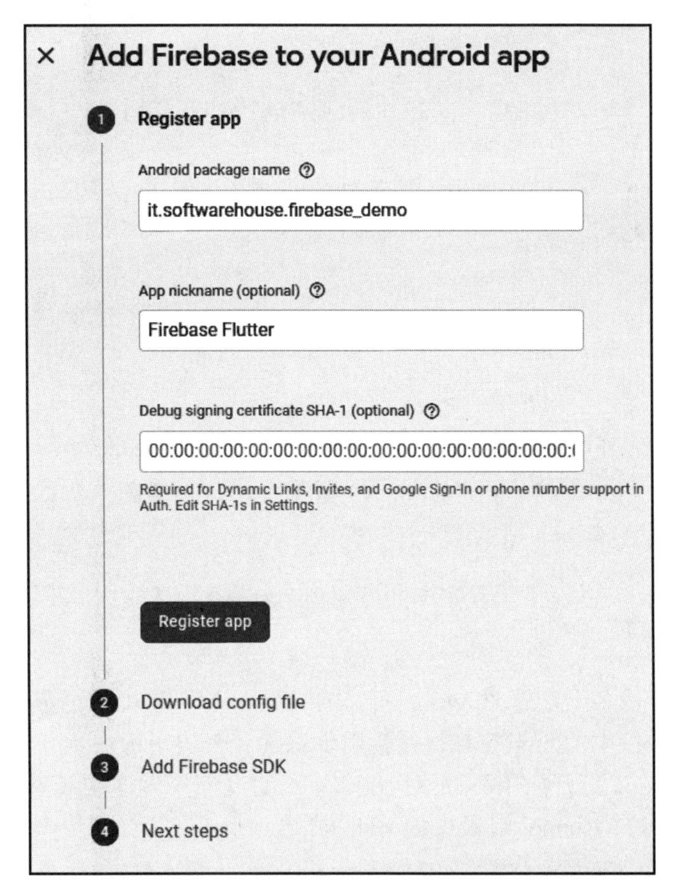

图 12.2

（5）单击 Register app 按钮。

（6）下载 google-services.json 文件。

（7）将 google-services.json 文件移至项目的 android/app 文件夹中。

（8）在应用程序文件夹的 build.gradle 文件的 apply plugin: com.android.application 命令下方，添加下列命令。

```
apply plugin: 'com.google.gms.google-services'
```

（9）在项目级别的 Gradle 文件（android/build.gradle）中，添加下列规则（访问 https://developers.google.com/android/guides/googleservicesplugin 并查看谷歌服务插件的最新版本）。

```
dependencies {
 ...

 classpath 'com.google.gms:google-services:4.3.4'
 }
```

（10）向 pubspec.yaml 文件中添加下列依赖项（访问 https://firebase.flutter.dev/并查看最新版本）。

```
firebase_core: ^0.5.3
firebase_auth: ^0.18.4
cloud_firestore: ^0.14.4
```

提示：

在 Android 中，可能需要更新 build.gradle 文件中的 minSdkVersion 属性。当前，所支持的最低版本是 21。因此，在 defaultConfig 节点中，应添加下列代码。

```
minSdkVersion 21
```

至此，Android 应用程序配置完毕并可使用 Firebase。

2．配置 iOS

下面考查 iOS 设备上配置 Firebase 所需的步骤。当配置 iOS 设备上的应用程序时，需要修改 Flutter 项目中的 bundle Id，该值用于识别 iOS 应用程序。

（1）通过 Xcode 打开应用程序（可能仅需要打开应用程序的 iOS 目录）。

（2）访问左上方 Runner 目录中的 General 选项卡。

（3）将 Bundle Identifier 值设置为可唯一标识项目的字符串。

（4）保存项目并返回 Firebase 控制台中。

（5）在 Firebase Project Overview 页面上，单击 Add App 按钮并选择 iOS。

（6）插入之前选择的 iOS bundle ID。

（7）单击 Register app 按钮。

（8）单击 Download GoogleService-Info.plist 并下载 Firebase iOS 配置文件，即 GoogleService-Info.plist 文件。

（9）在 Xcode 中，将下载后的文件移至应用程序的 Runner 目录中。

（10）返回 Firebase 控制台中并单击 Next 按钮。

（11）省略配置的剩余步骤。

至此，我们完成了 iOS 中的配置过程。

3．添加 Firebase 依赖项

这一部分内容与所用的系统无关。Firebase 依赖项的添加过程需要执行下列步骤：将下列依赖项添加至 pubspec.yaml 文件中（访问 https://firebase.flutter.dev/并查看最新的版本）。

```
firebase_core: ^1.1.0
firebase_auth: ^1.1.2
cloud_firestore: ^1.0.7
```

至此，我们完成了 iOS 和 Android 应用程序的配置过程，进而可使用 Firebase 平台。

12.1.3　工作方式

FlutterFire 是一个 Flutter 插件集合，该集合启用 Flutter 应用程序使用 Firebase 服务。

下列步骤展示了如何将 FlutterFire 集成至 Flutter 应用程序中。

（1）创建一个 Firebase 项目。这是一个 Firebase 的顶级实体，向应用程序中添加的每个特性均属于一个 Firebase 项目，12.1.2 节中的步骤（1）～步骤（9）即完成了该项任务。

当在 Firebase 中创建新项目时，我们需要选择一个项目名，这可视为项目的标识符，且源自 Firebase Project Overview 页面。该页面中包含了项目名和计费方式。这里，我们还可向应用程序中添加其他特性。

（2）在 Firebase 控制台中注册 Android、iOS、Web 和桌面应用程序。如果打算在多个平台上发布应用程序，可使用相同的项目注册所有的应用程序。具体实现可参考之前的“配置 Android”和“配置 iOS”部分。

Firebase 需要识别应用程序。对于 Android，应用程序的 build.gradle 文件包含了多项设置，包括用于唯一识别应用程序的 applicationId。对于 iOS，则可通过访问顶级 Runner

目录中的 General 选项卡，并修改 Bundle Identifier 值完成相同的任务。

无论如何，我们都需要从 Firebase 控制台中下载配置文件。

（3）向项目中添加配置文件。该操作与平台相关。Android 中使用了 google-services.json 文件，而 iOS 中则使用了 GoogleService-Info.plist 文件。另外，二者都包含在 Firebase 控制台中添加的项目配置信息。后期对项目所做的更改还可能需要再次下载这些文件。

（4）向 pubspec.yaml 文件中添加所需的依赖项，即 firebase_core 和应用程序所需的其他服务。

对于 Firebase Analytics 集成，启用分析特性也是不可或缺的，稍后将对此加以讨论。

注意：

对于包含较小流量的应用程序，Firebase 是免费的，但随着应用程序不断扩大，一般会根据应用程序的具体需求进行收费。关于 Firebase 的价格标准，读者可访问 https://firebase.google.com/pricing 以了解详细信息。

当在项目中包含 Firebase 时，通常需要使用 firebase_core 包。随后，根据应用程序中所用的 Firebase 服务，我们需要针对所用的特性使用特定的包。例如，Cloud Storage 需要使用 firebase_storage 包；Firestore 数据库需要使用 cloud_firestore 包。关于服务和包的完整列表，读者可访问 https://firebase.flutter.dev 以了解详细信息。

12.1.4　另请参阅

某些 Firebase 服务可用于 Web 和桌面程序。官方 FlutterFire 页面展示了更新后的列表和兼容信息，对应网址为 https://firebase.flutter.dev。

12.2　创建登录表单

当连接至后端服务时，常见的特性之一是身份验证（登录）表单。Firebase 利用 FirebaseAuth 服务可方便地生成一个安全的用户登录表单。

在当前示例中，我们将使用用户名和密码创建一个登录表单，并对用户进行身份验证。

12.2.1　准备工作

当前示例将在 12.1 节示例的基础上完成。

12.2.2　实现方式

在当前示例中，我们将通过用户名和密码添加身份验证功能，以使用户完成注册和登录工作，具体步骤如下。

（1）在 Firebase 控制台中，访问项目仪表板的 Build 部分中的 Authentication 选项，并单击 Get Started 按钮，

（2）单击 Sign-in 方法选项卡。

（3）启用 Email/Password 身份验证方法。

（4）返回 Flutter 项目中，在 lib 文件夹中创建一个名为 login_screen.dart 的新文件。

（5）在 login_screen.dart 文件的开始处，导入 material.dart 库。

```
import 'package:flutter/material.dart';
```

（6）利用 stful 快捷方式创建一个名为 LoginScreen 的新的有状态微件。

（7）在_LoginScreenState 类的开始处，添加下列变量。

```
String _message = '';
bool _isLogin = true;
final TextEditingController txtUserName = TextEditingController();
final TextEditingController txtPassword = TextEditingController();
```

（8）针对 UserName 定义一个返回自定义微件的方法，如下所示。

```
Widget userInput() {
  return Padding(
    padding: EdgeInsets.only(top: 128),
    child: TextFormField(
      controller: txtUserName,
      keyboardType: TextInputType.emailAddress,
      decoration: InputDecoration(
        hintText: 'User Name', icon: Icon(Icons.verified_user)),
        validator: (text) => text.isEmpty ? 'User Name is required'
          : '',
    ));
}
```

（9）同样，针对密码。可采用相同的模式定义一个返回自定义微件的方法。

```
Widget passwordInput() {
  return Padding(
    padding: EdgeInsets.only(top: 24),
    child: TextFormField(
```

```
        controller: txtPassword,
        keyboardType: TextInputType.emailAddress,
        obscureText: true,
        decoration: InputDecoration(
          hintText: 'password', icon:
           Icon(Icons.enhanced_encryption)),
          validator: (text) => text.isEmpty ? 'Password is required'
           : '',
    ));
}
```

（10）针对屏幕的主按钮创建一个返回自定义微件的方法，如下所示。

```
Widget btnMain() {
    String btnText = _isLogin ? 'Log in' : 'Sign up';
    return Padding(
        padding: EdgeInsets.only(top: 128),
        child: Container(
            height: 60,
            child: ElevatedButton(
                style: ButtonStyle(
                  backgroundColor: MaterialStateProperty.all
                   (Theme.of(context).primaryColorLight),
                  shape: MaterialStateProperty.all
                   <RoundedRectangleBorder>(
                    RoundedRectangleBorder(
                        borderRadius: BorderRadius.circular(24.0),
                        side: BorderSide(color: Colors.red)),
                  ),
                ),
                child: Text(
                  btnText,
                  style: TextStyle(
                      fontSize: 18, color:
                       Theme.of(context).primaryColorLight),
                ),
                onPressed: () {}
)));
}
```

（11）针对屏幕的第 2 个按钮，创建返回自定义微件的方法，如下所示。

```
Widget btnSecondary() {
  String buttonText = _isLogin ? 'Sign up' : 'Log In';
```

```
 return TextButton(
child: Text(buttonText),
onPressed: () {
setState(() {
_isLogin = !_isLogin;
});},);}
```

（12）针对返回 Text 的屏幕，创建多个方法。Text 中包含了用户在输入错误事件中接收的验证消息。

```
Widget txtMessage() {
  return Text(
    _message,
    style: TextStyle(
    fontSize: 16, color: Theme.of(context).primaryColorDark,
     fontWeight: FontWeight.bold),
);}
```

（13）编辑 State 类的 build()方法，将创建的方法返回的微件置于 ListView 微件中，该微件被包含在一个带有一些 padding 的 Container 中，如下列代码所示。

```
@override
 Widget build(BuildContext context) {
   return Scaffold(
       appBar: AppBar(
         title: Text('Login Screen'),
       ),
       body: Container(
         padding: EdgeInsets.all(36),
         child: ListView(
           children: [
             userInput(),
             passwordInput(),
             btnMain(),
             btnSecondary(),
             txtMessage(),
           ],
         ),
       ));
}
```

（14）在_LoginScreenState 类开始处，添加另一个声明（FirebaseAuthentication 类目前尚不存在，因此将会产生一个错误。稍后将创建该类），如下所示。

```
FirebaseAuthentication auth;
```

（15）调用 Firebase 的 initializeApp()异步方法，从而重载 initState()方法，这将创建一个 Firebase 应用程序实例。当 initializeApp()方法结束后，还需要设置 auth FirebaseAuthentication 以便其接收一个新的 FirebaseAuthentication 实例。

```
@override
void initState() {
  Firebase.initializeApp().whenComplete(() {
    auth = FirebaseAuthentication();
    setState(() {});
  });
  super.initState();
}
```

（16）在 main.dart 文件开始处，导入 loginscreen.dart 并编辑 MyApp 类，以便 primarySwatch 为 deepPurple，且 home 调用 LoginScreen 类。

```
class MyApp extends StatelessWidget {
  @override
  Widget build(BuildContext context) {
    return MaterialApp(
      title: 'Flutter Demo',
      theme: ThemeData(
        primarySwatch: Colors.deepPurple,
      ),
      home: LoginScreen(),
    );
  }
}
```

（17）在应用程序的 lib 文件夹中创建一个名为 shared 新目录。

（18）在 shared 文件夹中，添加一个名为 firebase_authentication.dart 的新文件。

（19）在 firebase_authentication.dart 新文件开始处，导入 firebase_auth 包并导入 dart: async。

```
import 'package:firebase_auth/firebase_auth.dart';
import 'dart:async';
```

（20）在 import 语句下方，创建一个名为 FirebaseAuthentication 的类。

```
class FirebaseAuthentication {}
```

（21）在 FirebaseAuthentication 类开始处，创建一个 FirebaseAuth 的实例。

```
final FirebaseAuth _firebaseAuth = FirebaseAuth.instance;
```

（22）在 FirebaseAuthentication 类中，创建一个方法，并利用 createUserWithEmailAndPassword()方法创建一个新用户。另外，在 try 块中包含该方法以便在出现错误时返回 null。该方法的代码如下。

```
Future<String> createUser(String email, String password) async {
  try {
    UserCredential credential = await _firebaseAuth
      .createUserWithEmailAndPassword(email: email, password:
        password);
    return credential.user.uid;
  } on FirebaseAuthException {
    return null;
  }
}
```

（23）同样，创建一个方法并执行登录动作，如下所示。

```
Future<String> login(String email, String password) async {
  try {
    UserCredential credential = await _firebaseAuth
      .signInWithEmailAndPassword(email: email, password: password);
    return credential.user.uid;
  } on FirebaseAuthException {
    return null;
  }
}
```

（24）添加一个方法并注销。

```
Future<bool> logout() async {
    try {
      _firebaseAuth.signOut();
      return true;
    } on FirebaseAuthException {
      return false;
    }
  }
```

（25）返回 login_screen.dart 文件中，在 btnMain()方法的 onPressed()方法中，调用相关方法创建一个用户并执行登录操作，同时为用户设置相关消息。

```
onPressed: () {
  String userId = '';
    if (_isLogin) {
      auth.login(txtUserName.text, txtPassword.text).then((value) {
```

```
        if (value == null) {
          setState(() {
            _message = 'Login Error';
        });
        } else {
          userId = value;
          setState(() {
          _message = 'User $userId successfully logged in';
});}});
    } else {
        auth.createUser(txtUserName.text,
         txtPassword.text).then((value) {
        if (value == null) {
          setState(() {
            _message = 'Registration Error';
          });
        } else {
          userId = value;
          setState(() {
            _message = 'User $userId successfully signed in';
});}});}},
```

（26）在 build()的 AppBar 中，设置 actions 参数以使其包含一个 IconButton 中并执行用户注销操作，如下列代码片段所示。

```
actions: [
  IconButton(
    icon: Icon(Icons.logout),
    onPressed: () {
      auth.logout().then((value) {
        if (value) {
          setState(() {
            _message = 'User Logged Out';
          });
        } else {
          _message = 'Unable to Log Out';
}});},),],
```

（27）运行应用程序并尝试创建一个新用户。接下来，作为新用户登录并随后注销。

12.2.3　工作方式

Firebase 身份验证机制包含了多种方式可对应用程序进行身份验证。其中，可通过用户名和密码或第 3 方提供商（如谷歌、微软等）执行身份验证任务。在当前示例中，我们创建了一个屏幕并通过 Firebase 身份验证纳入了登录、注销和注册的特性。

当使用 Firebase 身份验证机制时，首先需要启用相关方法并在 Firebase 控制台中予以执行。具体来说，在控制台的 Build 部分中，查找到 Sign in 页面。默认状态下，所有的身份验证方法均处于禁用状态。因此，在当前示例中，首先启用电子邮件/密码身份验证方法。也就是说，提供商可通过电子邮件和密码执行注册和登录工作。

一旦启用了身份验证方法，即可在 login_screen.dart 中设计用户界面，并于其中导入 firebase_auth 包以便使用 Firebase 身份验证服务。

提示：

确保在 pubspec.yaml 文件中使用 firebase_auth 的最新版本，以避免依赖项中的冲突。具体内容可参考官方页面，对应网址为 https://pub.dev/packages/firebase_auth。

我们可使用登录页面执行 3 项动作，包括用户的登录、注册（创建新的身份）、注销。由于采用电子邮件和密码进行身份验证，因此我们设计了一个屏幕以支持用户名和密码的输入。

userInput()方法返回一个 Padding 微件，并在屏幕上方生成了一定的空间，另外作为子微件包含了一个 TextFormField 微件。除此之外，我们还设置了一个包含 hintText 和 Icon 的 InputDecoration，以使用户方便地理解输入行为。

同样，passwordInput 也采用相同的模式，但使用 obscureText 参数隐藏文本框中的内容。

接下来，添加两个按钮，分别执行屏幕的主动作（如登录或注册）和次级按钮（用于修改用户的动作）。根据_isLogin 变量值，用户可看到不同的主按钮和次级按钮。具体来说，当_isLogin 为 true 时，用户将利用主按钮登录；而次级按钮则辅助执行注册动作。当_isLogin 为 false 时，用户将利用主按钮注册，并利用次级按钮返回登录动作。

Column 中的最后一个微件是 Text 微件。Text 微件根据动作结果包含了用户的消息，如验证错误、Firebase 身份验证服务返回的错误，或者一条成功消息。

在结束了 UI 设计后，接下来将创建 firebase_authentication.dart 文件，其中包含了与 Firebase 身份验证服务直接交互的相关方法。在该文件中，我们创建了 3 个方法以使用户能够执行登录、注销和注册工作。注意，所有的与 Firebase 交互的行为均是异步的。

特别地，login()和 createUser()方法接收两个字符串，分别对应于用户名和密码，并返回包含用户 ID 的 String 类型的 Future。

在 createUser()函数中，我们调用了 createUserWithEmailAndPassword()方法，这将创建一个新用户。如果操作成功，该方法返回一个 UserCredential 对象，其中包含多项属性，如用户身份标识（uid）。

```
UserCredential credential = await _firebaseAuth
  .createUserWithEmailAndPassword(email: email, password: password);
return credential.user.uid;
```

类似地，在登录方法中调用了 signInWithEmailAndPassword()方法，并尝试利用该方法中包含的电子邮件和密码执行用户的登录操作。若操作成功，则该方法返回 UserCredential。

```
UserCredential credential = await _firebaseAuth
  .signInWithEmailAndPassword(email: email, password: password);
return credential.user.uid;
```

注意：

关于 UserCredential 类的完整属性列表，读者可访问 https://firebase.flutter.dev/docs/auth/usage/以了解更多内容。

firebase_authentication.dart 文件中的最后一个方法将执行用户的注销操作，即 signOut()方法。该方法返回 void 类型的 Future。

```
await _firebaseAuth.signOut();
```

在从用户界面中调用了这些方法后，我们可能还想了解用户数据在 Firebase 中的存储位置。当查看插入的用户数据时，可访问 Firebase 控制台，并在 Build 部分中打开 Authentication 链接，其中可查看到所有的用户，如图 12.3 所示。

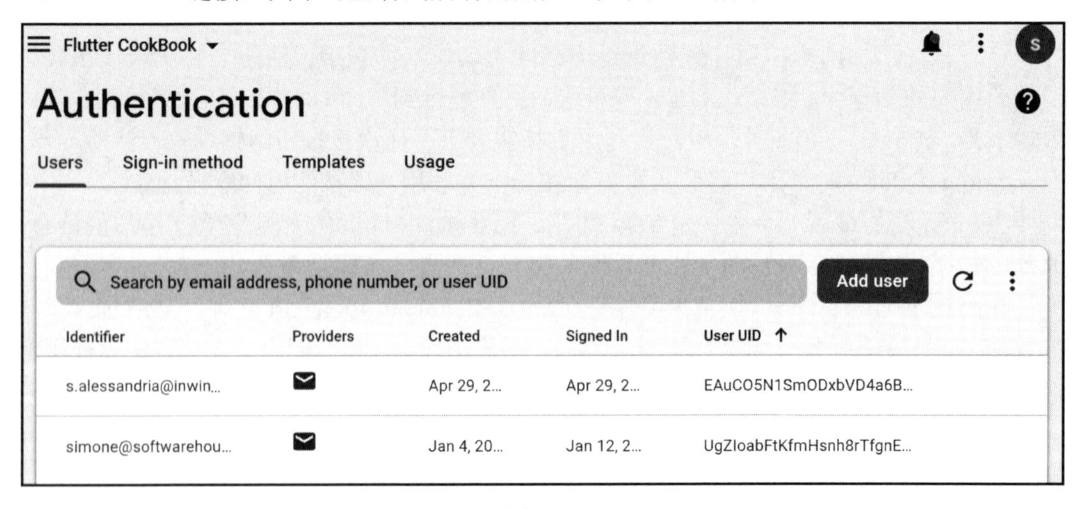

图 12.3

12.2.4　另请参阅

关于 Firebase 身份验证在应用程序中的完整应用机制，读者可参考官方文档，对应网址为 https://firebase.google.com/docs/auth?hl=en。

12.3　添加谷歌 Sign-in

虽然利用自定义用户 ID 和密码处理用户的身份验证十分常见，但一些用户更喜欢通过独家身份验证提供商访问多项服务。当采用 Firebase 身份验证时，一个较好的特性是可方便地包含多家身份验证提供商，如谷歌、苹果、微软和 Facebook。

在当前示例中，我们将考查如何向之前设计的登录屏幕中添加谷歌身份验证。

12.3.1　准备工作

当前示例将在 12.1 节和 12.2 节示例的基础上完成。

12.3.2　实现方式

在当前示例中，我们将扩展之前的登录表单，并通过谷歌 Sign-in 服务添加社交登录操作。对此，首先需要在 Firebase 项目中启用谷歌的 Sign-in 服务。

（1）在 Firebase 控制台 Authentication 项目的 Authentication 页面中访问 Sign In method 页面，并随后启用 Google Sign-in 特性，如图 12.4 所示。

（2）其中将显示一条消息，即 you need to add the SHA1 fingerprint for each app on your Project Settings。单击 SHA-1 链接（或访问 https://developers.google.com/android/guides/client-auth?authuser=0 页面）。获取 SHA-1 指纹的过程则根据相应的系统而有所变化。这里，遵循页面中的指令即可获得 SHA-1 密钥。

（3）一旦得到了 SHA-1 密钥，就会返回 Project Overview 页面并进入应用程序设置页面中，随后单击 Add fingerprint 按钮，如图 12.5 所示。

（4）插入 SHA-1 指纹，随后单击 Save 按钮。

提示：

利用 keytool 命令可获取 SHA-1 指纹，这需要借助 Java 并生成密钥库。关于如何创建密钥库，读者可访问 https://flutter.dev/docs/deployment/android 以了解更多信息。

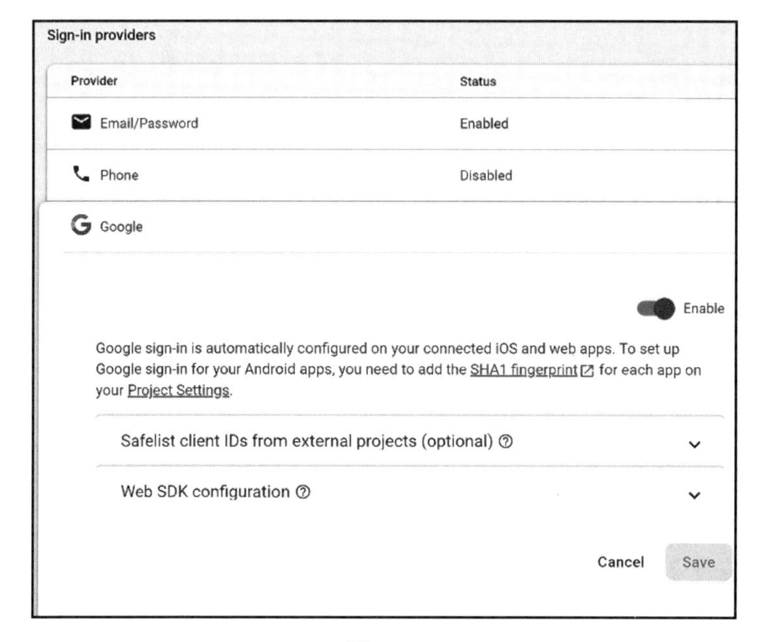

图 12.4

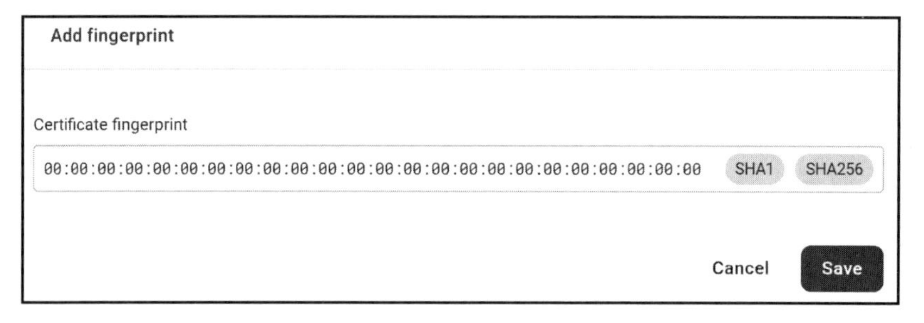

图 12.5

针对项目中的每个应用程序（如果目标系统是 iOS 和 Android 两个系统），需要重复执行上述处理步骤。

（5）再次下载 google-services.json 或 GoogleService-Info.plist 文件，并将其粘贴至项目中，就像 12.1 节示例中所做的那样。

（6）返回 Flutter 项目中，将 google_sign_in 包（查看 https://pub.dev/packages/google_sign_in/install 以确保最新版本）添加至 pubspec.yaml 文件中。

```
google_sign_in: ^5.0.2
```

（7）对于 iOS 环境，还需要更新 info.plist 文件。对此，可访问 https://pub.dev/packages/

google_sign_in 并查看 iOS integration 部分中的指令。

（8）在 login_screen.dart 文件的_LoginScreenState 类中，定义一个方法并返回 Google Sign-in 的按钮设计结果。

```
Widget btnGoogle() {
    return Padding(
        padding: EdgeInsets.only(top: 128),
        child: Container(
          height: 60,
          child: ElevatedButton(
            style: ButtonStyle(
              backgroundColor: MaterialStateProperty.all(
                  Theme.of(context).primaryColorLight),
              shape: MaterialStateProperty.all
                <RoundedRectangleBorder>(
                RoundedRectangleBorder(
                    borderRadius: BorderRadius.circular(24.0),
                    side: BorderSide(color: Colors.red)),
              ),
            ),
            onPressed: () {},
            child: Text(
              'Log in with Google',
              style: TextStyle(
                  fontSize: 18, color:
                   Theme.of(context).primaryColorDark),
            ),
          ),
        ));
  }
}
```

提示：

如果打算将谷歌 Logo 添加至谷歌 Sign-in 中，可参考 12.3.4 节。

（9）在 build()方法的 ListView 中，在次级按钮下添加新微件。

```
child: ListView(
  children: [
    userInput(),
    passwordInput(),
    btnMain(),
```

```
    btnSecondary(),
    btnGoogle(),
    txtMessage(),
],
```

（10）在 userInput()方法中，将 Padding 减至 24。

```
Widget userInput() {
  return Padding(
    padding: EdgeInsets.only(top: 24),
..
```

（11）运行应用程序，对应的屏幕效果如图 12.6 所示。

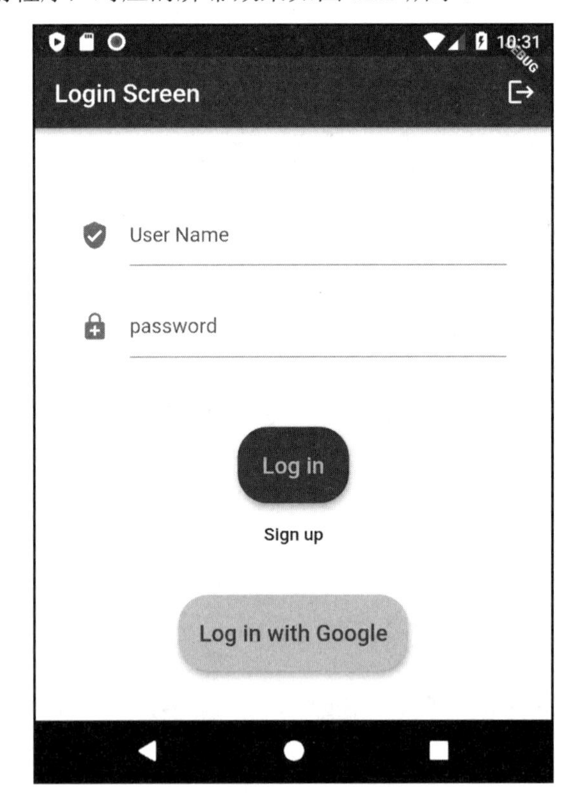

图 12.6

（12）在项目 shared 文件夹的 firebase_authentication.dart 文件中，在该文件开始处添加谷歌 Sign-in import 语句。

```
import 'package:google_sign_in/google_sign_in.dart';
```

（13）在 FirebaseAuthentication 类中，在已经创建的 FirebaseAuth 实例下方添加一个 GoogleSignIn 实例。

```
class FirebaseAuthentication {
  final FirebaseAuth _firebaseAuth = FirebaseAuth.instance;
  final GoogleSignIn googleSignIn = GoogleSignIn();
```

（14）仍在 FirebaseAuthentication 类中，创建一个名为 loginWithGoogle()的新异步方法，该方法返回一个 String 类型的 Future。

```
Future<String> loginWithGoogle() async {}
```

（15）在 loginWithGoogle()方法中，添加下列代码。

```
final GoogleSignInAccount googleSignInAccount = await
googleSignIn.signIn();
final GoogleSignInAuthentication googleSignInAuthentication =
  await googleSignInAccount.authentication;
final AuthCredential authCredential =
GoogleAuthProvider.credential(
  accessToken: googleSignInAuthentication.accessToken,
  idToken: googleSignInAuthentication.idToken,
);
final UserCredential authResult =
  await _firebaseAuth.signInWithCredential(authCredential);
final User user = authResult.user;
if (user != null) {
  return '$user';
}
return null;
```

（16）返回_LoginScreenState 类中，在 btnGoogle()方法的 ElevatedButton 的 onPressed 属性中，添加 loginWithGoogle()方法调用，如下所示。

```
onPressed: () {
  auth.loginWithGoogle().then((value) {
    if (value == null) {
      setState(() {
        _message = 'Google Login Error';
      });
    } else {
      setState(() {
        _message =
'User $value successfully logged in with Google';
```

```
        });
      }
    });
  },
```

（17）运行应用程序并单击 Login with Google 按钮。随后应可使用谷歌账户并在屏幕上看到 value 变量，其中包含了从谷歌中检索到的用户信息。

12.3.3　工作方式

在当前示例中，我们执行了两项任务，包括应用程序配置以启用谷歌 Sign-in，以及使用谷歌实现用户登录的实际代码。

首先需要从 Firebase 身份验证页面激活 Google Sign-in。默认状态下，所有的 Sign-in 方法均处于禁用状态。因此，当使用一个新方法时，需要显式地激活该方法。

某些服务（如 Google Sign-in）需要应用程序签名证书的 SHA-1 指纹。对此，获取 SHA-1 指纹的可能方式之一是使用 Keytool。这是一个命令行工具，用于生成公钥或私钥并将其存储于 Java KeyStore 中。

Keytool 包含于 Java SDK 中，在配置 Android 环境时我们已经安装了 Java SDK。当使用 Java SDK 时，需要打开终端并访问 Java SDK 安装目录的 bin 目录中（或者将其添加至环境路径中）。

一旦得到了 SHA-1 指纹，就还需要将其添加至配置完毕的 Firebase 应用程序中，并再次下载更新后的 google-services.json 或 GoogleService-Info.plist 文件。

至此，我们完成了 Firebase 项目的配置任务。

在 Flutter 项目中，首先需要利用下列命令将 google_sign_in 包导入 pubspec.yaml 文件中。

```
google_sign_in: ^5.0.2
```

顾名思义，google_sign_in 包将在应用程序中启用 Google Sign-in，对此只需编写下列命令。

```
final GoogleSignIn googleSignIn = GoogleSignIn();

final GoogleSignInAccount googleSignInAccount = await
googleSignIn.signIn();
```

GoogleSignIn 类可对谷歌用户进行身份验证，并包含了执行注册过程的 signIn()方法。如果注册成功，则该方法返回包含 GoogleSignInAccount 实例的 Future；如果登录失败，则该方法返回 null。

如果已存在一个登录用户，则该方法将返回这个登录用户的账户。GoogleSignIn 包含了多个可在应用程序中使用的属性，包括登录用户的 email、id 和 displayName。

在获得 GoogleSignInAccount 后，即可通过下列命令检索 GoogleSignInAuthentication。

```
final GoogleSignInAuthentication googleSignInAuthentication =
await googleSignInAccount.authentication;
```

GoogleSignInAccount 包含一个 accessToken 和一个 idToken，并在此基础上检索 AuthCredential 对象，随后用于登录 Firebase。

```
final AuthCredential authCredential = GoogleAuthProvider.credential(
  accessToken: googleSignInAuthentication.accessToken,
  idToken: googleSignInAuthentication.idToken,
);
```

AuthCredential 对象包含了一个 accessToken、提供商的 id（在当前示例中为 "google.com"），以及一个注册方法。一旦得到了 AuthCredential，随后就可登录 Firebase。

```
final UserCredential authResult = await
_firebaseAuth.signInWithCredential(authCredential);
```

UserCredential 是 firebase_auth 包的一部分内容并包含了 user 属性，该属性涵盖了全部用户信息，如 email、displayName、uid 和 photoUrl。

一旦得到了 UserCredential，即可通过谷歌身份验证机制成功地登录 Firebase。

12.3.4　另请参阅

一种较好的做法是将谷歌 Logo 置入 Google Sign-in 中，同时需要遵循相关规则从而合法地将第 3 方图像整合至应用程序中，谷歌对此提供了较为宽松的政策。关于谷歌 Logo 应用的详细信息和示例，读者可访问 https://developers.google.com/identity/branding-guidelines 以了解更多信息。

12.4　集成 Firebase Analytics

Firebase Analytics 是一个功能强大的工具，易于设置和使用，并可提供与用户和应用程序相关的有重要信息。在当前示例中，我们将设置一个自定义事件，并将其登录至 Firebase Analytics 中。

12.4.1 准备工作

当前示例在 12.1 节和 12.2 节示例的基础上完成。

12.4.2 实现方式

下面将向应用程序中添加 firebase_analytics 并激活自定义事件。

（1）在项目的 pubspec.yaml 文件的依赖项部分中，添加 firebase_analytics 包。

```
firebase_analytics: ^8.0.1
```

（2）在项目的 lib 文件夹中，创建一个名为 happy_screen.dart 的新文件。

（3）在 happy_screen.dart 新文件开始处，导入 material.dart 和 firebase_analytics 文件。

```
import 'package:flutter/material.dart';
import 'package:firebase_analytics/firebase_analytics.dart';
```

（4）在 import 语句下方，创建一个名为 HappyScreen 的新的有状态微件。

```
class HappyScreen extends StatefulWidget {
  @override
  _HappyScreenState createState() => _HappyScreenState();
}

class _HappyScreenState extends State<HappyScreen> {
  @override
  Widget build(BuildContext context) {
    return Container();
  }
}
```

（5）在_HappyScreenState 类的 build()方法中，返回包含一个 appBar 和一个 body 的 Scaffold。body 则包含了一个 Center 微件，其子节点是 ElevatedButton。对应代码如下。

```
return Scaffold(
  appBar: AppBar(title: Text('Happy Happy!'),),
  body: Center(
    child: ElevatedButton(
      child: Text('I\'m happy!'),
      onPressed: () {},
    ),),
);
```

（6）在 ElevatedButton 的 onPressed 参数中，添加 FirebaseAnalytics().logEvent()方法，同时传递'Happy'作为事件名称。

```
onPressed: () {
  FirebaseAnalytics().logEvent(name: 'Happy', parameters:null);
},
```

（7）打开 login_screen.dart 文件，在该文件开始处，导入 happy_screen.dart。

```
import './happy_screen.dart';
```

（8）在_LoginScreenState 类底部，创建一个名为 changeScreen()的新方法。在该方法中，调用 Navigator.push()方法访问 HappyScreen 微件。

```
void changeScreen() {
  Navigator.push(
    context, MaterialPageRoute(builder: (context) => HappyScreen()));
}
```

（9）在 btnMain()方法中，成功登录后，添加 changeScreen()方法调用。

```
userId = value;
setState(() {
  _message = 'User $userId successfully logged in';
});
changeScreen();
```

（10）在 btnGoogle()方法中，成功登录后，添加 changeScreen()方法调用。

```
setState(() {
  _message = 'User $value successfully logged in with Google';
});
changeScreen();
```

（11）打开终端窗口并运行下列命令。

```
adb shell setprop debug.firebase.analytics.app [your app name here]
```

提示：

添加至 adb 命令中的名称应是应用程序的完整名称，包括在 Firebase 项目中设置的域名（即 com.example.yourappname）。

（12）访问 Firebase 控制台，单击 Analytics 菜单，随后选择 DebugView，并使当前页面保持开启状态。

（13）运行应用程序，登录后多次单击 I'm happy 按钮。

（14）等待几秒钟后返回 Firebase Analytics 调试视图。此时将会看到相关事件已被记录，如图 12.7 所示。

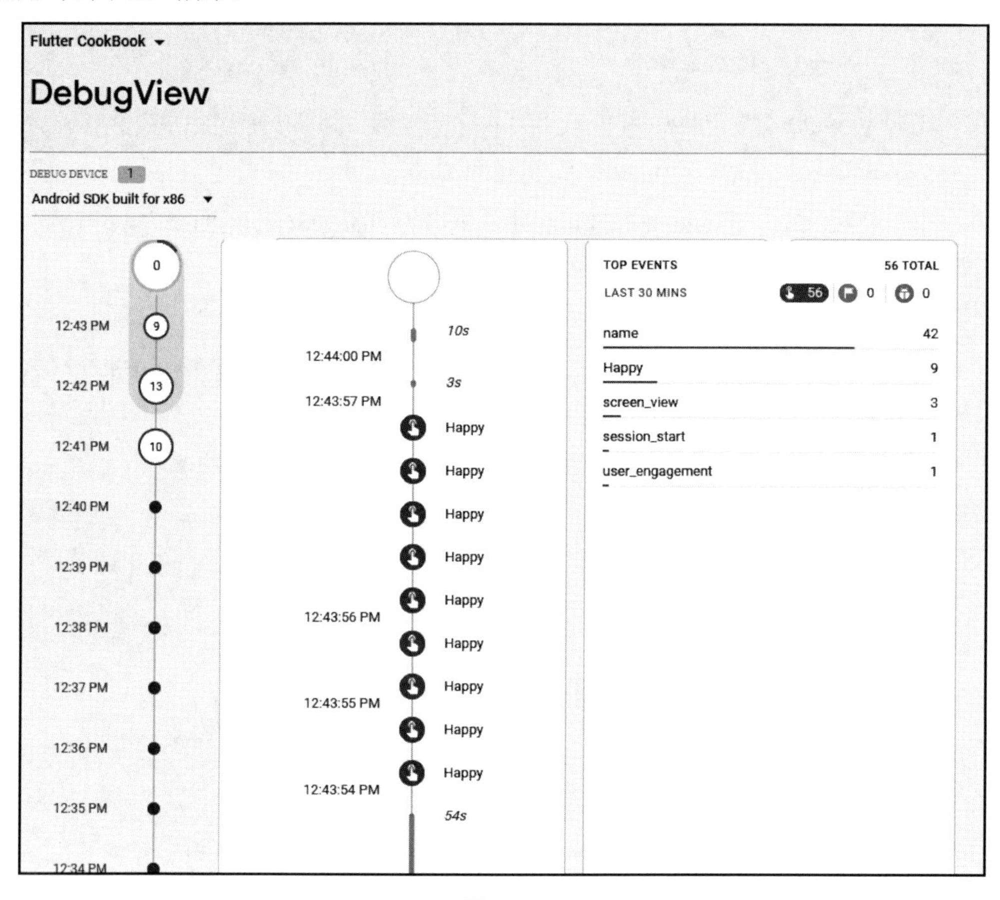

图 12.7

12.4.3　工作方式

关于用户在应用程序中的行为方式，Firebase 的 Google Analytics 可提供有价值的信息。

当采用 Firebase 时，如果启用了 Firebase Analytics，那么将自动生成大量的统计信息，称作默认事件，包括日志错误、会话（必须启动应用程序）、通知。

当从 Firebase 控制台中访问 Firebase Analytics 仪表板时，将会看到许多与应用程序和用户相关的信息。

注意：

当查看 Firebase Analytics 仪表板上记录的事件时，最多可能会消耗 24h；而使用 DebugView 则可实时查看数据。

图 12.8 显示了 Firebase Analytics 仪表板中可能的输出结果。

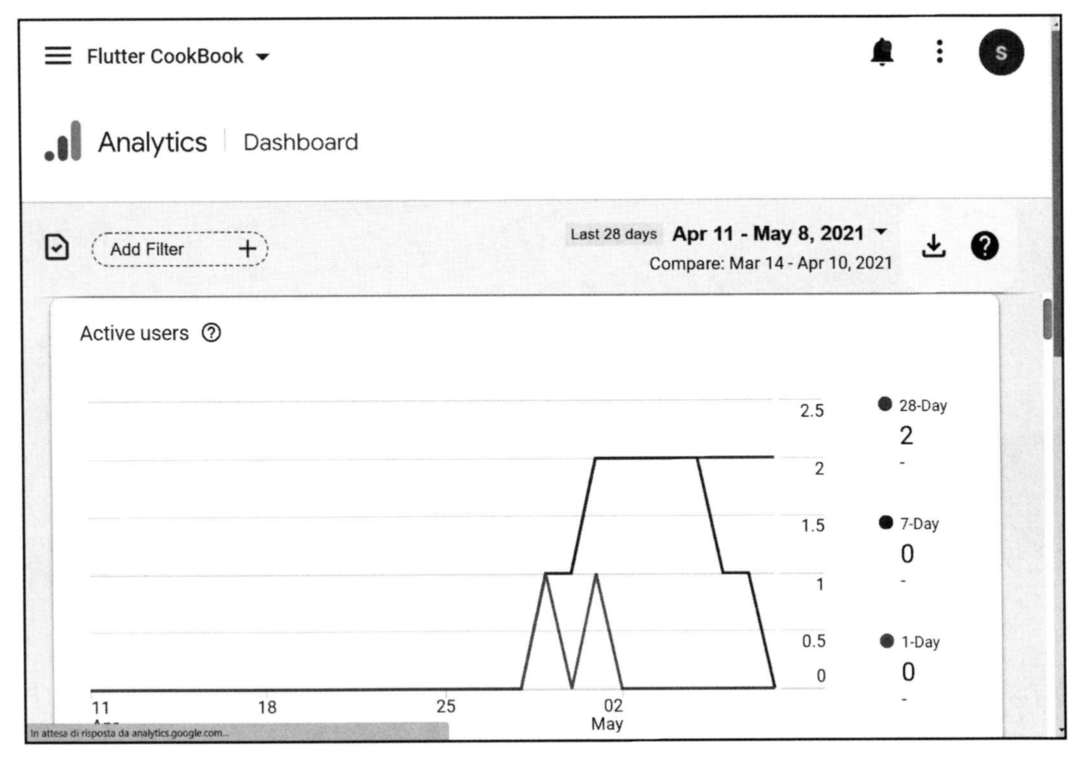

图 12.8

Firebase Analytics 的一个特性是，可捕捉预置和自定义事件。在当前示例中，我们添加了一个名为 happy 的自定义事件，这意味着，我们记录了应用程序中的许多重要信息。

Firebase Analytics 的应用较为简单，且需要将分析包添加至应用程序中，并在所需使用处对其导入，随后即可记录所需的自定义信息。相应地，logEvent()方法添加了新的记录，该记录在分析页面中可见。在当前示例中，记录'Happy'事件的命令如下。

```
FirebaseAnalytics().logEvent(name: 'Happy', parameters:null);
```

在开发过程中，即可看到运行结果是一项较为重要的功能，且无须在查看 Firebase Analytics 仪表板事件之前等待过多时间（最长达 24h）。对此，可启用 Debug 模式，即打开终端窗口并运行下列命令。

```
adb shell setprop debug.firebase.analytics.app [your app name here]
```

通过启用 Debug 模式，并从 Firebase 控制台中打开 DebugView 页面，可立即看到应用程序中触发的事件。

12.4.4　另请参阅

Firebase 的 Google Analytics 可帮助我们更好地理解用户在应用程序中的行为。关于该项服务的统计信息和特性，读者可访问 https://firebase.google.com/docs/analytics?hl=en 以查看更多信息。

12.5　使用 Firebase Cloud Firestore

当采用 Firebase 时，可在两个数据库选项之间进行选择，即 Cloud Firestore 和 Realtime Database，二者均为可靠、高效的 NoSQL 数据库。其中，Cloud Firestore 是一个新的选项。且大多数时候可用于新项目中，当前示例将使用该工具。

12.5.1　准备工作

当前示例在 12.1 节和 12.2 节示例的基础上完成。

12.5.2　实现方式

在当前示例中，我们将讨论如何创建 Cloud Firestore 并将其集成至项目中。特别地，我们将询问用户更喜欢 icecream 还是 pizza，随后将结果保存至数据库中。

（1）在 Firebase 控制台左侧的 Build 菜单中，单击 Firestore Database 菜单项，这将显示如图 12.9 所示的 Cloud Firestore 页面。

（2）单击 Create database 按钮，选择 Test mode 选项，这将使数据在缺少授权规则的情况下保持开放。随后单击 Next 按钮。

（3）选择 Cloud Firestore 的位置。通常情况下，建议选择与用户访问数据位置接近的区域。

（4）单击 Enable 按钮。稍后，应可看到如图 12.10 所示的 Cloud Firestore 数据库。

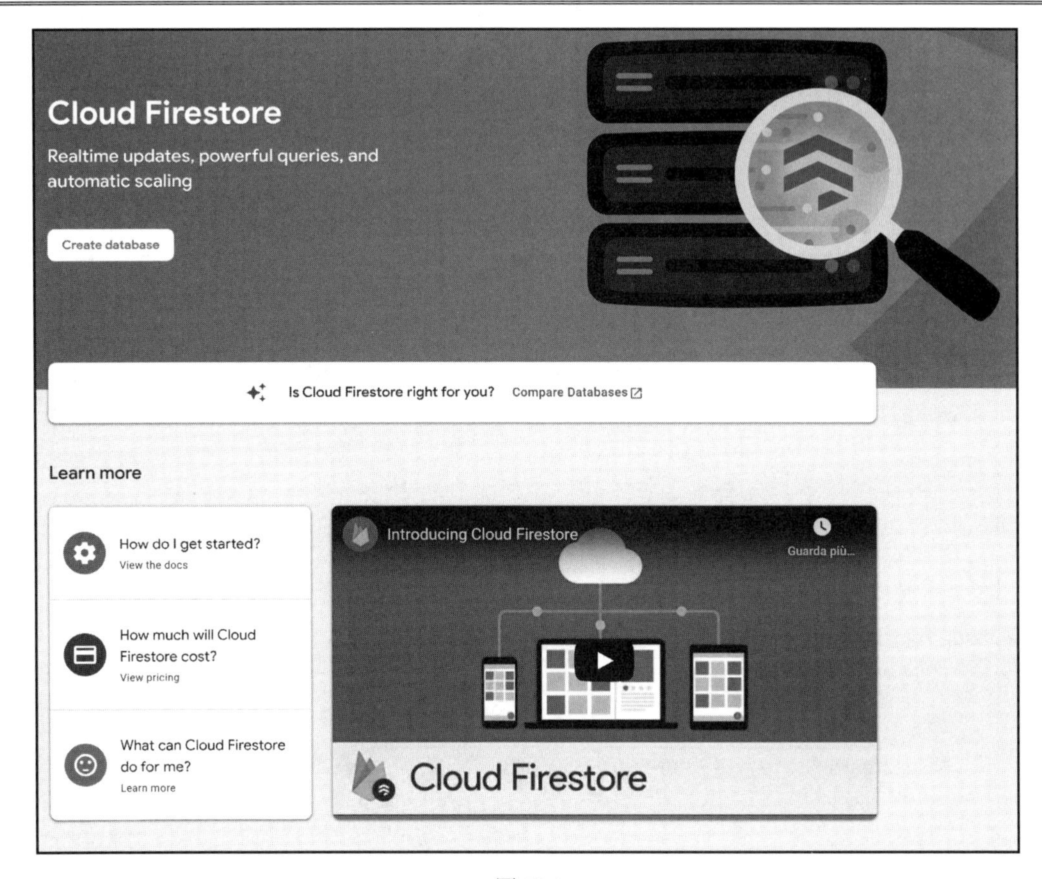
Cloud Firestore
Realtime updates, powerful queries, and automatic scaling
Create database
Is Cloud Firestore right for you?
Compare Databases
Learn more
How do I get started?
View the docs
How much will Cloud Firestore cost?
View pricing
What can Cloud Firestore do for me?
Learn more
Introducing Cloud Firestore
Guarda più...
Cloud Firestore

图 12.9

Flutter CookBook
Cloud Firestore
Data
Rules
Indexes
Usage
Prototype and test end-to-end with the Local Emulator Suite,
flutter-cookbook-43242
Start collection

图 12.10

（5）单击 Start collection 链接。

（6）将集合 ID 设置为 poll 并随后单击 Next 按钮。

（7）针对 Document ID，单击 Auto-ID 按钮。

（8）添加两个文本框。其中，第 1 个文本框为 icecream，其类型为 number 且值为 0；第 2 个文本框为 pizza，其类型为 number 且值为 0，对应结果如图 12.11 所示。

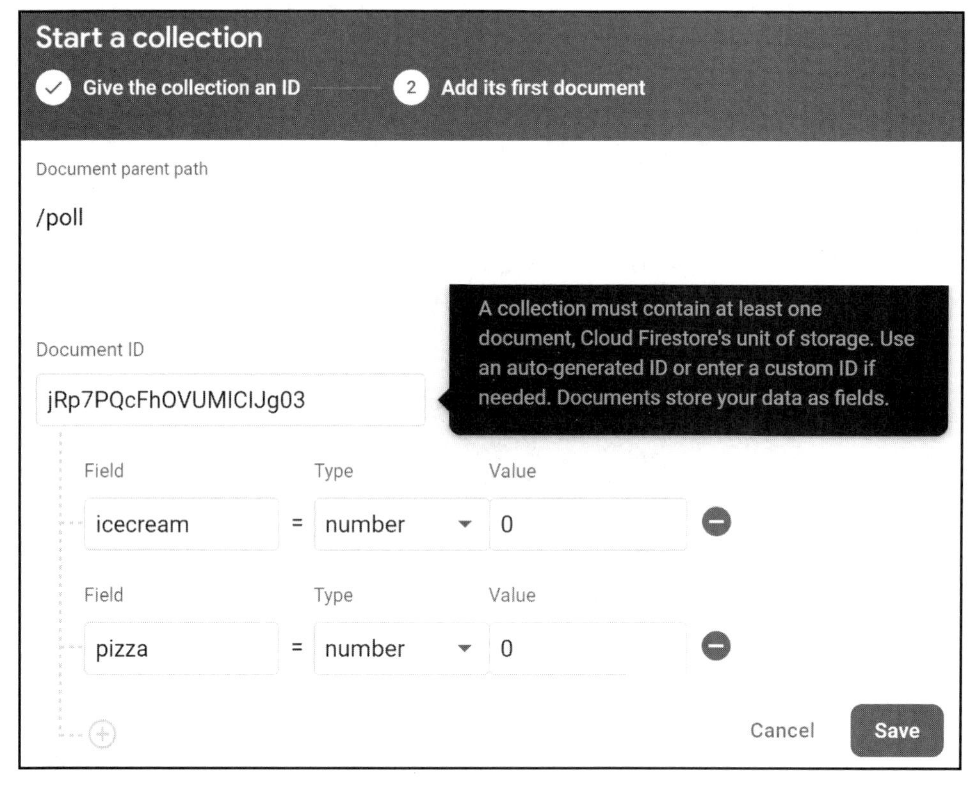

图 12.11

（9）单击 Save 按钮。

（10）在 pubspec.yaml 文件的 dependencies 节点中，添加 cloud_firestore 包的最新版本。

```
cloud_firestore: ^1.0.7
```

（11）在项目的 lib 文件夹中创建一个名为 poll.dart 的新文件。

（12）在 poll.dart 文件开始处，导入 material.dart 和 cloud_storage.dart 包。

```
import 'package:flutter/material.dart';
import 'package:cloud_firestore/cloud_firestore.dart';
```

（13）仍在 poll.dart 文件中，创建一个名为 PollScreen 的新的有状态微件。

```
class PollScreen extends StatefulWidget {
  @override
  _PollScreenState createState() => _PollScreenState();
}
class _PollScreenState extends State<PollScreen> {
  @override
  Widget build(BuildContext context) {
    return Container();
  }
}
```

（14）在_PollScreenState 类的 build()方法中，返回一个 Scaffold。在 Scaffold 体中，放置一个 Column，并包含 spaceAround 的 mainAxisAlignement 值，如下列代码片段所示。

```
return Scaffold(
  appBar: AppBar(
    title: Text('Poll'),
  ),
  body: Padding(
    padding: const EdgeInsets.all(96.0),
    child: Column(
      mainAxisAlignment: MainAxisAlignment.spaceEvenly,
      children: []
      ),
  );
```

（15）在 Column 微件的 children 属性中，添加两个 ElevatedButton，分别于其中作为子微件放置一个 Row，且设置了 Icon 和 Text，如下所示。

```
ElevatedButton(
  child: Row(
    mainAxisAlignment: MainAxisAlignment.spaceAround,
    children: [Icon(Icons.icecream), Text('Ice-cream')]),
    onPressed: () {},
  ),
  ElevatedButton(
    child: Row(
    mainAxisAlignment: MainAxisAlignment.spaceAround,
    children: [Icon(Icons.local_pizza), Text('Pizza')]),
    onPressed: () {},
  ),
```

（16）在_PollScreenState 类底部，添加一个名为 vote()的异步方法，该方法接收一个布尔参数 voteForPizza。

```
Future vote(bool voteForPizza) async {}
```

（17）在 vote()方法开始处，创建 FirebaseFirestore 实例。

```
FirebaseFirestore db = FirebaseFirestore.instance;
```

（18）在 FirebaseFirestore 实例中，检索'poll'集合。

```
CollectionReference collection = db.collection('poll');
```

（19）调用集合上的异步 get()方法检索一个 QuerySnapshot 对象。

```
QuerySnapshot snapshot = await collection.get();
```

（20）通过获取快照的 docs 属性，检索 QueryDocumentSnapshot 对象的 List。

```
List<QueryDocumentSnapshot> list = snapshot.docs;
```

（21）获取列表上的第 1 个文档并检索其 id。

```
DocumentSnapshot document = list[0];
final id = document.id;
```

（22）如果 voteForPizza 参数为 true，则更新文档的 pizza 值。也就是说，将该值递增 1；否则利用 icecream 值执行相同的操作。

```
if (voteForPizza) {
  int pizzaVotes = document.get('pizza');
  collection.doc(id).update({'pizza':++pizzaVotes});
} else {
  int icecreamVotes = document.get('icecream');
  collection.doc(id).update({'icecream':++icecreamVotes});
}
```

（23）调用 vote()方法，并传递来自第 1 个 ElevatedButton 的 false 值（基于文本 icecream）。

```
onPressed: () {
  vote(false);
},
```

（24）调用 vote()方法，并传递第 2 个 ElevatedButton 中的 true 值（基于文本 pizza）。

```
onPressed: () {
  vote(true);
},
```

（25）运行应用程序，并在登录后，分别尝试多次按这两个按钮。

（26）访问 Cloud Firestore 页面并输入 poll 集合。随后应可看到利用两个按钮单击次数分别更新的 pizza 和 icecream 值，如图 12.12 所示。

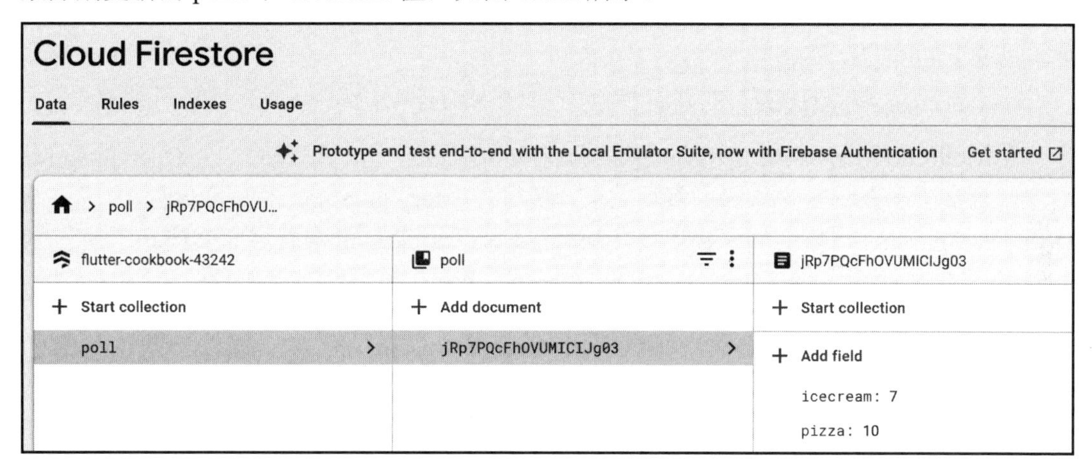

图 12.12

12.5.3　工作方式

在 Firebase 项目中，即打算在应用程序中实现的 Firebase 服务入口点，我们可创建一个 Firebase Firestore 数据库，这是一个 NoSQL 数据库，并可将数据存储至云端。

在 Firestore 层次结构中，数据库包含 Collection，Collection 包含 Document，而 Document 则包含键-值对。当设计一个 Firestore 数据库时，应注意以下各项规则。

- Firestore 根可包含集合，但不可包含文档。
- 集合必须包含文档，而非其他集合。
- 每个文档的大小最多为 1MB。
- 文档无法包含其他文档。
- 文档可以包含集合。
- 每个文档持有一个 documentID。documentID 是集合中每个文档的唯一标识符。

总的而言，Firestore 数据的层次结构如下。

数据库 > 集合 > 文档 > 键-值对

注意：

Firebase Firestore 数据库中的所有方法均为异步方法。

在当前示例代码中，我们借助于下列命令检索数据库实例。

```
FirebaseFirestore db = FirebaseFirestore.instance;
```

随后，当访问'poll'集合（这一集合也是数据库中的唯一集合）时，我们采用了数据库上的 collection()方法。

```
CollectionReference collection = db.collection('poll');
```

在 Collection 中，利用 get()方法获取所有的现有文档，该方法返回一个 QuerySnapshot 对象，且包含了在集合中执行的查询结果。另外，QuerySnapshot 对象可包含 0 或多个 DocumentSnapshot 对象实例。接下来，利用下列命令检索 poll 集合中的文档。

```
QuerySnapshot snapshot = await collection.get();
```

在 QuerySnapshot 对象中，通过调用 QuerySnapshot 的 docs 属性，我们检索了 QueryDocumentSnapshot 对象的 List。QueryDocumentSnapshot 对象包含读取自集合中文档的数据（键-值对）。相应地，我们采用下列命令创建该 List。

```
List<QueryDocumentSnapshot> list = snapshot.docs;
```

当前我们了解到，Collection 包含了单一文档，当检索该文档时，可使用下列命令。

```
DocumentSnapshot document = list[0];
```

一旦持有了集合中文档的单一 id，就可利用 update()方法简单地更新任何键，同时传递所有需要更新的键和值。对此，可通过下列命令执行该项任务。

```
collection.doc(id).update({'pizza':++pizzaVotes});
```

12.5.4 另请参阅

读者可访问 https://firebase.google.com/docs/database/rtdb-vsfirestore 以了解 Cloud Firestore 和 Realtime Database 之间的差别。

12.6 利用 Firebase Cloud Messaging（FCM）发送 Push Notifications

Push Notifications 是应用程序的一个十分重要的特性，并可视为发送至应用程序用户的消息。即使应用程序处于关闭状态，用户也可对消息进行检索。相关消息包括促销、更新、折扣和其他类型的消息。这可以使用户的兴趣集中在应用程序上。在当前示例中，我们将考查如何通过 Firebase Messaging 向应用程序用户发送消息。

12.6.1　准备工作

当前示例在 12.1 节和 12.2 节示例的基础上完成。

12.6.2　实现方式

在当前示例中，我们将考查应用程序在后台运行时如何发送通知消息。

（1）向应用程序的 pubspec.yaml 文件中添加 firebase_messaging 插件的最新版本。

（2）在应用程序的 login_screen.dart 文件的开始处，导入 firebase_messaging.dart 文件。

```
import 'package:firebase_messaging/firebase_messaging.dart';
```

（3）在_LoginScreenState 类开始处，添加下列声明。

```
final FirebaseMessaging messaging = FirebaseMessaging.instance;
```

（4）在 initState()方法中，编辑 Firebase 的 initializeApp()方法中的 whenComplete 回调，如下所示（此处将会在_firebaseBackgroundMessageReceived 中得到一条错误消息，稍后将对此进行修复）。

```
Firebase.initializeApp().whenComplete(() {
 auth = FirebaseAuthentication();
  FirebaseMessaging.onBackgroundMessage(
    _firebaseBackgroundMessageReceived);
  setState(() {});
});
```

（5）在_LoginScreenState 类外部，添加输出通知信息的_firebaseBackgroundMessageReceived()方法。

```
Future _firebaseBackgroundMessageReceived(RemoteMessage message)
async {
    print(
        "Notification: ${message.notification.title} -
${message.notification.body}");
  }
```

（6）运行应用程序，并随后关闭程序。

（7）访问 Firebase 控制台并单击 Engage 部分，随后单击 Cloud Messaging 链接。

（8）单击页面上方的 Send your first message 按钮。

（9）在 Compose Notification 页面中，插入一个标题和文本，随后单击 Next 按钮，如图 12.13 所示。

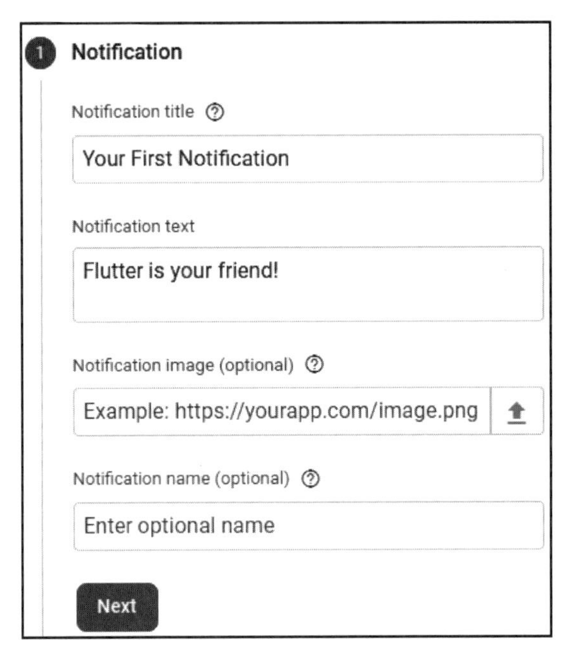

图 12.13

（10）在目标页面，选择对应的应用程序并单击 Next 按钮。

注意：

通知机制无法在 iOS 模拟器上正常工作。对此，需要使用真实的设备，并获取相应的权限查看推送通知。读者可访问 https://firebase.google.com/docs/cloud-messaging/ios/client 以了解更多信息。

（11）在 Scheduling 页面，单击 Next 按钮。

（12）在 Conversion Events 页面，单击 Review 按钮。

（13）确保应用程序未运行于前端，随后在 Review 消息中单击 Publish 按钮。

（14）在设备或模拟器中，在屏幕上方可以看到较小的 Flutter 图标。

（15）打开通知选项卡，可以看到刚刚从 Firebase Cloud Messaging 页面中添加的消息，如图 12.14 所示。

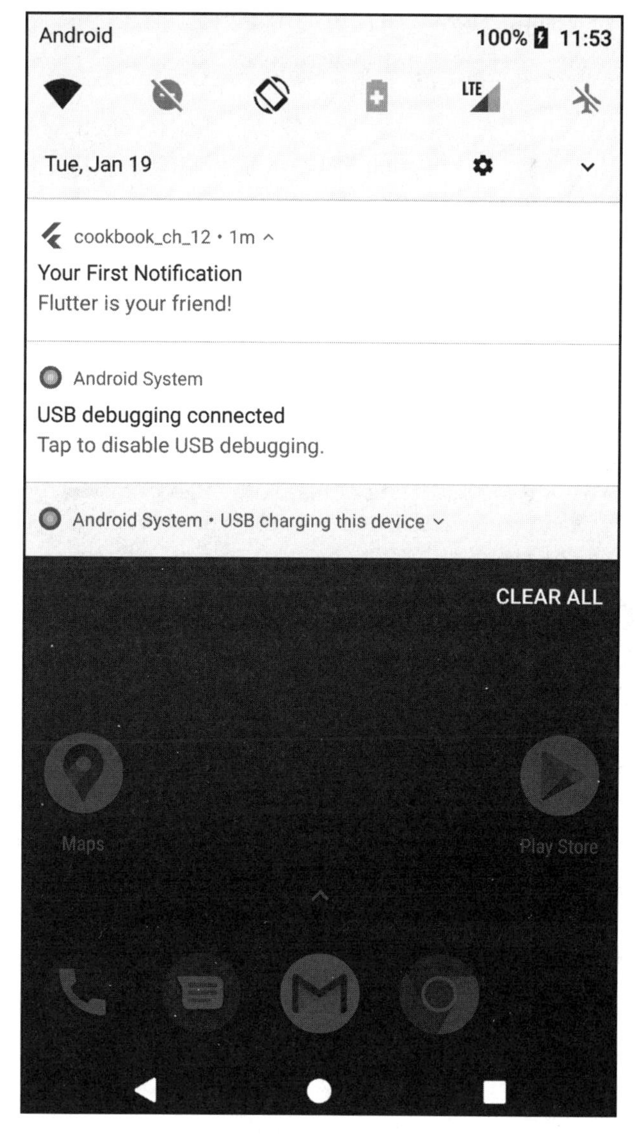

图 12.14

12.6.3　工作方式

Firebase Cloud Messaging（FCM）服务可向用户发送通知。在 Flutter 中，当使用这

一 FlutterFire 工具时，需要在应用程序中启用 firebase_messaging 包。

当获取 FirebaseMessaging 类实例时，可使用下列命令。

```
FirebaseMessaging messaging = FirebaseMessaging.instance;
```

类似于 FlutterFire 中的所有服务，消息服务仅在初始化 FirebaseApp 后有效，因此需要在 Firebase.initializeApp().whenComplete 回调中包含 FirebaseMessaging 配置。

当接收到新的通知消息后，onBackgroundMessage 回调将被触发，并接收处理该通知的方法。

```
FirebaseMessaging.onBackgroundMessage(_firebaseBackgroundMessageReceived);
```

在传递至 onBackgroundMessage 回调的函数中，可以将消息保存在本地数据库或 SharedPreferences 中，或对其采取其他操作。在当前示例中，我们仅通过下列命令在调试控制台中输出消息。

```
Future _firebaseBackgroundMessageReceived(RemoteMessage message) async {
  print("Notification: ${message.notification.title} -
${message.notification.body}");
```

据此，当应用程序运行于后台或未运行时，通知消息将作为系统通知予以显示。单击消息将启动应用程序或将其显示于前台。当应用程序处于前台（活动状态）时，将不会显示通知。

12.6.4　另请参阅

在当前示例中，我们考查了当应用程序处于后台时，如何发送通知消息，以及当应用程序处于应用中如何处理通知。读者可访问 https://pub.dev/packages/firebase_messaging 以了解更多信息。

另一个可以添加至应用的有趣功能是动态链接，并可视为 URL 以将用户发送至 iOS 或 Android 应用程序中的特定位置。读者可访问 https://firebase.google.com/products/dynamic-links 以了解更多信息。

12.7　将文件存储至云端

Firebase Cloud Storage 服务支持文件的上传和下载，如图像、音频、视频获取其他内容，进而向应用程序中添加强大的特性。

12.7.1　准备工作

当前示例在 12.1 节和 12.2 节示例的基础上完成。

取决于具体的设备，我们可能需要配置相关的权限以访问图像库。对此，读者可访问 https://pub.dev/packages/image_ picker 以查看配置过程。

12.7.2　实现方式

在当前示例中，我们将添加一个屏幕，并将图像上传至云端。

（1）在 pubspec.yaml 文件中，添加 firebase_storage 包和 image_picker 包的最新版本。

```
image_picker: ^0.7.4
firebase_storage: ^8.0.5
```

（2）在项目的 lib 文件夹中，创建名为 upload_file.dart 的新文件。

（3）在 upload_file.dart 文件开始处，添加下列导入语句。

```
import 'package:flutter/material.dart';
import 'dart:io';
import 'package:path/path.dart';
import 'package:image_picker/image_picker.dart';
import 'package:firebase_storage/firebase_storage.dart';
```

（4）创建名为 UploadFileScreen 的新的有状态微件。

```
class UploadFileScreen extends StatefulWidget {
  @override
  _UploadFileScreenState createState() => _UploadFileScreenState();
}
class _UploadFileScreenState extends State<UploadFileScreen> {
  @override
  Widget build(BuildContext context) {
    return Container();
}}
```

（5）在_UploadFileScreenState 类开始处，声明一个名为_image 的文件、一个名为_message 的字符串，以及一个 ImagePicker 对象。

```
File _image;
String _message = '';
final picker = ImagePicker();
```

（6）在_UploadFileScreenState 类的 build()方法中，返回一个包含 appBar 和 body 的 Scaffold，如下列代码片段所示。

```
return Scaffold(
  appBar: AppBar(title: Text('Upload To FireStore')),
  body: Container(
    padding: EdgeInsets.all(24),
    child: Column(
      mainAxisAlignment: MainAxisAlignment.spaceEvenly,
      crossAxisAlignment: CrossAxisAlignment.stretch,
      children: [],
),),),);}
```

（7）在 Column 微件的 children 参数中，添加 4 个微件——两个 ElevatedButton、Image 和 Text，如下列代码片段所示。

```
ElevatedButton(
  child: Text('Choose Image'),
  onPressed: () {},
),
(_image == null) ? Container(height: 200) : Container(height: 200,
child: Image.file(_image)),
ElevatedButton(
  child: Text('Upload Image'),
  onPressed: () {},
),
Text(_message),
```

（8）在_UploadFileScreenState 类中，创建一个名为 getImage()的新的异步方法，以使用户可在图像库中选择文件。

```
Future getImage() async {
  final pickedFile = await picker.getImage(source:
ImageSource.gallery);
  setState(() {
    if (pickedFile != null) {
      _image = File(pickedFile.path);
    } else {
      print('No image selected.');
}});}
```

（9）在 getImage()方法下方，添加另一个名为 uploadImage()的异步方法，该方法利用 FirebaseStorage 服务将所选的图像上传至云端，如下所示。

```
Future uploadImage() async {
  if (_image != null) {
    String fileName = basename(_image.path);
    FirebaseStorage storage = FirebaseStorage.instance;
    Reference ref = storage.ref(fileName);
    setState(() {
      _message = 'Uploading file. Please wait...';
    });
    ref.putFile(_image).then((TaskSnapshot result) {
      if (result.state == TaskState.success) {
      setState(() {
        _message = 'File Uploaded Successfully';
      });
  } else {
    setState(() {
    _message = 'Error Uploading File';
    });
}});}}
```

（10）在第 1 个 ElevatedButton（用于选择图像）的 onPressed 参数中，添加一个 getImage()方法调用。

```
getImage();
```

（11）在第 2 个 ElevatedButton（用于上传图像）的 onPressed 参数中，添加 uploadImage()方法调用。

```
uploadImage();
```

（12）在 login_screen.dart 文件开始处，导入 upload_file.dart 文件。

```
import './upload_file.dart';
```

（13）在 changeScreen()方法中，编辑 Navigator.push 以调用 UploadFileScreen 微件。

```
Navigator.push(
context, MaterialPageRoute(builder: (context) => UploadFileScreen()));
```

（14）运行应用程序。在登录后选择一幅图像并将其上传至 Firebase，最终结果如图 12.15 所示。

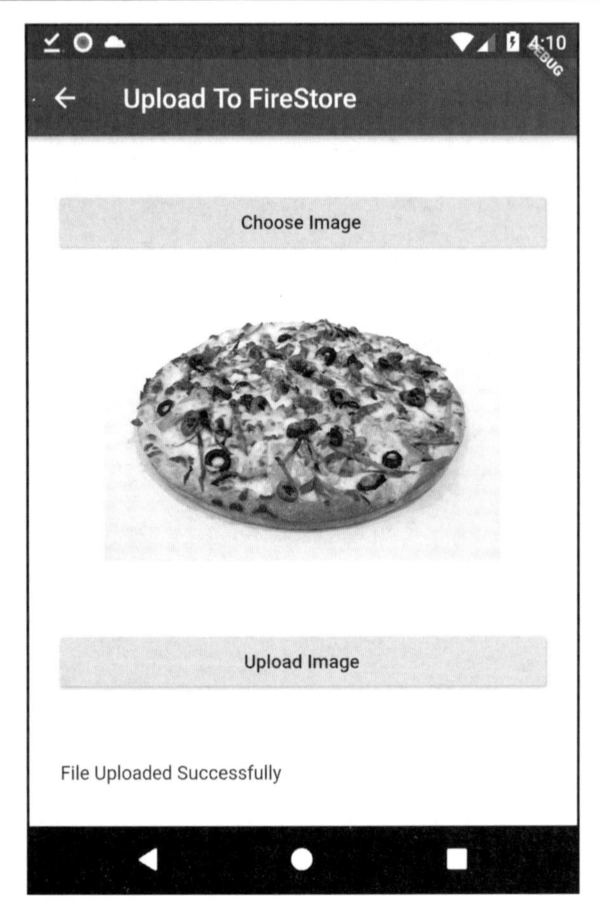

图 12.15

12.7.3　工作方式

Firebase Storage API 支持将文件上传至 Google Cloud 中，这些文件随后可根据应用程序的具体需求被共享和使用。

在 Flutter 中使用该项服务的第 1 步是向 pubspec.yaml 文件中添加 firebase_storage 依赖项，并将其导入文件中。通过这种方式，即可访问 FirebaseStorage 实例，这也是文件上后续操作的入口点。在当前示例中，我们利用下列命令检索该实例。

```
FirebaseStorage storage = FirebaseStorage.instance;
```

在存储中，接下来可获取一个 Reference 对象，这是一个指向存储对象的指针，并可以此上传、下载和删除对象。在当前示例中，我们通过下列命令生成了一个 Reference 对象，并传递了相应的上传文件名。

```
Reference ref = storage.ref(fileName);
```

一旦创建了 Reference 对象，就可通过 putFile()方法将文件上传至该引用处，同时传递希望上传的文件。

```
ref.putFile(_image)
```

一旦完成了 putFile()任务，该方法就会返回 TaskSnapshot，其中包含了一个 state 属性，表示当前任务是否成功完成。通过_message 状态变量，我们可向用户提供一些反馈信息。

```
setState(() {
  _message = 'File Uploaded Successfully';
});
```

需要注意的是，在当前示例中，我们使用了 ImagePicker 从设备的图像库中选择了一幅图像。下列两行代码体现了核心工作。

```
final picker = ImagePicker();
final pickedFile = await picker.getImage(source: ImageSource.gallery);
```

其中，首先检索 ImagePicker 实例，随后调用 getImage()方法并选择要检索图像的源。

第 13 章　基于 Firebase ML Kit 的机器学习

机器学习在应用程序开发中已成为一个重要的话题。简而言之，ML 意味着导入“训练”算法的数据，并以此生成一个模型。这一训练后的模型可用于解决传统编程可能无法解决的问题。为了使这一过程更易于管理，Firebase 提供了一项名为 ML Kit 的服务，我们可以将这个 ML 工具包定义为“预建 ML”。相关功能包括文本识别、图像标记、人脸检测和条形码扫描。

对于 ML Kit 未提供的功能，读者可利用 TensorFlow Lite 创建自定义模型，本章中的大多数示例均可运行于云端和本地设备上。

本章首先讨论如何通过设备拍摄照片，随后使用 ML Kit 识别文本、条形码、图像、面部和语言。本章最后还将介绍 TensorFlow Lite 以打造自己的 ML 算法。

本章主要涉及以下主题。

- 使用设备的摄像头。
- 从图像中识别文本。
- 读取条形码。
- 图像标记功能。
- 构建面部检测器并检测面部表情。
- 识别语言。
- 使用 TensorFlow Lite。

在阅读完本章内容后，读者将能够利用多项 Firebase 服务创建全栈应用程序（无须编写服务器端代码）。

13.1　使用设备的摄像头

在当前示例中，我们将使用 Camera 插件针对 ML Kit 的视觉模型创建一个画布。Camera 插件并非 ML 独有，但确是 ML 视觉功能的先决条件之一。本章示例将使用 Camera 插件。

在考查完当前示例后，读者将能够使用设备的摄像头（前置摄像头和后置摄像头），并在应用程序中实现拍照功能。

13.1.1　准备工作

在当前示例中，我们将创建一个新项目，其间，Firebase 的配置过程可参考 12.1 节。

13.1.2　实现方式

在当前示例中，我们将向应用程序中添加摄像头功能。据此，用户将能够通过设备的前置或后置摄像头拍摄照片。

（1）在项目的 pubspec.yaml 文件的依赖项部分中，添加 camera 包和 path_provider 包。

```
camera: ^0.8.1
path_provider: ^2.0.1
```

（2）对于 Android，在 android/app/build.gradle 文件中将 Android SDK 的最低版本调整至 21 或更高。

```
minSdkVersion 21
```

（3）对于 iOS，向 ios/Runner/Info.plist 文件中添加下列指令。

```
<key>NSCameraUsageDescription</key>
<string>Enable MLApp to access your camera to capture your
photo</string>
```

（4）在项目的 lib 文件夹中，添加一个名为 camera.dart 的新文件。

（5）在 camera.dart 文件的开始处，导入 material.dart 和 camrea 包。

```
import 'package:flutter/material.dart';
import 'package:camera/camera.dart';
```

（6）创建一个名为 CameraScreen 的新的有状态微件。

```
class CameraScreen extends StatefulWidget {
  @override
  _CameraScreenState createState() => _CameraScreenState();
}

class _CameraScreenState extends State<CameraScreen> {
  @override
  Widget build(BuildContext context) {
    return Container(
  );
 }
}
```

（7）在_CameraScreenState 类的开始处，声明下列变量。

```
List<CameraDescription> cameras;
List<Widget> cameraButtons;
CameraDescription activeCamera;
CameraController cameraController;
CameraPreview preview;
```

（8）在_CameraScreenState 类的底部，创建一个名为 listCameras()新的异步方法，该方法将返回一个微件列表。

```
Future<List<Widget>> listCameras() async {}
```

（9）在 listCameras()方法中，调用 availableCameras()方法，并根据调用结果返回包含摄像头名称的 ElevatedButton 微件。

```
List<Widget> buttons = [];
cameras = await availableCameras();
if (cameras == null) return null;
if (activeCamera == null) activeCamera = cameras.first;
if (cameras.length > 0) {
  for (CameraDescription camera in cameras) {
    buttons.add(ElevatedButton(
        onPressed: () {
          setState(() {
            activeCamera = camera;
            setCameraController();
          });
        },
        child: Row(
          children: [
            Icon(Icons.camera_alt),
            Text(camera == null ? '' : camera.name)
          ],
        )));
  }
  return buttons;
} else {
  return [];
}
```

（10）在_CameraScreenState 类中，创建一个名为 setCameraController()的异步方法，并根据 activeCamera 设置 CameraPreview 预览变量，如下所示。

```
Future setCameraController() async {
  if (activeCamera == null) return;
  cameraController = CameraController(activeCamera,
   ResolutionPreset.high,);
  await cameraController.initialize();
  setState(() {
    preview = CameraPreview(
      cameraController,
    );
  });
}
```

（11）在 setCameraController()方法下方，添加另一个名为 takePicture()的异步方法。该方法将返回一个 XFile，即 cameraController 微件的 takePicture()方法的调用结果，如下所示。

```
Future takePicture() async {
    if (!cameraController.value.isInitialized) {
      return null;
    }
    if (cameraController.value.isTakingPicture) {
      return null;
    }
try {
      await cameraController.setFlashMode(FlashMode.off);
      XFile picture = await cameraController.takePicture();
      Navigator.push(context,
          MaterialPageRoute(builder: (context) =>
              PictureScreen(picture)));
    } catch (exception) {
      print(exception.toString());
    }
  }
```

（12）重载 initState()方法。在该方法中，设置 cameraButtons 并调用 setCameraController()方法，如下所示。

```
@override
  void initState() {
    listCameras().then((result) {
      setState(() {
        cameraButtons = result;
        setCameraController();
      });
```

```
    });
    super.initState();
  }
```

（13）重载 dispose()方法，并在该方法中清除 cameraController 微件。

```
@override
  void dispose() {
    if (cameraController != null) {
      cameraController.dispose();
    }
    super.dispose();
  }
```

（14）在 build()方法中，返回一个包含 AppBar（其标题为 Camera View）的 Scaffold，以及一个包含 Container 微件的 body。

```
return Scaffold(
  appBar: AppBar(
    title: Text('Camera View'),
  ),
  body: Container());
```

（15）在 Container 中，插入一个 padding（EdgeInsets.all 值为 24）和一个 Column 的 child，如下所示。

```
Container(
  padding: EdgeInsets.all(24),
  child: Column(
    mainAxisAlignment: MainAxisAlignment.spaceAround,
    children: [])
...
```

（16）在 Column 的 children 参数中，添加一个包含 cameraButtons 的 Row、一个包含摄像头预览的 Container 和另一个利用摄像头拍照的按钮。

```
Row(
  mainAxisAlignment: MainAxisAlignment.spaceAround,
  children: cameraButtons ?? [Container(child: Text('No cameras
available'))],
),
Container(height: size.height / 2, child: preview) ?? Container(),
  Row(
    mainAxisAlignment: MainAxisAlignment.spaceEvenly,
    children: [
```

```
      ElevatedButton(
        child: Text('Take Picture'),
        onPressed: () {
          if (cameraController != null) {
            takePicture().then((dynamic picture) {
              Navigator.push(
                context,
                MaterialPageRoute(builder: (context) =>
                  PictureScreen(picture)));
});
} }, ) ], ) ],
```

（17）在项目的 lib 文件夹中，创建一个名为 picture.dart 的新文件。

（18）在 picture.dart 文件中，导入下列包。

```
import 'package:camera/camera.dart';
import 'package:flutter/material.dart';
import 'dart:io';
```

（19）在 picture.dart 文件中，创建一个名为 PictureScreen 的新的有状态微件。

```
class PictureScreen extends StatefulWidget {
  @override
  _PictureScreenState createState() => _PictureScreenState();
}

class _PictureScreenState extends State<PictureScreen> {
  @override
  Widget build(BuildContext context) {
    return Container();
  }
}
```

（20）在 PictureScreen 类开始处，添加一个名为 picture 的 final XFile，并创建一个设置其值的构造方法。

```
final XFile picture;
PictureScreen(this.picture);
```

（21）在_PictureScreenState 类的 build()方法中，检索设备的高度，随后返回一个包含 Column 微件（该微件显示传递至屏幕中的图像）的 Scaffold。在图像的下方设置一个按钮，并随后将对应文件发送至相应的 ML 服务中，如下所示。

```
double deviceHeight = MediaQuery.of(context).size.height;
return Scaffold(
```

```
  appBar: AppBar(
    title: Text('Picture'),
  ),
  body: Column(
    mainAxisAlignment: MainAxisAlignment.spaceEvenly,
    children: [
      Text(widget.picture.path),
      Container(height: deviceHeight / 1.5, child:
     Image.file(File(widget.picture.path))),
      Row(
    children: [
      ElevatedButton(
        child: Text('Text Recognition'),
    onPressed: () {},
) ], ) ], ), );
```

（22）返回 camera.dart 文件中。在 onPressed()函数的 Take Picture 按钮中，访问 PictureScreen 微件，同时传递所要拍摄的照片。如果 picture.dart 文件无法自动被导入，还可导入 picture.dart 文件。

```
ElevatedButton(
  child: Text('Take Picture'),
  onPressed: () {
    if (cameraController != null) {
      takePicture().then((dynamic picture) {
    Navigator.push(
      context,
      MaterialPageRoute(
    builder: (context) => PictureScreen(picture)));
    });
} }, )
```

（23）返回 main.dart 文件中，在 MyApp 类中，调用 CameraScreen 微件，并设置 MaterialApp 的标题和主题。此外，还需要移除 MyApp 下方的全部代码。

```
class MyApp extends StatelessWidget {
  @override
  Widget build(BuildContext context) {
    return MaterialApp(
      title: 'Firebase Machine Learning',
      theme: ThemeData(
        primarySwatch: Colors.deepOrange,
      ),
```

```
        home: CameraScreen(),
); } }
```

（24）运行应用程序。选择设备中的摄像头并单击 Take Picture 按钮。随后将会看到所拍摄的照片，以及设备中保存照片的文件路径，如图 13.1 所示。

图 13.1

13.1.3　工作方式

不仅限于 ML，摄像头和图片对应应用程序中的其他功能也十分有用。例如，可使用

Camera 插件获取设备中可用的摄像头列表，进而拍摄照片或视频。

通过 Camera 插件，我们可访问两个有用的对象，

（1）CameraController 负责连接设备的摄像头，并以此拍摄照片或视频。

（2）CameraDescription 包含了摄像头设备的属性，如名称和方向。

大多数设备均包含前置摄像头和后置摄像头，但也有一些设备包含一个摄像头，或者超过两个摄像头。因此，代码创建了一个 CameraDescription 对象的动态 List，并通过下列指令让用户选择希望使用的摄像头。

```
cameras = await availableCameras();
```

availableCameras()方法返回设备中所有的可用摄像头，以及一个 List<CameraDescription> 的 Future 值。

当选择摄像头时，可调用 cameraController()构造方法，并利用下列指令传递处于活动状态的摄像头。

```
cameraController = cameraController(activeCamera,
ResolutionPreset.veryHigh);
```

需要注意的是，我们还可通过 ResolutionPreset 枚举器选择照片的分辨率。在当前示例中，ResolutionPreset.veryHigh 可视为较好的分辨率（推荐使用 ML 算法以获得较好的分辨率）。

CameraController 中的 takePicture()异步方法将接收一幅图像，并将其保存至默认路径中。稍后，应用程序的第 2 个屏幕将显示该路径。

```
XFile picture = await cameraController.takePicture();
```

takePicture()方法返回一个 XFile，这是一个跨平台的文件抽象化概念。

另一项较为重要的操作是重载_CameraScreenState 类的 dispose()方法。当清除微件时，该类将调用 CameraController 的 dispose()方法。

当前示例中构建的第 2 个屏幕是 PictureScreen 微件，其中将显示所拍摄的图像及其用户路径。查看下列指令。

```
Image.file(File(widget.picture.path))
```

当使用应用程序中的照片时，由于无法直接使用 XFile，因此需要生成一个 File。

目前，应用程序可通过设备的摄像头进行拍照，后续示例将在此基础上完成。

13.1.4 另请参阅

尽管目前还缺少相应的方法在官方相机插件中使用实时滤镜，但存在一些变通方法可以获得与 Flutter 相同的效果，如 https://stackoverflow.com/questions/50347942/flutter-camera-overlay。

13.2 从图像中识别文本

本节将引入 ML Kit 的文本识别器。如果拍摄的照片中存在某些可识别的文本，那么 ML Kit 会将其转换为一个或多个字符串。

13.2.1 准备工作

当前示例将在 13.1 节示例的基础上完成。

13.2.2 实现方式

在当前示例中，当拍摄完照片后，我们将加入文本识别功能，具体步骤如下。

（1）将最新版本的 firebase_ml_vision 包导入 pubspec.yaml 文件中。

```
firebase_ml_vision: ^0.10.0
```

（2）在项目的 lib 文件夹中创建一个名为 ml.dart 的新文件。

（3）在 ml.dart 新文件中，导入 dart:io 和 firebase_ml_vision 包。

```
import 'dart:io';
import 'package:firebase_ml_vision/firebase_ml_vision.dart';
```

（4）创建一个名为 MLHelper 的新类。

```
class MLHelper {}
```

（5）在 MLHelper 类中，创建一个名为 textFromImage()的新的异步方法，该方法接收一幅图像并返回 Future<String>。

```
Future<String> textFromImage(File image) async { }
```

（6）在 textFromImage()方法中，利用 ML Kit TextRecognizer 处理图像并返回检索到的文本，如下所示。

```
final FirebaseVision vision = FirebaseVision.instance;
final FirebaseVisionImage visionImage =
FirebaseVisionImage.fromFile(image);
TextRecognizer recognizer = vision.textRecognizer();
final results = await recognizer.processImage(visionImage);
return results.text;
```

（7）在项目的 lib 文件夹中，创建一个名为 result.dart 的新文件。

（8）在 result.dart 文件开始处，导入 material.dart 包。

```
import 'package:flutter/material.dart';
```

（9）创建一个名为 ResultScreen 的新的有状态微件。

```
class ResultScreen extends StatefulWidget {
  @override
  _ResultScreenState createState() => _ResultScreenState();
}

class _ResultScreenState extends State<ResultScreen> {
  @override
  Widget build(BuildContext context) {
    return Container();
  }
}
```

（10）在 ResultScreen 类开始处，声明一个名为 result 的 final String，并在默认的构造方法中对其进行设置。

```
final String result;
ResultScreen(this.result);
```

（11）在_ResultScreenState 类的 build()方法中，返回一个 Scaffold，并在其 body 中添加一个 SelectableText，如下所示。

```
return Scaffold(
      appBar: AppBar(
        title: Text('Result'),
      ),
      body: Container(
        child: Padding(
          padding: EdgeInsets.all(24),
          child: SelectableText(widget.result,
            showCursor: true,
            cursorColor: Theme.of(context).accentColor,
```

```
            cursorWidth: 5,
            toolbarOptions: ToolbarOptions(copy: true, selectAll: true),
            scrollPhysics: ClampingScrollPhysics(),
            onTap: (){},
          )),
      ),
  );
```

（12）在 picture.dart 文件的 onPressed()函数中，在 Text Recognition 按钮中添加下列代码。

```
onPressed: () {
  MLHelper helper = MLHelper();
  helper.textFromImage(image).then((result) {
    Navigator.push(
      context,
      MaterialPageRoute(
        builder: (context) => ResultScreen(result)));
      });
},
```

（13）运行应用程序，选择设备上的摄像头，并针对某些印刷文本进行拍照。随后单击 Text Recognition 按钮，接下来即可看到源自图片中的文本内容，如图 13.2 所示。

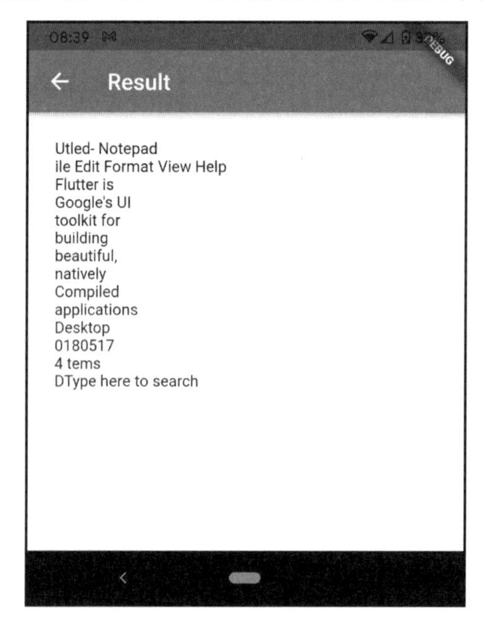

图 13.2

13.2.3　工作方式

当使用 ML Kit 时，处理过程如下列步骤所示。

（1）获取一幅图像。

（2）将图像发送至 API 并获取与图像相关的某些信息。

（3）ML Kit API 将数据返回应用程序中，并在必要时对其加以使用。

首先是通过下列指令获取 Firebase ML Vision API 的实例。

```
final FirebaseVision vision = FirebaseVision.instance;
```

接下来创建一个 FirebaseVisionImage，这是一个用于 API 检测器的图像对象。在当前示例中，我们利用下列指令创建 FirebaseVisionImage。

```
final FirebaseVisionImage visionImage =
FirebaseVisionImage.fromFile(image);
```

一旦 FirebaseVision 实例和 FirebaseImageVision 可用，就可调用一个检测器。在当前示例中，我们利用下列指令调用 TextRecognizer 检测器。

```
TextRecognizer recognizer = vision.textRecognizer();
```

当从图像中获取文本时，需要调用 TextRecognizer 上的 processImage()方法，该异步方法返回一个 VisionText 对象，其中包含了多个信息片段。例如，text 属性包含了图像中识别的所有文本内容。对此，可利用下列指令获取文本。

```
final results = await recognizer.processImage(visionImage);
return results.text;
```

随后将在另一个屏幕上显示文本，此处使用了 SelectableText，而不是仅仅返回一个 Text 微件。SelectableText 微件允许用户选择某些文本，并将其复制至其他应用程序中。实际上，通过 ToolBarOptions 枚举，还可选择所显示的选项内容。

13.2.4　另请参阅

TextRecognizer 实例的 text 属性返回全部文本，但在某些情况下，可能仅需返回特定的文本内容（如识别车牌或发票）。对此，可采用 DocumentTextBlock，这可视为 ML Kit 识别的单一文本元素。关于 DocumentTextBlock 的更多信息和应用示例，读者可参考 https://pub.dev/packages/firebase_ml_vision。

13.3　读取条形码

在应用程序中添加条形码的读取功能可扩展项目的应用范围，这是一种快速、方便的获取用户输入并返回相关信息的方法。

ML Kit 可读取大多数标准条形码，包括线性和 2D 格式。

- 线性格式包括 Code 39、Code 93、Code 128、Codabar、EAN-8、EAN-13、ITF、UPC-A 和 UPC-E。
- 2D 格式包括 Aztec、Data Matrix、PDF417 和 QR 码。

在当前示例中，我们将考查一种较为简单的方法，从而将条形码的读取功能添加至示例应用程序中。

13.3.1　准备工作

当前示例在 13.2 节示例的基础上完成。

13.3.2　实现方式

下列步骤展示了如何向现有的应用程序中添加条形码读取功能。

（1）在 ml.dart 文件中，添加一个名为 readBarCode()的新的异步方法，该方法作为参数接收 File 并返回一个字符串。

```
Future<String> readBarCode(File image) async {}
```

（2）在 readBarCode()方法开始处，分别声明 String、FirebaseVision、FirebaseVisionImage 和 BarcodeDetector，如下所示。

```
String result = '';
final FirebaseVision vision = FirebaseVision.instance;
final FirebaseVisionImage visionImage =
FirebaseVisionImage.fromFile(image);
BarcodeDetector detector = vision.barcodeDetector();
```

（3）在步骤（2）声明之后使用一个 try/catch。在 try 块中，调用 BarcodeDetector detectInImage()方法检索 Barcode 对象列表。随后，针对列表中的每个条形码，将其显示值添加至 result 字符串中。在 catch 块中，仅输出返回的错误内容。

```
try {
  List<Barcode> results = await
    detector.detectInImage(visionImage);
  results.forEach((Barcode barcode) {
    result += barcode.displayValue + '\n';
  });
} catch (error) {
  print(error.toString());
}
```

（4）在 readBarCode()方法结束处，返回 result 字符串。

```
return result;
```

（5）在 picture.dart 文件中，在包含 Text Recognition 按钮的 Row 微件中添加第 2 个按钮，该按钮将利用 result 调用 readBarCode()和 ResultScreen()方法。

```
ElevatedButton(
  child: Text('Barcode Reader'),
  onPressed: () {
    MLHelper helper = MLHelper();
    helper.readBarCode(image).then((result) {
     Navigator.push(
         context,
         MaterialPageRoute(
             builder: (context) => ResultScreen(result)));
}); },),
```

（6）运行应用程序，并尝试扫描书籍下方的条形码。随后应可看到所扫描的条形码的字符串值。

13.3.3　工作方式

读取条形码是许多商业应用程序中的重要特性。当采用 ML Kit 的条形码扫描 API 时，应用程序可自动识别大多数标准的条形码格式，包括二维码、EAN-13 和 ISBN 码。

注意：

条形码的检测工作在设备上进行，因此不需要网络连接。

Barcode 对象包含多项属性，如 URL、电子邮件、位置和日历事件，但大多数条形码均包含一个 displayValue（如书籍条形码下方的数字）。

扫描条形码的步骤与图像中的文本识别类似，具体来说，需要获得一个 FirebaseVision

实例，检索一个 FirebaseVisionImage，并随后从 FirebaseVision 实例中获取一个 BarcodeDetector，如下列指令所示。

```
final FirebaseVision vision = FirebaseVision.instance;
final FirebaseVisionImage visionImage =
FirebaseVisionImage.fromFile(image);
BarcodeDetector detector = vision.barcodeDetector();
```

接下来需要调用 BarcodeDetector 上的 detectInImage()方法，同时传递需要分析的 visionImage。detectInImage()方法将返回一个字符串列表，分别对应于所识别的每个条形码。在当前示例中，需要利用下列指令读取条形码。

```
List<Barcode> results = await detector.detectInImage(visionImage);
```

根据结果，可编写一个字符串，其中包含每个可识别条形码的 displayValue。

```
results.forEach((Barcode barcode) {
  result += barcode.displayValue + '\n';
});
```

可以看到，对于 Flutter 开发人员来说，添加条形码的读取功能十分简单。

13.3.4 另请参阅

即使不使用 ML Kit，我们也能够向应用程序中添加条形码扫描功能。pub.dev 存储库中提供了一个较为常用的 flutter_barcode_scanner 包，对应网址为 https://pub.dev/packages/flutter_barcode_scanner。

13.4 图像标记功能

ML Kit 包含了一项图像标记服务，据此可识别一些常见的物体，如地点、动物、商品等。当前，对应的 API 支持超过 400 个类别；此外，也可采用 TensorFlow Lite 自定义模型添加更多的对象。在当前示例中，我们将学习如何在应用程序中实现这一特性。

13.4.1 准备工作

当前示例在 13.1 节和 13.2 节示例的基础上完成。

13.4.2　实现方式

下列步骤展示了如何将图像标记特性添加至应用程序中。

（1）在 ml.dart 文件中，添加一个名为 labelImage()的新的异步方法。该方法作为参数接收 File 并返回一个字符串。

```
Future<String> labelImage(File image) async {}
```

（2）在 labelImage()方法开始处，声明 4 个变量，即 String、FirebaseVision、FirebaseVisionImage 和 ImageLabeler，如下所示。

```
String result = '';
final FirebaseVision vision = FirebaseVision.instance;
final FirebaseVisionImage visionImage =
FirebaseVisionImage.fromFile(image);
ImageLabeler labeler = vision.imageLabeler();
```

（3）在变量声明完毕后，插入一个 try/catch。在 try 块中，调用 ImageLabeler 的 processImage()方法检索 ImageLabel 对象列表。针对列表中的每个标记，将其 text 和 confidenceLevel 添加至 result 字符串中。在 catch 块中，则仅输出返回的错误内容。

```
try {
  List<ImageLabel> labels = await
   labeler.processImage(visionImage);
  labels.forEach((label) {
    result += label.text + ' - Confidence '
  + (label.confidence * 100).toString() + '%\n';
    });
} catch (error) {
  print(error.toString());
}
```

（4）在 labelImage()方法结束前，返回 result 字符串。

```
return result;
```

（5）在 picture.dart 文件所包含的 Text Recognition 按钮和 Barcode Reader 按钮的 Text 微件中，添加另一个 ElevatedButton，它利用标记结果调用 labelImage()方法和 ResultScreen。

```
ElevatedButton(
  child: Text('Image Labeler'),
  onPressed: () {
```

```
    MLHelper helper = MLHelper();
    helper.labelImage(image).then((result) {
      Navigator.push(
    context,
    MaterialPageRoute(
      builder: (context) => ResultScreen(result)));
    });
      },
    ),
```

（6）运行应用程序并对周边环境进行拍照。随后应可看到如图 13.3 所示的对象列表。

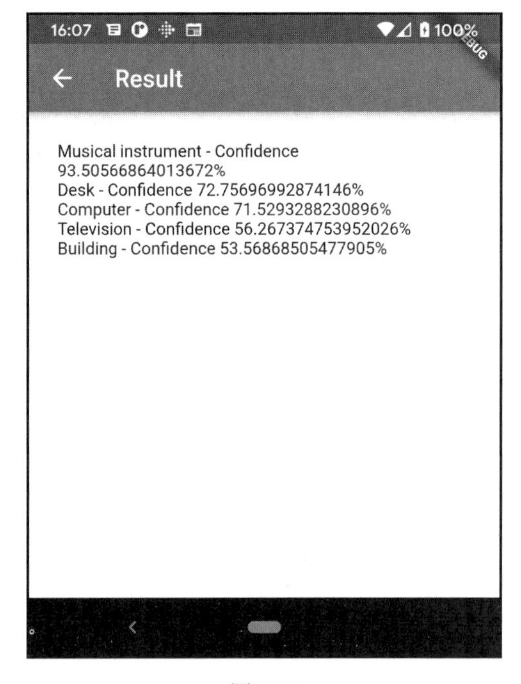

图 13.3

13.4.3　工作方式

图像标记服务可识别图像中的不同对象，包括人物、地点、动物和植物。这里存在两种 ImageLabeler：一种用于设备中，当前示例即采用了这种方式；另一种则连接至 Firebase 云端服务，即 CloudImageLabeler。

当使用设备上的图像标记器时，可识别超过 400 个标记；而采用云服务时，则可识别超过 10000 个标记。

图像标记的应用范围十分广泛，例如，可使用它自动对用户的照片进行分类、对内容进行审核，或者其他较为特殊的任务。

对应的操作模式与前述示例相比并无太多变化，如需要获取一幅图像、将其发送至API、检索并显示结果。

在当前示例中，我们使用的对象是 ImageLabeler。

```
ImageLabeler labeler = vision.imageLabeler();
```

相应地，processImage()方法负责获取照片中的对象标记，该方法返回一个 ImageLabel 对象列表。

```
List<ImageLabel> labels = await labeler.processImage(visionImage);
```

ImageLabel 包含一个 text 属性（即检索的对象名）和一个 confidencedouble 值（0～1 的数字，其中，1 表示最高置信级别，而 0 则表示最低置信级别）。

13.4.4　另请参阅

虽然可使用 Image Labeling API 描述完整图像，进而对图像中的一个或多个对象进行分类，但也可采用 ML Kit 的设备 Object Detection 和 Tracking API。据此，可检测和跟踪图像中的单一对象，读者可访问 https://developers.google.com/ml-kit/vision/object-detection 以了解更多信息。

13.5　构建面部检测器并检测面部表情

当前示例将考查 ML Kit 的面部检测器，其中包含了一个模型用以预测面部微笑的概率。此外，对应的 API 还涵盖了关键的面部特征辨识特性（如眼睛、鼻子和嘴巴）。

13.5.1　准备工作

当前示例将在 13.1 节和 13.2 节示例的基础上完成。

13.5.2　实现方式

在当前示例中，我们将向现有的项目中添加面部检测特性，对应模型将预测图片中的面部是否处于微笑状态，以及眼睛是否处于睁开状态。相关步骤如下。

（1）在 ml.dart 文件中，添加一个名为 faceRecognition()的新的异步方法。该方法作为参数接收 File，并返回一个类型为 String 的 Future。

```
Future<String> faceRecognition(File image) async {}
```

（2）在 faceRecognition()方法开始处，声明 3 个变量，即 String、FirebaseVision 和 FirebaseVisionImage。

```
String result = '';
final FirebaseVision vision = FirebaseVision.instance;
final FirebaseVisionImage visionImage =
FirebaseVisionImage.fromFile(image);
```

（3）声明一个启用 Classification、Landmarks 和 Tracking 的 FaceDetector。

```
FaceDetector detector = vision.faceDetector(const
FaceDetectorOptions(
        enableClassification: true,
        enableLandmarks: true,
        enableTracking: true,
        mode: FaceDetectorMode.accurate));
```

（4）声明完毕后插入 try/catch 块。

（5）调用检测器的 processImage()方法并检索 Face 对象列表。

（6）检索查找到的面部的数量，针对列表中的每个条目，输出面部微笑和双眼睁开的概率。

（7）在 catch 块，仅输出返回的错误信息。

```
try {
 List<Face> results = await
 detector.processImage(visionImage);
 int count = results.length;
 result = 'There are $count face(s) in your picture \n';
   int num = 1;
   results.forEach((Face face) {
     result += 'Face #$num: \n';
     result += 'Smiling: ${face.smilingProbability * 100}% \n';
     result += 'Left Eye Open: ${face.leftEyeOpenProbability * 100}% \n';
     result += 'Right Eye Open: ${face.rightEyeOpenProbability * 100}% \n';
  });
} catch (error) {
  print(error.toString());
}
```

（8）在 faceRecognition()方法结束前返回 result 字符串。

```
return result;
```

（9）在 picture.dart 文件中，添加另一个 Row 微件，在该微件的 children 参数中，添加一个 ElevatedButton 以调用 faceRecognition()方法并在最终屏幕上显示相应的结果。

```
Row(mainAxisAlignment: MainAxisAlignment.spaceEvenly,
  children: [
    ElevatedButton(
      child: Text('Face Recognition'),
      onPressed: () {
    MLHelper helper = MLHelper();
    helper.faceRecognition(image).then((result) {
      Navigator.push(
    context,
    MaterialPageRoute(
      builder: (context) => ResultScreen(result)));
    });
  },
    ),
],)
```

（10）运行应用程序，随后微笑、睁开双眼并自拍。对应结果如图 13.4 所示。

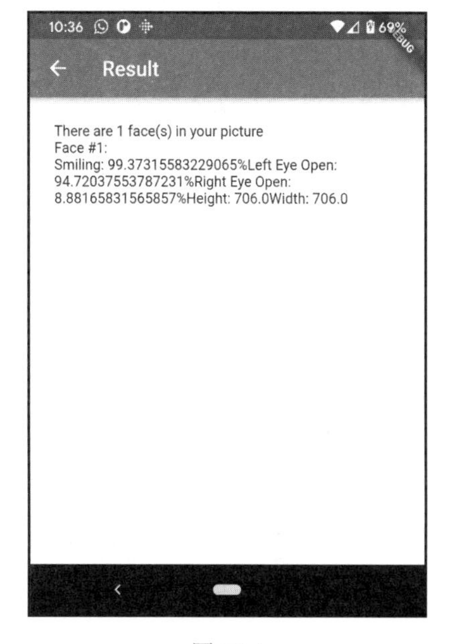

图 13.4

13.5.3　工作方式

在诸多服务中，ML Kit 还提供了面部检测 API，进而检测图像中的面部、辨识面部中的某一部分（如眼睛、嘴巴和鼻子）、获取面部和各部分的轮廓、检测面部是否处于微笑状态，以及双眼是否处于睁开状态。

注意：

ML Kit 提供了面部检测（detection）服务，而非面部识别（recognition）服务。这意味着，虽然可在照片中检测面部，但却无法识别人。

在一些面部检测的用例中，我们可以创建头像、编辑图片或对图像进行分类。

在当前示例中，在拍照完毕后，我们可识别图像中的面部，并生成一些与此相关的信息。例如，双眼是否处于睁开状态，面部是否处于微笑状态。

面部检测可以在设备上进行，且无须网络连接即可使用这项服务。

这里采用的模式与前述示例相比并无太多变化，如获取一幅图像、将其发送至 API、检索并显示结果。

在当前示例中，我们所采用的对象是 FaceDetector。

```
FaceDetector detector = vision.faceDetector(const FaceDetectorOptions(
      enableClassification: true,
      enableLandmarks: true,
      enableTracking: true,
      mode: FaceDetectorMode.accurate));
```

注意，faceDetector()方法可指定多个选项，如下所示。

- enableClassification 用于确定是否添加某些属性，如微笑状态以及双眼的开启状态。
- enableLandmarks 用于确定是否添加 FaceLandmarks，即面部（如眼睛、鼻子和嘴巴）上的点。
- enableTracking 用于视频中。其中，同一 ID 将用于多个帧。当启用该选项时，检测器将针对后续帧中的每个面部保持同一 ID。
- mode 用于选取精确方式或快速方式处理图像。

当调用 FaceDetector 上的 processImage()方法时，该方法将返回一个 Face 对象列表。

```
List<Face> results = await detector.processImage(visionImage);
```

Face 包含了多个属性，当前示例采用的属性包括 smilingProbability、leftEyeOpenProbability 和 rightEyeOpenProbability，且均为 0～1 的数值。其中，1 表示最高概率级别，而 0 则表

示最低概率级别。

注意：

Face 还包含了 FaceContour 对象，该对象涵盖了与图像中面部位置（轮廓）相关的信息，从而可以此绘制照片中围绕面部的形状。

13.5.4　另请参阅

ML Kit 面部识别特性还可用于跟踪视频流中的面部。关于相关 API 功能的完整列表，读者可参考官方文档，对应网址为 https://developers.google.com/mlkit/vision/face-detection。

13.6　识别语言

当从用户处获取某些文本信息时，语言识别变得十分有用，我们需要以适当的语言予以响应。

这也是 ML Kit 语言包的用武之地。通过将某些文本传递至该包中，即可识别文本中的语言。一旦知道了对应的语言，随后就可将其翻译为其他支持的语言。

13.6.1　准备工作

当前示例在 13.1 节和 13.2 节示例的基础上完成。

13.6.2　实现方式

在当前示例中，我们将对用户输入的文本语言进行识别，具体步骤如下。

（1）在 pubspec.yaml 文件中，添加最新版本的 firebase_mlkit_language 包。

```
firebase_mlkit_language: ^1.1.3
```

（2）在 ml.dart 文件中，添加一个名为 identifyLanguage()的新的异步方法，该方法作为参数接收 String，并返回一个 String 类型的 Future。

```
Future<String> identifyLanguage(String text) async {}
```

（3）在 indentifyLanguage()方法的开始处，声明 4 个变量，即 String、一个 FirebaseLanguage 实例、LanguageIdentifier 和一个 LanguageLabel 对象列表。

```
String result = '';
final language = FirebaseLanguage.instance;
final identifier = language.languageIdentifier();
List<LanguageLabel> languages;
```

（4）在声明完毕后插入一个 try/catch 块，并调用 identifier.processText()方法检索 LanguageLabel 对象列表。

（5）在列表上运行 forEach()方法，针对所识别的每个 LanguageLabel，将语言代码和置信级别（置信度）添加到 result 字符串中。在 catch 块中，则仅输出返回的错误信息。

```
try {
  languages = await identifier.processText(text);
  languages.forEach((LanguageLabel label) {
    result +=
      Language: ${label.languageCode} - Confidence:
${label.confidence * 100}%
      \n';
    });
} catch (error) {
  print(error.toString());
}
```

（6）在项目的 lib 文件夹中，创建一个名为 language.dart 的新文件。

（7）在 language.dart 文件的开始处，导入 material.dart、ml.dart 和 result.dart。

```
import 'package:flutter/material.dart';
import 'ml.dart';
import 'result.dart';
```

（8）在 import 语句之后，声明一个名为 LanguageScreen 的有状态微件。

```
class LanguageScreen extends StatefulWidget {
  @override
  _LanguageScreenState createState() => _LanguageScreenState();
}

class _LanguageScreenState extends State<LanguageScreen> {
  @override
  Widget build(BuildContext context) {
    return Container();
  }
}
```

（9）在 _LanguageScreenState 类开始处，声明一个名为 txtLanguage 的

TextEditingController。

```
final TextEditingController txtLanguage = TextEditingController();
```

（10）在 build()方法中，添加一个 Scaffold，在其 body 中，添加一个 TextField（允许用户插入某些文本）和一个按钮（调用 identifyLanguage()方法并调用最终的屏幕），对应的代码片段如下。

```
return Scaffold(
      appBar: AppBar(
        title: Text('Language Detection'),
      ),
      body: Container(
        padding: EdgeInsets.all(32),
        child: Column(
          mainAxisAlignment: MainAxisAlignment.spaceEvenly,
          children: [
            TextField(
              controller: txtLanguage,
              maxLines: 5,
              decoration: InputDecoration(
                labelText: 'Enter some text in any language',
              ),
              ),
            Center(child: ElevatedButton(
              child: Text('Detect Language'),
              onPressed: () {
              MLHelper helper = MLHelper();
                helper.identifyLanguage(txtLanguage.
                  text).then((result) {
                  Navigator.push(
                      context,
                      MaterialPageRoute(
                          builder: (context) =>
                            ResultScreen(result)));
}); }, ))],),),);
```

（11）在 main.dart 文件中，导入 language.dart。

```
import './language.dart';
```

（12）在 MaterialApp 的 home 参数中，设置 LanguageScreen。

```
home: LanguageScreen(),
```

（13）运行应用程序，采用任意语言输入一些文本（如果采用意大利语，可尝试输入 Mi piace la pizza）并单击 Detect Language 按钮。对应结果如图 13.5 所示。

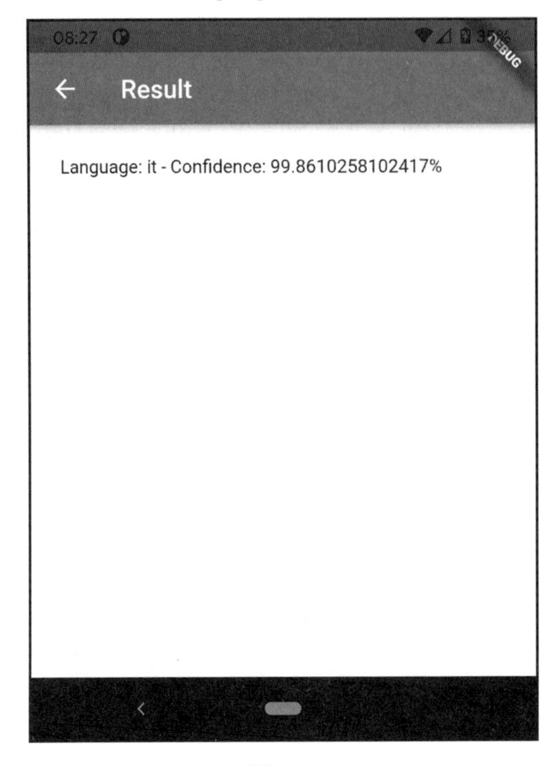

图 13.5

16.6.3　工作方式

ML Kit 提供了多个语言处理工具，如语言识别、文本翻译、智能回复（可以为用户消息提供相关回复）和实体提取（可以理解文本内容，如地址、电话号码或链接）。

当在 Flutter 中访问 ML Kit 语言工具时，需要在 pubspec.yaml 文件中添加依赖项。

```
firebase_mlkit_language: ^1.1.3
```

特别地，在当前示例中，我们根据用户提供的文本实现了语言识别。

注意：

目前，ML Kit 支持超过 100 种语言。关于所支持语言的完整列表，读者可访问 https://developers.google.com/ml-kit/language/identification/langid-support 以了解更多内容。

当需要辨别用户讲的语言时，语言识别将十分有用。同时，这也是使用其他服务（如语言翻译）的起始点。

实现语言识别需要使用两个对象，即 FirebaseLanguge 类实例（所有语言服务的开始点）和 LanguageIdentifier 实例。在当前示例中，我们通过下列指令对其进行声明。

```
final language = FirebaseLanguage.instance;
```

除此之外，还需要使用下列指令。

```
final identifier = language.languageIdentifier();
```

当识别某种语言时，我们调用了 LanguageIdentifier 的 processText()方法，该方法接收一个字符串（需要分析的文本），并返回一个 LanguageLabel 对象列表。这里采用列表的原因在于，某个文本可能在多种语言中均为有效。对此，较好的例子是"an amicable coup d'etat"，这句话适用于英语和法语。

相应地，可利用下列指令调用 processText()方法。

```
languages = await identifier.processText(text);
```

在当前示例代码中，LanguageLabel 对象包含了两个属性，即 languageCode（用于识别语言）和 confidence 级别（0～1 的值。其中，1 表示最高置信级别，0 表示最低置信级别）。在当前示例中，我们利用下列指令将语言代码和置信级别添加至 result 字符串中。

```
result += 'Language: ${label.languageCode} - Confidence:
${label.confidence * 100}% \n';
```

其中，大多数文本仅返回一种语言，但我们也应对模糊结果的处理方式有所了解。

13.6.4　另请参阅

一旦识别了某种语言，就也可通过这一信息将其翻译为另一种语言。对此，ML Kit 还提供了翻译特性。读者可访问 https://developers.google.com/ml-kit/language/translation 以了解更多内容。

13.7　使用 TensorFlow Lite

虽然使用预置模型识别文本、对象和表达是一个功能强大的特性，但某些时候，我们可能需要创建自己的模型，或使用第 3 方模型以向项目中添加大量的特性。

TensorFlow 是一个创建和使用 ML 模型的开源平台；而 TensorFlow Lite 则是一个轻量级平台，并用于移动和 IoT 设备上。

TensorFlow Hub 包含数百个训练完毕的模型，并可在应用程序中加以使用。读者可访问 https://tfhub.dev/以了解更多信息。

虽然创建模型和 TensorFlow 超出了本书的讨论范围，但在当前示例中，我们将使用 tflite_flutter 包的创建者构造的开源 TensorFlow 模型。

13.7.1　准备工作

当前示例将在 13.1 节、13.2 节和 13.6 节示例的基础上完成。

13.7.2　实现方式

在当前示例中，我们将添加一个 tflite_flutter 包，并通过其示例模型对文本进行分类，以及对文本观点的正面性/负面性进行排序。具体步骤如下。

（1）完成必要的处理过程以使用 tflite_lite 包，且该过程与系统相关。另外，读者还可访问 https://pub.dev/packages/tflite_flutter 并查看 Initial setup 部分以了解具体的设置过程。

（2）在 pubspec.yaml 文件中，下载最新版本的 tflite_lite 包。

```
tflite_flutter: ^0.5.0
```

（3）在应用程序的根目录中创建名为 assets 的新文件夹。

（4）将 https://github.com/am15h/tflite_flutter_plugin/tree/master/example/assets 中的 text_classification.tflite 模型下载至 assets 文件夹中。

（5）将 https://github.com/am15h/tflite_flutter_plugin/tree/master/example/assets 中的词汇表 text_classification_vocab.txt 下载至 assets 文件夹中。

（6）将 https://github.com/am15h/tflite_flutter_plugin/tree/master/example/lib 中的 classifier.dart 文件下载至 lib 文件夹中。

（7）在 Classifier 类的 classifier.dart 文件中，修改 classify()方法，如下所示。

```
Future<int> classify(String rawText) async {
  await _loadModel();
  await _loadDictionary();
  List<List<double>> input = tokenizeInputText(rawText);
  var output = List<double>(2).reshape([1, 2]);
```

```
  _interpreter.run(input, output);
  var result = 0;
  if ((output[0][0] as double) > (output[0][1] as double)) {
    result = 0;
  } else {
    result = 1;
  }
  return result;
}
```

（8）在 ml.dart 文件中，添加一个名为 classifyText()的新方法，该方法接收一个字符串并返回分类结果（Positive sentiment 或 Negative sentiment），如下所示。

```
Future<String> classifyText(String message) async {
  String result;
  TFHelper helper = TFHelper();
  int value = await helper.classify(message);
  if (value > 0) {
    result = 'Positive sentiment';
  } else {
    result = 'Negative sentiment';
  }
  return result;
}
```

（9）在 language.dart 文件的 build()方法中，添加第 2 个 ElevatedButton 且包含文本 Classify Text（位于行中第 1 个 ElevatedButton 下方）。

```
ElevatedButton(
  child: Text('Classify Text'),
  onPressed: () {
    MLHelper helper = MLHelper();
    helper.classifyText(txtLanguage.text).then((result) {
    Navigator.push(
      context,
      MaterialPageRoute(
    builder: (context) => ResultScreen(result)));
      });
    },
  ),
])
```

（10）运行应用程序并输入 I like pizza。这将返回一个正面观点。

（11）随后输入 Yesterday was a nightmare，这将返回一个负面观点。

13.7.3 工作方式

当在 Flutter 应用程序中集成 TensorFlow Lite 时，可使用 tflite_flutter 包。该包的优点如下。

- 无须编写与平台相关的代码。
- 可使用任何 tflite 模型。
- 仅在设备自身上运行（无须连接至服务器）。

提示：

TensorFlow Lite 模型使用.tflite 扩展。此外，还可将现有的 TensorFlow 模型转换为 TensorFlow Lite 模型，具体过程可参考 https://www.tensorflow.org/lite/convert。

在应用程序的 assets 文件夹中放置了两个文件，即 tflite 模型和词汇表文本文件。其中，词汇表包含了 10000 个单词供模型使用，进而检索正面和负面观点。

提示：

我们可在应用程序中使用这个分类模型，以及 TensorFlow Hub 中所有可用的模型，因为它们是随着 Apache 2.0 许可证书发布的（详细信息参见 https://github.com/tensorflow/hub/blob/master/LICENSE）。

在对字符串分类之前，还需要加载模型和目录。在当前示例中，这可通过下列两个方法执行。

```
await _loadModel();
await _loadDictionary();
```

当查看 loadModel 时，将会发现该包中的一个关键函数，如下所示。

```
_interpreter = await Interpreter.fromAsset(_modelFile);
```

这将利用 Interpreter.fromAsset()构造方法创建一个 Interpreter 对象，该对象是在模型上运行推理所需的对象。换而言之，Interpreter 包含了文本、图像或其他输入中运行模型的相关方法，并返回相关识别信息。

分类方法中的下一个指令如下。

```
List<List<double>> input = tokenizeInputText(rawText);
```

这将使用需要分类的字符串，并创建一个独立单词的列表，这些单词的组合结果将生成语句的观点或情感。

运行模型的指令如下。

```
_interpreter.run(input, output);
```

可以看到，即使在移动设备上运行模型，其速度也十分迅速，这本身就是一个壮举。

在应用程序中运行 tflite 将会进一步丰富项目的内容，但较好的做法是生成自己的张量。当然，这需要了解 Python 和 ML 方面的知识，稍后将对这方面的资源加以介绍。

13.7.4　另请参阅

如果读者刚刚步入 ML 领域，那么 TensorFlow 提供了大量的教程，对应网址为 https://www.tensorflow.org/learn。

另外，一些 ML 框架和产品也值得我们深入研究，如 Scikit-Learn（https://scikit-learn.org/stable/getting_started.html）、Caffe（https://caffe.berkeleyvision.org/）和 Microsoft Cognitive Toolkit（https://docs.microsoft.com/en-us/cognitive-toolkit/）。

第 14 章　发布移动应用程序

本章将讨论如何将应用程序发布至主要的移动应用程序商店中，如 Google Play、Apple App Store。当发布应用程序时，开发人员需要执行多项小型任务。其中，一些任务可自动执行，包括代码签名、编写元数据、增加版本号、创建图标。

其间，我们将使用平台门户站点和谷歌推出的 fastlane 工具。fastlane 是一个 Ruby 脚本集，并可自动执行 iOS 和 Android 应用程序的发布。一些脚本仅适用于 iOS，而某些脚本目前尚不支持 Flutter。尽管如此，fastlane 仍是一款优秀的工具，并可节省开发人员大量的时间。

下列内容列出了应用程序部署过程中将要使用的主要的 fastlane 工具。

- cert 用于创建和维护签名许可证书。
- sigh 用于管理配置文件。
- gym 用于构造和签名应用程序。
- deliver 用于向应用程序商店中上传应用程序、屏幕截图和元数据。
- pilot 用于上传和管理项目（在 TestFlight 中）。
- scan 用于运行自动化测试。

本章主要涉及下列主题。

- 在 App Store Connect 上注册 iOS 应用程序。
- 在 Google Play 上注册 Android 应用程序。
- 安装和配置 fastlane。
- 生成 iOS 代码签名许可证书和配置文件。
- 生成 Android 发布许可证书。
- 自动递增 Android 版本号。
- 配置应用程序元数据。
- 向应用程序中添加图标。
- 在 Google Play Store 中发布应用程序的 beta 版本。
- 使用 TestFlight 发布 iOS 应用程序的 beta 版本。
- 将应用程序发布至应用程序商店中。

在阅读完本章内容后，读者将能够理解应用程序发布所需的主要操作，以及所需任务的自动化操作。

14.1　技 术 需 求

本章中的全部示例假设读者已经购买了 Apple 和 Google 的开发人员账户。我们可从这两家应用程序商店中选择一家。在本章示例中，针对 Android 平台，可选择 Play Store；而对于 iOS 平台，则可选择 App Store。另外，当使用 Xcode 时，读者需要配置一台 Mac 机器并将应用程序发布至 App Store 中。

14.2　在 App Store Connect 上注册 iOS 应用程序

App Store Connect 是一个工具集，可用于管理打算发布至 Apple App Store 中的应用程序。这些程序包括针对移动设备（如 iPhone、iPad、Apple Watch，以及 Mac 和 Apple TV 这一类较大的设备）生成的全部应用程序。

注意：

在使用 App Store Connect 服务之前，需要在 Apple Developer Program 中进行注册。读者可访问 https://developer.apple.com/programs/以了解更多信息。

在当前示例中，我们将完成应用程序发布（App Store）的第 1 个步骤。

14.2.1　准备工作

在将应用程序发布至 App Store 中之前，读者需要订阅 Apple Developer Program，这是一项付费订阅，同时也是实现当前示例和本章其他示例（目标为 iOS）的先决条件。

当执行 App Store Connect 发布步骤时，读者需要配置一台 Mac 机器并安装 Xcode。

另外，准备发布的应用程序至少应为 beta 版本。

14.2.2　实现方式

用户需要在 Apple App Store 中注册应用程序并获取一个包 ID，具体步骤如下。

（1）访问 App Store Connect 页面（https://appstoreconnect.apple.com/），并通过用户名和密码登录。在成功登录后，对应页面如图 14.1 所示。

（2）访问 App Store Connect 的 identifiers 部分（https://developer.apple.com/account/resources/identifiers/list/bundleId），单击+按钮以生成一个新的包 ID。

（3）选中 App IDs 单选按钮，如图 14.2 所示。单击页面右上方的 Continue 按钮。

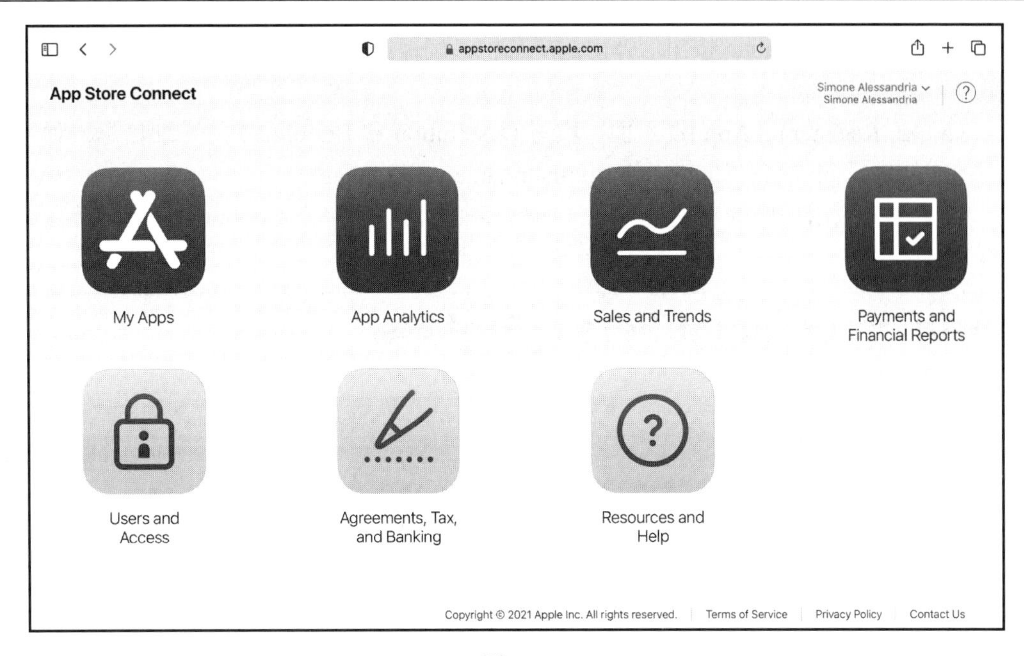
appstoreconnect.apple.com
App Store Connect
Simone Alessandria
Simone Alessandria
My Apps
App Analytics
Sales and Trends
Payments and Financial Reports
Users and Access
Agreements, Tax, and Banking
Resources and Help
Copyright © 2021 Apple Inc. All rights reserved.
Terms of Service
Privacy Policy
Contact Us

图 14.1

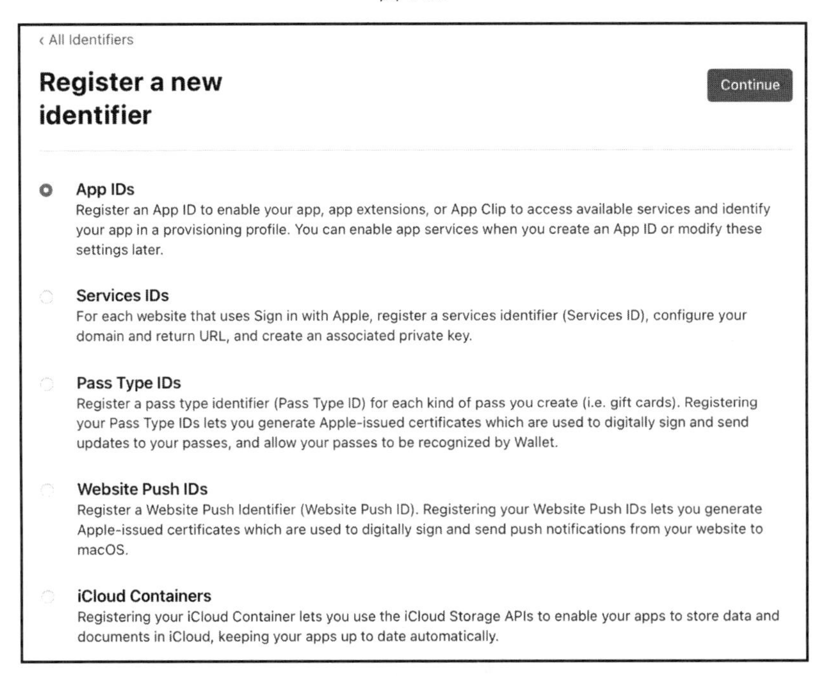
‹ All Identifiers
Register a new identifier
Continue
App IDs
Register an App ID to enable your app, app extensions, or App Clip to access available services and identify your app in a provisioning profile. You can enable app services when you create an App ID or modify these settings later.
Services IDs
For each website that uses Sign in with Apple, register a services identifier (Services ID), configure your domain and return URL, and create an associated private key.
Pass Type IDs
Register a pass type identifier (Pass Type ID) for each kind of pass you create (i.e. gift cards). Registering your Pass Type IDs lets you generate Apple-issued certificates which are used to digitally sign and send updates to your passes, and allow your passes to be recognized by Wallet.
Website Push IDs
Register a Website Push Identifier (Website Push ID). Registering your Website Push IDs lets you generate Apple-issued certificates which are used to digitally sign and send push notifications from your website to macOS.
iCloud Containers
Registering your iCloud Container lets you use the iCloud Storage APIs to enable your apps to store data and documents in iCloud, keeping your apps up to date automatically.

图 14.2

（4）在单击 Continue 按钮后弹出的屏幕中，确保选择 App 选项并再次单击 Continue 按钮。

（5）在 Register an App ID 页面，填写 Description 和 Bundle ID 的详细信息。对于包 ID，推荐使用反向域名（如 com.yourdomainname.yourappname）。

（6）选择应用程序的功能或权限（如果存在），随后单击 Continue 按钮。最终结果如图 14.3 所示。

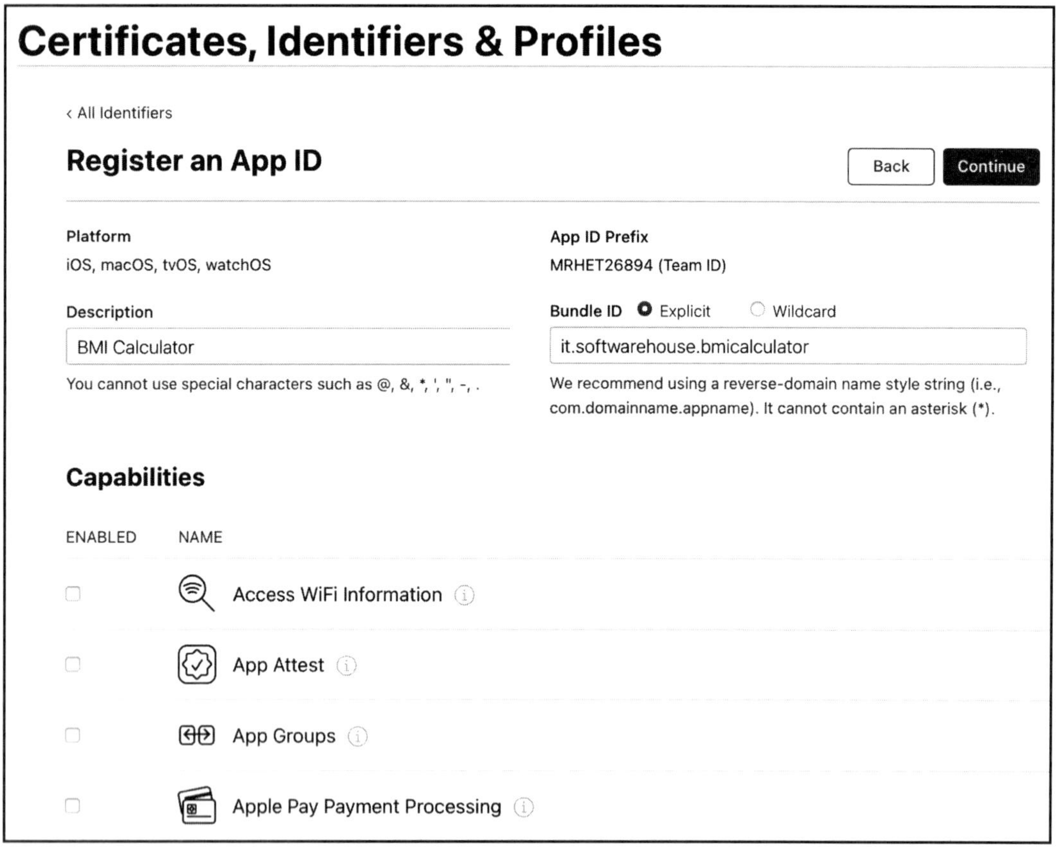

图 14.3

（7）处理结束时，可以看到已经生成了应用程序 ID。

（8）返回应用程序页面，即 https://appstoreconnect.apple.com/apps。

（9）在 My Apps 页面，单击页面上方的+图标并单击 New App 链接。注意，这一操作将针对应用程序商店生成新的应用程序，这也是发布已有应用程序的先决条件。

注意：

当单击+图标并添加新的应用程序时，我们有两种选择，即 New App 和 New App Bundle。对于 App Bundle，我们可在应用程序商店中捆绑多达 10 个应用程序，以便用户可在应用程序商店中一次性购买两个或多个应用程序。

（10）在 New App 页面的输入框中完成所需内容。我们应针对新的应用程序、名称及其主要语言析取有效的平台，并选择之前创建的包 ID，随后选择 SKU（在 App Store 中不可见的唯一的应用程序 ID）。图 14.4 显示了可插入的数据示例。

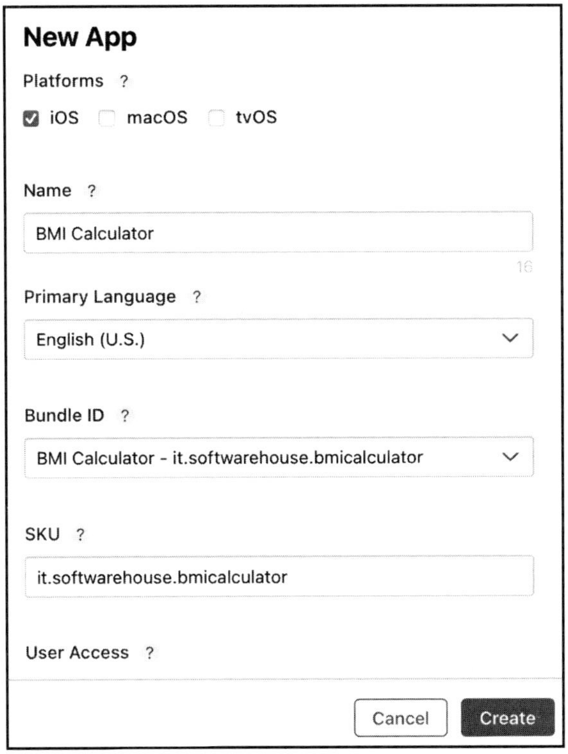

图 14.4

（11）单击 Create 按钮，即可完成 App Store Connect 注册过程。

14.2.3　工作方式

当在 App Store 中注册一个应用程序时，首先需要检索一个包 ID，这是一个唯一的标识符。该标识符可用于应用程序或其他对象，包括站点、推送 ID 或 iCloud 容器。

包 ID 的配置需要选取一个描述、包 ID 自身和应用程序的功能。

提示：

配置过程需要选择 explicit 或 wildcard 包 ID。如果打算启用消息推送或应用程序内部的购买功能，则需要选择 explicit 包 ID。如果选择了 wildcard 包 ID，只需在文本框中保留*号即可。

由于包 ID 必须全局唯一（在所有的 Apple 生态环境中，不可存在包含相同包 ID 的另一个应用程序），因此 Apple 建议使用反向域名标记法，即 ext.yourdomain.yourappname。相应地，可选择已有的域名（如果存在）、名字和姓氏，或者表示产品唯一性的其他名称。

功能选择也是包 ID 创建过程中的重要部分，进而可启用 Apple 提供的服务，如 Apple 消息推送服务、CloudKit、Game Center 和应用程序内部购买功能。另外，相关功能也可在后续操作中进行修改。

一旦获得了一个包 ID，就可注册应用程序。其间需要选择名称、主要语言（在众多所支持的语言中进行选择）、之前创建的包 ID 和 SKU。这里，SKU 表示另一个标识符。

注意：

SKU 是指库存量单位，表示为应用程序的唯一跟踪号。关于 SKU 的更多信息，读者可访问 https://en.wikipedia.org/wiki/Stock_keeping_unit。

SKU 可等同于包 ID 或其他唯一标识符，旨在针对核算目的跟踪应用程序。

注册应用程序是应用程序发布的第 1 个步骤。

14.2.4 另请参阅

为了将应用程序发布至 App Store 中，我们需要执行多项任务，接受一些合约，以及添加一些描述内容和图像。关于工作流程的高级概览，读者可查看 Apple 的官方指导，对应网址为 https://help.apple.com/app-store-connect/#/dev300c2c5bf。

本章采用 fastlane 处理发布过程，此外还存在其他方案，如 Codemagic（https://flutterci.com/）和 App Center（https://appcenter.ms/）。

14.3 在 Google Play 上注册 Android 应用程序

Google Play Store 中发布和管理应用的中心是 Google Play Console，对此可访问 https://play.google.com/console。

在当前示例中，我们将在 Google Play Console 中创建一个应用程序入口，进而理解将应用程序发布至 Android 应用程序商店中的第 1 个步骤。

上述过程十分简单。

14.3.1　准备工作

在将应用程序发布至 Google Play Store 中之前，读者应持有 Google Developer 账户。读者可通过一次性付费获得一个账户，这也是实现当前示例其他 Android 示例的先决条件。

此外，应用程序应处于可发布状态，且至少应是 beta 版本。

14.3.2　实现方式

本节将在 Google Play Store 中针对应用程序创建一个新的入口，具体步骤如下。

（1）访问 Google Play Console，即 https://play.google.com/console。

（2）单击页面右上方的 Create app 按钮，就会看到如图 14.5 所示的页面。

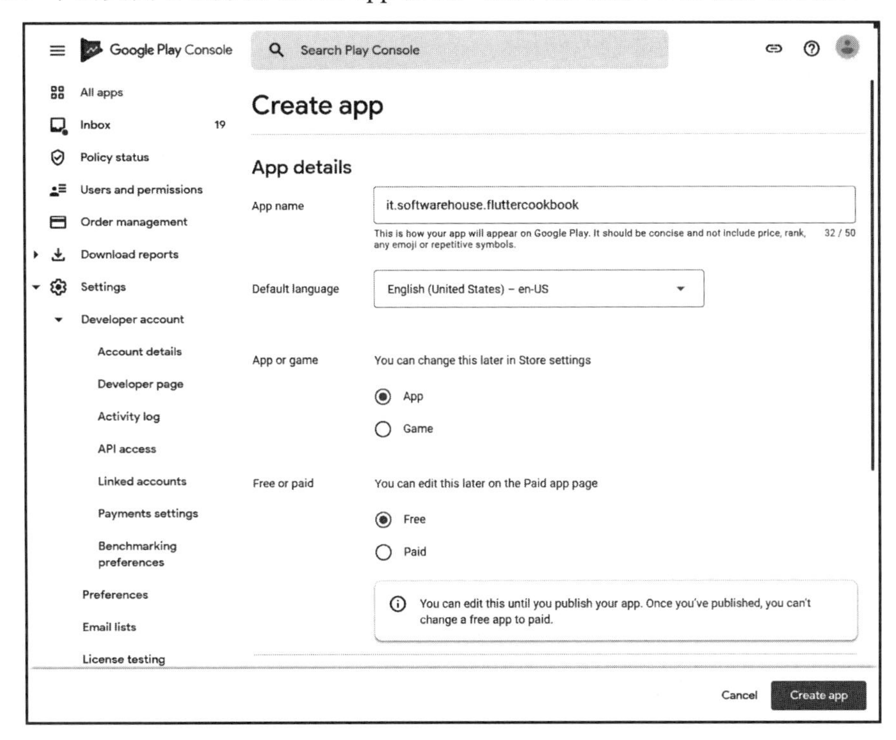

图 14.5

（3）在 Create app 页面中，创建应用程序名称、默认语言、是否是游戏或应用程序、是否免费或付费。随后接受相关政策并单击 Create app 按钮。

注意：

Create app 将在 Play Store 中创建一个新的应用程序入口，且并不会创建一个新的 Android 应用程序——该程序是采用 Flutter 或其他框架创建的。

（4）此时将显示应用程序仪表板。这说明，应用程序已被成功地创建。

14.3.3　工作方式

不难发现，Android 应用程序的注册过程十分简单。

注意：

目前，当在 Google Play 上进行开发时，仅需一次性缴纳注册费用，而不是像 iOS 开发那样需要每年缴纳会费。

以下几项内容需要引起我们的注意。

- 应用程序名称最多可包含 50 个字符，所选名称将出现于用户的 Play Store 中，因此对应名称应是清晰、简洁和吸引人的。
- 几乎所有内容均可在后续操作中予以管理和更改。但对于应用程序免费/付费这一问题，在应用程序发布后，这一特性则无法更改。

14.3.4　另请参阅

为了将应用程序发布至 Play Store 中，我们需要执行多项任务，接受一些合约，以及添加一些描述内容和图像。关于工作流程的高级概览，读者可查看 Android 的官方指导，对应网址为 https://developer.android.com/studio/publish。

14.4　安装和配置 fastlane

需要说明的是，将应用发布到商店中是一个漫长而烦琐的过程，第一次发布可能需要一整天的时间，而每次更新应用程序则可能需要数小时。对此，诸如 fastlane 这一类自动化工具可自动化实现多项任务以处理发布过程，以使开发人员专注于设计和开发应用程序，进而提升开发者的生产力。

注意：

关于 fastlane 的更多内容，读者可访问 https://fastlane.tools/。

接下来考查 fastlane 的设置和配置过程。

14.4.1　准备工作

当前示例在 14.2 节和 14.3 节示例的基础上完成。

14.4.2　实现方式

在当前示例中，我们将针对 Windows、macOS、Android 和 iOS 设置 fastlane。

1. 在 Windows 上安装 fastlane

fastlane 依赖于 Ruby，因此需要在 Windows 中对其进行安装，并在此基础上安装 fastlane。

（1）访问 https://rubyinstaller.org/并下载最新版本的 RubyInstaller。随后，双击文件并遵循安装处理指令，同时保留默认选项。

（2）打开 Command Prompt 并利用下列命令安装 fastlane。

```
gem install fastlane
```

2. 在 Mac 上安装 fastlane

当使用 macOS 操作系统时，Ruby 可能已经安装在系统中，但并不推荐使用系统提供的 Ruby 版本。在 macOS 中，可采用 Homebrew，它会自动为 fastlane 安装推荐的 Ruby 版本。当在 Mac 上安装 fastlane 时，可执行下列命令。

```
brew install fastlane
```

接下来的任务则是分别针对 Android 或 iOS 构建应用程序。

3. 针对 Android 配置 fastlane

当在 Android 上配置 fastlane 时，可执行下列步骤。

（1）访问 Google Play Console，即 https://play.google.com/console。

（2）单击 Settings 菜单，随后选择 API access 命令。

（3）在 Service accounts 部分中，单击 Create new Service Account 按钮，将弹出一个菜单，其中包含创建 Google Cloud Platform 服务账户的链接。单击该链接。

（4）在 Service account 页面，单击页面上方的 Create Service Account 按钮。

（5）填写所需的数据、服务账户名称和描述内容，如图 14.6 所示。

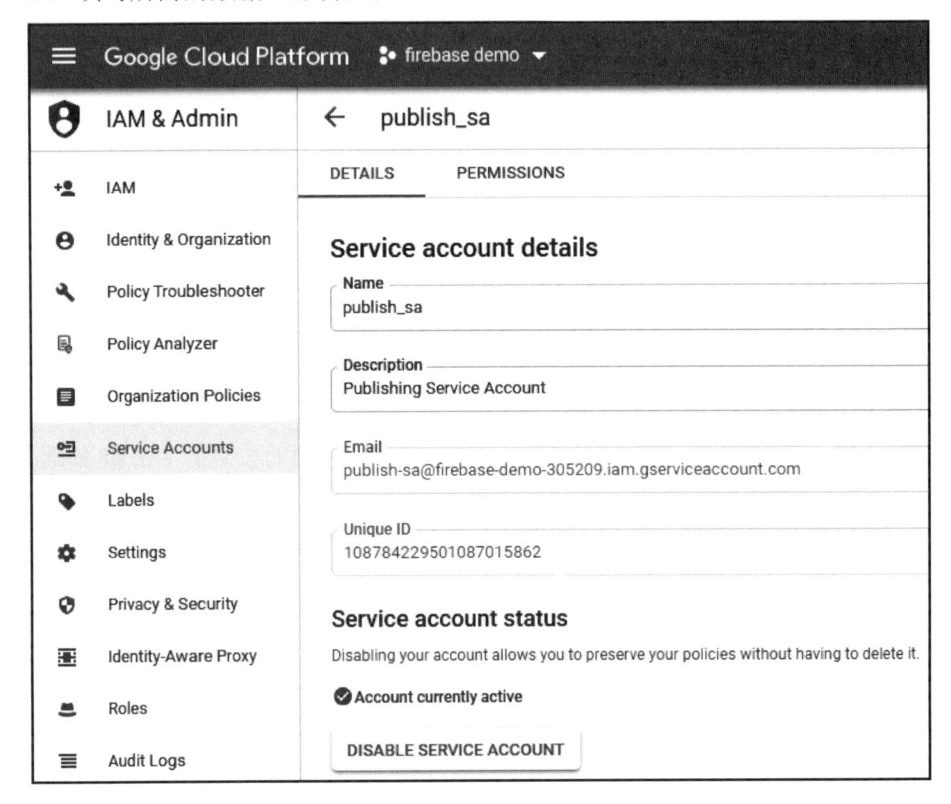

图 14.6

（6）在 Grant this service account access to project 部分中，选择 Service Accounts | Service Account User 命令并单击 Continue 按钮。

（7）在 Grant users access to this service account 部分中，保留文本框中的空白内容并单击 Done 按钮。

（8）在服务账户页面中，单击服务账户的 actions 按钮，并选择 Create key 菜单选项。

（9）将 JSON 作为键格式并单击 Create 按钮。这将自动把 JSON 文件下载至 PC 或 Mac 机器上，以供后续操作使用。

（10）返回 Play Store Console 中。在 API Access 页面中，应可看到 Service Accounts 部分中新的服务账户。

（11）单击服务账户旁边的 Grant Access 链接。

（12）在 Account Permissions 页面中，启用 Release 部分中的所有权限，并禁用全部剩余权限。随后，单击 Save Changes 按钮。当前，服务账户处于就绪状态。

（13）返回当前应用程序中，确保在应用程序的 Gradle 文件（位于 android/app/build.gradle 文件夹中）中选择了有效的 applicationId 标识符，如下所示（可使用自己的逆向域名替换 it.softwarehouse）。

```
applicationId "it.softwarehouse.sh_bmi_calculator"
```

（14）在 Command Prompt 中运行下列命令。

```
flutter build appbundle;
```

（15）此时将显示一条成功消息，如图 14.7 所示。

```
Removed unused resources: Binary resource data reduced from 125KB to 100KB: Removed 19%
Running Gradle task 'bundleRelease'...
Running Gradle task 'bundleRelease'... Done                          32,6s
√ Built build\app\outputs\bundle\release\app-release.aab (80.6MB).
```

图 14.7

（16）返回项目的 android 目录，随后运行下列命令。

```
fastlane init
```

（17）按照设置指令进行操作，当出现提示时，可添加之前下载的 JSON 文件的位置。至此，Android 设置过程完毕。

4．针对 iOS 安装 fastlane

当在 iOS 中配置 fastlane 时，可执行下列步骤。

（1）打开终端窗口，输入下列命令安装 Xcode 命令行工具。

```
xcode-select --install
```

（2）如果系统中尚未安装 brew，可输入下列命令安装 brew。

```
/bin/bash -c "$(curl -fsSL
https://raw.githubusercontent.com/Homebrew/install/HEAD/install.sh)"
```

（3）利用下列命令安装 fastlane。

```
brew install fastlane
```

（4）利用下列命令初始化 fastlane。

```
fastlane init
```

（5）当提示时，选择 Automate app store distribution 选项。

（6）当提示时，插入开发人员 Apple ID、用户名和密码。

（7）如果一切正常，提示时回答 y（是）并创建 App Store Connect 应用程序。

（8）此时，fastlane 已对 iOS 版本实现了正确的配置。

14.4.3　另请参阅

当首次设置 fastlane 时，可能会遇到一些错误。对此，读者可参考下列链接以查看安装过程及其解决方案。

- Android：https://docs.fastlane.tools/getting-started/android/setup/。
- iOS：https://docs.fastlane.tools/getting-started/ios/setup/。

14.5　生成 iOS 代码签名许可证书和配置文件

fastlane 包含了一组命令行工具，其中之一是 fastlane match，它可与开发团队共享代码签名身份。

在当前示例中，我们将学习如何利用 fastlane match 创建应用程序的签名许可证书，并将其存储至 Git 存储库中。

14.5.1　准备工作

当前示例将在 14.2 节和 14.4 节示例的基础上完成。

14.5.2　实现方式

当前示例将创建一个新的 Git 存储库，随后使用 fastlane match 检索许可证书，并将其存储至存储库中，具体步骤如下。

（1）在 github.com 中创建一个私有 Git 存储库，具体过程可参考 https://docs.github.com/en/github/getting-started-withgithub/create-a-repo。

（2）在项目的 ios 目录的终端中输入下列命令。

```
fastlane match init
```

（3）出现提示时，可选择 Git 存储模式，随后插入私有 Git 存储库地址。

（4）在终端窗口中，输入下列命令。

```
fastlane match development
```

（5）出现提示时，输入用于加密和解密证书的密码。

提示：

当在另一台机器上运行 match 时，仍需要输入密码，因此应牢记密码内容。

（6）出现提示时，输入钥匙串（keychain）的密码，该密码将被存储在 fastlane_keychain_login 文件中，并在以后的 match 运行中使用。

（7）处理完成后，应在提示符中看到以下成功消息。

```
Successfully installed certificate [YOUR CERTIFICATE ID]
Installed Provisioning Profile
```

（8）在终端窗口中，输入下列命令。

```
fastlane match appstore
```

（9）处理结束后，应可看到下列成功消息。

```
All required keys, certificates and provisioning profiles are installed
```

14.5.3　工作方式

虽然在 Android 设备上可以安装未签名的应用程序，但这在 iOS 设备上是不可能出现的——应用程序需要首先进行签名。

这也是需要使用配置文件的原因。该文件是设备和开发人员账户之间的一个链接，且包含了识别开发人员和设备的相关信息。该文件可从开发人员账户中下载并包含在应用程序包中，随后实现代码签名。

一旦持有配置文件，就应将其保存至安全且易于检索的空间内。因此，当前示例需要首先创建一个私有 Git 存储库。

在当前示例中，我们生成了两个配置文件，如下所示。

- 开发配置文件。对此，可利用 fastlane match development 命令创建该文件，并安装在运行应用程序代码的每台设备上；否则，应用程序将不会启动。
- 基于 fastlane match appstore 命令的发布配置文件。该文件允许在任意设备上发布应用程序，且无须指定任何设备 ID。

配置文件需要使用一个许可证书，即识别应用程序开发人员的一个公钥/私钥对。

当前示例中使用的 fastlane match 可节省大量的时间，因为该命令可自动执行多项任务，如下所示。

- 创建代码签名身份和配置文件。
- 将对应身份和配置文件存储至存储库（GitHub 或其他平台）中。
- 在一台或多台机器上安装存储库中的许可证书。

当首次运行 fastlane match 时，该命令将为每个环境创建配置文件和许可证书。自此以后，该命令将导入已有的配置文件。

14.5.4 另请参阅

fastlane match 可简化签名机制的工作流，尤其是在开发团队间共享配置文件时。关于这一工具的功能和特性，读者可访问 https://docs.fastlane.tools/actions match/以查看其完整的指导内容。

14.6 生成 Android 发布许可证书

keytool 是一个 Java 实用程序，用于管理密钥和许可证书，并将其存储至密钥库中。

在当前示例中，我们将学习如何使用 keytool 实用程序以生成 Android 许可证书，该步骤是在 Google Play Store 中签名和发布应用程序所必需的。

14.6.1 准备工作

当前示例将在 14.3 节和 14.4 节示例的基础上完成。

14.6.2 实现方式

当前示例将创建一个 Android 密钥库，具体步骤如下。

（1）在 Mac/Linux 中使用下列命令。

```
keytool -genkey -v -keystore ~/key.jks -keyalg RSA -keysize 2048 -
validity 10000 -alias key
```

（2）在 Windows 中使用下列命令。

```
keytool -genkey -v -keystore c:\Users\USER_NAME\key.jks -storetype
JKS -keyalg RSA -keysize 2048 -validity 10000 -alias android
```

提示：

keytool 命令将 key.jks 文件存储于 home 目录中。如果打算将该文件存储于其他处，则可更改传递至-keystore 中的参数。注意，密钥存储文件应保持私有状态，而不要将其置于公共资源管理系统中。

（3）创建一个名为<app dir>/android/key.properties 的文件，该文件包含一个指向密钥存储的引用。

```
storePassword=your chosen password
keyPassword= your chosen password
keyAlias=androidkey
storeFile=/Users/sales/key.jks
```

（4）在 build.gradle 文件的 android{}块之前，添加下列指令。

```
def keystoreProperties = new Properties()
def keystorePropertiesFile = rootProject.file('key.properties')
if (keystorePropertiesFile.exists()) {
  keystoreProperties.load(new
     FileInputStream(keystorePropertiesFile))
}
```

（5）在 buildTypes 块之前，添加下列代码。

```
signingConfigs {
  release {
    keyAlias keystoreProperties['keyAlias']
    keyPassword keystoreProperties['keyPassword']
    storeFile keystoreProperties['storeFile'] ?
     file(keystoreProperties['storeFile']) : null
    storePassword keystoreProperties['storePassword']
  }
}
```

（6）在 buildTypes 块中，编辑 signingConfig 并接收发布的签名许可证书。

```
buildTypes {
  release {
    signingConfig signingConfigs.release
  }
}
```

14.6.3　工作方式

在当前示例中，第 1 步是利用 keytool 命令行实现程序生成私有密钥和一个密钥存储。例如，考查下列指令。

```
keytool -genkey -v -keystore ~/key.jks -keyalg RSA -keysize 2048 -validity
10000 -alias key
```

上述指令将执行下列操作。

- ❑ 利用-genkey 选项生成新的私有密钥。
- ❑ 利用-keystore 选项将私有密钥存储至 key.jks 文件中。
- ❑ 利用-keysize 和 validity 选项指定大小（以字节为单位）和有效期（以天数为单位）。
- ❑ 利用-alias 选项针对名为 key 的密钥创建别名。

build.gradle 文件是一个 Android 构建配置文件。在 Flutter 中，一般需要与两个 build.gradle 文件交互：一个文件处于项目级别且位于 android 目录中；另一个文件则处于应用程序级别且位于 android/app 文件夹中。在添加签名配置时，需要使用应用程序级别的 build.gradle 文件。

应用程序级别的 build.gradle 文件包含密钥存储属性，并将签名配置加载至 signingConfigs {}对象中。

需要注意的是，应确保签名配置被设置为发布模式，而非调试模式；否则，Play Store 将无法接收应用程序。对此，可通过下列命令执行这项任务。

```
signingConfig signingConfigs.release
```

一旦向应用程序的 build.gradle 文件中添加了正确的配置，每次以发布模式编译应用程序时，应用程序将会实现自动签名。

14.6.4　另请参阅

keytool 支持多个命令，进而可与许可证书、密钥和密钥存储协同工作。对此，读者可访问 http://tutorials.jenkov.com/javacryptography/keytool.html 以查看其完整的教程。

14.7　自动递增 Android 版本号

某些 fastlane 特性仅适用于 iOS。当某些功能不可用时，简单地创建脚本也可实现

Android 的自动部署。

在当前示例中，我们将学习如何编写一个简单的脚本，以递增应用程序的 Android 版本号。这可提升开发人员的工作效率，并防止发布应用程序时的版本重复问题。

14.7.1　准备工作

当前示例将在 14.3 节、14.4 节和 14.6 节示例的基础上完成。

14.7.2　实现方式

在当前示例中，我们将编写一个新的脚本（或 lane），从而自动递增 Android 应用程序的版本号。

（1）打开项目中的 android/fastlane/Fastfile 文件。

（2）在 android/fastlane/Fastfile 文件中，找到 platform :android do 部分。

（3）在 platform :android do 部分内容的尾部、end 指令之前插入一个名为 IncrementVersion 的新的 lane。

```
lane :IncrementVersion do
end
```

（4）在 IncrementVersion lane 中，添加下列指令。

```
path = '../../pubspec.yaml'
re = /version:\s+(\d+)/
s = File.read(path)
versionCode = s[re, 1].to_i
s[re, 1] = (versionCode + 1).to_s
f = File.new(path, 'w')
f.write(s)
f.close
```

（5）打开终端窗口并访问项目的 android 文件夹。

（6）在终端窗口中，运行下列命令。

```
fastlane IncrementBuildNumber
```

（7）这时可在终端窗口中看到一条成功消息，即 fastlane.tools finished successfully。

14.7.3　工作方式

fastlane 是一个 Ruby 脚本集合，并可实现 iOS 和 Android 应用程序的自动部署。在大多数场合中，fastlane 工具集中的脚本对于应用程序的发布来说已然足够，但在某些时候，添加自己的脚本可能更加有用。

提示：

编写递增版本号的脚本对于 iOS 来说并非必需，因为已经存在一个名为 increment_build_number 的 lane 可执行相同的任务。

在 fastlane 中，脚本也被称作 lane。在当前示例中，我们通过下列指令创建了一个新的 lane。

```
lane :IncrementVersion do
end
```

我们可使用 Ruby 编写 lane，这是一种开源语言且简单易读。但是，Ruby 语言的详细介绍则超出了本书的讨论范围。

下列指令将设置 path 变量，进而指向项目中 pubspec.yaml 文件的位置。另外，该文件正是脚本将要更新的文件。

```
path = '../../pubspec.yaml'
```

下列指令将生成一个正则表达式，进而查找需要递增的版本号字符串、空格和数字。

```
re = /version:\s+(\d+)/
```

利用下列指令打开文件。

```
s = File.read(path)
```

此处采用 to_i()方法从传递的字符串的前导字符中检索数字。

随后递增版本号并将其写入文件中，随后利用下列命令关闭文件。

```
s[re, 1] = (versionCode + 1).to_s
f = File.new(path, 'w')
f.write(s)
f.close
```

14.7.4　另请参阅

创建新的应用程序 lane 可提升生成效率，并可自动实现发布工作流中的大多数任务。关于如何创建新的 lane，读者可访问 https://docs.fastlane.tools/advanced/lanes/以了解更多内容。

14.8　配置应用程序元数据

在将应用程序上传至商店中之前，还需要完成与目标平台（iOS 或 Android）相关的一些设置。

在当前示例中，我们将学习如何针对 Android 设置 AndroidManifest.xml 文件（添加所需的元数据和权限）和 runner.xcworkspace 文件（编辑 iOS 的应用程序名称和包 ID）。

14.8.1　准备工作

当前示例在本章前述示例的基础上完成。

14.8.2　实现方式

当前示例将设置 AndroidManifest.xml 和 runner.xcworkspace 文件中某些所需的元数据。

1．添加 Android 元数据

下列步骤将编辑 AndroidManifest.xml 文件，并添加发布应用程序所需的配置内容。

（1）打开 android/app/src/main 目录中的 AndroidManifest.xml 文件。

（2）将应用程序节点中的 android:label 值设置为应用程序的公共名称，如 BMI Calculator。

（3）如果应用程序需要 HTTP 连接，并从 Web 服务中读取数据，则应通过下列命令确保在清单节点上方添加互联网权限。

```
<uses-permission android:name="android.permission.INTERNET"/>
```

（4）在清单节点的 package 属性中，设置应用程序配置中所选择的唯一标识符，如下所示。

```
<manifest
xmlns:android="http://schemas.android.com/apk/res/android"
package="com.yourdomain.bmi_calculator">
```

（5）复制所选取的包值，随后打开 android/app/src/debug 目录中的 AndroidManifest.xml 文件（这是一个与之前不同的另一个 AndroidManifest.xml 文件），并将该值粘贴至该文件的包名中。

（6）打开 android/app/src/main/kotlin/[your project name in reverse domain]目录中的

MainActivity.kt 文件。

（7）在 MainActivity.kt 文件开始处，将包名修改为所复制的值。

```
package com.yourdomain.bmi_calculator
```

2．添加 iOS 元数据

下列步骤将编辑 runner.xcworkspace 文件，并更新应用程序显示名称和包 ID。

（1）在 Mac 机器上，打开 Xcode 和项目的 ios 目录中的 runner.xcworkspace 文件。

（2）选择 Project Navigator 中的 Runner，并将 Display Name 属性设置为应用程序的公共名称，如 BMI Calculator。

（3）确保利用逆向域名和应用程序名称正确地设置了包 ID。

14.8.3　工作方式

当利用 Flutter 创建新的应用程序时，默认的包名为 com.example.your_project_name。在将应用程序上传至应用程序商店中之前，需要对此进行修改。也就是说，不应使用 com.example，而是使用自己的域名（如果存在），或其他唯一的标识符。随后，必须在清单节点的 AndroidManifest.xml 文件，以及包标识符设置中的 runner.xcworkspace 中设置该包名。

提示：

iOS 包标识符和 Android 包名无须相同，但应确保二者在各自的存储中保持唯一。

当修改 AndroidManifest.xml 文件中的包名时，还需要更新 MainActivity.kt 文件以避免出现编译错误。

android:label 属性包含了用户将在屏幕上看到的应用程序名称，因而需要选择一个较好的应用程序名称。在 iOS 上，我们可通过 Display Name 属性执行相同的操作。

在 Android 中，另一个需要引起注意的设置是互联网权限，并可通过下列节点进行设置。

```
<uses-permission android:name="android.permission.INTERNET"/>
```

当使用 HTTP 连接时，一般需要添加此项内容。当在调试模式下开发和运行应用程序时，这将被自动添加以使用诸如热重载等 Flutter 特性。但是，如果尝试在发布模式下运行应用程序，且忘记添加此权限，应用程序将会崩溃，而在 iOS 中则无此要求。

14.8.4　另请参阅

我们可将完整的元数据列表添加至应用程序中，以便在应用程序商店中列出。对此，可参考下列链接。

- App Store：https://developer.apple.com/documentation/appstoreconnectapi/app_metadata。
- Play Store：https://support.google.com/googleplay/androiddeveloper/answer/9859454?hl=en。

14.9　向应用程序中添加图标

图标可帮助用户识别设备上的应用程序，同时也是将应用程序发布至应用程序商店中的必要条件。

在当前示例中，我们将考查如何通过一个名为 flutter_launcher_icons 的 Flutter 包将图标自动添加至应用程序中（全格式）。

14.9.1　准备工作

当前示例在本章前述示例的基础上完成。

14.9.2　实现方式

在当前示例中，我们将把 flutter_launcher_icons 包添加至应用程序中，并以此将图标添加至 iOS 和 Android 应用程序中，具体步骤如下。

（1）在项目的根目录中创建一个名为 icons 的新目录。

（2）创建或检索一个图标，并将其置于 icons 目录中。

提示：

我们可从一些网站中获取免费的图标，如 https://remixicon.com/。同时应确保下载最大分辨率的图标。

（3）将 flutter_launcher_icons 包添加至 pubspec.yaml 文件的 dev_dependencies 节点中。

```
flutter_launcher_icons: ^0.8.1
```

（4）在与 dependencies 和 dev_dependencies 相同的级别上，添加 flutter_icons 节点。

```
flutter_icons:
  android: true
  ios: true
  image_path: "icons/scale.png"
```

```
  adaptive_icon_background: "#DDDDDD"
  adaptive_icon_foreground: "icons/scale.png"
```

（5）在项目文件夹的终端窗口中，运行下列命令。

```
flutter pub run flutter_launcher_icons:main
```

（6）确保应用程序图标均已生成。对于 Android，可在 android/main/res 文件夹中查看图标；对于 iOS，可在 ios/Runner/Assets.wcassets/AppIcon.appiconset 目录中查看不同格式的图标。

14.9.3 工作方式

flutter_launcher_icons 是一个命令行工具，可创建应用程序的启动图标，且兼容于 iOS、Android，甚至是 Web 和桌面应用程序。

当使用 flutter_launcher_icons 时，需要将其依赖项添加至 pubspec.yaml 文件的 dev_dependencies 节点中，此处也可放置不会导出至发布应用程序中的依赖项。

利用下列指令可在文件中进行包配置。

```
flutter_icons:
  android: true
  ios: true
  image_path: "icons/scale.png"
  adaptive_icon_background: "#DDDDDD"
  adaptive_icon_foreground: "icons/scale.png"
```

据此，我们指定了下列内容。

- 图标的目标平台（在当前示例中为 android 和 ios）。
- 基于 image_path 属性的图标源图像的路径。
- 基于 adaptive_icon_background 属性的用于填充自适应图标背景的颜色（仅支持 Android）。
- 基于 adaptive_icon_foreground 属性的用于自适应图标前景的图像（仅支持 Android）。

当生成 Android 启动图标时，将使用自适应图标。

图标和屏幕截图是将应用程序发布至应用程序商店中的必要条件。

注意：

fastlane snapshot 可自动拍摄应用程序所需的屏幕截图，但 Flutter 尚未对此予以支持。针对于此，存在一个 screenshots 包可解决这一问题，但该包最后一次更新是在 2019 年，且在本书编写时已停用。

14.9.4　另请参阅

不久的将来，或许我们能够在 Flutter 中使用 fastlane snapshot 特性。关于这一工具的更多信息，读者可参考官方文档，对应网址为 https://docs.fastlane.tools/actions/snapshot/。

14.10　在 Google Play Store 中发布应用程序的 beta 版本

在应用程序以发布模式推出之前，较好的做法是让一组人员对其进行测试，如开发团队或客户。在任何情况下，发布 beta 版都可以为应用程序提供宝贵的反馈信息。在当前示例中，我们将考查如何在 Google Play Store 中发布 beta 版应用程序。

14.10.1　准备工作

当前示例将在本章前述示例的基础上完成。

14.10.2　实现方式

在当前示例中，我们将以发布模式编译应用程序，并将其 beta 版上传至 Google Play Store 中，具体步骤如下。

（1）在项目的 android/fastlane 目录中打开 fastfile 文件。

（2）如果在 fastfile 文件中已经存在一个 beta lane，则将其注释掉。

（3）在 platform: android lane 下方，添加下列指令。

```
lane :beta do
  gradle( task: 'assemble', build_type: 'Release' )
end
```

（4）在终端窗口中，在项目的 android 文件夹下运行下列命令。

```
fastlane beta
```

提示：

当采用 Windows 操作系统时，可能需要更改终端的字符表。对此，一种方法是在运行 fastlane beta 之前输入 command: chcp 1252。

（5）确保在项目的 build\app\outputs\apk\release 目录中查找到应用程序的发布版本。

（6）访问 Google Play Console，即 https://play.google.com/console。

（7）单击 Release | Testing 部分中的 Open Testing 链接。

（8）单击 Create new Release 按钮。

（9）在 App signing preferences 屏幕中，选中 Let Google manage and protect your app signing key 单选按钮，如图 14.8 所示，随后单击 Update 按钮。

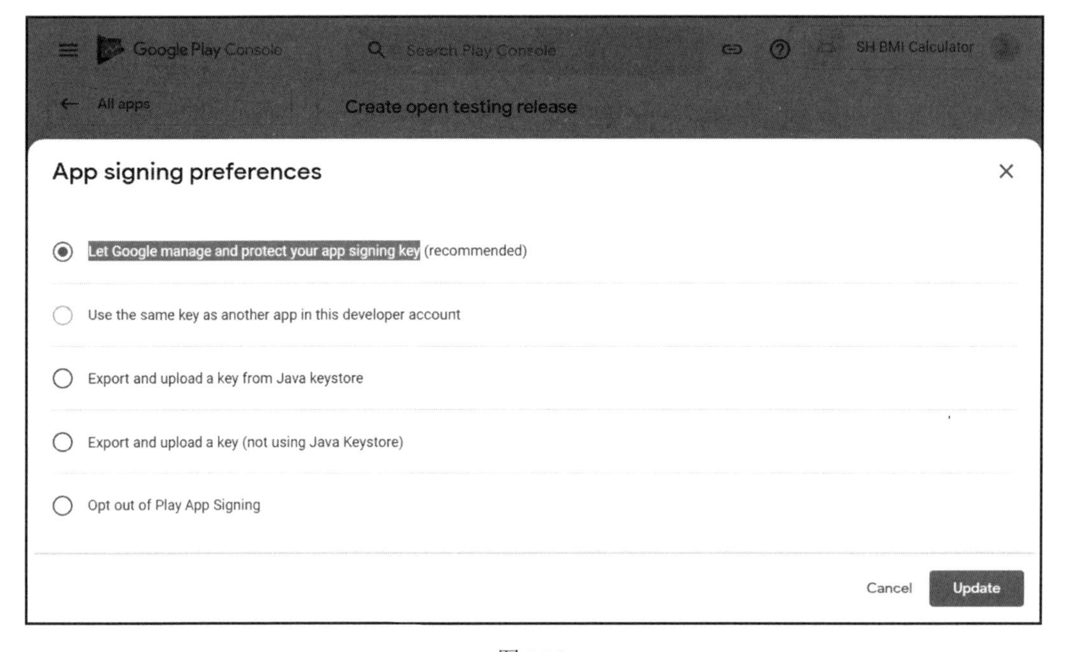

图 14.8

（10）在 Google Play Console 的 Create open testing release 部分中，上传已构建完毕的 APK 文件，该文件位于 build\app\outputs\apk\release 目录中。

（11）在文件上传完毕后，将会看到一些错误和警告信息，这将指导用户完成应用程序的 beta 版发布，如图 14.9 所示。

（12）依次单击 Go to dashboard 链接和 setup your store listing 链接。

（13）填写精简描述内容（不超过 80 个字符）和详细的描述内容（不超过 4000 个字符）。

（14）插入所需的图像并保存。

（15）返回 Open testing 跟踪中，并选择执行 beta 测试的国家。

（16）单击 Review and Rollout release 链接，随后单击 Start rollout to open testing 按钮并确认对话框，如图 14.10 所示。

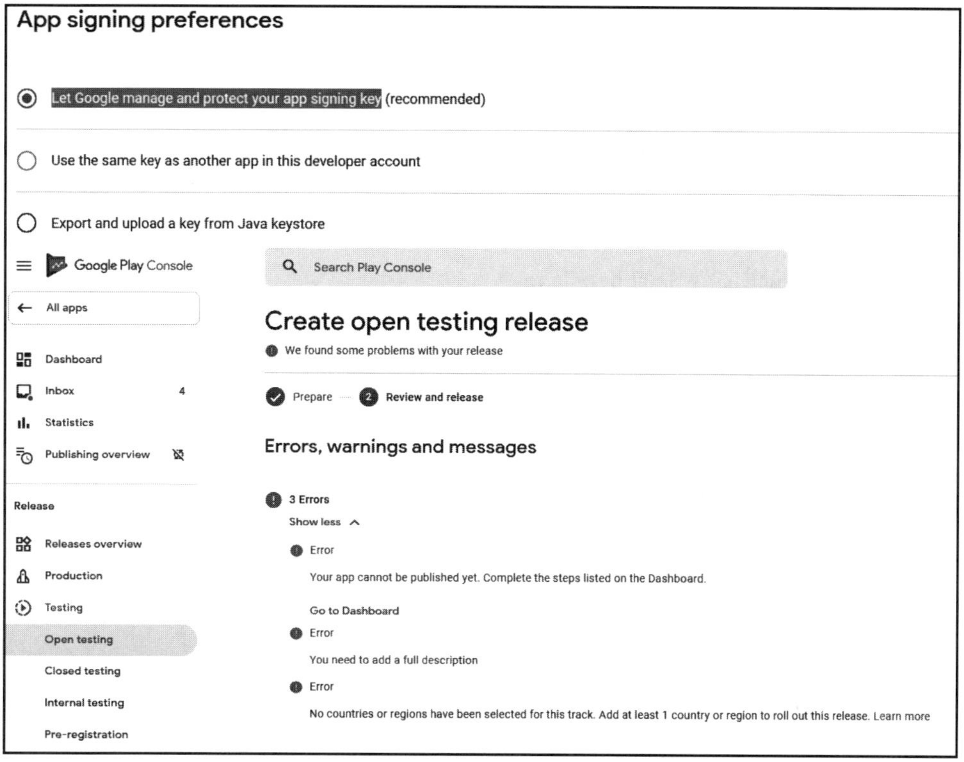

App signing preferences

Let Google manage and protect your app signing key (recommended)

Use the same key as another app in this developer account

Export and upload a key from Java keystore

Google Play Console

Search Play Console

All apps

Dashboard

Inbox 4

Statistics

Publishing overview

Release

Releases overview

Production

Testing

Open testing

Closed testing

Internal testing

Pre-registration

Create open testing release

We found some problems with your release

Prepare — 2 Review and release

Errors, warnings and messages

3 Errors

Show less

Error

Your app cannot be published yet. Complete the steps listed on the Dashboard.

Go to Dashboard

Error

You need to add a full description

Error

No countries or regions have been selected for this track. Add at least 1 country or region to roll out this release. Learn more

图 14.9

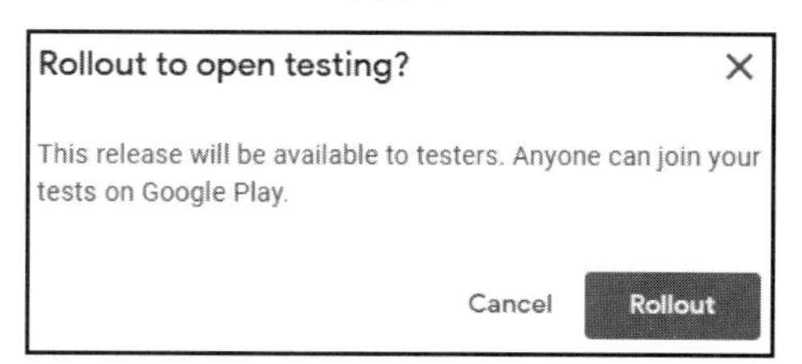

图 14.10

至此，应用程序已上传至 Play Store 的 beta 发布通道。

14.10.3　工作方式

通常情况下，较好的做法是在应用程序正式发布之前创建一个测试跟踪。在 Google Play Store 中，可在发布前选择下列 3 种测试跟踪之一。

- 内部测试。通过内部测试将应用程序发布至最多 100 名测试者。如果打算在开发的早期阶段向所选的测试人员展示应用程序，这可视为一种较为理想的选择方案。

- 封闭式测试是为了获得更广泛的用户。其间可通过电子邮件邀请测试人员。目前支持多达 200 个电子邮件列表，每个列表包含 2000 人。
- 开放测试也是当前示例中所采用的方法。这意味着任何人均可在加入测试后下载应用程序。

利用下列指令编辑文件中的 beta lane。

```
lane :beta do
  gradle( task: 'assemble', build_type: 'Release' )
end
```

这可在终端中利用 fastlane beta 命令，并以发布模式构建 APK 文件。一旦该文件创建完毕，就可将其上传至 Google Play Store 中。

提示：

当首次将 Android 应用程序发布至 Google Play Store 时，需要通过手动方式完成发布过程；而在第 2 次操作时，即可通过 fastlane supply 命令上传应用程序。

当首次发布应用程序时，需要提供存储中所需的数据，这是一项较为耗时的操作，但仅需执行一次。

14.10.4　另请参阅

关于 Google Play Console 中完整的 beta 测试选项，读者可访问 https://support.google.com/googleplay/android-developer/answer/9845334?hl=en 以了解更多信息。

14.11　使用 TestFlight 发布 iOS 应用程序的 beta 版本

TestFlight 是 Apple 开发的一款工具，并可通过电子邮件邀请或生成链接的方式与其他用户共享应用程序。在当前示例中，我们将考查如何利用 fastlane 和 TestFlight 创建、签名和发布 iOS 应用程序。

14.11.1　准备工作

当前示例将在本章前述示例的基础上完成。

14.11.2　实现方式

下列步骤展示了如何构建和签名 iOS 应用程序，并将其发布至 TestFlight 中。

（1）在 Xcode 中打开 Runner.xcodeproj 文件。

（2）单击 Signing 选项卡，选取或添加开发团队（与 Apple 开发人员账户关联的团队）。

（3）登录 Apple ID 账户页面，即访问 https://appleid.apple.com/account/manage。

（4）在 Security 部分中，单击 APP SPECIFIC PASSWORDS 标记下方的 Generate Password 链接。

（5）选择新密码并将其复制至较为安全的地方以供后续操作使用。

（6）在 Visual Studio Code 中，打开 ios 目录中的 Info.plist 文件，并在</dict>节点之前添加下列密钥。

```
<key>ITSAppUsesNonExemptEncryption</key>
 <false/>
```

（7）在 ios/fastlane 目录中，打开 fastfile 文件并添加一个新的 beta lane，如下所示。

```
lane :beta do
  get_certificates
  get_provisioning_profile
  increment_build_number()
  build_app(workspace: "Runner.xcworkspace", scheme: "Runner")
  upload_to_testflight
end
```

（8）在终端窗口中，运行下列命令。

```
bundle exec fastlane beta
```

（9）当出现提示时，插入之前生成的应用程序密码。

提示：

取决于机器设备和网络速度，将应用程序上传至 TestFlight 可能较为耗时。在完成该项任务之前请不要中断当前操作。

（10）几分钟之后，应确保可以看到一条成功消息。这意味着，应用程序已发布至 TestFlight 中。

14.11.3　工作方式

脚本内容仅包含几行代码，据此，我们可节省大量的个人和团队的工作时间。

在当前示例中，第 1 步是向 Xcode 项目中添加开发团队，因为应用程序签名需要填写开发团队。

随后生成特定于应用程序的密码，也可使用 Apple ID 作为密码以登录应用程序账户。因此，我们并没有使用主密码，同时也可访问其他应用程序（在当前示例中为 fastlane）。通过这种方式，当出现安全漏洞时，仅需删除泄露的密码，其他一切均可安全地工作。

每个 iOS 应用程序均包含一个 Info.plist 文件，并于其中保存配置数据。当前，我们置入了下列节点。

```
<key>ITSAppUsesNonExemptEncryption</key>
 <false/>
```

上述节点的用途在于通知 TestFlight 我们并未在应用程序中使用特定的加密工具，由于某些加密工具无法导出，因此建议大多数应用程序添加上述密钥。

注意：

关于加密和 Apple Store 发布机制，读者可访问 https://www.cocoanetics.com/2017/02/itunes-connectencryption-info 以了解更多信息。

在 beta lane 中创建的第 1 个指令 get_certificates 将检查机器上是否已经安装了签名证书；如果需要，它将创建、下载和导入证书。

提示：

此外，还可通过 fastlane cert 终端工具调用 get_certificates（同一项任务的别名）。

get_provisioning_profile 创建一个配置文件，并将其保存至当前文件夹中。另外，通过 fastlane sign 终端指令也可实现相同的结果。

increment_build_number()方法自动将应用程序的版本号增加 1。

我们使用 build_app()指令自动构造和签名应用程序；upload_to_testflight 则负责将生成的文件上传至 App Store Connect TestFlight 部分中，并以此邀请用户进行 beta 测试。

当安装应用程序并提供反馈信息时，测试人员将针对 iPhone、iPad、iPod touch、Apple Watch 和 Apple TV 使用 TestFlight 应用程序。

当前，每次向 TestFlight 发布 beta 版本的应用程序时，仅需在终端窗口中运行 bundle exec fastlane beta 命令即可，fastlane 负责其他事务。因此，每次需要针对 beta 测试更新应用程序时，这将节省大量的时间。

14.11.4　另请参阅

TestFlight 包含了多项特性，并可执行大多数测试处理过程。关于 TestFlight，读者可访问 https://developer.apple.com/testflight/以了解更多信息。

14.12　将应用程序发布至应用程序商店中

一旦在 Google Play Console 和 TestFlight 中发布了应用程序的测试版，那么将其发布至生产阶段中就变得非常容易了。在当前示例中，我们将考查最终在商店中看到应用程序所需的步骤。

14.12.1　准备工作

当前示例将在本章前述示例的基础上完成。

14.12.2　实现方式

在当前示例中，我们将考查如何在 Google Play Store 和 Apple App Store 中将 beta 版本的应用程序发布为产品。

1．将应用程序作为产品发布至 Play Store 中

在将 Android 应用程序从 beta 版本发布为产品时，需要执行下列步骤。

（1）访问 Google Play Console（https://play.google.com/apps/publish）并选择相应的应用程序。

（2）在应用程序仪表板中，单击左侧的 Releases overview。

（3）在 Latest releases 部分中，单击测试版本。

（4）单击 Promote release，随后选择 Production，如图 14.11 所示。

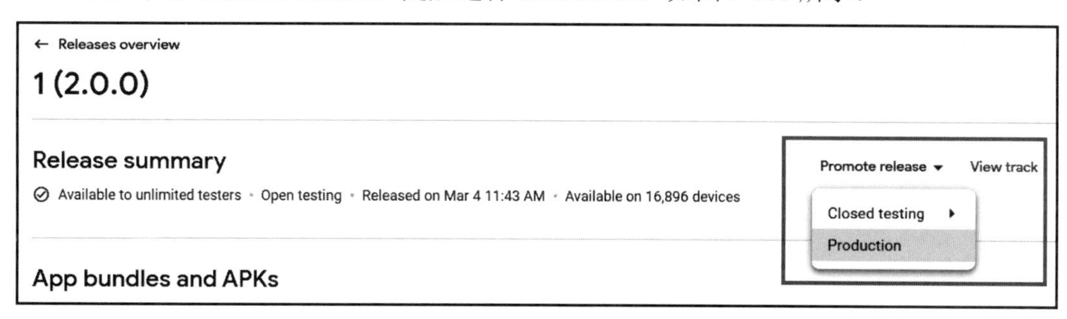

图 14.11

（5）在文本框中添加或编辑注解，随后单击 Review Release 按钮。

（6）检查发布汇总内容，随后单击 Start rollout to production 按钮。

2. 将应用程序作为产品发布至 App Store 中

下面将把 beta 版本的 iOS 应用程序发布为产品。

（1）访问 App Store Connect 页面（appstoreconnect.apple.com），随后单击 My Apps 按钮并选择相应的应用程序。

（2）在 Prepare for Submission 页面，确保所有的预览、屏幕截图和文本均已完成；否则将会导致数据缺失。

（3）在 Build 部分中，单击 Select a build before you submit your app 按钮。

（4）通过 fastlane 选择已上传的版本，随后单击 Done 按钮。

（5）单击页面上方的 Submit for Review 按钮并确认选择结果。

14.12.3　工作方式

单击 Start rollout to production 按钮后，48h 内即可在 Play Store 中看到相应的应用程序。根据个人经验，首次发布所需的时间一般较短（有时甚至仅为 2h）。对于 iOS，一般会在 4 天之内看到所发布的应用程序。

14.12.4　另请参阅

在将应用程序发布至应用程序商店后，事情远未结束。我们还需要监控性能和错误问题，以及应用统计数据。对此，应用程序商店提供了一些基本的信息可帮助我们监控应用程序。关于 Google Play Store 和 Apple App Store 读者可分别访问 https://support.google.com/googleplay/androiddeveloper/answer/139628?co=GENIE.Platform%3DAndroidhl=en 和 https://developer.apple.com/app-store-connect/analytics/以了解更多信息。

第 15 章　Flutter Web 和桌面应用程序

Flutter 最初是作为 Chrome 的一个分支出现的，同时还提出了一个问题——如果不担心维护超过 20 年的技术债务，那么网络的发展速度到底有多快？这个问题的答案就是发展迅猛的移动框架。现在，Flutter 正回归本源，并且再次在网络上运行。除此之外，Flutter 也在经受来自各方面的试验，包括桌面、ChromeOS，甚至是物联网（IoT）。最终，如果用户的设备配置了一个屏幕，那么即可运行 Flutter。

在 Flutter 2.0 起，开发人员可创建移动、Web 和桌面应用程序。这意味着，我们可利用相同的代码库创建工作于 iOS、Android、Web、Windows、macOS 或 Linux 上的应用程序。

虽然可针对所有的操作系统和设备采用完全相同的设计和代码，但这并非最佳方案。智能手机的应用程序屏幕设计可能并不适用于大型桌面程序；另外，并不是所有的包都兼容于所有系统。同时，权限设置还取决于应用程序的目标。

本章主要讨论如何在 Web 和桌面设备上开发和运行应用程序，以及如何根据应用程序运行的屏幕尺寸创建响应式应用程序。

本章主要涉及以下主题。

- 利用 Flutter Web 创建响应式应用程序。
- 在 macOS 上运行应用程序。
- 在 Windows 上运行应用程序。
- 部署 Flutter 站点。
- 响应 Flutter Desktop 中的鼠标事件。
- 与桌面菜单交互。

在阅读完本章内容后，读者将能够了解如何针对移动设备、Web 和桌面设计应用程序。

15.1　利用 Flutter Web 创建响应式应用程序

运行基于 Flutter 的 Web 应用程序可能像在终端中运行 flutter run -d chrome 命令一样简单。在当前示例中，我们将考查如何创建响应式布局，并构建应用程序，进而在后续操作过程中将其发布至 Web 服务器中。

在当前示例中，我们将构建一个应用程序并从 Google Books API 中检索数据，最终显示文本内容和相关图像。当在移动模拟器或设备上运行应用程序后，随后将添加响应特性，以便在屏幕变大时，对应书籍采用两列方式显示（而非一列）。

15.1.1　准备工作

当前示例并无特殊要求，但在针对 Web 调试 Flutter 应用程序时，需要安装 Chrome 浏览器。如果读者在 Windows 环境下开发，那么 Edge 浏览器则更加适宜。

15.1.2　实现方式

当创建目标为 Web 的响应式应用程序时，需要执行下列步骤。

（1）创建一个名为 books_universal 的新的 Flutter 项目。

（2）在项目的 pubspec.yaml 文件的 dependencies 部分中添加最新版本的 http 包。

```
http: ^0.13.0
```

（3）在项目的 lib 目录中，创建 3 个目录，分别名为 models、data 和 screens 的目录。

（4）在 models 目录中，创建一个名为 book.dart 的新文件。

（5）在 book.dart 文件中，创建 Book 类，对应字段如下。

```
class Book {
  String id;
  String title;
  String authors;
  String thumbnail;
  String description;
}
```

（6）在 Book 类中，创建一个设置所有字段的构造函数。

```
Book(this.id, this.title, this.authors, this.thumbnail, this.description);
```

（7）创建一个名为 fromJson()的命名工厂构造函数，该函数接收一个 Map 并返回一个 Book，如下所示。

```
factory Book.fromJson(Map<String, dynamic> parsedJson) {
  final String id = parsedJson['id'];
  final String title = parsedJson['volumeInfo']['title'];
  String image = parsedJson['volumeInfo']['imageLinks'] == null
```

```
  ? '' : parsedJson['volumeInfo']['imageLinks']['thumbnail'];
  image.replaceAll('http://', 'https://');
  final String authors = (parsedJson['volumeInfo']['authors'] ==
  null) ? '' : parsedJson['volumeInfo']['authors'].toString();
  final String description =
   (parsedJson['volumeInfo']['description'] == null)
  ? ''
  : parsedJson['volumeInfo']['description'];
  return Book(id, title, authors, image, description);
}
```

（8）在 data 目录中，创建一个名为 http_helper.dart 的新文件。

（9）在 http_helper 文件开始处，添加所需的 import 语句，如下所示。

```
import 'package:http/http.dart' as http;
import 'dart:convert';
import 'dart:async';
import 'package:http/http.dart';
import '../models/book.dart';
```

（10）在 import 语句后，添加一个名为 HttpHelper 的类。

```
class HttpHelper {}
```

（11）在 HttpHelper 类中，添加所需的字符串和 Map，并构建连接至 Google Books API 的 Uri 对象。

```
final String authority = 'www.googleapis.com';
final String path = '/books/v1/volumes';
Map<String, dynamic> params = {'q':'flutter dart', 'maxResults': '40', };
```

（12）在 HttpHelper 类中，创建一个名为 getFlutterBooks()的新的异步方法，该方法返回一个 Book 对象列表的 Future，如下列代码所示。

```
Future<List<Book>> getFlutterBooks() async {
  Uri uri = Uri.https(authority, path, params);
  Response result = await http.get(uri);
  if (result.statusCode == 200) {
    final jsonResponse = json.decode(result.body);
    final booksMap = jsonResponse['items'];
    List<Book> books = booksMap.map<Book>((i) =>
     Book.fromJson(i)).toList();
    return books;
  } else {
```

```
    return [];
  }
}
```

（13）在 screens 目录中，创建一个名为 book_list_screen.dart 的新文件。

（14）在 book_list_screen.dart 文件开始处，添加所需的导入语句。

```
import 'package:flutter/material.dart';
import '../models/book.dart';
import '../data/http_helper.dart';
```

（15）在 import 语句后，创建一个名为 BookListScreen 的新的有状态微件。

```
class BookListScreen extends StatefulWidget {
  @override
  _BookListScreenState createState() => _BookListScreenState();
}
class _BookListScreenState extends State<BookListScreen> {
  @override
  Widget build(BuildContext context) {
    return Container();
  }
}
```

（16）在 BookListScreenState 类开始处，创建两个变量，即一个名为 books 书籍 List、一个名为 isLargeScreen 布尔变量。

```
List<Book> books = [];
bool isLargeScreen;
```

（17）在 BookListScreenState 类中，重载 initState()方法并调用 getFlutterBooks()方法设置 books 变量值，如下所示。

```
@override
void initState() {
  HttpHelper helper = HttpHelper();
  helper.getBooks('flutter').then((List<Book> value) {
    setState(() {
      books = value;
    });
  });
  super.initState();
}
```

（18）在 build()方法的开始处，使用 MediaQuery 类读取当前设备的宽度，根据该值，当与设备无关的像素数大于 600 时，可将 isLargeScreen 布尔值设置为 true。

```
if (MediaQuery.of(context).size.width > 600) {
isLargeScreen = true;
} else {
isLargeScreen = false;
}
```

（19）在 build()方法中，返回一个 Scaffold（而非 Container），其 body 中包含一个响应式的 GridView。根据 isLargeScreen 变量值，将列数设置为 2 或 1，并将 childAspectRatio 设置为 8 或 5，如下所示。

```
return Scaffold(
  appBar: AppBar(title: Text('Flutter Books')),
  body: GridView.count(
    childAspectRatio: isLargeScreen ? 8 : 5,
    crossAxisCount: isLargeScreen ? 2 : 1,
    children: List.generate(books.length, (index) {
      return ListTile(
        title: Text(books[index].title),
        subtitle: Text(books[index].authors),
        leading: CircleAvatar(
          backgroundImage: (books[index].thumbnail) == '' ? null :
           NetworkImage(books[index].thumbnail),
        ),
      );
  })));
}
```

（20）编辑 main.dart 文件以调用 BookListScreen 微件。

```
import 'package:flutter/material.dart';
import 'screens/book_list_screen.dart';

void main() {
  runApp(MyApp());
}

class MyApp extends StatelessWidget {
  @override
  Widget build(BuildContext context) {
    return MaterialApp(
```

```
      title: 'Flutter Demo',
      theme: ThemeData(
      primarySwatch: Colors.blue,
    ),
    home: BookListScreen(),
  );
}}
```

（21）在移动设备上运行应用程序，对应结果如图 15.1 所示。

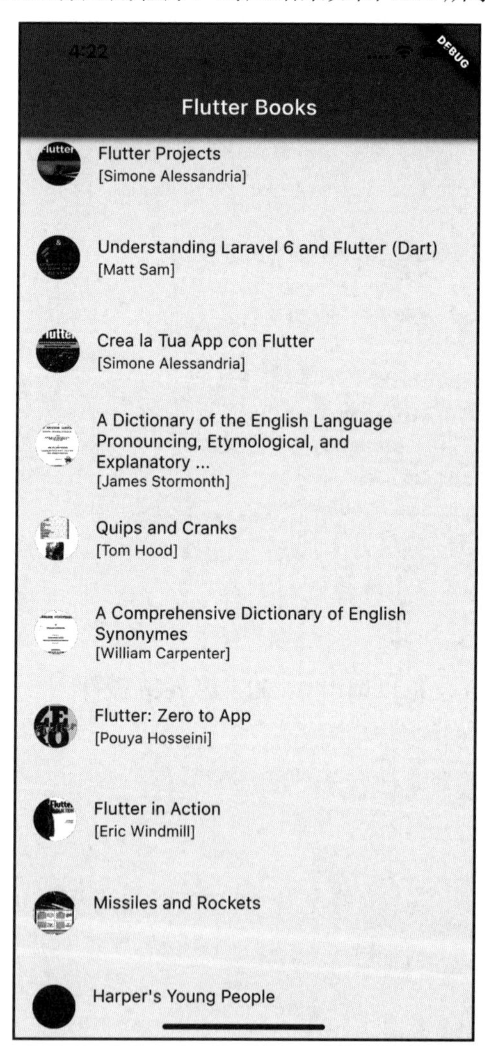

图 15.1

（22）终止当前应用程序。随后在项目目录的终端窗口中运行下列命令。

```
flutter run -d chrome
```

注意，此时应用程序运行于 Web 浏览器中，并显示了两列内容，但并未显示图像，如图 15.2 所示。

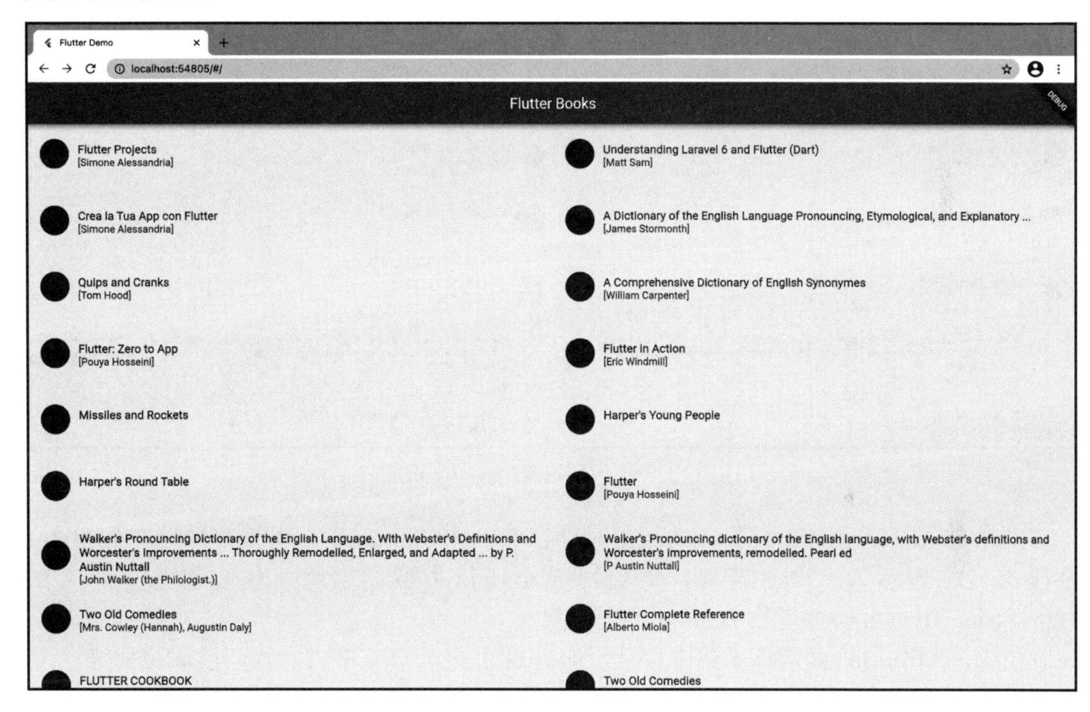

图 15.2

（23）关闭浏览器窗口。在终端中按 Ctrl+C 快捷键终止调试过程。

（24）在终端中，运行下列命令。

```
flutter run -d chrome --web-renderer html
```

（25）此时，图像将以正确方式予以显示，如图 15.3 所示。

15.1.3　工作方式

当从 Web API 中检索数据时，首先是定义所关注的字段，在当前示例中，我们仅需要显示 Google Books 发布的数据，特别是每本书的 ID、标题、作者、评级和描述内容。

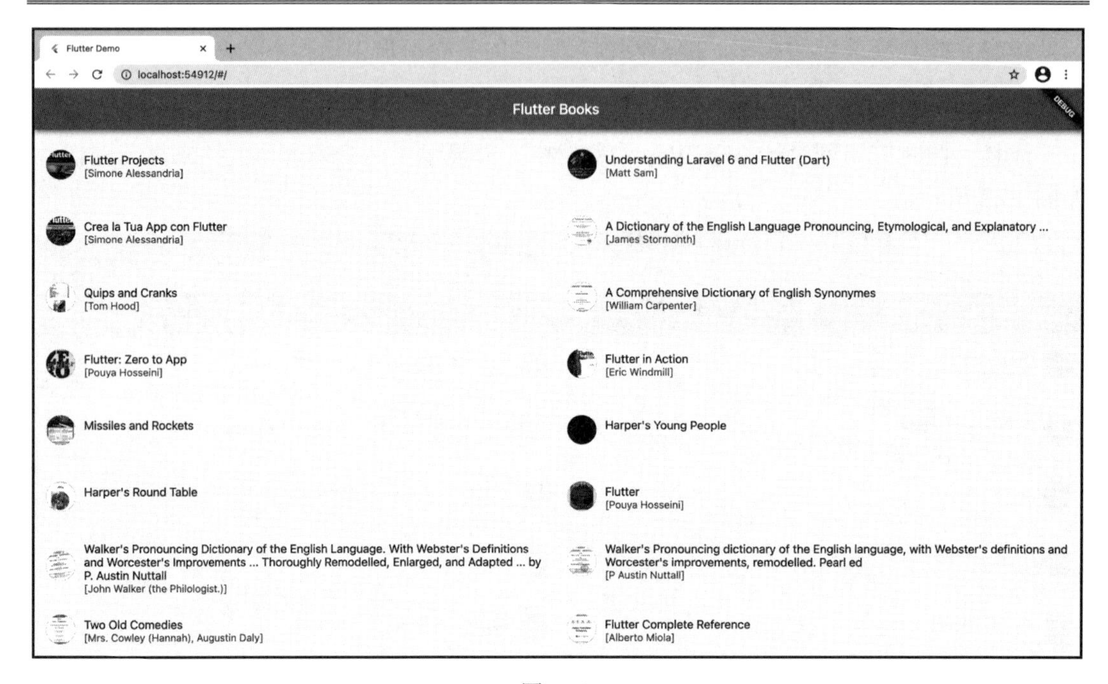

图 15.3

当 Web 服务返回 JSON 格式的数据时，在 Dart 和 Flutter 中，可将其视为一个 Map。字段的名称表示为一个字符串，而值可以是任何类型。因此，我们创建一个接收 Map<String, dynamic>并返回 Book 的构造函数。

在 Book.fromJson()构造函数中，基于服务返回的 JSON 格式，我们读取相关值。考查下列指令。

```
String image = parsedJson['volumeInfo']['imageLinks'] == null
  ? ''
  : parsedJson['volumeInfo']['imageLinks']['thumbnail'];
image.replaceAll('http://', 'https://');
```

当读取 Web 服务返回的数据时，一般建议检查数据是否有效或者为 null。

例如，对于 imageLinks 字段，Google Books 返回一个 HTTP 地址。由于在默认状态下多个平台（包括 iOS 和 Android）均未采取这种形式，因此较好的做法是将地址从 http://修改为 https://。对此，可调用图像字符串上的 replaceAll()方法。

提示：

我们可通过 http 连接启用数据检索机制，这一过程取决于目标系统。对此，读者可访问 https://flutter.dev/docs/release/breaking-changes/network-policy-ios-android 以了解更多信息。

另一个变化来自 0.13 版本中的 http 包。当前，http.get()方法需要使用一个 Uri 对象，而非一个字符串。我们可构造一个 Uri 并传递权限（域名）和路径。如果希望添加一个或多个参数，则可通过 Map 实现添加功能。

```
final String authority = 'www.googleapis.com';
final String path = '/books/v1/volumes';
Map<String, dynamic> params = {'q':'flutter dart', 'maxResults': '40', };
```

当构造一个 Uri 时，权限和路径不可或缺，其他参数均为可选项，如下所示。

```
Uri uri = Uri.https(authority, path, params);
```

相应地，存在多种策略可使应用程序具有响应性。策略之一是使用 MediaQuery 类。特别地，MediaQuery.of(context).size 可检索设备屏幕的像素尺寸。实际上，这些均为逻辑像素（与设备无关）。大多数设备采用 pixelRatio 以使不同设备间的图像和图形保持统一。

提示：

如果打算了解设备中的物理像素数，可将其尺寸乘以 pixelRatio，如下所示。

```
MediaQuery.of(context).size.width *
MediaQuery.of(context).devicePixelRatio
```

其中，MediaQuery.of(context).size 属性返回一个 Size 对象，该属性包含一个宽度和一个高度值。在当前示例中，我们仅需要获得设备的宽度。当设备的宽度大于 600 逻辑像素时，则认为该设备配置了较大的屏幕。当前，我们将 isLargeScreen 布尔值设置为 true。这是一个任意的测量值，实际取决于设计中或设备方向（纵向或横向）上显示的对象。

根据 isLargeScreen 布尔值，我们使用了 GridViewchildAspectRatio 和 crossAxisCount，如下所示。

```
childAspectRatio: isLargeScreen ? 8 : 5,
crossAxisCount: isLargeScreen ? 2 : 1,
```

默认状态下，GridView 中的每个框体均为一个包含相同高度和宽度的框体。通过修改 childAspectRatio，我们可指定不同的宽高比。例如，当屏幕的尺寸较大时，子元素的宽度为 8；否则为 5。另外，该示例的 crossAxisCount 值在 GridView 中设置为列数。

最后，利用下列指令在 Chrome 浏览器中运行应用程序。

```
flutter run -d chrome
```

这里，-d 选项指定了应用程序运行的设备，在当前示例中为浏览器。但是，如果基于该选项运行应用程序，那么 GridView 中的图像将不会被显示。对此，可通过下列命令运行应用程序。

```
flutter run -d chrome --web-renderer html
```

当在浏览器上显示图像时，应采用与浏览器兼容的某种语言转换（渲染）应用程序。相应地，Flutter 提供了两种不同的渲染器，即 HTML 和 CanvasKit。

其中，桌面和 Web 上的默认渲染器为 CanvasKit，并使用 WebGL 显示 UI。这需要访问所显示的图像的像素；而 HTML 渲染器则使用<img> HTML 元素显示图像。

当尝试使用默认的 Web 渲染显示这些示例中的图像时，将会得到 CORS 错误。

注意：

CORS 代表跨源资源共享。出于安全原因，浏览器会阻止来自不同目的地的 JavaScript 请求。例如，如果希望加载源自 www.thirdpartydomain.com 的资源，且请求源为 www.mydomain.com，那么请求将被阻止。

当使用<IMG>元素时，跨源请求将被允许。

15.1.4　另请参阅

对于简单的结果，采用手动方式解析 JSON 可视为一种选择方案，但随着类变得越加复杂，一些自动化操作可对我们产生极大的帮助。对此，读者可访问 https://pub.dev/packages/ json_serializable 查看 json_serializable 包。

关于两种渲染器及其应用之间的差别，读者可访问 https://flutter.dev/docs/development/tools/web-renderers 以了解更多内容。关于逻辑像素的工作方式及其与物理像素之间的差别，读者可访问 https://material.io/design/layout/pixel-density.html 以了解详细信息。

15.2　在 macOS 上运行应用程序

自版本 2 起，Flutter 框架添加了对桌面的支持，这意味着，我们可将 Flutter 项目编译为本地 macOS、Windows 和 Linux 应用程序。

在当前示例中，我们将考查如何在 Mac 机器上运行应用程序，并处理特定的权限问题，以防止从 Web 中检索数据。

15.2.1　准备工作

当前示例将在 15.1 节示例的基础上完成。

当采用 Flutter 开发 macOS 时，应在 Mac 机器上安装 Xcode 和 CocoaPods。

15.2.2　实现方式

当运行在 Mac 机器上构建的应用程序时，需要执行下列步骤。

（1）在终端中，访问之前完成的项目并运行下列命令。

```
flutter config -enable-macos-desktop
```

（2）在同一终端窗口中，运行下列命令。

```
flutter devices
```

（3）在命令返回的设备列表的有效设备中可以看到 macOS (desktop)。

提示：

如果在列表中未看到 macOS (desktop)，则尝试关闭并重启编辑器和终端。随后再次运行 flutter devices 命令。

（4）在终端中，当创建 macOS 应用程序时，可运行下列命令（注意，“.”也是该命令的一部分内容）。

```
flutter create .
```

（5）在终端窗口中运行下列命令。

```
flutter run -d macos
```

（6）可以看到，应用程序处于运行状态，但书籍和图像并未显示，如图 15.4 所示。

图 15.4

（7）在编辑器中以调试模式运行应用程序，并选择 macos 作为当前设备。此时将得到一条 SocketException (Operation not permitted)错误消息，如图 15.5 所示。

```
13  Future<List<Book>> getFlutterBooks() async {
14
15    Uri uri = Uri.https(authority, path, params);
16    Response result = await http.get(uri);

Exception has occurred.
SocketException (SocketException: Connection failed (OS Error: Operation not permitted, errno = 1), address =
www.googleapis.com, port = 443)
```

图 15.5

（8）打开项目中的 macos/Runner/DebugProfile.entitlements 文件并添加下列密码。

```
<key>com.apple.security.network.client</key>
<true/>
```

（9）打开 macos/Runner/Release.entitlements 文件，并添加与 DebugProfile.entitlements 文件相同的密码。

（10）再次运行应用程序。可以看到，书籍的数据和图像均已正确显示。

15.2.3　工作方式

在运行桌面应用程序之前，需要启动相应的平台。在当前示例中，我们利用下列命令启用 macOS。

```
flutter config -enable-macos-desktop
```

在特定设备上运行应用程序包含两个选项，选项一是使用 Flutter CLI，并利用下列命令指定运行应用程序的设备。

```
flutter run -d macos
```

选项二是从编辑器中选取设备。在 VS Code 中，可在屏幕的右下角查找当前设备。在 Android Studio（和 IntelliJ Idea）中，则可在屏幕的右上角查找到设备。

与 Android 和 iOS 一样，为 macOS 构建的应用程序也需要特定的权限，这些权限必须在运行应用程序之前声明：这些权限在 macOS 中被称为授权。在 Flutter 项目中，我们可获取两个授权文件，即针对开发和调试的 DebugProfile.entitlements 文件，以及针对发布的 Release.entitlements 文件。在这两个文件中，需要添加应用程序所需的授权。在当前示例中，需要使用一个客户端连接，因此需要利用下列密钥添加网络客户端授权。

```
<key>com.apple.security.network.client</key>
<true/>
```

提示：

通过将授权添加至 DebugProfile.entitlements 文件中，我们可对应用程序进行调试。这里，建议同时将该授权也添加至 Release.entitlements 文件中。因此，当实际发布应用程序时，无须再次将该授权复制至 Release.entitlements 文件中。

15.2.4　另请参阅

关于 Flutter 所支持的桌面功能，读者可访问 https://flutter.dev/desktop 查看其完整和更新后的列表。如果稍后打算将应用程序发布至 Mac Apple Store 中，读者可访问 https://developer.apple.com/macos/submit/查看其具体步骤。

15.3　在 Windows 上运行应用程序

大多数计算机均运行于 Windows 操作系统中，这也是一种既定事实。将基于 Flutter 构建的应用部署到最广泛的桌面操作系统上，是对 Flutter 框架的一个巨大扩展。

在当前示例中，我们将考查如何在 Windows 上运行应用程序。

15.3.1　准备工作

当前示例在 15.1 节示例的基础上完成。

当采用 Flutter 在 Windows 环境中进行开发时，还应该在 Windows PC 上安装完整版的 Visual Studio（而不是 Visual Studio Code），以及带有 C++工作负载的 Desktop Development。

读者可访问 https://visualstudio. microsoft.com 下载免费版的 Visual Studio。

15.3.2　实现方式

当在 Windows Desktop 上运行应用程序时，需要执行下列步骤。

（1）在 Command Prompt 窗口中，访问 15.1 节中的示例并运行下列命令。

```
flutter config --enable-windows-desktop
```

（2）在同一窗口中，运行下列命令。

```
flutter devices
```

（3）在命令所返回的设备列表中，可以看到 Windows (desktop)作为一台设备予以显示。

（4）运行 flutter doctor 命令，可以看到图 15.6 显示了 Visual Studio – develop for Windows。

```
Command Prompt
Microsoft Windows [Version 10.0.18363.1440]
(c) 2019 Microsoft Corporation. All rights reserved.

C:\Users\sales>flutter devices
3 connected devices:

Windows (desktop) • windows • windows-x64    • Microsoft Windows [Version 10.0.18363.1440]
Chrome (web)      • chrome  • web-javascript • Google Chrome 89.0.4389.90
Edge (web)        • edge    • web-javascript • Microsoft Edge 89.0.774.54

C:\Users\sales>flutter doctor
Doctor summary (to see all details, run flutter doctor -v):
[√] Flutter (Channel beta, 2.1.0-12.2.pre, on Microsoft Windows [Version 10.0.18363.1440], locale en-US)
[√] Android toolchain - develop for Android devices (Android SDK version 29.0.0)
[√] Chrome - develop for the web
[√] Visual Studio - develop for Windows (Visual Studio Community 2019 16.4.3)
[√] Android Studio (version 3.4)
[√] VS Code, 64-bit edition (version 1.54.3)
[√] Connected device (3 available)

• No issues found!

C:\Users\sales>
```

图 15.6

提示：

如果在列表中未看到 Windows (desktop)，可尝试关闭并重启 Command Prompt，随后再次运行 flutter devices 命令。

（5）在 Command Prompt 中，运行下列命令创建 Windows 应用程序。

```
flutter create .
```

（6）在编辑器中运行应用程序，或运行下列命令。

```
flutter run -d Windows
```

（7）可以看到，应用程序处于正常运行状态，同时屏幕上还显示了书籍和图像信息。

15.3.3　工作方式

在桌面上运行应用程序之前，需要启动相关平台。在当前示例中，这可通过下列命令执行。

```
flutter config -enable-windows-desktop
```

在特定设备上运行应用程序包含两个选项，选项一是使用 Flutter CLI，并利用下列命令指定运行应用程序的设备。

```
flutter run -d windows
```

选项二是从编辑器中选取设备。在 VS Code 中，可在屏幕的右下角查找当前设备；在 Android Studio（和 IntelliJ Idea）中，则可在屏幕的右上角查找到设备。

与 Mac 机器的不同之处在于，在 Windows 客户端中，HTTP 连接在默认状态下处于连接状态。

15.3.4　另请参阅

Visual Studio 是一款适用于 Windows 和 macOS 完整的 IDE，它支持前端和后端应用程序开发，以及大多数现代编程语言。对此，读者可访问 https://visualstudio.microsoft.com 以了解更多信息。

15.4　部署 Flutter 站点

一旦针对 Web 构建了应用程序，随后即可将其发布至 Web 服务器上。在众多方案中，一种选择是使用 Firebase 作为主机平台。

在当前示例中，我们将把项目作为一个站点部署至 Firebase 中。

15.4.1　准备工作

当前示例将在 15.1 节示例的基础上完成。

15.4.2　实现方式

在将 Web 应用程序部署至 Firebase 主机平台时，需要执行下列步骤。

（1）在终端窗口中，访问项目文件夹。

（2）输入下列命令。

```
flutter build web --web-renderer html
```

（3）打开浏览器并访问 Firebase 控制台，即 https://console.firebase.google.com。

（4）创建一个新的 Firebase 项目（或使用已有项目）。

提示：

关于 Firebase 项目，读者可参考 12.1 节以了解更多信息。

（5）下载 Firebase CLI。该 OS 链接位于 https://firebase.google.com/docs/cli。

（6）在终端中输入下列命令。

```
firebase login
```

（7）在请求登录的浏览器窗口中，确认证书和所需的权限。在处理结束后，将可在浏览器中看到成功消息，如图 15.7 所示。

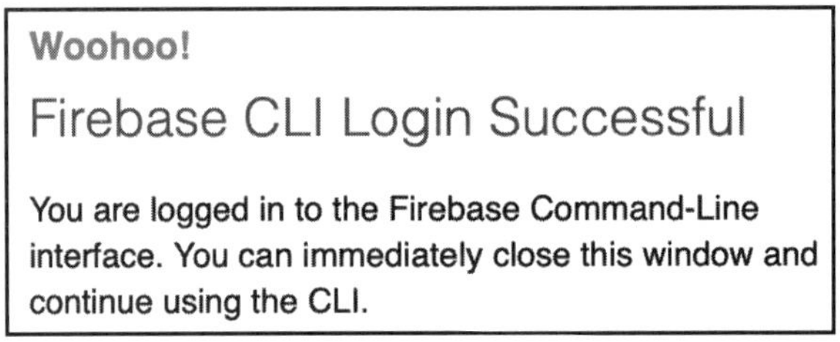

Woohoo!

Firebase CLI Login Successful

You are logged in to the Firebase Command-Line interface. You can immediately close this window and continue using the CLI.

图 15.7

（8）在终端中，可以看到成功消息✔ Success! Logged in as [yourusername]。

（9）输入下列命令。

```
firebase init
```

（10）当出现提示时，选择 hosting 选项。

（11）当出现提示时，选择 Use an existing project 选项以及之前创建的项目。

（12）当出现提示时，输入 build/web 以选择部署的文件。

（13）当出现提示时，当询问是否覆写 index.html 文件时，应回答"no"。

（14）当出现提示时，确认需要配置单页应用程序。

（15）当出现提示时，选择是否需要自动将变化内容部署至 GitHub 中。配置过程结束后，对应结果如图 15.8 所示。

（16）在终端中，输入下列命令。

```
firebase deploy
```

（17）在处理过程结束后，复制项目的 URL 并将其粘贴至一个 Web 浏览器中（通常是 https://[yourappname].web.app）。至此，应用程序发布完毕。

```
     ######## #### ########  ######## ########     ###     ######  ########
     ##        ##  ##     ## ##       ##     ##  ##   ##  ##       ##
     ######    ##  ########  ######   ########  #########  ######  ######
     ##        ##  ##    ##  ##       ##     ## ##     ##       ## ##
     ##       #### ##     ## ######## ########  ##     ##  ######  ########

You're about to initialize a Firebase project in this directory:

  /Users/simonealessandria/Documents/flutter_mac_books

Before we get started, keep in mind:

  * You are initializing in an existing Firebase project directory

? Which Firebase CLI features do you want to set up for this folder? Press Space to select features, then Enter to confirm your choices. Hosting: Configure
and deploy Firebase Hosting sites

=== Project Setup

First, let's associate this project directory with a Firebase project.
You can create multiple project aliases by running firebase use --add,
but for now we'll just set up a default project.

i  .firebaserc already has a default project, using flutter-cookbook-43242.

=== Hosting Setup

Your public directory is the folder (relative to your project directory) that
will contain Hosting assets to be uploaded with firebase deploy. If you
have a build process for your assets, use your build's output directory.

? What do you want to use as your public directory? build/web
? Configure as a single-page app (rewrite all urls to /index.html)? Yes
? Set up automatic builds and deploys with GitHub? No
? File build/web/index.html already exists. Overwrite? No
i  Skipping write of build/web/index.html

i  Writing configuration info to firebase.json...
i  Writing project information to .firebaserc...

✔  Firebase initialization complete!
```

图 15.8

15.4.3　工作方式

当使用 Flutter 时，Web 可视为应用程序的另一个目标。当输入下列命令时，Dart 代码将编译为 JavaScript 并归结为产品阶段。

```
flutter build web
```

接下来，源可被部署至任何 Web 服务器上，包括 Firebase。在本章第 1 个示例中可以看到，我们还可选择一个 Web 渲染器以满足相应的需求。

当打算创建高级的 Web 应用程序、单页面应用程序，或者需要将移动应用程序移植至 Web 中时，一般推荐采用 Flutter，且不推荐使用基于静态文本的 HTML 内容，虽然 Flutter 对此也予以支持。

Firebase Command Line Interface 使得基于 Flutter 的 Web 应用程序发布变得十分简单，相关步骤如下。

- ❑ 创建一个 Firebase 项目。
- ❑ 安装 Firebase CLI（每台部署机器仅安装一次）。
- ❑ 运行 firebase login 登录 Firebase 账户。
- ❑ 运行 firebase init。对此，需要向 Firebase 提供一些信息，包括目标项目和将要发布的文件的位置。

提示：

当询问是否需要覆写 index.html 文件时，应回答"no"；否则将需要再次构建 Web 应用程序。

一旦初始化了 Firebase 项目，发布该项目就仅需输入下列命令。

```
firebase deploy
```

除非设置了完整的域名，否则 Web 地址一般表示为 3 级域名，如 yourapp.web.app。

基于 FTP 客户端的发布过程同样十分简单，仅需将项目 build/web 文件夹中的文件复制至 Web 服务器中即可。由于 Dart 代码编译为 JavaScript，因此目标服务器上无须执行进一步的设置。

15.4.4　另请参阅

另一个发布 Flutter Web 应用程序的方法是使用 GitHub 页面。关于如何将 Flutter Web 应用程序发布至 GitHub 页面，读者可访问 https://pahlevikun.medium.com/compiling-and-deploying-your-flutter-web-appto-github-pages-be4aeb16542f 查看详细的步骤。

关于 GitHub 页面，读者可访问 https://pages.github.com/以了解更多内容。

15.5　响应 Flutter 桌面中的鼠标事件

虽然在移动设备上用户一般通过触摸手势与应用程序进行交互，但一些大型设备也会通过鼠标进行操作。另外，从开发人员的角度来看，鼠标输入与触摸行为截然不同。

在当前示例中，我们将学习如何响应常见的鼠标事件，如单击和双击操作。特别地，我们将使用户选择/取消选择 GridView 中的条目，并修改背景颜色，进而向用户提供一些反馈信息。

15.5.1　准备工作

当前示例将在 15.1 节示例的基础上完成。

15.5.2　实现方式

当响应应用程序中的鼠标操作时，需要执行下列步骤。

（1）打开项目中的 book_list_screen.dart 文件。

（2）在_BookListScreenState 类开始处，添加一个名为 bgColors 的新的 Color 的 List（列表），并将其设置为一个空 List。

```
List<Color> bgColors = [];
```

（3）在 initState()方法中，在 getFlutterBook()方法的 then 回调中添加一个 for 循环，并于其中针对检索到的书籍 List 中的每个条目添加一种新颜色（white）。

```
helper.getBooks('flutter').then((List<Book> value) {
  int i;
  for (i = 0; i < value.length; i++) {
    bgColors.add(Colors.white);
}
```

（4）在_BookListScreenState 类开始处，添加一个名为 setColor()的新方法，该方法接收一个 Color 和一个 index 整数，并将 index 位置处的 bgColors 列表值设置为所传递的颜色。

```
void setColor(Color color, int index) {
  setState(() {
    bgColors[index] = color;
  });
}
```

（5）在_BookListScreenState 类 build()方法的 Gridview 微件中，将 ListTile 封装至 Container 微件中，并将 Container 自身封装至 GestureDetector 微件中，如下所示。

```
body: GridView.count(
  childAspectRatio: isLargeScreen ? 8 : 5,
  crossAxisCount: isLargeScreen ? 2 : 1,
  children: List.generate(books.length, (index) {
    return GestureDetector(
      child: Container(
        child: ListTile(
[...]
```

（6）在 Container 中，根据 index 位置处的 bgColors 列表中的值设置 color 属性。

```
color: bgColors.length > 0 ? bgColors[index] : Colors.white,
```

（7）在 GestureDetector 微件中，针对 onTap、onLongPress 和 onSecondaryTap 事件添加回调，如下所示。

```
onTap: () => setColor(Colors.lightBlue, index),
onSecondaryTap: () => setColor(Colors.white, index),
onLongPress: () => setColor(Colors.white, index),
```

（8）在浏览器或桌面上运行应用程序。在网格中的条目上单击，可以看到，该条目的背景颜色变为蓝色，如图 15.9 所示。

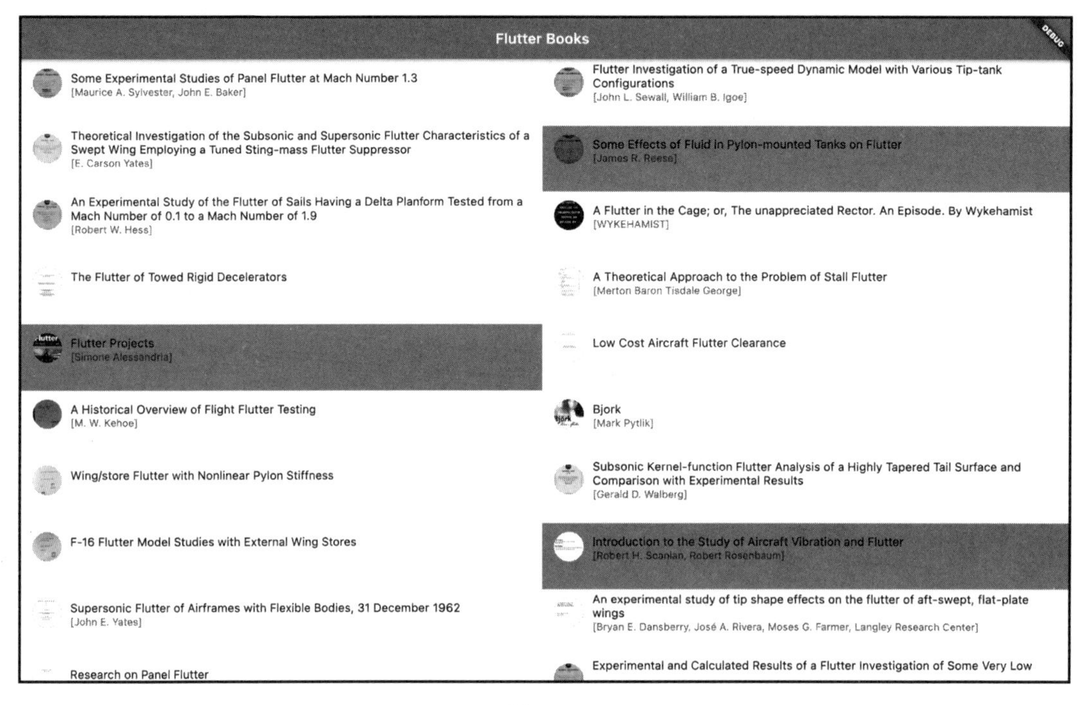

图 15.9

（9）右击之前所选的一个或多个条目。随后，背景颜色将变回为白色。

（10）在之前所选的一个条目上长时间按鼠标左键。随后，背景颜色将变回为白色。

15.5.3　工作方式

当设计可工作于移动和桌面平台的应用程序时，应考虑到某些操作（手势）与平台相关。例如，在某些移动设备上，我们无法实现右击操作，但却可实现长按操作。

在当前示例中，我们使用了 GestureDetector 微件选择/取消选择 GridView 中的条目。针对触摸屏手势（如滑动和长按）和鼠标手势（如右击和滚动），可使用 GestureDetector 微件。

当选取条目并添加浅蓝色背景颜色时，可使用一个 onTop 事件。

```
onTap: () => setColor(Colors.lightBlue, index),
```

当用户单指单击触摸屏、单击鼠标主键、使用触屏笔或其他定点设备时，onTap 将被调用。这是一个工作于移动和桌面设备的回调示例。

当取消选择某个条目时，则可使用 onSecondaryTap 和 onLongPress。

```
onSecondaryTap: () => setColor(Colors.white, index),
onLongPress: () => setColor(Colors.white, index),
```

在当前示例中，我们采用不同方式处理桌面和移动程序。其中，“二级单击操作”主要适用于 Web 和桌面应用程序，此类程序运行于配置了外部定点工具的设备，如鼠标。这通常是鼠标的右键，或者是手写笔或图形板上的二级按钮。

onLongPress 主要面向未配置二级按钮的移动设备或触摸屏，并在用户长按某个条目时（具体时间取决于相关设备，但通常为 1s 或更多）被触发。

当跟踪所选的条目时，我们采用了名为 bgColors 的 List，该 List 针对列表中的每个条目包含了其对应的颜色（浅蓝色或白色）。当屏幕加载时，List 将所有条目填充为白色，因为开始时尚未选择任何条目。

```
helper.getFlutterBooks().then((List<Book> value) {
  int i;
  for (i = 0; i < value.length; i++) {
    bgColors.add(Colors.white);
}
```

当用户单击某个条目时，通过 setColor()方法，其颜色将变为蓝色。setColor()方法接收新的颜色和必须修改其颜色的条目的位置。

```
void setColor(Color color, int index) {
  setState(() {
    gbColors[index] = color;
  });
}
```

通过这种方式，我们利用 GestureDetector 微件响应触摸和鼠标事件。

15.5.4　另请参阅

GestureDetector 微件涵盖多个属性以响应各种事件。关于 GestureDetector，读者可访问 https://api.flutter.dev/flutter/widgets/GestureDetector-class.html 以了解更多信息。

15.6 与桌面菜单交互

桌面应用程序通常包含移动设备中不存在的菜单内容。典型情况下，一些较为重要的桌面应用程序操作位于顶部菜单中。

在当前示例中，我们将学习如何添加工作于 Windows 和 macOS 中的菜单。

15.6.1 准备工作

当前示例在 15.1 节示例的基础上完成。

取决于应用程序的运行位置，我们应实现了以下示例。

- 对于 macOS：实现了 15.2 节中的示例。
- 对于 Windows：实现了 15.3 节中的示例。

15.6.2 实现方式

在向应用程序中添加菜单时，需要执行下列步骤。

（1）在项目中，打开 pubspec.yaml 文件并添加下列依赖项。

```
menubar:
  git:
    url: git://github.com/google/flutter-desktop-embedding.git
    path: plugins/menubar
```

（2）在 data 文件夹的 http_helper.dart 文件中，编辑 getFlutterBooks()方法，以便形成更为通用的 getBooks()方法。getBooks()方法作为参数接收一个 String，并将 params 声明移至该方法中，如下所示。

```
class HttpHelper {
 final String authority = 'www.googleapis.com';
 final String path = '/books/v1/volumes';
 Future<List<Book>> getBooks(String query) async {
 Map<String, dynamic> params = {'q':query, 'maxResults': '40', };
 ...
```

（3）在 book_list_screen.dart 文件的开始处，添加 menubar 导入语句。

```
import 'package:menubar/menubar.dart';
```

（4）将 HttpHelper helper 声明移至_BookListScreenState 类的开始处。在 initState()方法中，将 helper 设置为 HttpHelper 的新实例。

```
class _BookListScreenState extends State<BookListScreen> {
  List<Book> books = [];
  bool isLargeScreen;
  HttpHelper helper;
  @override
  void initState() {
    helper = HttpHelper();
[...]
```

（5）在_BookListScreenState 类的下方，添加一个名为 updateBooks()的新方法，该方法作为参数接收一个字符串、调用 getBooks()方法并更新 books 列表。

```
updateBooks(String key) {
  helper.getBooks(key).then((List<Book> value) {
    setState(() {
      books = value;
    });
  });
}
```

（6）在_BookListScreenState 类下方，添加另一个名为 addMenuBar()的新方法，该方法在菜单栏中作为菜单条目添加 3 个搜索项，如下所示。

```
void addMenuBar() {
  setApplicationMenu([
    Submenu(label: 'Search Keys', children: [
      MenuItem(
        label: 'Flutter',
        enabled: true,
        onClicked: () => updateBooks('flutter')),
      MenuDivider(),
      MenuItem(
        label: 'C#',
        enabled: true,
        onClicked: () => updateBooks('c#')),
      MenuDivider(),
      MenuItem(
        label: 'JavaScript',
        enabled: true,
```

```
        onClicked: () => updateBooks('javascript')),
    ])
  ]);
}
```

（7）在 initState()方法中，调用 addMenuBar()方法并更新 helper()方法调用，以便在屏幕加载时获得 Flutter 书籍。更新后的 initState()方法如下。

```
@override
void initState() {
  addMenuBar();
  helper = HttpHelper();
  helper.getBooks('flutter').then((List<Book> value) {
    setState(() {
      books = value;
    });
  });
  super.initState();
}
```

（8）运行应用程序。在菜单栏中，应可看到名为 Search Keys 的新菜单。单击该菜单时，将可看到之前设置的 3 个搜索项。图 15.10 显示了显示于 Mac 机器上的菜单。

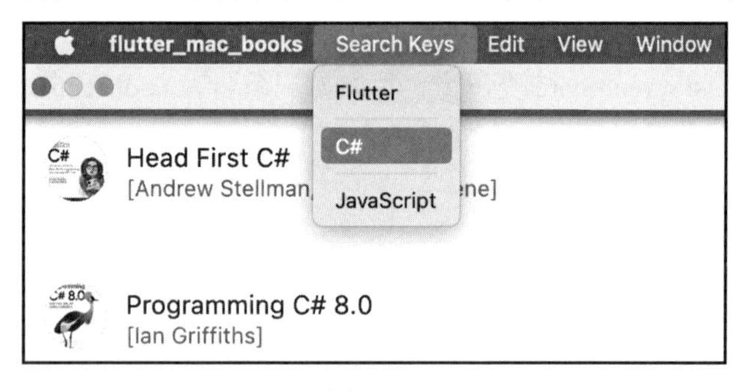

图 15.10

15.6.3　工作方式

在编写本书时，menubar 插件仍处于试验阶段，这意味着，该插件很快将包含于 Flutter 或官方包中。同时，我们可通过 GitHub URL 使用这一插件。因此，在 pubspec.yaml 文件中，我们添加了 Git URL，而非包依赖项。

```
menubar:
  git:
```

```
    url: git://github.com/google/flutter-desktop-embedding.git
    path: plugins/menubar
```

当打算向应用程序中添加一个菜单项时，需要调用 setApplicationMenu()方法，该方法是一个异步方法，并接收一个 Submenu 对象的 List。

Submenu 是一个类，它需要一个标签（在菜单上看到的文本）和一个子菜单列表，这些子菜单可以是 MenuItem 或 MenuDivider 对象。在将一个 MenuDivider 插入 SubMenu 中时，需要向菜单的条目列表中添加一个水平线分隔符。

MenuItem 可视为用户实际执行的单击操作，进而执行应用程序中提供的动作。在当前示例中，我们设置了其 label、enabled 布尔值和调用 updateBooks()方法的 onClicked 回调。

```
MenuItem(
 label: 'Flutter',
 enabled: true,
 onClicked: () => updateBooks('flutter')),
```

根据所使用的系统，菜单也会出现相应的变化。图 15.11 显示了 Windows 桌面系统中的一个菜单示例。

图 15.11

15.6.4　另请参阅

在编写本书时，菜单栏插件仍处于原型阶段。相信在不久的将来，该插件将会作为官方包发布至 pub.dev 中，或嵌入 Flutter 自身中。读者可访问 https://github.com/google/flutter-desktop-embedding/tree/master/plugins/menubar 查看该项目的更新结果。

除此之外，我们还可向 Linux 系统中添加菜单，其处理过程与 15.5 节示例十分相似，读者可访问 https://pub.dev/packages/flutter_menu 查看详细内容。